Weber · Zillmer

# Mathematik

## Aufgabenbuch
## Leistungskurs

Analysis

Analytische Geometrie

Stochastik

Sekundarstufe II

PAETEC
Gesellschaft für Bildung und Technik mbH

**Herausgeber:** Prof. Dr. habil. Karlheinz Weber
Doz. Dr. habil. Wolfgang Zillmer

**Autoren:**
Dr. Detlef Baer
Hans-Joachim Becher
Dr. Georg-Christian Brückner
Irmhild Kantel
Dr. Eberhard Koch
Dr. Heidemarie v. Lojewski
Birgitt Riedel
Ulrich Schiele
Dr. Marga Schmidt
Dr. habil. Michael Schmitz
Helmut Schreiber
Dr. habil. Bernd Wernicke
Dr. Eva-Maria Westerhoff
Beate Wießer
Doz. Dr. habil. Wolfgang Zillmer

Das vorliegende „Aufgabenbuch/Leistungskurs" ist abgestimmt auf das Lehrbuch „TCP Mathematik/Leistungskurs: Analysis • Analytische Geometrie • Stochastik; Sekundarstufe II" (ISBN 3-89517-222-7) des PAETEC Schulbuchverlags. Es enthält alle Aufgaben der zu diesem Lehrbuch gehörenden Arbeitshefte „Analysis I", „Analysis II", „Analytische Geometrie und lineare Algebra" und „Stochastik" (einschließlich der Tafeln zur Normal- und zur Binomialverteilung), wobei dieselbe Aufgabennummerierung wie in den Arbeitsheften verwendet wird.

Gedruckt auf 100%-Recycling-Papier

2. Auflage
2 5 4 3 | 2004 2003

Alle Drucke dieser Auflage können im Unterricht nebeneinander benutzt werden.
Die letzte Zahl bezeichnet das Jahr dieses Druckes.


Internet: www.paetec.de

Redaktion: Prof. Dr. habil. Karlheinz Weber
Layout und Zeichnungen: Martina Holzinger, Erika Netzmann
Druck: Druckerei zu Altenburg GmbH

ISBN 3-89517-224-3

# Inhalt

## ANALYSIS

## ANALYTISCHE GEOMETRIE UND LINEARE ALGEBRA



## STOCHASTIK

# A Funktionen

## A 1 Der Begriff *Funktion*

***AA 1*** *(↗ Beispiel A 1/A 2, S. 8)*

Entscheiden Sie, ob die folgenden Zuordnungen Funktionen darstellen, und begründen Sie Ihre Entscheidung!

a)

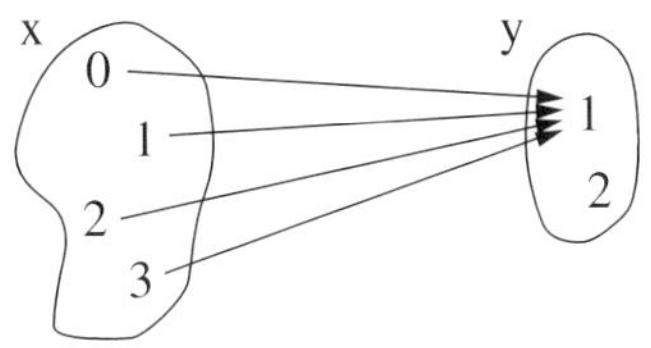


b)

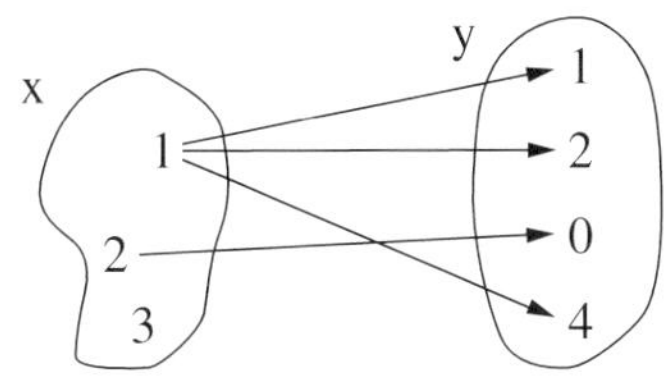


c)

| r | 2 | 3 | 4 | 5 | 5 | 7 |
|---|---|---|---|---|---|---|
| s | 4 | 6 | 8 | 10 | 12 | 14 |

d) „Jeder Zahl $x \in \mathbb{N}$ wird das Doppelte ihres Nachfolgers zugeordnet."
$f\colon\ x \mapsto 2(x+1);\quad x \in \mathbb{N}$

***AA 2***

Überprüfen Sie, ob folgende Anordnungen von Wertepaaren [x; y] der Definition des Funktionsbegriffs (für $x \mapsto y$) genügen:

a)

| x | $-1{,}5$ | $-\frac{1}{2}$ | 0 | 2 | 6,5 |
|---|---|---|---|---|---|
| y | $-1$ | 0 | 0 | $\frac{1}{2}$ | 3 |

b)

| x | $\frac{1}{4}$ | $\frac{1}{3}$ | 0,75 | 1 | $\frac{5}{2}$ |
|---|---|---|---|---|---|
| y | $\frac{1}{6}$ | $-1$ | 0 | $\frac{4}{3}$ | 2 |

c)

| x | $x_1$ | $x_2$ | $x_3$ | $x_4$ | $x_5$ |
|---|---|---|---|---|---|
| y | $y_3$ | $y_1$ | $y_2$ | $y_3$ | $y_4$ |

d)

| x | $x_1$ | $x_2$ | $x_3$ | $x_4$ | $x_5$ |
|---|---|---|---|---|---|
| y | $y_5$ | $y_4$ | $y_3$ | $y_2$ | $y_1$ |

e)

| x | $x_1$ | $x_2$ | $x_1$ | $x_5$ | $x_2$ |
|---|---|---|---|---|---|
| y | $y_1$ | $y_2$ | $y_3$ | $y_4$ | $y_5$ |

f)

| x | $x_1$ | $x_2$ | $x_3$ | $x_4$ | $x_5$ |
|---|---|---|---|---|---|
| y | $y_3$ | $y_3$ | $y_3$ | $y_1$ | $y_1$ |

***AA 3***

Gegeben sei die Zuordnungsvorschrift $f_i\colon\ x \mapsto f_i(x)$. Ermitteln Sie jeweils einen Definitionsbereich so, dass dieser zusammen mit $f_i$ einen funktionalen Zusammenhang aus Mathematik, Naturwissenschaft, Technik oder aus dem Alltag beschreibt! Erläutern Sie kurz diesen Zusammenhang und die Bedeutung der in der Zuordnungsvorschrift auftretenden Konstanten!

a) $f_1(x) = 3x$  b) $f_2(x) = 2x + 3$  c) $f_3(x) = ax^2$

d) $f_4(x) = \frac{b \cdot x}{2}$ (b = konstant)  e) $f_5(x) = \frac{1}{x}$

# A 2 Darstellungsmöglichkeiten von Funktionen

*AA 4*

Sind die folgenden grafischen Darstellungen Graphen von Funktionen f mit $x \mapsto f(x)$? Begründen Sie Ihre Antwort!

a)

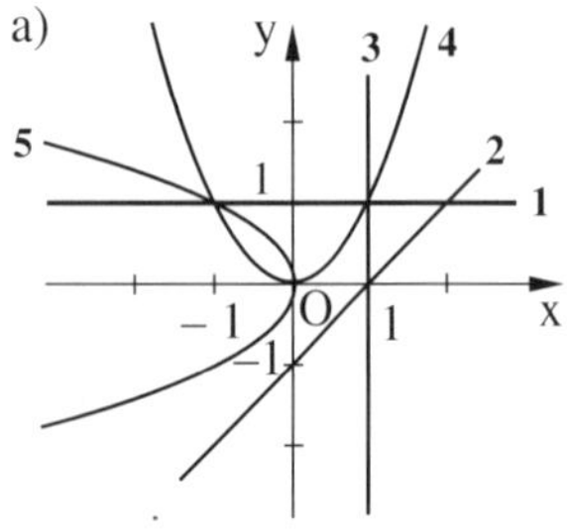

b)

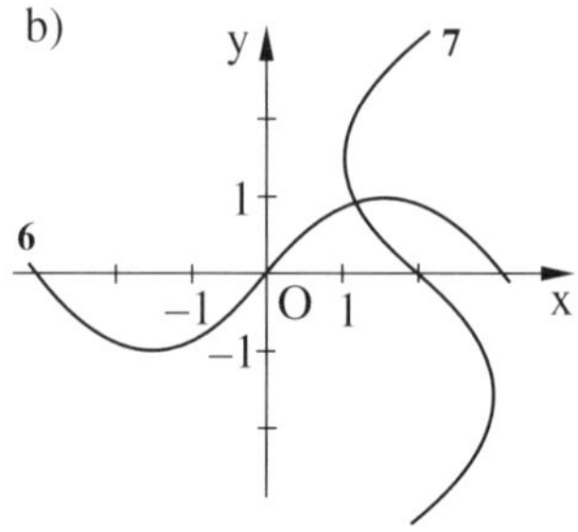

c)

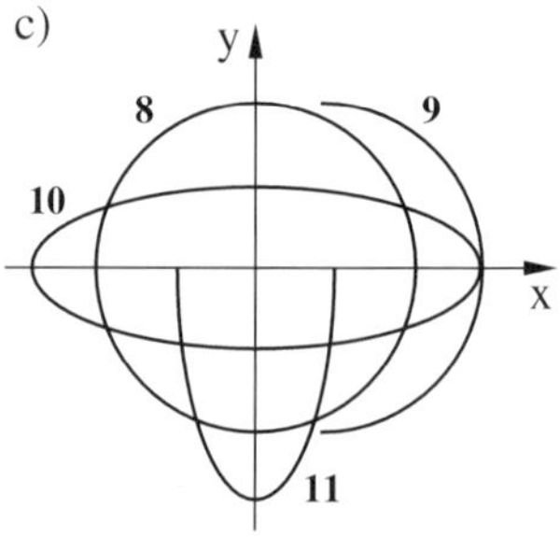

*AA 5*

Warum kann ein Funktionsgraph die x-Achse mehrfach schneiden, die y-Achse aber höchstens einmal?

*AA 6*

Prüfen Sie, ob die folgenden Zuordnungen Beispiele für Funktionen f mit $x \mapsto f(x)$ sind! Geben Sie, wenn möglich eine Zuordnungsvorschrift in Form einer Gleichung an!

a)

| x | 1 | 1,5 | 2 | 3,5 | 4 | 7,25 |
|---|---|---|---|---|---|---|
| y | 2,5 | 3,5 | 4,5 | 7,5 | 8,5 | 15 |

b)

| x | $\frac{1}{2}$ | 0 | 1,75 | 2 | 0 |
|---|---|---|---|---|---|
| y | –0,5 | $\frac{3}{2}$ | 2 | –1 | –2 |

c)

| x | –2 | –1 | –0,5 | 0 | 0,5 | 1 | 2 |
|---|---|---|---|---|---|---|---|
| y | 3 | 0 | –0,75 | –1 | –0,75 | 0 | 3 |

d)

| x | $-\frac{\pi}{2}$ | $-\frac{\pi}{6}$ | 0 | $\frac{\pi}{6}$ | $\frac{\pi}{3}$ | $\frac{\pi}{2}$ |
|---|---|---|---|---|---|---|
| y | 1 | $\frac{1}{2}$ | 0 | $-\frac{1}{2}$ | $-\frac{1}{2}\sqrt{3}$ | –1 |

*AA 7*

Prüfen Sie mit Hilfe von Definition A 1, ob es sich bei folgenden Zuordnungen um Funktionen handelt:

a) $x \mapsto x^2 + 1$ b) $x \mapsto \frac{1}{x};\quad x \neq 0$ c) $x \mapsto \frac{7}{x^3};\quad x \neq 0$

d) $y^2 = \frac{1 - \frac{x^2}{a^2}}{b^2}$ für $a = 2$ und $b = 1$ e) $y^2 = \frac{1}{4} \cdot x^2 - 1$ f) $y^2 = 6 \cdot x$

*AA 8*

Stellen Sie fest, ob die folgenden Erklärungen zur Definition A 1 gleichwertig sind:

a) Ist einer Zahl x aus einer Menge X genau eine Zahl y aus einer Menge Y zugeordnet, so spricht man von einer Funktion.

b) Eine Funktion ist eine Menge geordneter Paare (x; y) mit $x \in X$ und $y \in Y$, in der jedes Element x aus X höchstens in einem Paar vorkommt.

c) Eine Funktion ist eine Menge geordneter Paare (x; y), wobei x Element einer Menge X und y Element einer Menge Y ist.

*AA 9*

Gegeben sei eine Zuordnung $z: a \mapsto b$ ($a \in A$, $b \in B$). In welchem der folgenden Fälle ist z eine Funktion?

| Es gilt stets: | Für alle $a_i$, $a_k$ gilt: | Wenn |
|---|---|---|
| $a_i \neq a_k \Rightarrow b_i \neq b_k$ | $b_i = b_k$ | $a_i < a_k$, so gilt stets $b_i > b_k$. |

*AA 10*

Beantworten Sie folgende Fragen und begründen Sie Ihre Entscheidung!

a) Ein Dreieck wird in senkrechter Eintafelprojektion abgebildet. Unter welcher Bedingung ist diese Abbildung eine Funktion?

b) Ein Dreieck ABC werde durch eine zentrische Streckung (Bewegung; ...) auf ein Dreieck A′B′C′ abgebildet. Ist diese Zuordnung der Punkte eine Funktion?

c) Eine Zuordnungsvorschrift ist wie folgt erklärt:
*Jeder der Zahlen −3, −2, −1, 0, 1, 2, 3 wird ihr absoluter Betrag zugeordnet.* Ist die Zuordnung eine Funktion?

*AA 11*

a) Begründen Sie, warum eine Parallele zur y-Achse in einem bestimmten Abstand $a$ ($a \in \mathbb{R}$) nicht der Graph einer Funktion sein kann!

b) Geben Sie die Funktionsgleichung der x-Achse an!

# A 3 Eigenschaften von Funktionen

## A 3.1 Schnittpunkte des Graphen einer Funktion mit den Koordinatenachsen

## A 3.2 Monotonie, Beschränktheit, Symmetrie

*AA 12* (↗ *Beispiel A 5, S. 12*)

Gegeben sind zwei lineare Funktionen f(x) und g(x):

a) $f(x) = \frac{3}{2}x - 4$ b) $g(x) = -0{,}5x + 2$

- Bestimmen Sie Definitions- und Wertebereich der Funktionen!
- Ermitteln Sie die Nullstellen von f bzw. g sowie die Schnittpunkte beider Graphen mit den Koordinatenachsen!
- Zeichnen Sie die Graphen beider Funktionen und äußern Sie sich zu weiteren Eigenschaften (Beschränktheit, Monotonie, Symmetrie)!

*AA 13*

Eine lineare Funktion sei durch folgende Wertetabelle gegeben:

| x | 3 | 4 | 6 | 9 | 21 |
|---|---|---|---|---|---|
| y | −0,75 | −1,25 | −2,25 | $-3\frac{3}{4}$ | −9,75 |

Geben Sie die zugehörige Funktionsgleichung und die Funktionswerte zu den Argumenten 0, 1, 5, 8 an!

*AA 14*

Zeichnen Sie die Graphen folgender Funktionen:

a) $f_1(x) = \frac{3}{2}x - 1$ b) $f_2(x) = -2x + 6$ c) $f_3(x) = -\frac{3}{4}x - \frac{13}{5}$ d) $f_4(x) = 4$

***AA 15***

Geben Sie die Gleichungen für die dargestellten Funktionen an:

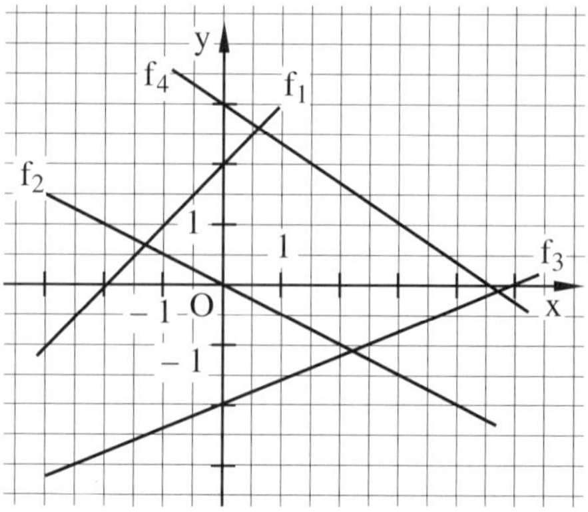


***AA 16***

Ermitteln Sie die Nullstellen der folgenden Funktionen:

a) $f_1(x) = \frac{1}{3}x - 1$ b) $f_2(x) = 5$

c) $f_3(x) = -x + 3$ d) $f_4(x) = x^2 - 2$

e) $f_5(x) = x^2 - 2x - 3$ f) $f_6(x) = x^2 + \frac{3}{2}x + \frac{9}{16}$

***AA 17***

Eine Funktion sei gegeben durch $f(x) = \sqrt{x}$.

a) Bestimmen Sie den Definitionsbereich und den Wertebereich dieser Funktion!

b) Beschreiben Sie die Funktion durch eine Wortvorschrift!

c) Skizzieren Sie den Graphen der Funktion!

***AA 18***

Der Graph einer linearen Funktion geht durch die Punkte $P_1$ und $P_2$. Stellen Sie die Funktionsgleichung auf!

a) $P_1(1; 2)$; $P_2(2; 4)$ b) $P_1(-3; 1)$; $P_2(4; -6)$

c) $P_1(0; 2{,}5)$; $P_2(5; 0)$ d) $P_1(1; 2)$; $P_2(\sqrt{3}; \sqrt{10})$

***AA 19***

Der Graph einer linearen Funktion verläuft durch den Punkt $P_i$ und hat den Anstieg $m_i$. Stellen Sie die Funktionsgleichung auf!

a) $P_1(2; 2)$; $m_1 = \frac{3}{2}$ b) $P_2(1; 9)$; $m_2 = 5$

c) $P_3(-6; 0)$; $m_3 = \frac{1}{3}$ d) $P_4(1; \sqrt{3})$; $m_4 = \sqrt{3}$

***AA 20***

Es ist die Gleichung der linearen Funktion f zu ermitteln, die durch $P_i$ verläuft und denselben Anstieg besitzt wie die Funktion $h_i$.

a) $P_1(0; -2)$; $h_1(x) = x$ b) $P_2(4; 0)$; $h_2(x) = \frac{1}{2}x + 2$

c) $P_3(-2; 2)$; $h_3(x) = -x - 1$ d) $P_4(-4; -3)$; $h_4(x) = 5$

***AA 21***

Schreiben Sie jeweils die Gleichung der Funktion auf, deren Graph parallel zur x-Achse durch den Punkt $P_i$ verläuft:

a) $P_1(1; 5)$ b) $P_2(0; -\sqrt{7})$

***AA 22***

Kippschwingungen werden zur Ablenkung des Elektronenstrahls im Oszillographen und in der Bildröhre eines Fernsehempfängers benötigt. In nachstehender Figur ist eine Kippschwingung dargestellt.

a) Geben Sie die Gleichung für die Ablenkungsspannung im Intervall von 0 bis 1 ms an!
b) Wie groß ist die Ablenkungsspannung für die Zeit von 0,2 ms?

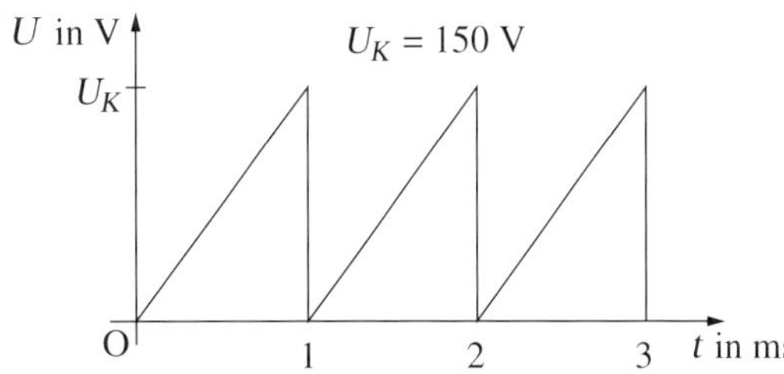


*AA 23*

Bei der Übertragung von Signalspannungen über lange Strecken treten Spannungsverluste auf. Dieser Spannungsverlust beträgt für eine Fernleitung (bei gleichmäßiger Belastung) 10 mV/ km.

a) Nach welcher Strecke $l_1$ muss ein Verstärker (als Schalter arbeitender Transistor) eingesetzt werden, damit die Spannung nicht mehr als 2 V abfällt?
b) Wie groß ist der Spannungsabfall nach 150 km?
c) Nach welcher Strecke ist der Rückgang der zu übertragenden Spannung 0,5 V?

*AA 24*

Geben Sie für folgende Funktionen jeweils die Koordinaten des Scheitelpunktes an und zeichnen Sie die Graphen der Funktionen (*Hinweis:* Schablone für Normalparabel benutzen):

a) $f_1(x) = x^2 - 1{,}5$ b) $f_2(x) = x^2 + \frac{3}{4}$ c) $f_3(x) = (x + 1)^2$
d) $f_4(x) = (x - 1{,}5)^2$ e) $f_5(x) = (x - 1{,}5)^2 + 2$ f) $f_6(x) = (x + \frac{1}{2})^2 - 1{,}5$
g) $f_7(x) = x^2 - 8x + 16$ h) $f_8(x) = x^2 + 3x + 2{,}25$ i) $f_9(x) = x^2 - 3x - 2{,}25$

*AA 25*

Die Graphen in der folgenden Abbildung sind Normalparabeln. Lesen Sie die Scheitelpunktkoordinaten ab und geben Sie die Gleichungen für die entsprechenden Funktionen an!

a)

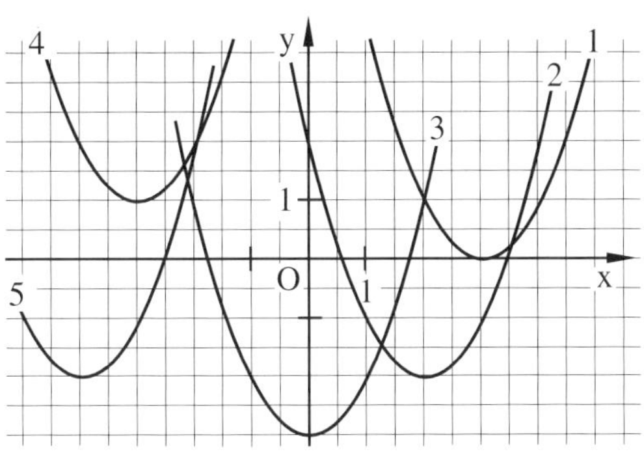


b)

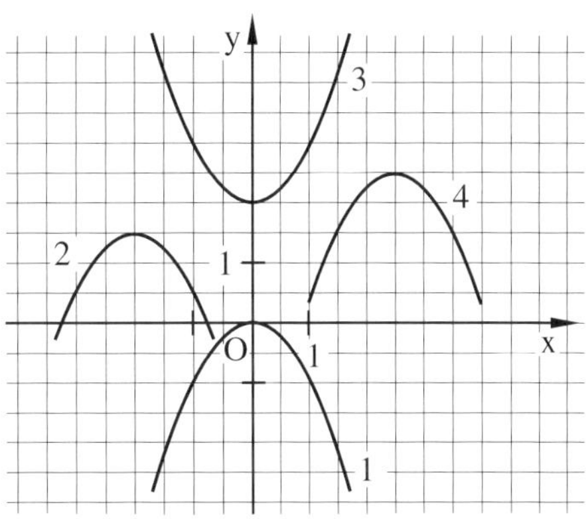


*AA 26*

Skizzieren Sie die Graphen folgender Funktionen und machen Sie jeweils Angaben zu Definitionsbereich, Wertebereich, Beschränktheit, Nullstellen, Monotonieverhalten und Symmetrieverhalten:

a) $f_1(x) = -x^2 + \frac{1}{2}$ b) $f_2(x) = (x + 2)^2$ c) $f_3(x) = -(x - 1{,}5)^2$
d) $f_4(x) = (x - 1)^2 + \frac{3}{4}$ e) $f_5(x) = (x + 1)^2 - \frac{1}{2}$ f) $f_6(x) = -(x + 1)^2 - \frac{1}{2}$

*AA 27*

Welchen Einfluss hat der Koeffizient a auf die Graphen der Funktionen $y = a \cdot x^2$?
Verdeutlichen Sie sich die Zusammenhänge am Beispiel der folgenden Funktionen:

$f_1(x) = 2x^2$; $f_2(x) = -2x^2$; $f_3(x) = \frac{1}{2}x^2$; $f_4(x) = -\frac{1}{2}x^2$

Vergleichen Sie die Graphen dieser Funktionen mit dem Graphen der Funktion $f(x) = x^2$ (Normalparabel)!

*Hinweis:* Zeichnen Sie die Graphen der oben genannten Funktionen mit Hilfe einer Wertetabelle in ein und dasselbe Koordinatensystem.

*AA 28*

Der Graph einer quadratischen Funktion $f(x) = x^2 + px + q$ $(p, q \in \mathbb{R})$ gehe durch die Punkte R(1; 25) und S(– 5; 1). Bestimmen Sie die Koeffizienten p und q und geben Sie die Gleichung der Funktion an!

*AA 29*

Ermitteln Sie, welche der folgenden Funktionen Potenzfunktionen sind, skizzieren Sie den jeweiligen Graphen und geben Sie den zugehörigen Definitionsbereich $D_{fi}$ und Wertebereich $W_{fi}$ an!

a) $f_1(x) = x^3$  b) $f_2(x) = x^{-1}$  c) $f_3(x) = 0{,}5x^4$

d) $f_4(x) = |x + 1|$  e) $f_5(x) = -3^x$  f) $f_6(x) = 2x^{-4}$

*AA 30*

Bestimmen Sie n so, dass der Graph der Funktion $f(x) = x^n$ jeweils durch den angegebenen Punkt verläuft:

a) $R(\frac{1}{2}; \frac{1}{16})$  b) $S(\frac{1}{2}; 8)$  c) $T(\frac{1}{2}; 0{,}03125)$  d) $U(\frac{1}{2}; 256)$

*AA 31*

Bestimmen Sie die Gleichung der Potenzfunktionen $f(x) = x^n$, die durch folgende Wertetabellen beschrieben sind:

a)

| x | 0,1 | 0,5 | 0,7 | 1,8 |
|---|---|---|---|---|
| y | 0,001 | 0,125 | 0,343 | 5,832 |

b)

| x | 0,1 | 0,5 | 1 | 2 | 2,5 |
|---|---|---|---|---|---|
| y | 100 | 4 | 1 | 0,25 | 0,16 |

*AA 32* (↗ *Beispiel A 8, S. 14*)

Es sind die Nullstellen der Funktion $f(x) = 9 - 3 \cdot \sqrt{2x + 4}$ zu berechnen.

*AA 33*

Eine Funktion sei gegeben durch ihre Funktionsgleichung $f(x) = \sqrt{x - 1}$.

a) Bestimmen Sie $D_f$ und $W_f$ dieser Funktion!  b) Geben Sie eine Wortvorschrift für f(x) an!

c) Skizzieren Sie den Graphen dieser Funktion im Intervall $1 \le x \le 6$!

*AA 34*

Geben Sie $D_{fi}$ und $W_{fi}$ folgender Wurzelfunktionen an, berechnen Sie ihre Nullstellen und skizzieren Sie ihre Graphen:

a) $f_1(x) = \sqrt{\frac{1}{4}x + 1} + x$  b) $f_2(x) = \sqrt{3x - 3} + 4$  c) $f_3(x) = \sqrt{x^2 - 6x + 9}$

*AA 35*

Berechnen Sie die Nullstellen folgender Wurzelfunktionen:

a) $f_1(x) = \sqrt{0{,}5x + 2} + x$  b) $f_2(x) = \sqrt{2x + 19} + 5$  c) $f_3(x) = \sqrt{x^2 - 6x + 8}$

*AA 36*

Lösen Sie folgende Wurzelgleichungen:

a) $\sqrt{x} = 3$  b) $\sqrt[3]{x} = 5$  c) $10 - \sqrt{x-2} = 3$  d) $\sqrt[3]{7x-6} + 6 = 10$

e) $3 - x + 2\sqrt{x} = 0$  f) $\sqrt{2-2x} + 3x = 3$  g) $x - \sqrt{4-4x} = 3$  h) $\sqrt{x^3} - \sqrt{x} = 0$

*AA 37*

Untersuchen Sie das Monotonieverhalten folgender Funktionen:

a) $f_1(x) = 0{,}5x^3 - 4{,}5x$  b) $f_2(x) = (x+2)^2 - 2$  c) $f_3(x) = 1 - x^2$

d) $f_4(x) = \sqrt{4 - x^2}$  e) $f_5(x) = \sqrt[3]{x^2 - 3}$

*AA 38*

Untersuchen Sie folgende Funktionen auf die Existenz von unteren und oberen Schranken:

a) $f_1(x) = \sqrt{10x - x^2}$  b) $f_2(x) = -\sqrt{10x - x^2}$  c) $f_3(x) = \sqrt{3 + \frac{1}{2}x + \frac{1}{2}x^2}$

d) $f_4(x) = \sqrt{\frac{x}{1+x^2}}$  e) $f_5(x) = x^{2-\sqrt{3}}$  f) $f_6(x) = \begin{cases} x+3 & \text{für } x \geq -3 \\ x-3 & \text{für } x < -3 \end{cases}$

*AA 39*

Bestimmen Sie den Definitionsbereich und die Nullstellen folgender Funktionen und skizzieren Sie damit sowie mit ausgewählten Wertepaaren (Wertetabelle) den Graphen folgender Funktionen:

a) $f_1(x) = \frac{1}{5}\sqrt{x^3} - \sqrt{x}$  b) $f_2(x) = x\sqrt{9 - x^2}$  c) $f_3(x) = x^2 - 3\sqrt{x^2}$  d) $f_4(x) = \frac{2}{x}\sqrt{2x-1}$

*AA 40*

Bestimmen Sie den Definitionsbereich folgender Funktionen und untersuchen Sie diese auf Symmetrie:

a) $f_1(x) = 2 \cdot \sqrt[3]{x^2}$  b) $f_2(x) = \frac{x^2}{4 + \sqrt{x}}$  c) $f_3(x) = \sqrt[3]{5 + \sqrt{2 + 3x^4}}$

*AA 41*

Gegeben sind die Funktionen $g(x) = 3 \cdot \sin x$ und $k(x) = \frac{1}{3} \cdot \sin x$. Zeichnen Sie die Graphen der Funktionen in ein und dasselbe Koordinatensystem! Welchen Einfluss haben die Faktoren 3 bzw. $\frac{1}{3}$ auf den Wertebereich, die Nullstellen, die Periodizität und das Monotonieverhalten der Funktionen im Vergleich zu $f(x) = \sin x$?

*AA 42*

Skizzieren Sie den Graphen der Funktion $f(x) = \sin 3x$ im Intervall $0 \leq x \leq 2\pi$! Bestimmen Sie die Nullstellen sowie die kleinste Periode p!

*AA 43*

Ermitteln Sie zu den dargestellten Graphen der Funktionen vom Typ $f(x) = a \cdot \sin x$ bzw. $g(x) = \sin(b \cdot x)$ die entsprechenden Funktionsgleichungen!

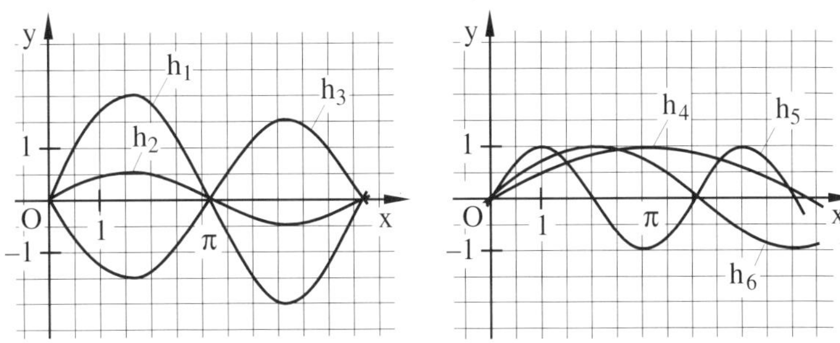


*AA 44*

Ermitteln Sie den Wertebereich, die kleinste Periode und die Nullstellen der folgenden Funktionen:

a) $f(x) = 3 \cdot \sin(2 \cdot x)$  b) $g(x) = 2 \cdot \sin(3 \cdot x)$

*AA 45*

Überlegen Sie unter Verwendung der in den Aufgaben ***AA 41 bis 44*** gewonnenen Erkenntnisse, welchen Einfluss

a) der Summand e in der Gleichung $g(x) = \sin(x + e)$,

b) der Summand d in der Gleichung $h(x) = \sin x + d$

auf den Graphen der jeweiligen Funktion im Vergleich zum Graphen $f(x) = \sin x$ besitzt.
Wählen Sie als Beispielfunktionen $g_1(x) = \sin(x + \frac{\pi}{4})$ und $h_1(x) = \sin x + 2$!

*AA 46*

Bestimmen Sie Definitionsbereich $D_{fi}$, Wertebereich $W_{fi}$ sowie die Periode folgender trigonometrischer Funktionen:

a) $f_1(x) = \frac{1}{4}\sin x$ b) $f_2(x) = \cos\frac{x}{4}$ c) $f_3(x) = 2\sin\frac{x}{3}$

d) $f_4(x) = 3\cos(2x - 1)$ e) $f_5(x) = \cos(\frac{x^2}{9})$

(*Hinweis:* Prüfen Sie die Periodizität mittels Nullstellenberechnung!)

*AA 47*

Untersuchen Sie folgende Funktionen hinsichtlich ihres Monotonieverhaltens:

a) $f_1(x) = x + \sin x$ b) $f_2(x) = x - 2\sin x$

(*Hinweis:* Skizzieren Sie zuerst den Graph von $f_i$ mittels Ordinatenaddition!)

*AA 48*

Bestimmen Sie die Nullstellen der folgenden Funktionen $f_i(x)$ im Intervall $[0; 2\pi]$:

a) $f_1(x) = \sin(3\pi x)$ b) $f_2(x) = -3\cdot\sin(\frac{1}{2}x)$

*AA 49*

Bestimmen Sie sämtliche Lösungen folgender Gleichungen im Grad- und im Bogenmaß:

a) $\sin x = 0{,}2391$ b) $\cos x = -0{,}6820$ c) $\tan x = -\sqrt{3}$ d) $\sin x = \sqrt{3}$

*AA 50*

Lösen Sie folgende goniometrische Gleichungen. Es sei $0 \le x \le 2\pi$ bzw. $0° \le \alpha \le 360°$.

a) $\sin^2 x + \frac{1}{2}\sin x - \frac{1}{2} = 0$ b) $2\cdot\cos^2\alpha = \sin^2\alpha$ c) $\sin\alpha - \sin^2\alpha = 0$

d) $\cos(x + \frac{\pi}{3}) = 1$ e) $\sin(\alpha + 45°) = 0$ f) $\tan 2x = 1$

*AA 51*

Bestimmen Sie sämtliche Lösungen der Gleichung $\sin x + \cos x = 1$!

# A 4 Verknüpfen, Verketten und Umkehren von Funktionen

*AA 52*

Bilden Sie aus den Funktionen $f(x) = x^2$ und $g(x) = x + 1$ die Funktionen

$s(x) = f(x) + g(x)$, $d(x) = f(x) - g(x)$, $p(x) = f(x)\cdot g(x)$ sowie

$q_1(x) = f(x):g(x)$ und $q_2(x) = g(x):f(x)$!

Zeichnen Sie die Graphen von $s(x)$, $d(x)$, $p(x)$, $q_1(x)$ und $q_2(x)$ im Intervall $[-4; 4]$ (Wertetabelle)!

*AA 53*

Zeichnen Sie mit Hilfe der Graphen von $f(x) = x^2$ und $g(x) = \frac{5}{4}x$ die Graphen der folgenden Funktionen! Nutzen Sie dazu das Verfahren der Ordinatenaddition (Superposition)!

a) $s_1(x) = x^2 + \frac{5}{4}x$ b) $s_2(x) = x^2 + \frac{5}{4}x - 1$ c) $s_3(x) = x^2 + \frac{5}{4}x + 1{,}5$

*AA 54*

Geben Sie zu den in Aufgaben ***AA 52*** und ***AA 53*** durch Verknüpfen gebildeten Funktionen jeweils Definitions- und Wertebereich an!

*AA 55*

Schreiben Sie die nachfolgenden Funktionen als Produkt von zwei Funktionen u(x) und v(x) auf:

a) $f_1(x) = x^2 + 2x$ b) $f_2(x) = x^2 - 4x + 3$ c) $f_3(x) = x^2 + 4x + 4$ d) $f_4(x) = \frac{x^2 + 1}{x}$

*AA 56*

Bestimmen Sie jeweils den größtmöglichen Definitionsbereich folgender zusammengesetzter Funktionen:

a) $f_1(x) = \frac{x}{x^3 - 1}$ b) $f_2(x) = \frac{x^3 - 2x + 1}{x^2 - 4x}$ c) $f_3(x) = \frac{x^2 - 1}{x + 1}$ d) $f_4(x) = \frac{5x^2 - 1}{1 - x}$

*AA 57*

Gegeben sind zwei Funktionen f(x) und h(x). Durch Verknüpfen entstehen die Funktionen

$s(x) = f(x) + h(x)$ und $p(x) = f(x) \cdot h(x)$.

Was lässt sich über die Monotonie der Funktionen s(x) und p(x) aussagen, wenn

a) f(x) und h(x) streng monoton wachsend sind; b) f(x) und h(x) streng monoton fallend sind;
c) f(x) streng monoton wachsend und h(x) streng monoton fallend ist?

*AA 58* *(↗ Beispiel A 10, S. 16f.)*

Gegeben sind die Funktionen f mit $f(x) = \sin x$ und g mit $g(x) = 2x$. Bilden Sie die Verkettungen $v_1 = f \circ g$ und $v_2 = g \circ f$! Geben Sie Definitionsbereich und Wertebereich der verketteten Funktionen an!

*AA 59*

Bilden Sie für folgende Funktionen f(x) und g(x) jeweils die Verkettungen $v_1(x) = f \circ g = f(g(x))$ und $v_2(x) = g \circ f = g(f(x))$:

a) $f(x) = 2 + x$, $g(x) = 2x + 4$
b) $f(x) = 1 + 5x$, $g(x) = 2 - 3x$
c) $f(x) = 2 \cdot 3^x$, $g(x) = x + 1$
d) $f(x) = \frac{2}{x}$, $g(x) = \frac{1}{2}x^3$

*AA 60*

Die Funktion $v_i(x)$ soll eine Verkettung $f_i \circ g_i$ von $f_i(x)$ und $g_i(x)$ sein. Geben Sie geeignete Funktionen $f_i(x)$ und $g_i(x)$ an!

a) $v_1(x) = (x + 2)^2$ b) $v_2(x) = \sqrt{x^2 - 2}$ c) $v_3(x) = \cos^2 x$
d) $v_4(x) = \sin(2x - 1)$ e) $v_5(x) = 10^{x - 1}$ f) $v_6(x) = \frac{1}{(x^2 + 3)^4}$

*AA 61*

Bilden Sie die Verkettung $f \circ g$ bzw. $f \circ g \circ h$ der nachfolgenden Funktionen:

a) $f(x) = x^2$, $g(x) = \sin x$ b) $f(x) = e^x$, $g(x) = x^2$, $h(x) = \sin x$
c) $f(x) = e^x$, $g(x) = \cos x$, $h(x) = 2x - \pi$ d) $f(x) = x^2$, $g(x) = \sin x$, $h(x) = \frac{x}{3} - \frac{\pi}{2}$

*AA 62*

Zerlegen Sie die nachfolgend gegebenen verketteten Funktionen in innere und äußere Funktionen:

a) $v_1(x) = f \circ g = \cos(2x - \pi)$
b) $v_2(x) = f \circ g = \sin x^2$
c) $v_3(x) = f \circ g = e^{\tan x}$
d) $v_4(x) = f \circ g = \cos^2 x$
e) $v_5(x) = f \circ g \circ h = \tan^2(\pi - x)$
f) $v_6(x) = f \circ g \circ h = e^{\sin(3x - 2)}$
g) $v_7(x) = f \circ g \circ h = \cos^2(\frac{x}{2} + \frac{\pi}{4})$
h) $v_8(x) = f \circ g \circ h = e^{\sin x^2}$

*AA 63*

Gegeben sind die ganzrationalen Funktionen 4. bzw. 2. Grades $f(x)$ und $g(x)$. Geben Sie den Grad folgender Verknüpfungsfunktionen an:

a) $h_1 = f \circ g$ b) $h_2 = g \circ f$ c) $h_3 = f \circ f$ d) $h_4 = g \circ (f \circ g)$

*AA 64*

Bilden Sie aus den Funktionen $f(x) = \sqrt{x}$, $g(x) = \sqrt[3]{x} - 2$ sowie $h(x) = 2x + 2$ die Verkettungen $v_1(x) = f \circ g$ und $v_2(x) = (f \circ g) \circ h$! Geben Sie jeweils den Definitionsbereich von $v_1(x)$ und $v_2(x)$ an!

*AA 65* (↗ *Beispiel A 12, S. 18*)

Von der Funktion $y = f(x) = \frac{1}{2}x - 1$ ist die Umkehrfunktion $f^{-1}$ zu bilden. Zeichnen Sie die Graphen von f und $f^{-1}$ in ein und dasselbe Koordinatensystem!

*AA 66*

Bilden Sie zu den folgenden Funktionen die jeweiligen Umkehrfunktionen und skizzieren Sie die Graphen der Funktionen $f_i$ und $f_i^{-1}$:

a) $f_1(x) = 3x + 2$ b) $f_2(x) = x^3$ c) $f_3(x) = \frac{x}{x+1}$; $x \neq -1$ d) $f_4(x) = \sqrt{x+1}$; $x \geq -1$

*AA 67*

Bilden Sie zu folgenden Funktionen die Umkehrfunktionen und treffen Sie Aussagen zu deren Existenzbedingungen:

a) $f_1(x) = -\frac{3}{2}x + 1$
b) $f_2(x) = x^2 + 2$
c) $f_3(x) = \frac{1}{2}x^2 + 2$
d) $f_4(x) = x \cdot \sqrt{x}$
e) $f_5(x) = \sqrt{x^2 - 3}$

*AA 68*

Die folgenden Funktionen sind über ihrem gesamten Definitionsbereich nicht umkehrbar. Begründen Sie, warum das so ist, und bilden Sie geeignete Einschränkungen, die umkehrbar sind!

a) $f_1(x) = \frac{1}{2}x^2$ b) $f_2(x) = \frac{1}{2} \cdot (x - 3)^2$ c) $f_3(x) = x^4 - 5$ d) $f_4(x) = \sin x$

*AA 69*

Untersuchen Sie die Umkehrfunktion von $f(x) = \frac{1}{x}$; $x \neq 0$! Welche Besonderheit stellen Sie fest? Zeichnen Sie die Funktionsgraphen in ein und dasselbe Koordinatensystem!

*AA 70*

Bilden Sie die Umkehrung zum Satz A 1 (vgl. Lehrbuch S. 19) und äußern Sie sich zu deren Wahrheitswert!

*AA 71*

Verketten Sie die Funktion $f(x) = 2x + 3$ mit ihrer Umkehrfunktion $f^{-1}$ zu

a) $v_1(x) = f \circ f^{-1}$
b) $v_2(x) = f^{-1} \circ f$!

*AA 72*

Verketten Sie die Funktion $f(x) = x^2 + 4$, $D_f = \mathbb{R}_+$, mit ihrer Umkehrfunktion $f^{-1}$ zu

a) $v_1(x) = f \circ f^{-1}$ b) $v_2(x) = f^{-1} \circ f$!

# A 5 Weitere Funktionen

## A 5.1 Abschnittsweise definierte Funktionen

*AA 73* *(↗ Beispiele A 13 bis A 15, S. 20–22)*

Beschreiben Sie folgende Funktionsgraphen jeweils durch Gleichungen bzw. durch Wortvorschriften:

a)

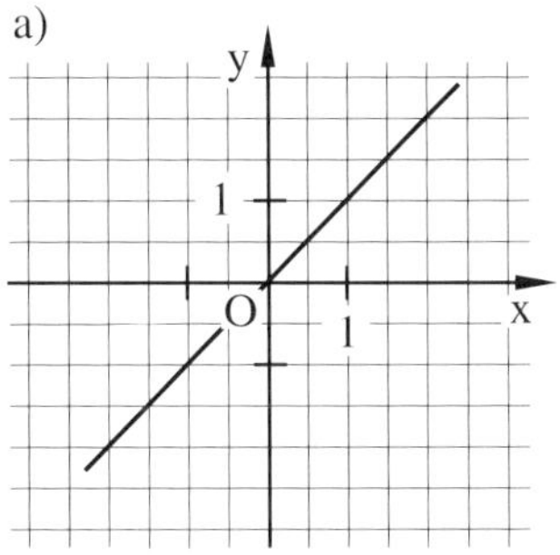


b)

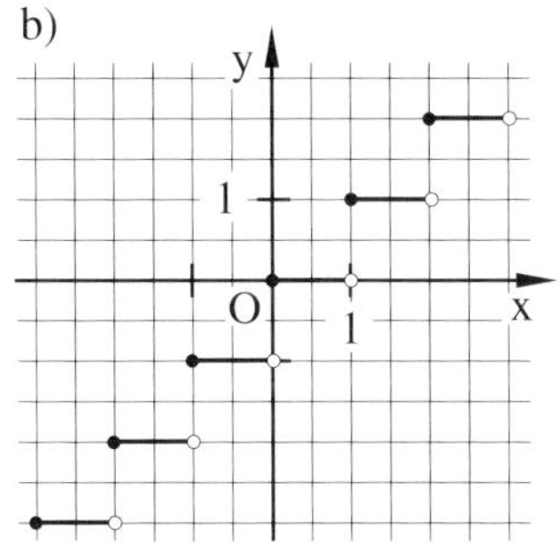


c)

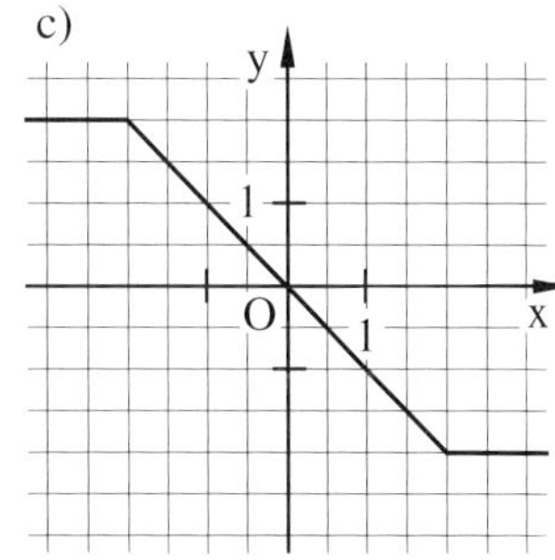


d)

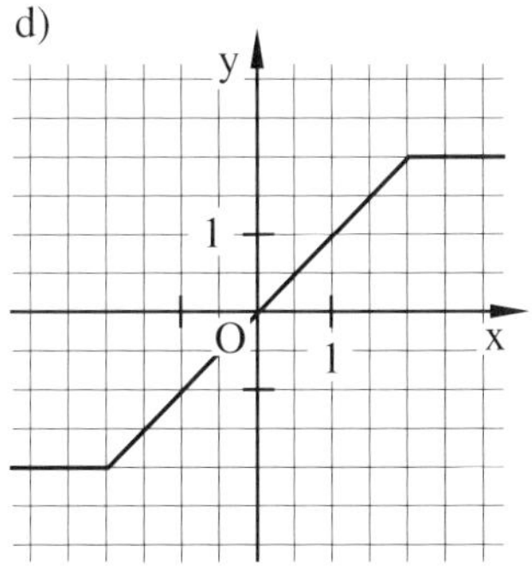


e)

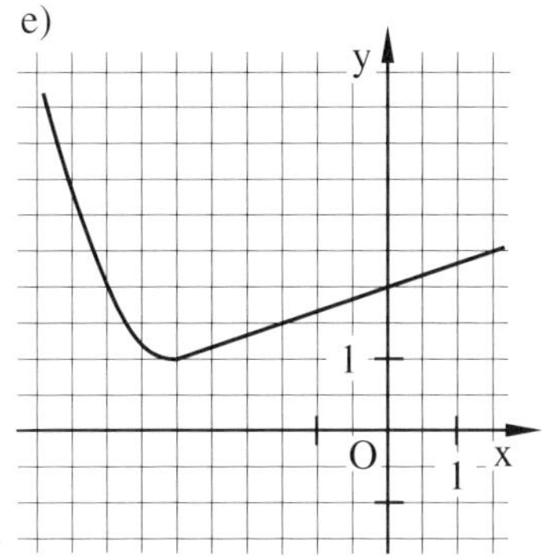


f)

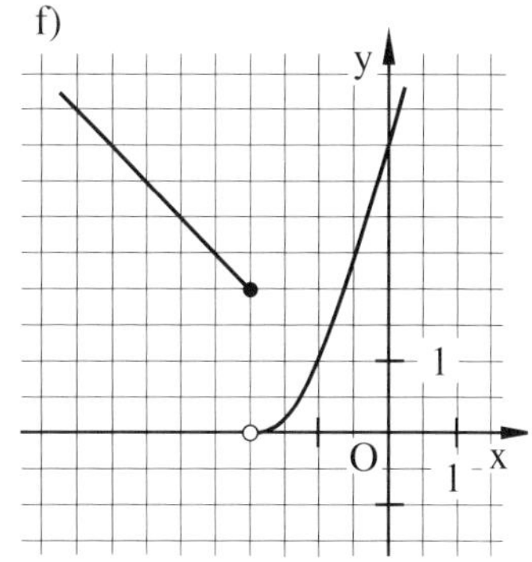


*AA 74*

Vergleichen Sie die Funktionen $f(x) = \operatorname{sgn} x$ und $g(x) = \frac{|x|}{x}$! Skizzieren Sie die Graphen der beiden Funktionen!

*AA 75*

Informieren Sie sich über die Telekomtarife zu den verschiedenen Zeiten eines Werktages in den einzelnen Tarifbereichen!

a) Stellen Sie für den Verlauf eines Tages (0.00 Uhr bis 24.00 Uhr) grafisch dar, wie lange man für eine Tarifeinheit in den einzelnen Tarifbereichen telefonieren kann!

b) Die Preisfunktion $p(t)$ ist eine abschnittsweise definierte Funktion. Ermitteln Sie die Funktionsgleichungen für die einzelnen Tarifbereiche!

c) Berechnen Sie den Preis für ein 10minütiges Telefonat
   - im Citybereich zum Vormittagstarif und zum Freizeittarif;
   - im Fernbereich, wobei 5 Minuten zum Nachttarif und 5 Minuten zum Freizeittarif gesprochen wurden!

***AA 76*** *(↗ S. 20)*
Kennzeichnen Sie folgende Teilmengen von $\mathbb{R}$ mit Hilfe der Intervallschreibweise! Stellen Sie die Intervalle auf der Zahlengeraden dar!

a) $M = \{x \mid x \in \mathbb{R} \text{ und } -3 \leq x \leq 3\}$
b) $N = \{x \mid x \in \mathbb{R} \text{ und } 2{,}5 \leq x\}$
c) $O = \{x \mid x \in \mathbb{R} \text{ und } x > \sqrt{2}\}$

***AA 77***
Geben Sie die dargestellten Intervalle in der Mengenschreibweise und in der Intervallschreibweise an!

a) 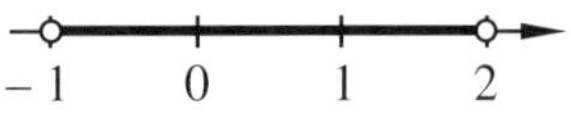


b) 

c) 

d) 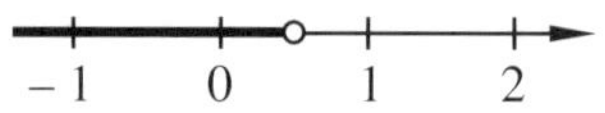


***AA 78***
Notieren Sie die gegebenen Funktionsgleichungen ohne Betragszeichen (abschnittsfreie Darstellung):

a) $f_1(x) = |x| + x$
b) $f_2(x) = |x| + \operatorname{sgn} x$
c) $f_3(x) = \sin|x|$
d) $f_4(x) = 10^{|x|}$

***AA 79***
Vergleichen Sie die Funktionen

a) $f_1(x) = x \cdot \operatorname{sgn} x$ und $f_2(x) = \frac{x}{\operatorname{sgn} x}$
b) $f_1(x) = 1 + \operatorname{sgn} x$ und $f_2(x) = \begin{cases} 0, & x < 0 \\ 2, & x \geq 0 \end{cases}$
c) $f_1(x) = \operatorname{sgn} x$ und $f_2(x) = \frac{x}{|x|}$
d) $f_1(x) = x \cdot \operatorname{sgn} x$ und $f_2(x) = |x|$

***AA 80***
Zeichnen Sie die Graphen der Funktionen a) $f_1(x) = [\sin x]$ b) $f_2(x) = [\cos x]$

***AA 81***
Bestimmen Sie die Nullstellen folgender Funktionen in Abhängigkeit von den auftretenden Parametern ($a, b \in \mathbb{R}$).
Skizzieren Sie für jeweils drei ausgewählte Parameterwerte die Graphen der entsprechenden Funktionsschar:

a) $f_1(x) = a + 2b \cdot x$
b) $f_2(x) = (x + b)^2$
c) $f_3(x) = (a + x) \cdot (a - x) \cdot (a^2 - x^2)$
d) $f_4(x) = \frac{b}{a} \cdot \sqrt{a^2 - x^2}$

## A 5.2 Exponential- und Logarithmusfunktionen

***AA 82*** *(↗ S. 24/25)*
Zeichnen Sie mit Hilfe einer Wertetabelle die Graphen der Funktionen $f(x) = 2^x$; $f_1(x) = 2 \cdot 2^x$; $f_2(x) = (-2) \cdot 2^x$ und $f_3(x) = \frac{1}{2} \cdot 2^x$ im Intervall $-2 \leq x \leq 3$! Treffen Sie Aussagen zu Definitions- und Wertebereich, zum Monotonieverhalten, zu Nullstellen, zu charakteristischen Punkten der Funktionen $f_i$ bzw. ihrer Graphen sowie zum Einfluss der Faktoren 2; –2 bzw. $\frac{1}{2}$ in den Funktionsgleichungen auf den Verlauf der Graphen im Vergleich zum Graphen $f(x) = 2^x$!

***AA 83***
Zeichnen Sie die Graphen der folgenden Funktionen im Intervall $-3 \leq x \leq 3$. Äußern Sie sich zu den Eigenschaften der Funktionen (vgl. Aufgabe ***AA 82***)!

a) $f_1(x) = 1{,}5^x$
b) $f_2(x) = 0{,}5^{-x}$
c) $f_3(x) = 2^{-x}$
d) $f_4(x) = (\frac{2}{3})^x$

*AA 84*

Eine Exponentialfunktion der Form $f(x) = a^x$ ordnet der Zahl 1 die Zahl 3 zu. Welchen Funktionswert nimmt sie für folgende x an? Skizzieren Sie den Graphen!

a) $x = 2; 3; 4; 5$  b) $x = -1; -2; -4$  c) $x = 0{,}5; 1{,}6; 2{,}3$  d) $x = -0{,}5; -1{,}6; -2{,}3$

*AA 85*

Folgende Wertepaare bestimmen eine Funktion der Form $f_i(x) = c \cdot a^x$! Geben Sie die Funktionsgleichung an und skizzieren Sie den Graphen!

a)

| x | 0 | 2 | 4 | 6 | 8 |
|---|---|---|---|---|---|
| $f_1(x)$ | 1 | 2 | 4 | 8 | 16 |

b)

| x | 0 | 2 | 4 | 6 |
|---|---|---|---|---|
| $f_2(x)$ | 3 | 12 | 48 | 192 |

*AA 86*

Bei einer Funktion der Form $f(x) = a^x$ nimmt der Funktionswert um 15% (25%) zu (ab), wenn x um jeweils 1 zunimmt. Um welche Funktionen handelt es sich?

*AA 87*

Bei einer Funktion $f(x) = a^x$ verdoppelt (halbiert) sich der Funktionswert y, wenn x um 3 zunimmt. Geben Sie die Funktion an und skizzieren Sie den Graphen!

*AA 88*

Geben Sie die Umkehrfunktionen $f_i^{-1}$ zu den folgenden Funktionen $f_i$ an! Treffen Sie Aussagen zu den Definitions- und Wertebereichen!

a) $f_1(x) = 10^x$  b) $f_2(x) = 2^x$  c) $f_3(x) = 3^x + 1$  d) $f_4(x) = 3 \cdot 2^x$

e) $f_5(x) = 10^{x+1}$  f) $f_6(x) = 2^{x-1}$  g) $f_7(x) = 10^{3x}$  h) $f_8(x) = 2^{3x}$

*AA 89*

Zeichnen Sie den Graph der Funktion $f(x) = \log_{10} x = \lg x$ im Intervall $0{,}1 \le x \le 10$ und entwickeln Sie daraus die Graphen für

a) $g(x) = 2\lg x$  b) $h(x) = 2 + \lg x$  c) $k(x) = \lg(x+2)$

d) $l(x) = \lg(x-2)$  e) $t(x) = \frac{1}{2}\lg x$  f) $r(x) = \lg x - 2$.

Äußern Sie sich zum Monotonieverhalten und zum Einfluss der Faktoren bzw. der additiven Konstanten auf den Verlauf des Graphen im Vergleich zum Graphen der Funktion $f(x) = \lg x$!

*AA 90*

Bestimmen bzw. berechnen Sie auf der Grundlage der Definitionsgleichung $y = a^x \Leftrightarrow x = \log_a y$:

a) $\log_2 16$; $\log_3 9$; $\log_5 25$; $\log_{10} 10000$; $\log_2 \frac{1}{64}$; $\log_2 \sqrt{32}$; $\log_5 \sqrt[3]{125}$; $\log_{10} 0{,}0001$

b) $\log_2 y = 3$; $\log_{10} y = 5$; $\log_4 y = 6$; $\log_2 y = \frac{1}{3}$; $\log_3 y = 3$; $\log_4 y = -\frac{1}{2}$

c) $\log_a 4 = 2$; $\log_a \frac{1}{9} = -2$; $\log_a 27 = 3$; $\log_a \sqrt{8} = \frac{1}{2}$; $\log_a 7 = 1$; $\log_a \sqrt[4]{8} = \frac{3}{4}$

d) $\log_4 256$; $\log_4 4^4$; $\log_5 5^8$; $\log_4 0{,}0625$; $\log_3 3^6$; $\log_4 4^{-2}$

*AA 91*

Wenn $x_1 = a^s$ und $x_2 = a^t$, so gilt nach den Potenzgesetzen $x_1 \cdot x_2 = a^{s+t}$ und $\frac{x_1}{x_2} = a^{s-t}$ sowie $x_1{}^k = a^{s \cdot k}$. Bestimmen Sie damit

a) $\log_a x_1$  b) $\log_a x_2$  c) $\log_a(x_1 \cdot x_2)$  d) $\log_a \frac{x_1}{x_2}$  e) $\log_a x_1{}^k$

*AA 92*

Bestimmen Sie die Basis a folgender Logarithmen:

a) $\log_a 4 = 2$ b) $\log_a 2 = 4$ c) $\log_a 9 = \frac{1}{2}$ d) $\log_a 2 = \frac{1}{9}$

e) $\log_a 81 = 4$ f) $\log_a 2 = \frac{1}{6}$ g) $\log_a 5 = 0{,}25$ h) $\log_a 2 = -0{,}2$

*AA 93*

Prüfen Sie, ob es sich bei den Funktionen u(x) und v(x) um dieselbe Funktion oder um verschiedene Funktionen handelt!

a) $u(x) = \lg 10x \quad v(x) = 1 + \lg x$ b) $u(x) = \lg x^3 \quad v(x) = 3\lg x$

c) $u(x) = 2 \cdot 10^x \quad v(x) = 10^{x + \lg 2}$

*AA 94* (↗ *Beispiel A 16, S. 25*)

Radioaktives Jod 131 zerfällt nach der Funktionsgleichung $m(x) = m_0 \cdot \left(\sqrt[8]{\frac{1}{2}}\right)^x$. Dabei bedeutet $m_0$ die Ausgangsmasse und $m$ die vorhandene Masse nach x Tagen.

a) Legen Sie eine Wertetabelle für den Zerfall von 5 g Jod 131 an und zeichnen Sie den Graphen der Funktion!

b) Bestimmen Sie aus dem Graphen der Funktion, welche Menge Jod 131 nach einem Tag noch vorhanden ist und nach wie viel Tagen sich die Ausgangsmenge halbiert hat!

*AA 95*

Die Bevölkerung eines Landes wird sich bei gleichmäßigem proportionalem Wachstum nach einer Prognose A in 27 Jahren und nach einer Prognose B in 34 Jahren verdoppeln.
Geben Sie die jährlichen prozentualen Wachstumsraten der Bevölkerung für beide Prognosen an!

*AA 96*

Im Fischer Welt-Almanach 1996 (Fischer Taschenbuch-Verlag) wird die Weltbevölkerung für das Jahr 1995 mit 5,72 Milliarden Menschen angegeben.

a) In welchem Jahr wird zum ersten Mal die 6-Milliarden Grenze überschritten, wenn man einen jährlichen prozentualen Zuwachs von p = 1,9 % annimmt?

b) Geben Sie eine Prognose für die Größe der Weltbevölkerung im Jahr 2000 an!

c) Nach wie viel Monaten würde sich danach im Jahr 2000 die Weltbevölkerung um die derzeitige Einwohnerzahl der Bundesrepublik (ca. 80 Mio.) vergrößern?

*Lösungshinweis:*

Natürliche (stetige bzw. kontinuierliche) Wachstumsprozesse bzw. Zerfallsprozesse lassen sich im Vergleich zum Beispiel A 16 noch besser durch Exponentialfunktionen der Form $f(t) = a \cdot e^{k \cdot t}$ bzw. $f(t) = a \cdot e^{-k \cdot t}$ beschreiben. Für die so genannte Wachstumskonstante bzw. Zerfallskonstante k gilt: $k = \ln\left(1 + \frac{p}{100}\right)$ bzw. $k = -\ln\left(1 - \frac{p}{100}\right)$. a kennzeichnet den Anfangszustand bzw. die Ausgangssituation.

*AA 97*

In einer überlieferten Aufgabe wird folgender Sachverhalt geschildert: Ein Chinese setzte in seinen Teich mitten in der Nacht (0.00 Uhr) eine wundersame Pflanze, deren Schwimmblätter jeweils während eines Tages (24 Stunden) auf die doppelte Fläche anwuchsen. Genau 30 Tage nach dem Pflanzen bedeckten um Mitternacht die Schwimmblätter den Teich vollständig.

a) Überlegen Sie: Wann bedeckte die Pflanze die halbe Fläche des Teiches?

b) Welcher Teil des Teiches war am 30. Tag des Monats um 12.00 Uhr bzw. um 18.00 Uhr bedeckt?

*AA 98*

Ein vom Tauchen her bekanntes Phänomen ist, dass die eindringende Lichtstrahlung absorbiert („verschluckt") wird. Der Intensitätsverlauf der Strahlung lässt sich durch eine Funktion der Form $I(d) = I_0 \cdot e^{-k \cdot d}$ beschreiben. Die Konstante k heißt in diesem Zusammenhang Absorptionskoeffizient und ist ein Maß für das Absorptionsvermögen des entsprechenden Mediums. Für Wasser gilt beispielsweise $k = 2{,}4\ m^{-1}$.

a) In welcher Tauchtiefe $d_H$ ist die Lichtintensität nur noch halb so groß wie vor dem Eindringen ins Wasser?
b) Wie viel Prozent der Lichtintensität sind in einer Tiefe von 1 m noch vorhanden?
c) In welcher Tiefe beträgt die Lichtintensität weniger als 1 ‰ des ursprünglichen Wertes?

*AA 99*

In Medizin und Technik werden Röntgenstrahlen durch Bleiplatten entsprechender Dicke abgeschirmt. Als grober Richtwert gilt: 1 mm Dicke ≙ 5% Strahlungsabnahme. Berechnen Sie die notwendige Dicke der Bleiabschirmung, wenn die Strahlung auf $\frac{1}{10}$ ($\frac{1}{100}$) der ursprünglichen Stärke reduziert werden soll!

*AA 100*

Durch Einleitung von Chemikalien in einen See wurde das Wasser so verunreinigt, dass darin nicht mehr gebadet werden kann. Bei Messungen werden 140 ppm (*pars per million* – Teilchen pro Million Wasserteilchen) gemessen. Diese Verunreinigung würde durch den natürlichen Klärungsprozess exponentiell um 10% pro Woche abnehmen, sofern keine weitere Zuleitung von Chemikalien erfolgt.

a) Fertigen Sie eine Tabelle für diesen Klärungsprozess an!
b) Nach wie viel Wochen ist die Verunreinigung auf ein Viertel des Ausgangswertes zurückgegangen?
c) Der festgesetzte Grenzwert beträgt 25 ppm. Nach wie viel Wochen ist das Baden wieder möglich?

*AA 101*

Durch die Funktion $p = p_0 \cdot e^{-k \cdot h}$ lässt sich die Abnahme des atmosphärischen Luftdruckes $p$ mit zunehmender Höhe $h$ (in m) über dem Meeresspiegel beschreiben. Dabei bedeuten $p_0$ Luftdruck über dem Meeresspiegel ($p_0 \approx 1010$ hPa) und k eine für den Luftdruckabfall charakteristische Konstante ($k \approx 1{,}25 \cdot 10^{-4}$).

a) Erkunden Sie die Höhe des höchsten Berges auf der Erde und berechnen Sie den Luftdruck auf diesem Berg!
b) In welcher Höhe ist der atmosphärische Luftdruck auf die Hälfte des Wertes auf Meeresspiegelhöhe abgefallen?
c) Wie hoch fliegt ein Flugzeug, in dem ein Außendruck von etwa 800 hPa gemessen wird?

# A 6 Übersicht über Funktionsarten und Verfahren zur Nullstellenbestimmung

## A 6.1 Funktionsarten

## A 6.2 Verfahren zur Nullstellenbestimmung reeller Funktionen

***AA 102*** *(↗ Beispiel A 18, S. 31)*

Bestimmen Sie die Nullstelle der Funktion $f(x) = e^{2x-3} - 4$!

***AA 103***

Bestimmen Sie die Nullstellen folgender Funktionen mittels Lösungsformeln oder Umformungskalkülen!

a) $f_1(x) = e^{x^2 - 3x - 4} - 1$ b) $f_2(x) = 10^{x^4 - 2x^2} - 0{,}1$ c) $f_3(x) = e^{x^2} - e^{\frac{3}{4} - x}$

d) $f_4(x) = \lg(3x + 4) + 1$ e) $f_5(x) = \ln(\frac{x^2}{16} + \frac{3}{8}x)$ f) $f_6(x) = \sqrt{2x+1} - 2 \cdot \sqrt{x}$

g) $f_7(x) = \sqrt{3x-2} + \sqrt{2x+3}$ h) $f_8(x) = x - \sqrt{x+2}$ i) $f_9(x) = x + \sqrt{2x+7}$

j) $f_{10}(x) = \cos x - \sin x$

***AA 104*** *(↗ Beispiel 19, S. 31)*

Bestimmen Sie die Nullstellen der Funktion $f(x) = 16x^4 - 33x^2 + 16$ mittels Substitution!

***AA 105***

Bestimmen Sie die Nullstellen folgender Funktionen mittels Substitution:

a) $f_1(x) = x^4 + 2{,}6x^2 + 0{,}69$ b) $f_2(x) = x^6 - 14x^4 + 49x^2 - 36$

c) $f_3(x) = 0{,}5x^6 + 3{,}5x^3 - 4$ d) $f_4(x) = (\lg x)^2 - 3$

e) $f_5(x) = (\lg x^2) - 3\lg x + 2$ f) $f_6(x) = (\lg x)^2 + \lg x - 2$

g) $f_7(x) = \cot 2x + 4\cot x - 4$

***AA 106***

Diskutieren Sie die Funktion $f(x) = x^4 - 4x^2 + a$ hinsichtlich der Anzahl ihrer Nullstellen in Abhängigkeit von a ($a \in \mathbb{R}$)!

***AA 107*** *(↗ Beispiel A 20, S. 32)*

Bestimmen Sie die Nullstellen der Funktion $f(x) = x^5 - 2x^3$ mittels Zerlegung in Faktoren!

***AA 108***

Bestimmen Sie die Nullstellen folgender Funktionen mittels Zerlegung in Faktoren!

a) $f_1(x) = -x^4 - 7x^3 + 36x$ b) $f_2(x) = (x-3) \cdot \sqrt{12 - 2x}$ c) $f_3(x) = (x-8) \cdot \sqrt[3]{7-x}$

d) $f_4(x) = \sin 2x + \sin x$ e) $f_5(x) = \sqrt{x^2 - 2} \cdot \lg(\frac{x^2}{4} - \frac{x}{4} + \frac{1}{2})$ f) $f_6(x) = \dfrac{\tan\left(\frac{1}{2}x - \frac{\pi}{4}\right)}{e^{2x-4}}$

g) $f_7(x) = \dfrac{x}{\sqrt{1-x}}$

***AA 109***

Geben Sie in Abhängigkeit von a ($a \in \mathbb{R}$, $a \neq 0$) alle Nullstellen folgender Funktionsscharen an:

a) $f_1(x) = x^n + a \cdot x^{n-1}$; $n \in \mathbb{N}$; $n > 1$ b) $f_2(x) = x^n + a \cdot x^{n-2}$; $n \in \mathbb{N}$; $n > 2$

c) $f_3(x) = x^n + a \cdot x^{n-3}$; $n \in \mathbb{N}$; $n > 3$

Wie lauten die Ergebnisse, wenn jeweils $n \in \mathbb{R}$ gilt?

***AA 110*** *(↗ Beispiel A 24, S. 35)*

Bestimmen Sie alle Nullstellen der Funktion $f(x) = x^3 - 6x^2 + 3x + 10$!

***AA 111***

a) Bestimmen Sie alle Nullstellen der ganzrationalen Funktion $f(x) = 4x^3 - 19x^2 - 36x + 36$!
   *Hinweis:* Ermitteln Sie *eine* Nullstelle durch Probieren!
b) Bestimmen Sie alle Nullstellen der Funktion $f(x) = x^4 + 2x^3 - 10x^2 - 6x + 45$!

***AA 112***

Untersuchen Sie, ob $x_{i1}$ eine Nullstelle nachfolgender Funktionen $f_i$ ist, und berechnen Sie weitere Nullstellen nach Polynomdivision:

a) $f_1(x) = x^3 + 10x^2 + 7x - 18 \quad x_{11} = 1$ b) $f_2(x) = x^3 - 3x^2 - 6x + 18 \quad x_{21} = 3$

c) $f_3(x) = x^3 + 5x^2 - 22x - 56 \quad x_{31} = 4$ d) $f_4(x) = 2x^3 + 4{,}8x^2 + 1{,}5x - \frac{1}{5} \quad x_{41} = -2$

***AA 113***

Wenn $f(x) = a_n x^n + a_{n-1} x^{n-1} \ldots + a_1 x + a_0$ ein Polynom mit ganzzahligen Koeffizienten und $x_{01}$ eine ganzzahlige Nullstelle von $f(x)$ ist, dann ist $x_{01}$ ein Teiler von $a_0$. Ermitteln Sie mit Hilfe dieser Aussage die Nullstellen folgender Funktionen:

a) $f_1(x) = 4x^3 - 20x^2 - x + 5$ b) $f_2(x) = 4x^3 - 24x^2 - x + 6$

c) $f_3(x) = 2x^3 - 17x^2 + 38x - 15$ d) $f_4(x) = 4x^4 + 4x^3 - 37x^2 + 41x - 12$

***AA 114***

Bestimmen Sie alle Nullstellen der Funktion $f(x) = x^3 - x^2 - \frac{x}{100} + \frac{1}{100}$!

*Hinweis:* Ermitteln Sie *eine* Nullstelle durch Probieren oder aus einer geeigneten grafischen Darstellung der Funktion! Stellen Sie die Funktion (möglichst computergestützt) im Intervall $[-0{,}2; 1{,}2]$ dar! Vergleichen Sie mit dem Verlauf des Graphen der Funktion $g(x) = x^3 - x^2$!

***AA 115***

Bestimmen Sie alle Nullstellen der Funktion $f(x) = x^5 + x^4 + 4x^3 + 4x^2 - 5x - 5$!
Vergleichen Sie das Verhalten der Funktion an der einfachen und an der doppelten Nullstelle!

***AA 116***

Eine Firma startet mit folgenden Betriebsergebnissen:

0. Jahr (Firmengründung): –150 000 €; 1. Jahr –80 000 €;
2. Jahr –36 000 €; 3. Jahr –12 000 €.

In welchem Jahr erreicht die Firma ein neutrales Ergebnis (Betriebsergebnis = 0)?

*Hinweis:* Für die zeitliche Entwicklung des Betriebsergebnisses lege man eine ganzrationale Funktion 3. Grades in *t* (*t* in Jahren) zugrunde. Durch Einsetzen der Jahre und Betriebsergebnisse und Lösen des Gleichungssystems erhält man die Parameter der gesuchten Funktion, deren Nullstellen zu bestimmen sind.

***AA 117*** *(↗ Beispiel A 25, S. 36)*

Bestimmen Sie die Polstellen und Nullstellen der Funktion $f(x) = \dfrac{x^3 - 3x^2 + 4}{(x-2)\cdot(2x-1)\cdot(x^2+1)}$ für $-9 \le x \le 12$!

***AA 118***

Bestimmen Sie Nullstellen und Polstellen folgender gebrochenrationaler Funktionen:

a) $f_1(x) = \dfrac{x^4 - 4x^2 + 3}{x^3 - x^2 - x + 1}$; $I = [-5; 4]$ b) $f_2(x) = \dfrac{x^4 - 5x^3 + 2x^2 - 10x}{x^4 + \frac{5}{12}x^2 - \frac{1}{6}}$; $I = [-8; 10]$

c) $f_3(x) = \dfrac{x^2 - 2x + 1}{x^2 + 1}$ d) $f_4(x) = \dfrac{1}{1+x}$ e) $f_5(x) = \dfrac{1 - x^3}{1 + x^3}$ f) $f_6(x) = \dfrac{2x^2 - 1}{x^2 - 2}$

***AA 119***

Für einen senkrechten Wurf mit der Anfangshöhe $h_0$ und der Anfangsgeschwindigkeit $v_0$ gilt folgendes Weg-Zeit-Gesetz: $h = h(t) = -\frac{g}{2}t^2 + v_0 \cdot t + h_0$. Ermitteln Sie die Nullstelle der Funktion $h(t)$ mit $t > 0$! Welche physikalische Bedeutung hat diese Nullstelle?

# B Zahlenfolgen

## *Ergänzung I: Beweisen im Mathematikunterricht*

### *1 Zum Finden von Erkenntnissen*

### *2 Schlussregeln*

*BA 1*

Zeigen Sie durch Anwendung der Wahrheitswertetabellen („Formeln und Tabellen“, S. 21), dass die folgenden Schlussregeln (s. Lehrbuch, S. 38–40) aussagenlogische Identitäten (Tautologien) sind:

a) Abtrennungsregel: $[(A \Rightarrow B) \wedge A] \Rightarrow B$
b) Kettenschluss: $[(A \Rightarrow B) \wedge (B \Rightarrow C)] \Rightarrow (A \Rightarrow C)$
c) Kontraposition: $(A \Rightarrow B) \Leftrightarrow (\neg B \Rightarrow \neg A)$
d) Fallunterscheidung oder Schluss aus einer Alternative: $[(A \vee B) \wedge (A \Rightarrow C) \wedge (B \Rightarrow C)] \Rightarrow C$
e) Schluss auf Äquivalenz: $[(A \Rightarrow B) \wedge (B \Rightarrow A)] \Leftrightarrow (A \Leftrightarrow B)$
f) Indirekter Schluss beim indirekten Beweis: $[(\neg A \Rightarrow B) \wedge (\neg A \Rightarrow \neg B)] \Rightarrow A$

### *3 Beweisverfahren*

#### 3.1 Direkter Beweis

#### 3.2 Indirekter Beweis

*BA 2* *(↗ Beispiel B 7, S. 42f.)*

Formulieren Sie den folgenden Satz als Implikation und beweisen Sie diesen durch einen direkten Beweis:

*Im Tangentenviereck ist die Summe der Längen zweier gegenüberliegender Seiten gleich der Summe der Längen der beiden anderen Seiten.*

*Hinweis:* Ein Viereck, dessen Seiten Tangenten eines Kreises sind, heißt Tangentenviereck.

*BA 3*

Zeigen Sie an den direkten Beweisen der folgenden Aussagen, wie man unter Nutzung von Schlussregeln schrittweise von der Voraussetzung zur Behauptung gelangt:

a) Vor.: $x \geq 1 \ (x \in \mathbb{N})$
Beh.: $6x + 3 \geq 3x + 6$

b) Vor.: $x \geq 1 \ (x \in \mathbb{N})$
Beh.: $10x + 5 > 10 + 5x$

*BA 4*

Wenn die Quersumme einer beliebigen natürlichen Zahl durch 9 teilbar ist, dann ist auch die natürliche Zahl selbst durch 9 teilbar.

Beweisen Sie diesen Satz für eine beliebige

a) dreistellige natürliche Zahl
b) fünfstellige natürliche Zahl.

Verdeutlichen Sie das Anwenden der Abtrennungsregel beim Beweis!

*BA 5*

Beweisen Sie durch Fallunterscheidung folgende Aussagen:

a) Für alle natürlichen Zahlen n, $n \geq 1$, ist die Summe $n^2 + 5n$ stets eine gerade Zahl.
b) Die Summe der dritten Potenzen dreier aufeinander folgender natürlicher Zahlen ist stets durch 9 teilbar.

***BA 6***

Beweisen Sie mittels Kontraposition:
Wenn ein Dreieck ungleichschenklig ist, dann kann es nicht in zwei kongruente Teildreiecke zerlegt werden.

***BA 7***

Beweisen Sie folgende Aussage durch einen direkten Beweis:

Wenn in einem konvexen Viereck ABCD keine zwei Seiten zueinander parallel sind und der Punkt E der Mittelpunkt der Seite $\overline{AB}$, entsprechend F der Mittelpunkt von $\overline{CD}$, G von $\overline{AD}$, H von $\overline{BC}$, M von $\overline{AC}$ und N der Mittelpunkt von $\overline{BD}$ ist, dann sind die Vierecke GNHM und ENFM Parallelogramme.

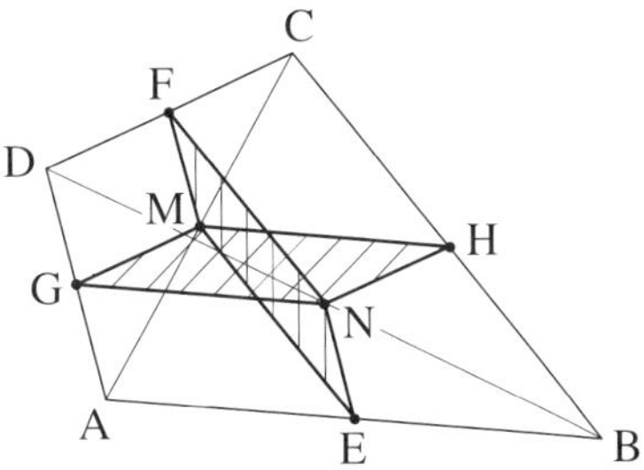


***BA 8***

Beweisen Sie folgende Aussagen indirekt:

a) Wenn a und b nichtnegative reelle Zahlen sind, dann ist das arithmetische Mittel der Zahlen a und b größer oder höchstens gleich dem geometrischen Mittel von a und b.
b) $\sqrt{8}$ ist keine rationale Zahl.
c) $\sqrt{21}$ ist keine rationale Zahl.

***BA 9***

Beweisen Sie folgende negierte Existenzaussage:
Es gibt kein Dreieck, in dem zwei Winkelhalbierende senkrecht aufeinander stehen.

***BA 10***

Beweisen Sie die Aussage:
Wenn die Summe aus vier natürlichen Zahlen eine ungerade Zahl ist, dann ist ihr Produkt eine gerade Zahl.

***BA 11***

Überprüfen Sie die Wahrheit folgender Aussage:
Wenn sechs aufeinander folgende natürliche Zahlen addiert werden, dann ist ihre Summe stets durch 6 teilbar.

***BA 12***

Beweisen Sie folgende Sätze und deren Umkehrungen! Überprüfen Sie, ob Sie den Schluss auf eine Äquivalenz anwenden können! Ist dies der Fall, dann formulieren Sie den entsprechenden Satz in der „Wenn …, genau dann gilt …“-Form.

a) Wenn die Quersumme einer natürlichen Zahl n durch 3 teilbar ist, dann ist n durch 3 teilbar.
b) Wenn ein spitzwinkliges Dreieck ABC gleichschenklig mit $|\overline{AC}| = |\overline{BC}|$ ist, dann haben die von A und B ausgehenden Höhen gleiche Länge.
c) Stehen in einem gleichschenkligen Trapez ABCD (mit AB || CD und $|\overline{AD}| = |\overline{BC}|$) die Diagonalen $\overline{AC}$ und $\overline{BD}$ senkrecht aufeinander, dann ist die Länge der Mittellinie dieses Trapezes gleich der Länge seiner Höhe.

### 3.3 Das Beweisverfahren der vollständigen Induktion

***BA 13*** *(↗ Beispiel B 10, S. 46f.)*

Beweisen Sie die Wahrheit der folgenden Aussage unter Verwendung des Beweisverfahrens der vollständigen Induktion:

Für alle $n \in \mathbb{N}^*$ gilt: $A(n)$: $s_n = 2 + 4 + 6 + 8 + \ldots + 2n = n^2 + n$

***BA 14***

Beweisen Sie die Wahrheit der folgenden Aussagen für alle $n \in \mathbb{N}^*$:

a) $s_n = 2 + 6 + 12 + 20 + \ldots + n\cdot(n+1) = \frac{n \cdot (n+1) \cdot (n+2)}{3}$

b) $s_n = 10 + 12 + 14 + 16 + \ldots. + (2n+8) = n\cdot(n+9)$

c) $s_n = 1^2 + 2^2 + 3^2 + 4^2 + \ldots + n^2 = \frac{n \cdot (n+1) \cdot (2n+1)}{6}$

d) $s_n = 1^3 + 2^3 + 3^3 + 4^3 + \ldots. + n^3 = (\frac{n \cdot (n+1)}{2})^2$

e) $s_n = 1 + 4 + 18 + 96 + \ldots + n\cdot n! = (n+1)! - 1$ (mit $n! = 1\cdot 2\cdot 3\cdot \ldots \cdot(n-1)\cdot n$)

f) $s_n = \frac{1}{1\cdot 2} + \frac{1}{2\cdot 3} + \frac{1}{3\cdot 4} + \ldots + \frac{1}{n\cdot(n+1)} = \frac{n}{n+1}$

g) $s_n = 6^0 + 6^1 + 6^2 + 6^3 + \ldots + 6^n = \frac{6^{n+1} - 1}{5}$ (Gilt die Aussage auch für $n = 0$?)

h) $s_n = a^0 + a^1 + a^2 + a^3 + \ldots + a^n = \frac{a^{n+1} - 1}{a - 1}$ ($a \in \mathbb{N}$; $a > 1$) (Gilt die Aussage auch für $n = 0$?)

i) $s_n = \cos 0 + \cos x + \cos 2x + \cos 3x + \ldots + \cos nx = \frac{\sin\frac{n+1}{2}x \cdot \cos\frac{n}{2}x}{\sin\frac{x}{2}}$ ($n \in \mathbb{N}$)

***BA 15*** *(↗ Beispiel B 11, S. 47f.)*

Beweisen Sie die Wahrheit der folgenden Aussage unter Verwendung des Beweisverfahrens der vollständigen Induktion:

Für alle $n \in \mathbb{N}$ gilt: $A(n)$: 4 ist ein Teiler von $5^n + 7$

***BA 16***

Beweisen Sie mit dem Beweisverfahren der vollständigen Induktion, dass für alle $n \in \mathbb{N}$ die folgenden Aussagen wahr sind:

a) 8 ist Teiler von $5^{2n} - 3^{2n}$
b) 11 ist Teiler von $6^{2n} - 5^{2n}$
c) 5 ist Teiler von $7^n - 2^n$
d) 3 ist Teiler von $13^n + 2$
e) 7 ist Teiler von $2^{3n} + 13$
f) 7 ist Teiler von $50^n + 6$
g) 133 ist Teiler von $11^{n+2} + 12^{2n+1}$

***BA 17***

Beweisen Sie durch vollständige Induktion, dass für alle $n \in \mathbb{N}$ gilt: $A(n)$: $2^n > n$

***BA 18***

Beweisen Sie mit dem Beweisverfahren der vollständigen Induktion die Wahrheit der folgenden Aussagen:

a) Für alle natürlichen Zahlen $n > 2$ gilt: $2^n > 2\cdot n$.
b) Für alle natürlichen Zahlen $n > 4$ gilt: $2^n > n^2$.
c) Für alle natürlichen Zahlen $n > 1$ gilt: $3^n > 3n$.
d) Für alle natürlichen Zahlen $n > 3$ gilt: $n! > 2^n$.

e) $(1 + a)^n > 1 + n \cdot a$, wenn $a \in \mathbb{R}$; $a > -1$; $a \neq 0$; $n \in \mathbb{N}$; $n > 1$ (BERNOULLIsche Ungleichung).

f) Für alle natürlichen Zahlen $n > 1$ gilt: $\frac{4^n}{n+1} < \frac{(2n)!}{(n!)^2}$.

***BA 19***

Beweisen Sie mit dem Beweisverfahren der vollständigen Induktion die Wahrheit der folgenden Aussage:
Die Innenwinkelsumme w in einem konvexen n-Eck ($n > 2$, $n \in \mathbb{N}$) beträgt $w = (n - 2) \cdot 180°$.

***BA 20***

Beweisen Sie die Wahrheit der folgenden Aussage unter Verwendung des Beweisverfahrens der vollständigen Induktion:
Die Anzahl der Diagonalen $d_n$ in einem konvexen n-Eck ($n > 3$; $n \in \mathbb{N}$) beträgt $\frac{n \cdot (n-3)}{2}$.

***BA 21***

Beweisen Sie die Wahrheit der folgenden Aussage unter Verwendung des Beweisverfahrens der vollständigen Induktion:
In einer Menge von n unterschiedlichen Objekten lassen sich $n! = 1 \cdot 2 \cdot 3 \cdot \ldots \cdot (n-1) \cdot n$ verschiedene geordnete Zusammenstellungen dieser n Objekte angeben.

***BA 22***

Man beweise durch vollständige Induktion, dass n verschiedene Geraden, die in einer Ebene liegen und durch einen gemeinsamen Punkt gehen, diese Ebene in 2n Teile zerlegen.

***BA 23***

Man beweise durch vollständige Induktion den folgenden Satz:
Das Quadrat eines Polynoms ist gleich der Summe der Quadrate der einzelnen Glieder, vermehrt um alle möglichen doppelten Produkte je zweier verschiedener Glieder, also:
$(a_1 + a_2 + a_3 + \ldots + a_n)^2 = a_1^2 + a_2^2 + a_3^2 + \ldots + a_n^2 + 2(a_1 a_2 + a_1 a_3 + \ldots a_{n-1} a_n)$.

***BA 24***

Man zeige von den folgenden Beispielen, dass

- der Induktionsschluss von k auf $(k + 1)$ gelingt, aber
- der Induktionsanfang nicht gelingt.
- Man überlege, durch welche kleinen Veränderungen der jeweiligen Summenformel a) bis d) bzw. der Teilbarkeitsaussage e) das Gelingen sowohl des Induktionsanfangs wie auch des Induktionsschlusses erreicht werden kann.

a) $1 + 3 + 5 + \ldots + (2n - 1) = (n + 1)(n - 1)$

b) $\frac{1}{2^1} + \frac{1}{2^2} + \frac{1}{2^3} + \ldots + \frac{1}{2^n} = 2 - \frac{1}{2^n}$

c) $1 + 2^2 + 3^2 + \ldots + n^2 = \frac{2n^3 + 3n^2 + n + 1}{6}$

d) $1 \cdot 2 + 2 \cdot 3 + 3 \cdot 4 + \ldots + n(n + 1) = \frac{n(n+1)(n+2)}{3} + 1$

e) 133 teilt $(4 \cdot 11^{n+2} + 5 \cdot 12^{2n+1})$

***BA 25***

Man beweise folgende Teilbarkeitsaussagen jeweils direkt, indirekt sowie mit Hilfe des Verfahrens der vollständigen Induktion und vergleiche die dabei genutzten Strategien.

a) Ist s die Summe dreier aufeinander folgender natürlicher Zahlen, so gilt stets $3 \mid s$.

b) Ist $n \in \mathbb{N}$, so gilt $8 \mid (2n + 1)^2 - 1$.

c) Die Summe der Kuben dreier aufeinander folgender natürlicher Zahlen ist stets durch 9 teilbar.

# B 1 Der Begriff *Zahlenfolge*

***BA 26*** *(↗ Abschnitt B 1, S. 49ff.)*
Vergleichen Sie die lineare Funktion mit der Zuordnungsvorschrift $f(x) = 3x - 2$ und die Zahlenfolge mit der Zuordnungsvorschrift $(a_n) = (3n - 2)$ bezüglich Definitionsbereich, Wertebereich, Wertetabelle und grafischer Darstellung!:

***BA 27***
Stellen Sie wie in Aufgabe ***BA 26*** gegenüber!

a) $f(x) = x^2 - 5x$ und $(a_n) = n^2 - 5n$
b) $f(x) = \frac{2x+1}{x}$ und $(a_n) = \frac{2n+1}{n}$
c) $f(x) = -\frac{1}{x^2}$ und $(a_n) = -\frac{1}{n^2}$
d) $f(x) = \frac{1}{2^x}$ und $(a_n) = \frac{1}{2^n}$

***BA 28***
Bestimmen Sie die Glieder $a_1, a_2, a_3, a_4, a_9, a_{15}$ und $a_{30}$ der angegebenen Zahlenfolgen:

a) $(2n + 3)$
b) $(6 - \frac{1}{2} \cdot n)$
c) $(3n^2 - 5n)$
d) $((n + 1)(n - 2))$
e) $(\frac{1}{n - n^2})$
f) $((-1)^n \cdot 2^{n-1})$

***BA 29***
Setzen Sie die nachstehenden Zahlenfolgen um vier weitere Glieder fort, und geben Sie das allgemeine Glied $a_n$ an!

a) $(a_n)_1 = 7; 9; 11; 13; \ldots$
b) $(a_n)_2 = 3; 9; 27; 81; \ldots$
c) $(a_n)_3 = \frac{1}{2}; \frac{1}{4}; \frac{1}{8}; \frac{1}{16}; \ldots$
d) $(a_n)_4 = \frac{3}{2}; 3; \frac{9}{2}; 6; \ldots$
e) $(a_n)_5 = +4; -1; -2; +5; -8; \ldots$
f) $(a_n)_6 = \frac{7}{2}; -3; \frac{5}{2}; -2; \ldots$

***BA 30***
Untersuchen Sie, welche der angegebenen Zahlen Glieder der jeweiligen Zahlenfolge sind!

a) $(a_n)_1 = (8 - 5n)$ : $-117$ und $-3225$
b) $(a_n)_2 = (7n - n^2)$ : $-450$ und $-30$
c) $(a_n)_3 = (\frac{12 + 3n}{6n^2})$ : $10$ und $\frac{1}{18}$
d) $(a_n)_4 = ((-1)^n \cdot 2^{-n})$ : $-2$ und $\frac{1}{64}$
e) $(a_n)_5 = (\frac{3^n}{(\frac{1}{2})^n})$ : $1296$ und $279936$
f) $(a_n)_6 = ((1 + \frac{1}{n})^{n+1})$ : $\frac{3125}{1024}$ und $2{,}85$

***BA 31***
Berechnen Sie fünf Folgenglieder! Geben sie jeweils eine explizite Bildungsvorschrift an, sofern dies möglich ist!

a) $a_1 = 7;\quad a_{n+1} = a_n - 3$
b) $a_1 = 1;\quad a_{n+1} = 3a_n + 1$
c) $a_1 = -4;\quad a_n = a_{n-1} + 5$
d) $a_1 = 1;\quad a_{n+1} = a_n + n$
e) $a_1 = 1; a_2 = 1;\quad a_{n+2} = a_n + a_{n+1}$
f) $a_1 = 0; a_2 = -\frac{1}{2}\quad a_{n+2} = a_n^{\,2} \cdot a_{n+1}$

***BA 32***
Bestimmen Sie die ersten 5 Glieder und das allgemeine Glied $a_n$ der durch folgende Wortvorschriften gegebenen Zahlenfolgen:

a) Jeder natürlichen Zahl $n > 0$ ist ihre um 2 verminderte Quadratzahl zugeordnet.
b) Jeder natürlichen Zahl wird der Quotient aus ihrem um 5 vermehrten Dreifachen und aus ihrem Doppelten zugeordnet.
c) Jeder natürlichen Zahl $n \geq 2$, wird das Reziproke aus dem Produkt von ihr und ihrem unmittelbaren Vorgänger zugeordnet.

d) Jeder Zahl $n \in \mathbb{N}^*$ wird die Zahl zugeordnet, die auf folgende Weise entsteht: Die Summe aus der Zahl 1 und dem Reziproken der natürlichen Zahl n wird mit der um 1 vermehrten natürlichen Zahl n potenziert.

e) Jeder natürlichen Zahl $n > 0$ wird diejenige Zahl zugeordnet, die sich aus der Summe aller vorangegangenen natürlichen Zahlen ergibt.

## B 1.1 Arithmetische Zahlenfolgen

***BA 33***

Gegeben ist die Zahlenfolge $(a_n) = (3; 4{,}5; 6; 7{,}5; 9; \ldots)$. Bestimmen Sie jeweils die Differenz benachbarter Folgenglieder! Welche Eigenschaften besitzt die Folge $(a_n)$?
Stellen Sie für die Folge $(a_n)$ eine rekursive Bildungsvorschrift auf und bestimmen Sie damit die Folgenglieder $a_6$ bis $a_{10}$! Ermitteln Sie dann eine explizite Bildungsvorschrift für $(a_n)$ und damit $a_{15}$, $a_{23}$, $a_{38}$ und $a_{50}$!

***BA 34***

Untersuchen Sie die nachfolgenden Zahlenfolgen wie in Aufgabe ***BA 33***!

a) $(a_n) = 7; 4; 1; -2; -5; \ldots$

b) $(b_n) = \frac{11}{3}; 4\frac{1}{6}; 4\frac{2}{3}; \frac{31}{6}; 5\frac{4}{6}; \ldots$

c) $(c_n) = -4; -9; -14; -19; -24; \ldots$

d) $(d_n) = -\sqrt{2}; \sqrt{2}; 3\sqrt{2}; 5\sqrt{2}; 7\sqrt{2}; \ldots$

e) $(e_n) = \frac{1}{5}; \frac{7}{10}; \frac{31}{30}; \frac{77}{60}; \frac{89}{60}; \ldots$

f) $(f_n) = -1; \frac{1}{3}; \frac{5}{3}; 3; \frac{13}{3}; \ldots$

***BA 35***

Vervollständigen Sie nachstehende Tabelle arithmetischer Zahlenfolgen:

| | $a_1$ | $a_2$ | $a_3$ | $a_4$ | $a_{10}$ | $a_{17}$ | $a_{25}$ | d | $a_n$ |
|---|---|---|---|---|---|---|---|---|---|
| a) | 1 | 5 | 9 | | | | | | |
| b) | | −5 | −7 | −9 | | | | | |
| c) | $2\frac{1}{10}$ | | $\frac{53}{10}$ | | $16\frac{1}{2}$ | | | | |
| d) | | | | −8 | | | | $-\frac{1}{3}$ | |
| e) | | | | | | 36 | 68 | | |
| f) | | | | | $-\frac{1}{3}$ | | | $\frac{2}{5}$ | |
| g) | | | | | | | | | $\frac{4n^2-7n}{3n}$ |

***BA 36***

Eine Anpflanzung von Obstbäumen an einem Hang umfasst 30 Reihen Bäume. In der ersten Reihe befinden sich 12 Bäume, in jeder folgenden Reihe dann jeweils 6 Bäume mehr als in der vorhergehenden.

a) Wie viel Bäume hat die letzte Reihe?

b) Wie viel Bäume stehen in den ersten 4 Reihen?

***BA 37***

Ein Angestellter erhält im ersten Jahr seiner Einstellung monatlich 2800 €. Es wird angenommen, dass sich sein Gehalt in jedem Jahr um 150 € erhöht.

a) Welches Einkommen erhält er im 10. Jahr?

b) Wie viele Jahre müsste er tätig sein, um auf ein Monatsgehalt von 4750 € zu kommen?

*BA 38*

Für eine arithmetische Zahlenfolge ist die Summe aus dem 5. und 11. Glied gleich 58, die Summe aus dem 6. und 14. Glied gleich 40.

a) Wie heißt das Bildungsgesetz? b) Wie heißt das 12. Glied?

*BA 39*

Die Längen der drei Seiten eines rechtwinkligen Dreiecks mögen die ersten drei Glieder einer arithmetischen Zahlenfolge bilden. Der Flächeninhalt des Dreiecks beträgt 150 cm$^2$. Welche Maße haben die drei Seiten und wie heißt das Bildungsgesetz der Zahlenfolge?

*BA 40*

Eine Spirale besteht aus zwei Scharen konzentrischer Kreise um die Punkte A und B. Der Radius des ersten Halbkreises sei 20 mm, die Strecke $|\overline{AB}| = 5$ mm.

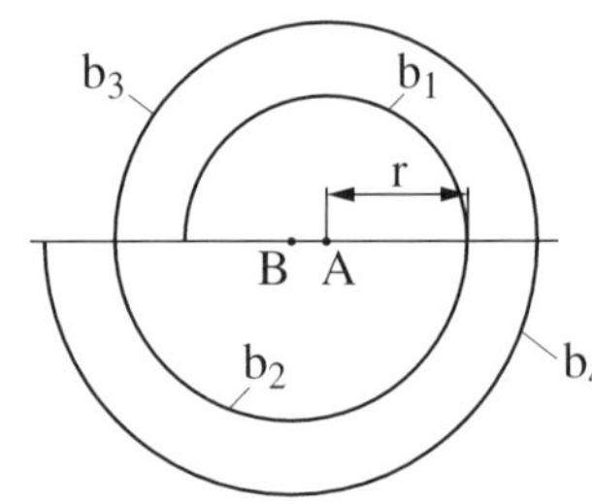


a) Wie heißt das Bildungsgesetz der Zahlenfolge?
b) Welche Länge hat der 25. Halbkreisbogen?
c) Wie lang ist die Spirale bis einschließlich des vierten Halbkreisbogens?

*BA 41*

Zeigen Sie, dass für jede arithmetische Zahlenfolge $(a_n) = a_1; a_2; a_3; a_4; \ldots$ Folgendes gilt:

a) $a_1 - 2a_2 + a_3 = 0$ b) $a_1 - 3a_2 + 3a_3 - a_4 = 0$

*BA 42*

Man beweise die folgende Implikation:
Wenn die positiven reellen Zahlen a, b, c eine arithmetische Zahlenfolge bilden, so sind die Zahlen $\frac{1}{\sqrt{b}+\sqrt{c}}$; $\frac{1}{\sqrt{c}+\sqrt{a}}$; $\frac{1}{\sqrt{a}+\sqrt{b}}$ auch aufeinanderfolgende Glieder einer arithmetischen Zahlenfolge.

*BA 43*

Es seien $a^2$, $b^2$ und $c^2$ aufeinander folgende Glieder einer arithmetischen Zahlenfolge. Beweisen Sie, dass dann auch die Zahlen $\frac{1}{b+c}$; $\frac{1}{a+c}$ und $\frac{1}{a+b}$ aufeinander folgende Glieder einer arithmetischen Zahlenfolge sind!

## B 1.2 Geometrische Zahlenfolge

*BA 44*

Gegeben sei die geometrische Zahlenfolge $(a_n) = \frac{1}{2}; -\frac{3}{2}; \frac{9}{2}; -\frac{27}{2}; \frac{81}{2}; \ldots$

a) Ermitteln Sie $a_1$ und q!
b) Wie heißt das Bildungsgesetz dieser geometrischen Zahlenfolge?
c) Berechnen Sie $a_9$!
d) Berechnen Sie die Summe der ersten 4 Glieder!
e) Ermitteln Sie $a_1$ und q und die ersten 5 Glieder einer anderen geometrischen Zahlenfolge, wenn diese durch $a_2 = 1$ und $a_5 = \frac{1}{27}$ gegeben ist!

*BA 45*

Beweisen Sie Satz B 3, S. 55!

***BA 46***

Setzen Sie die nachstehenden geometrischen Zahlenfolgen um drei Glieder fort und geben Sie eine explizite Bildungsvorschrift an:

a) $(a_n) = 1; 3; 9; 27; \ldots$

b) $(b_n) = -2; -1; -\frac{1}{2}; -\frac{1}{4}; \ldots$

c) $(c_n) = 2; -1; \frac{1}{2}; -\frac{1}{4}; \ldots$

d) $(d_n) = \frac{1}{2}; \frac{3}{4}; \frac{9}{8}; \frac{27}{16}; \ldots$

***BA 47***

Bestimmen Sie die Folgeglieder $a_5$ und $a_{15}$ der nachfolgend gekennzeichneten geometrischen Zahlenfolgen und geben Sie eine explizite Bildungsvorschrift an:

a) $a_1 = 0{,}7; \quad q = 2$

b) $a_2 = 5; \quad a_4 = 45 \quad (q > 0)$

c) $a_3 = 2; \quad q = -1$

d) $a_3 = -1; \quad a_4 = \frac{1}{4}$

***BA 48***

Vervollständigen Sie nachstehende geometrische Zahlenfolgen:

| | $a_1$ | $a_2$ | $a_3$ | $a_5$ | $a_8$ | $a_{11}$ | q | $a_n$ |
|---|---|---|---|---|---|---|---|---|
| a) | 6 | 3 | 1,5 | | | | | |
| b) | | $\frac{9}{4}$ | $-\frac{3}{4}$ | $-\frac{1}{12}$ | | | | |
| c) | | | 4 | 12 | | | $\ldots > 0$ | |
| d) | | | | | $-800$ | | $-2{,}5$ | |
| e) | | | | $\frac{3}{80}$ | | $\frac{12}{5}$ | $\ldots > 0$ | |
| f) | | | | | | | | $2^{n-4} \cdot 5^{2-n}$ |

***BA 49***

In einer geometrischen Zahlenfolge seien $a_1 = \frac{2}{3}$ und $a_{10} = 13\,122$.

a) Wie heißt das Bildungsgesetz?

b) Wie heißt das 15. Glied?

***BA 50***

a) Drei Zahlen, deren Summe 39 ist, seien die ersten 3 Glieder $a_1$, $a_2$ und $a_3$ einer geometrischen Zahlenfolge. Vermindert man die größte der 3 Zahlen um 9, so entstehen die ersten 3 Glieder einer arithmetischen Zahlenfolge. Ermitteln Sie die ersten 3 Glieder dieser geometrischen und der arithmetischen Zahlenfolge! Wie heißen die beiden Bildungsgesetze?

b) Drei Zahlen, deren Summe 81 ist, seien die ersten 3 Glieder $a_1$, $a_2$ und $a_3$ einer arithmetischen Zahlenfolge. Vermehrt man die größte der 3 Zahlen um 36, so entstehen die ersten 3 Glieder einer geometrischen Zahlenfolge. Ermitteln Sie die ersten 3 Glieder dieser arithmetischen und der geometrischen Zahlenfolge! Wie heißen die beiden Bildungsgesetze?

***BA 51***

a) Wie ändert sich der Quotient q einer endlichen geometrischen Zahlenfolge, wenn man ihre Glieder in umgekehrter Reihenfolge notiert? Wie heißt dann das Bildungsgesetz?

b) Wie ändert sich die Differenz d einer endlichen geometrischen Zahlenfolge, wenn man ihre Glieder in umgekehrter Reihenfolge notiert? Wie heißt dann das Bildungsgesetz?

***BA 52***

Man logarithmiere die Glieder einer geometrischen Folge. Was für eine Folge entsteht dabei?

***BA 53***

Zwischen je zwei Gliedern der geometrischen Folge 1; 2; 4; 8; … ist je ein Glied so einzuschieben, dass wieder eine geometrische Zahlenfolge entsteht. Geben Sie den neuen Quotienten und die ersten 8 Glieder an!

***BA 54***

a) Eine bestimmte Bakterienkultur vergrößert sich in einer Stunde um 2%. Nach welcher Zeit hat sich die Kultur verdoppelt?
b) Ein anderer Bakterienstamm verdoppelt sich in 10 Stunden. Wie hoch ist der Prozentsatz der stündlichen Vergrößerung?

Bemerkung: Für die Sachverhalte in den Aufgaben ***BA 54***, ***BA 55*** und ***BA 64*** wird angenommen, dass sie sich mittels geometrischer Folgen hinreichend genau beschreiben lassen.

***BA 55***

Ein Milzbrandbazillus teilt sich alle 40 Minuten.

a) Wie viel Bazillen können sich in 8 Stunden aus einem einzigen Bazillus entwickeln?
b) Nach wie viel Stunden haben sich 1024 Bazillen entwickelt?

***BA 56***

Herr Adam zahlt 5000 € auf seinem Sparbuch ein. Auf wie viel Euro hat sich sein Guthaben nach 12 Jahren erhöht, wenn ihm von der Sparkasse 4,5% Jahreszinsen gewährt werden und er die Zinsen nicht abhebt?

***BA 57***

Wie viel Euro Zinsen bringt ein Kapital von 10000 € nach 10 Jahren bei einem Zinssatz von 5% pro Jahr?

***BA 58***

Der Zinsertrag einer Stiftung von 250000 € soll nach jeweils 3 Jahren dem wissenschaftlichen Nachwuchs als Prämie zukommen. Das Kapital wird mit 5,5% pro Jahr verzinst. Wie hoch ist die jeweils zu verteilende Summe?

***BA 59***

Welches Kapital wächst bei einem festen Zinssatz von 6,5% pro Jahr in 5 Jahren auf 16441,04 € an?

***BA 60***

Bei welchem Prozentsatz verdoppelt sich ein Kapital in 10 Jahren?

***BA 61***

In wie viel Jahren wachsen 25000 € bei einem jährlichen festen Zinssatz von 5,5% auf 38367,16 € an?

***BA 62***

Ein Schuldner hat in 8 Jahren eine Zahlung von 10000 € (eingeschlossen sind die jährlichen Zinseszinsen von 5%) zu leisten. Um die Zinsen zu sparen, möchte er sich dieser Verpflichtung durch eine sofortige einmalige Zahlung entledigen. Wie groß ist die damit erreichte Einsparung?

***BA 63***

Durch eine einmalige Zahlung von 7366,96 € soll bei 5% Zinseszins eine Schuld von 12000 € ausgelöst werden. In wie viel Jahren ist demnach die Schuld fällig?

*BA 64*
Der Holzbestand eines Fichtenwaldes wird auf 120000 Kubikmeter geschätzt. Man rechnet mit etwa 2,5 % jährlichem Zuwachs. Wie groß ist der Holzbestand nach 10 Jahren, wenn jährlich etwa 2 % des Holzes geschlagen werden?

*BA 65*
Jemand überweist regelmäßig am Ende jedes Jahres 500 € auf eine Bank, die 4 % Zinsen gewährt. Welches Guthaben hat er am Ende des vierten Jahres?

*BA 66*
Jemand überweist regelmäßig am Anfang jedes Jahres 500 € auf eine Bank, die 4 % Zinsen gewährt. Welches Guthaben hat er am Ende des vierten Jahres?

*BA 67*
Man ermittle die ersten 6 Glieder $a_1, a_2, \dots a_6$ von Zahlenfolgen $(a_n)$, die die folgenden Eigenschaften haben:

1. Es gilt $a_1 = -\frac{5}{2}$ und $a_5 = 3$.
2. $a_1; a_2; a_3; a_4$ sind in dieser Anordnung die ersten Glieder einer arithmetischen Zahlenfolge.
3. $a_4; a_5; a_6$ sind in dieser Anordnung die ersten Glieder einer geometrischen Zahlenfolge.
4. Die Differenz $d$ der arithmetischen Zahlenfolge sei so groß wie der Quotient $q$ der geometrischen Zahlenfolge.

# B 2 Monotone Zahlenfolgen

*BA 68* (↗ *Beispiel B 28, S. 58*)
Untersuchen Sie das Monotonieverhalten der Zahlenfolge $(a_n) = (\frac{1}{2n+5})$ schrittweise!

*BA 69*
Untersuchen Sie wie in Aufgabe ***BA 67*** die nachstehenden Zahlenfolgen auf Monotonie:

a) $(a_n)_1 = (2n - n^2)$ b) $(a_n)_2 = ((3+n)^2 - 4n^2)$ c) $(a_n)_3 = (\frac{n}{n+1})$

d) $(a_n)_4 = ((7-2n)^2)$ e) $(a_n)_5 = (-(\frac{1}{n})^2)$ f) $(a_n)_6 = (\frac{3n}{(-2)^n})$

*BA 70*
Untersuchen Sie die Zahlenfolgen auf Monotonie durch alleinige Auswertung der jeweiligen Differenz $a_{n+1} - a_n$!

a) $(a_n)_1 = (2n^2 - 2)$ b) $(a_n)_2 = (\frac{1}{4n-3})$ c) $(a_n)_3 = (\frac{n}{2n^2 - n})$

d) $(a_n)_4 = ((5n-3)^2)$ e) $(a_n)_5 = ((n-6)^2 + 5)$ f) $(a_n)_6 = (\frac{3n-3}{n+2})$

*BA 71*
Versuchen Sie (auch durch grafische Darstellung oder durch ein Computerprogramm) das Monotonieverhalten der folgenden Zahlenfolgen zu ergründen:

a) $(a_n)_1 = (\frac{\cos 2n}{4 \cos n})$ b) $(a_n)_2 = (\frac{\sqrt{n^2+8}}{3n+1})$ c) $(a_n)_3 = (\frac{\log_4 n + 5}{\log_2 n + 1})$

d) $(a_n)_4 = (\frac{e^n + e^{-n}}{2n^2 + 18n})$ e) $(a_n)_5 = (\frac{\sin 5n}{\sin 2n \cdot \cos 2n})$

# B 3 Beschränkte Zahlenfolge

***BA 72*** *(↗ Beispiel B 30, S. 60)*

Gegeben ist die Zahlenfolge $(a_n) = (\frac{3n-2}{n})$.

a) Berechnen Sie die Folgeglieder $a_1$ bis $a_8$ und veranschaulichen Sie diese in einem Koordinatensystem!

b) Geben Sie 3 Zahlen an, die kleiner oder gleich dem kleinsten Folgenglied sind! Wie nennt man solche Zahlen?

c) Geben Sie 3 Zahlen an, die größer oder gleich dem größten Folgenglied sind! Wie nennt man solche Zahlen?

d) Vervollständigen Sie nachstehenden Satz zu einer wahren Aussage!
Die Zahlenfolge $(a_n)$ ist nach oben , weil sie
besitzt, und sie ist , weil

***BA 73***

Untersuchen Sie die nachfolgenden Zahlenfolgen auf Beschränktheit:

a) $(a_n)_1 = (\frac{5+2n}{3n})$
b) $(a_n)_2 = (4 - 7n)$
c) $(a_n)_3 = (n^2 - 2n - 4)$
d) $(a_n)_4 = ((-1)^n \cdot \frac{2}{n})$
e) $(a_n)_5 = ((-2)^n)$
f) $(a_n)_6 = (\frac{3}{2}n + \frac{2}{3})$
g) $(a_n)_7 = (4 + \frac{4}{n})$
h) $(a_n)_8 = (\frac{n-1}{n^2+1})$

***BA 74***

Treffen Sie eine Entscheidung über die Allgemeingültigkeit folgender Aussagen! Begründen Sie knapp jede Entscheidung!

a) Jede monoton wachsende Zahlenfolge ist nach unten beschränkt.
b) Eine nach oben beschränkte Zahlenfolge ist monoton fallend.
c) Nicht monotone Zahlenfolgen sind stets unbeschränkt.
d) Alternierende Zahlenfolgen sind stets beschränkt.
e) Jede monoton fallende Zahlenfolge ist nach oben beschränkt.
f) Eine arithmetische Zahlenfolge ist für $d < 0$ nach oben beschränkt.
g) Eine geometrische Zahlenfolge ist nur dann nach oben und unten beschränkt, wenn $0 < |q| < 1$ gilt.

***BA 75***

Geben Sie jeweils ein Beispiel für eine Zahlenfolge $(a_n)_i$ an, für die gilt:

a) $(a_n)_1$ ist monoton wachsend und nach oben und unten beschränkt.
b) $(a_n)_2$ ist monoton fallend und nach unten unbeschränkt.
c) $(a_n)_3$ ist monoton fallend und nach unten beschränkt.
d) $(a_n)_4$ ist monoton wachsend und hat die Zahl 3 als obere Grenze.
e) Die Zahl 1 ist untere Grenze der monoton fallenden Zahlenfolge $(a_n)_5$.
f) $(a_n)_6$ ist alternierend und in beiden Richtungen beschränkt.

***BA 76***

Geben Sie jeweils eine untere und eine obere Schranke für die in Aufgabe ***BA 70*** aufgeführten Zahlenfolgen an!

# B 4 Konvergente Zahlenfolgen

***BA 77*** *(↗ Beispiel B 36, S. 64f.)*

Gegeben ist die Zahlenfolge $(a_n) = (2 + \frac{1}{n})$.

a) Berechnen Sie die Folgenglieder $a_1$ bis $a_{10}$ und veranschaulichen Sie diese in einem Koordinatensystem!

b) Welcher Zahl nähern sich die Folgenglieder $a_n$, wenn man n weiter vergrößert?

c) Tragen Sie in das Koordinatensystem die ε-Umgebung dieser Zahl für $\varepsilon = \frac{1}{4}$ $(\varepsilon = \frac{1}{10})$ ein und bestimmen Sie die Anzahl der Folgenglieder außerhalb dieser ε-Umgebung!

d) Wie viele Folgenglieder liegen außerhalb der ε-Umgebung dieser Zahl für $\varepsilon = \frac{1}{10000}$?

e) Ab welchem n liegen die Folgenglieder in der $\frac{1}{10^6}$-Umgebung dieser Zahl?

f) Zeigen Sie: Die Zahl 2 ist Grenzwert der Zahlenfolge $(a_n)$, d. h., es gilt: $\lim\limits_{n \to \infty} (2 + \frac{1}{n}) = 2$.

***BA 78***

Untersuchen Sie nachstehende Zahlenfolgen wie in Aufgabe ***BA 77***:

a) $(a_n) = (\frac{2n-1}{2n})$ b) $(b_n) = ((-1)^n \cdot \frac{2}{n})$ c) $(c_n) = (\frac{4n-3}{3n})$ d) $(d_n) = (\frac{4-n}{2n})$

***BA 79***

Untersuchen Sie mit Hilfe von Definition B 10, ob die angegebene Zahl $g_i$ Grenzwert der zugehörigen Zahlenfolge ist!

a) $(a_n)_1 = (\frac{5n+3}{2n})$; $g_1 = 2{,}5$,

b) $(a_n)_2 = (\frac{7}{3} - \frac{4}{3n})$; $g_2 = \frac{7}{3}$,

c) $(a_n)_3 = (\frac{4-3n}{5n})$; $g_3 = \frac{3}{5}$,

d) $(a_n)_4 = (\frac{10+n}{n^2})$; $g_4 = 0$,

e) $(a_n)_5 = (\frac{9n+7}{8n})$; $g_5 = 1$,

f) $(a_n)_6 = (\frac{n}{10^7})$; $g_6 = 1$?

g) Geben Sie in den Fällen, in denen die angegebene Zahl g nicht Grenzwert der Folge $(a_n)$ ist, eine eigene Vermutung für den Grenzwert an und beweisen Sie deren Richtigkeit!

***BA 80***

Ermitteln Sie unter Nutzung der Grenzwertsätze den Grenzwert der nachstehenden Zahlenfolgen:

a) $\lim\limits_{n \to \infty} \frac{2n+3}{n}$ b) $\lim\limits_{n \to \infty} \frac{8}{4n}$ c) $\lim\limits_{n \to \infty} \frac{2-3n}{n}$

d) $\lim\limits_{n \to \infty} \frac{6n-1}{3n+3}$ e) $\lim\limits_{n \to \infty} \frac{n^2+n+1}{n^2}$ f) $\lim\limits_{n \to \infty} \frac{5n^2+3n+1}{4n^2}$

g) $\lim\limits_{n \to \infty} \frac{4n^2-3n-2}{2n^2}$ h) $\lim\limits_{n \to \infty} \frac{(2n-3)^2}{(n+2)^2}$ i) $\lim\limits_{n \to \infty} \frac{(n+3)(n-1)}{3n^2}$

j) $\lim\limits_{n \to \infty} \frac{7n^3+3n^2-5}{2n^4+4n^2-2}$ k) $\lim\limits_{n \to \infty} \frac{n^2-n}{n^2+n}$ l) $\lim\limits_{n \to \infty} \frac{8-n^3+3n^5}{5+3n^2-4n^5}$

m) $\lim\limits_{n \to \infty} \frac{7}{3n^2+4}$ n) $\lim\limits_{n \to \infty} \frac{(3n+1)^2-(n-1)^2}{(3n-1)^2+(n+1)^2}$ o) $\lim\limits_{n \to \infty} \left(\frac{\sqrt{2} \cdot 10^n - 1}{10^n}\right)^2$

p) $\lim\limits_{n \to \infty} \frac{n!}{(n+1)!-n!}$ q) $\lim\limits_{n \to \infty} \frac{1+2+3+\ldots+n}{n^2}$ r) $\lim\limits_{n \to \infty} \frac{4n-5\cos(\pi \cdot n)}{5n}$

*BA 81*

Untersuchen Sie unter Verwendung der Grenzwertsätze nachstehende Zahlenfolgen auf Konvergenz:

a) $\left(\frac{n^2-3n+1}{2+n-n^2}\right)$ b) $\left(\frac{3n+4}{n-1}\right)$ c) $\left(\frac{1}{2^n}\right)$

d) $\left(\frac{n^2-1}{n+1}\right)$ e) $\left(\frac{(n^2+3)^2}{(2-2n)^2}\right)$ f) $\left(\frac{(n-3)\cdot(n^2+1)}{(n+2)\cdot(n-4)}\right)$

g) $\left(\frac{8n^5-3n^3+n}{2n^5+n^4-3n}\right)$ h) $\left(\frac{n^2\cdot(2-n)}{n^3\cdot(n-1)}\right)$ i) $\left(\frac{3n}{3^n}\right)$

j) $\left(\frac{1+2+3+\ldots+n}{n^2}\right)$ k) $\left(\frac{1+4+9+\ldots+n^2}{n^3}\right)$

*BA 82*

Ermitteln Sie jeweils, wie viele Folgenglieder außerhalb der ε-Umgebung des Grenzwertes der nachstehenden Zahlenfolge liegen:

a) $(a_n)=(\frac{2n^2+3}{n^2-1})$; $\varepsilon=\frac{1}{1000}$ b) $(b_n)=(\frac{5}{3n^2})$; $\varepsilon=10^{-6}$

c) $(c_n)=(\frac{n-1}{n+1})$; $\varepsilon=1$ d) $(d_n)=(\frac{2n+1}{3n+2})$; $\varepsilon=\frac{2}{300}$

*BA 83*

Welches Folgenglied ist das erste innerhalb der ε-Umgebung des Grenzwertes der nachstehenden Zahlenfolge?

a) $(a_n)=(\frac{5n-3}{2n})$; $\varepsilon=10^{-4}$ b) $(b_n)=(\frac{2-3n}{n-1})$; $\varepsilon=\frac{2}{100}$

c) $(c_n)=(\frac{7}{n^3})$; $\varepsilon=\frac{2}{300}$ d) $(d_n)=(\frac{3n^2-4n}{2-4n^2})$; $\varepsilon=3{,}2\cdot10^{-4}$

*BA 84*

Ermitteln Sie die ersten acht Glieder nachstehender Folgen und bestimmen Sie eine ε-Umgebung derart, dass diese ersten acht Glieder als einzige außerhalb dieser Umgebung liegen:

a) $(a_n)=(\frac{3}{n^2})$; $(n>0)$ b) $(b_n)=(\frac{n+1}{n-1})$; $(n>1)$ c) $(c_n)=(\frac{n-1}{2n-3})$; $(n>1)$

*BA 85*

Beweisen Sie aus Satz B 7 die Aussage: Wenn $\lim\limits_{n\to\infty} a_n=g_1$ und $\lim\limits_{n\to\infty} b_n=g_2$, dann gilt $\lim\limits_{n\to\infty}(a_n\cdot b_n)=g_1\cdot g_2$.

# B 5 Partialsummen und Reihen

## B 5.1 Summenzeichen

***BA 86*** *(↗ Beispiel B 41, S. 70)*

Berechnen Sie folgende Summen:

a) $\sum\limits_{n=1}^{5} n$ b) $\sum\limits_{n=1}^{12}(n-1)$ c) $\sum\limits_{k=5}^{10}(2k+3)$ d) $\sum\limits_{i=1}^{6}(i^2-2)$ e) $\sum\limits_{m=0}^{5}(-1)^m\cdot2^m$

f) $\sum\limits_{n=1}^{3}(3n+3^n)$ g) $\sum\limits_{n=1}^{5} n!$ h) $\sum\limits_{n=1}^{1}\frac{(n+2)!}{n!}$ i) $\sum\limits_{n=0}^{10}\cos(n\pi)$

***BA 87***

Drücken Sie folgende Summen mit Hilfe eines Summenzeichens aus:

a) $1 + 2 + 3 + 4 + 5 + 6 + 7$

b) $2 + 4 + 6 + 8 + 10$

c) $13 + 15 + 17 + \ldots + 29 + 31 + 33$

d) $1 + 2 + 4 + 8 + 16 + 32 + 64$

e) $\frac{1}{3} + \frac{1}{6} + \frac{1}{9} + \frac{1}{12} + \frac{1}{15}$

f) $\frac{3}{12} + \frac{3}{20} + \frac{3}{30} + \frac{3}{42}$

g) $1 - 4 + 9 - 16 + 25$

h) $-3 + \frac{3}{10} - \frac{3}{100} + \frac{3}{1000} - \frac{3}{10000}$

i) $0 + \frac{1}{2} + \frac{1}{2}\sqrt{3} + 1 + \frac{1}{2}\sqrt{3} + \frac{1}{2} + 0$

***BA 88*** *(↗ Beispiel B 42, S. 70)*

Welche Terme stellen jeweils die gleiche Zahl dar?

a) $\sum_{k=1}^{8} k;\quad \sum_{k=1}^{7} (k + 8);\quad \sum_{k=1}^{5} k + \sum_{k=5}^{8} k;\quad 1 + \sum_{k=2}^{8} k$

b) $\sum_{n=1}^{10} n^{-1};\quad \sum_{n=2}^{11} \frac{1}{n};\quad \sum_{n=2}^{11} (n-1)^{-1};\quad \sum_{i=0}^{n} \frac{1}{i+1}$

c) $\sum_{n=2}^{5} 2^{n-1};\quad \sum_{n=0}^{3} 2^{n};\quad \sum_{k=1}^{4} 2^{k};\quad 2 \cdot \sum_{m=0}^{3} 2^{m}$

***BA 89***

Berechnen Sie die folgenden Summen und ermitteln Sie eine andere Summenschreibweise für dieselbe Summe:

a) $\sum_{k=1}^{5} a^{k} \cdot b^{1-k}$

b) $\sum_{k=3}^{6} (a-1)^{k-3};\quad a \neq 1$

c) $\sum_{k=1}^{4} (-1)^{k} \cdot (1-m)^{k-1};\quad m \neq 1$

d) $5 \cdot \sum_{k=4}^{6} x^{-k} \cdot y^{k-1}$

e) $\sum_{x=1}^{3} \left( \sum_{y=2}^{3} 2x^{2}y \right)$

f) $\sum_{b=1}^{4} \left( \sum_{x=1}^{3} (x^{2} + 2b) \right)$

g) $\sum_{i=0}^{3} \left( \sum_{j=1}^{3} \left(\frac{i-j}{2}\right)^{2} \right)$

## B 5.2 Partialsummen

***BA 90*** *(↗ Lehrbuch, S. 71f.)*

Gegeben ist die arithmetische Zahlenfolge $(a_n) = (3n - 2)$. Berechnen Sie

- $a_1, a_2, a_3, a_4$ und $a_5$;
- die Partialsummen $s_1, s_2, s_3, s_4, s_5$ und $s_{12}$ und
- bestimmen Sie das allgemeine Folgenglied $s_n$ der berechneten Partialsummenfolge!

***BA 91***

Bearbeiten Sie nachstehende Zahlenfolgen wie in Aufgabe ***BA 90***:

a) $(a_n)_1 = (\frac{3}{2}n + 3)$

b) $(a_n)_2 = (9 - 2n)$

c) $(a_n)_3 = (7 + (n-1) \cdot 3)$

d) $(a_n)_4 = (\frac{-40 - 3n}{5})$

***BA 92***

Die Partialsummenfolge $(s_n)$ einer arithmetischen Zahlenfolge $(a_n)$ sei gegeben durch $(s_n) = (2n^2 - 5n)$. Berechnen Sie $s_1$ bis $s_5$! Bestimmen Sie $a_1$ bis $a_5$ und das allgemeine Folgenglied $a_n$ der zugehörigen Folge $(a_n)$!

***BA 93***

Eine Partialsummenfolge sei gegeben mit $(s_n) = -4; -4; 0; 8; 20; \dots$.

a) Zeigen Sie: Die Folge $(s_n)$ gehört zu einer arithmetischen Zahlenfolge $(a_n)$.

b) Bestimmen Sie $s_8$, $s_{15}$ und $s_n$!

***BA 94***

Ein Geldbetrag von 3300,00 € soll unter 5 Personen so aufgeteilt werden, dass jede folgende Person einen bestimmten Betrag weniger erhält als die vorhergehende Person. Die erste Person erhält 1020,00 €. Wie viel Euro empfängt die letzte Person?

***BA 95***

Zwischen einem Gläubiger und einem Schuldner wird ein Vertrag mit folgendem Inhalt abgeschlossen:

Der Schuldner zahlt seine Schuld von 16000,00 € in Monatsraten ab. Die erste Rate beträgt 1125,00 €. Jede folgende Rate sei um 250,00 € höher als die vorhergehende. Wie viel Ratenzahlungen sind zu tätigen, bis die Schuld getilgt ist? Wie groß ist die letzte Rate?

***BA 96***

Berechnen Sie von nachstehenden geometrischen Zahlenfolgen die Folgenglieder $a_1$ bis $a_5$ sowie die Partialsummen $s_1$ bis $s_5$ und geben Sie das allgemeine Glied $s_n$ der Partialsummenfolge $(s_n)$ an:

a) $(a_n)_1 = ((\frac{1}{2})^{n-1})$ b) $(a_n)_2 = (\frac{3}{8} \cdot 4^n)$ c) $(a_n)_3 = ((2\sqrt{2})^{n+1})$ d) $(a_n)_4 = (\frac{1}{2^n})$

***BA 97***

Bei der Umwandlung einer Dualzahl in eine Dezimalzahl geht man wie folgt vor:
$[10\,10\,1]_2$ entspricht der Dezimalzahl 21, denn es gilt $1 \cdot 2^4 + 0 \cdot 2^3 + 1 \cdot 2^2 + 0 \cdot 2^1 + 1 \cdot 2^0$. Man wandle folgende Dualzahlen in Dezimalzahlen um:

a) $[1\,1\,1\,1\,1\,1\,1\,1\,1\,1]_2$ b) $[1\,1\,1\,1\,1\,1\,1\,0\,0\,0\,0]_2$ c) $[1\,1\,1\,1\,1\,1\,1\,1\,1\,0\,0\,0\,0\,0\,0\,0]_2$

Lösen Sie diese Aufgaben verkürzt unter Nutzung Ihrer Kenntnis über Partialsummen!

***BA 98***

Wie viel Glockenschläge macht eine Turmuhr in 24 Stunden,

a) wenn sie nur bei vollen Stunden schlägt,

b) wenn sie zusätzlich auch die Viertelstunden mit je 1, 2, 3 bzw. 4 Schlägen anzeigt?

***BA 99***

Aus dem Papyrus *Rhind* des *Achmes* (um 1700 v.d.Z.):

10 Maß Getreide sollen unter 10 Personen so aufgeteilt werden, dass jede folgende Person $\frac{1}{8}$ Maß weniger erhält als die vorhergehende. Wie viel Maß Getreide werden an die einzelnen Personen verteilt?

***BA 100***

Spiritus ist ein Gemisch aus Ethylalkohol und Wasser.

Ein Gefäß von 50 *l* Inhalt sei mit 80prozentigem Spiritus gefüllt. Wie viel Liter an reinem Ethylalkohol sind noch in dem Gefäß, nachdem man 20mal 1 *l* der vorhandenen Flüssigkeit ausgeschöpft und dafür jedesmal 1 *l* Wasser hineingegossen hat? (Von den durch die chemischen Vorgänge bedingten Volumenänderungen soll abgesehen werden).

## B 5.3 Reihen

***BA 101*** *(↗ Beispiel B 48, S. 74)*

Gegeben sei die geometrische Zahlenfolge $(a_n) = 3; \frac{6}{5}; \frac{12}{25}; \frac{24}{125}; \frac{48}{625}; \ldots$. Ermitteln Sie die Summe der Reihe $\sum_{k=1}^{\infty} 3(\frac{2}{5})^{k-1} = g$!

***BA 102***

Ermitteln Sie für die in Aufgabe ***BA 91*** gegebenen arithmetischen bzw. geometrischen Zahlenfolgen $(a_n)_i$ das allgemeine Glied der dazugehörigen Partialsummenfolge $(s_n)_i$!

***BA 103***

Eine Zahlenfolge $(a_n)$ sei gegeben durch $(a_n) = (\frac{12}{(n+3)(n+4)})$ $(n \geq 1)$.
Ermitteln Sie durch Berechnung von Folgengliedern und Partialsummen eine Vermutung bez. der n-ten Partialsumme $s_n$ und beweisen Sie diese durch vollständige Induktion!
Bestimmen Sie $\lim\limits_{n \to \infty} s_n$!

***BA 104***

Gegeben ist die Partialsummenfolge $(s_n)$ einer Zahlenfolge $(a_n)$ durch $s_n = \frac{n}{2n+2}$ $(n \geq 1)$.

a) Bestimmen Sie $s_1$ bis $s_3$!
b) Veranschaulichen Sie die Folge $(s_n)$ grafisch und untersuchen Sie ihr Monotonieverhalten!
c) Ermitteln Sie den Grenzwert $g$ der Folge $(s_n)$!
d) Für welche natürlichen Zahlen $n$ liegen die Glieder der Folge $(s_n)$ in $U_{0,001}(g)$?
e) Berechnen Sie $a_1$ bis $a_3$ und ermitteln Sie eine explizite Bildungsvorschrift für $(a_n)$!
f) Beweisen Sie durch vollständige Induktion, dass $(s_n)$ die Partialsummenfolge zu der Zahlenfolge $(a_n)$ ist!

***BA 105***

Die folgenden unendlichen periodischen Dezimalbrüche sind

- als geometrische Reihe zu schreiben,
- in eine rationale Zahl der Form $\frac{p}{q}$ $(p \neq 0;\ p, q \in \mathbb{Z};\ p, q$ teilerfremd) zu verwandeln:

a) $0,\overline{42}$ b) $0,2\overline{6}$ c) $12,0\overline{102}$

d) 0,161616… e) 0,125125… f) 0,0110010010…

***BA 106***

Berechnen Sie die Summen der folgenden Reihen:

a) $-1 + \frac{1}{2} - \frac{1}{4} + \frac{1}{8} - + \ldots$ b) $1 + \frac{1}{3} + \frac{1}{9} + \frac{1}{27} + \ldots$

c) $-1 + \frac{1}{3} - \frac{1}{9} + \frac{1}{27} - + \ldots$ d) $5 + \frac{5}{4} + \frac{5}{16} + \frac{5}{32} + \ldots$

e) $-\frac{1}{3} + \frac{1}{15} - \frac{1}{75} + \frac{1}{375} - \frac{1}{1875} + \ldots$ f) $\frac{c}{3} - \frac{c \cdot b}{15} + \frac{cb^2}{75} - \ldots$ $(|b| < 1)$

***BA 107***

Eine Stahlkugel fällt (senkrecht) aus 1 m Höhe, springt beim 1. Mal 80 cm hoch, beim 2. Mal 64 cm, beim 3. Mal 51,2 cm, beim 4. Mal 40,96 cm usw. Welchen Weg legt sie (theoretisch) bis zur Ruhe zurück?

***BA 108***

Eine Strecke $|\overline{AB}| = b$ wird so auf der x-Achse abgetragen, dass der Punkt A auf dem Nullpunkt liegt. Nun wird $|\overline{AB}|$ um die Hälfte verlängert, die Verlängerung $|\overline{BC}|$ wird wieder um die Hälfte verlängert usw. Über allen so erhaltenen Strecken werden abwechselnd jeweils nach unterschiedlichen Seiten Halbkreise gezeichnet.

a) Welche Länge hat der n-te Halbkreis?

b) Welche Gesamtlänge haben die n ersten Halbkreise?

c) Welche Länge hat die gesamte Schlangenlinie?

d) Welchem Punkt nähert sich die Schlangenlinie?

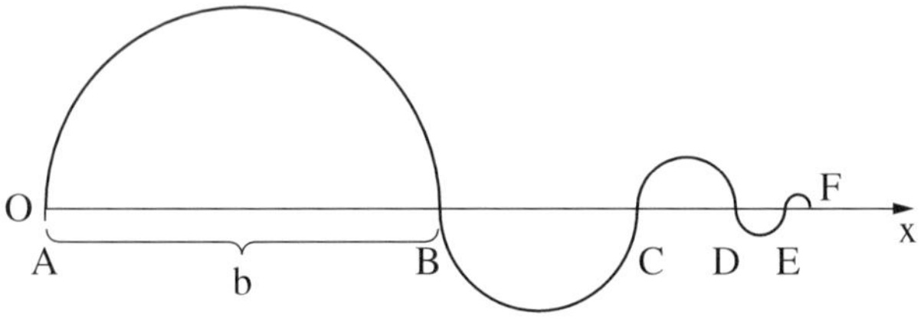


***BA 109***

Einem Quadrat mit der Seitenlänge a ist ein Kreis, diesem wieder ein Quadrat usw. einbeschrieben. Ermitteln Sie die Grenzwerte der entstehenden Partialsummenfolgen für

a) die Umfänge der Quadrate

b) die Kreisumfänge

c) die Quadratflächeninhalte und

d) die Kreisflächeninhalte!

***BA 110***

Einem Quadrat mit der Seitenlänge a sei ein zweites einbeschrieben, dessen Eckpunkte auf den Mitten der Seiten des ersten Quadrates liegen. In der gleichen Weise sei dem zweiten Quadrat ein drittes, dem dritten ein viertes usw. einbeschrieben.
Man berechne die Summe der Flächeninhalte und die Summe der Umfänge aller Quadrate.

***BA 111***

An einem Schenkel eines Winkels von 45 ° ist in einer Entfernung a vom Scheitel ein Punkt eingezeichnet. Von diesem Punkt aus ist ein Lot auf den anderen Schenkel des Winkels gefällt und von dem Fußpunkt des Lotes wird ein neues Lot auf den ersten Schenkel gefällt usw. Ermitteln Sie den Grenzwert der Partialsummenfolge für die Längen dieser Lote!

***BA 112***

Der griechische Philosoph ZENON VON ELEA (ca. 495 bis ca. 430 v. Chr.) hielt von der Mathematik nicht viel und bekämpfte deshalb die Schule der Pythagoreer, wo er konnte. Er war Sophist[1)] und suchte seinen Anhängern die Unzulänglichkeit mathematischer Untersuchungen durch folgende Überlegung zu beweisen: ACHILLES[2)], der sagenhafte beste Läufer des Altertums, läuft 12mal so schnell wie die Schildkröte, kann sie aber nicht einholen, wenn sie zu Beginn des Wettlaufs vor ihm einen Vorsprung von 1 Stadion (1 Stadion = 192,27 m) hat. Hat ACHILLES nämlich diesen Vorsprung zurückgelegt, so ist ihm die Schildkröte bereits wieder um $\frac{1}{12}$ Stadion voraus. Durchläuft

1) Eine philosophische Richtung, deren Vertreter als Lehrer der Weisheit, der Redekunst und der Kunst des Beweisens auftraten. Sie entartete zum Teil zu einer „Diskussionskunst", auch unter Verdrehung der Tatsachen und Missbrauch der Begriffe Recht zu behalten.

2) Der tapferste Grieche im Kampf um Troja. Er wurde – der Überlieferung nach – mit Ausnahme seiner Ferse von seiner Mutter unverwundbar gemacht.

ACHILLES diesen Vorsprung, so ist die Schildkröte ihm $\frac{1}{144}$ Stadion voraus usw. Er kann sie also niemals einholen. Beurteilen Sie diesen Schluss!

***BA 113***

Auf einem der beiden Schenkel eines spitzen Winkels $\alpha$ ist vom Scheitel aus die Strecke m abgetragen. Vom Endpunkt dieser Strecke wird das Lot $l_1$ auf den anderen Schenkel gefällt. Vom Fußpunkt des Lotes $l_1$, dem Punkt $F_1$, wird das Lot $l_2$ wieder auf m gefällt. Vom Fußpunkt des Lotes $l_2$, dem Punkt $F_2$, wird dann das Lot $l_3$ auf den gegenüberliegenden Schenkel gefällt usw.

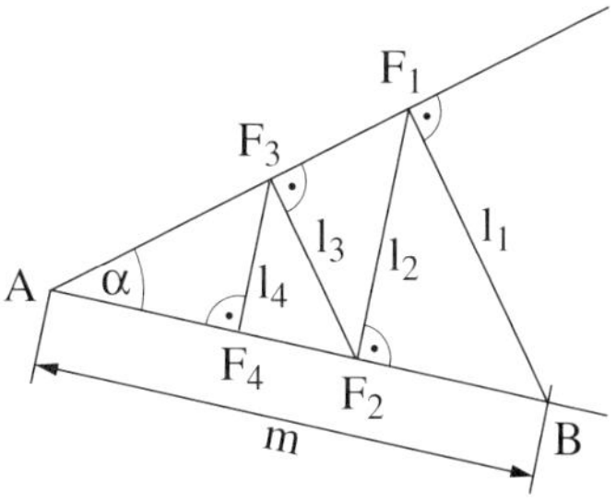


a) Wie heißt das Bildungsgesetz der Zahlenfolge, die durch die Längen der Lote gebildet wird?
b) Berechnen Sie die Summen der Längen aller auf diese Weise gebildeten Lote, ausgedrückt durch $\alpha$ und m!

***BA 114***

In einem rechtwinkligen Dreieck ABC mit den Katheten der Länge a bzw. b wird vom Scheitelpunkt C des rechten Winkels das Lot $l_1$ auf die Hypotenuse gefällt. Vom Fußpunkt D des Lotes fällt man dann das Lot $l_2$ auf die Kathete b, von dessen Fußpunkt E das Lot $l_3$ wieder auf die Seite c, vom Fußpunkt F dieses Lotes das Lot $l_4$ auf die Seite b. Dieses Verfahren denke man sich unbegrenzt fortgesetzt. Wie groß ist die Summe aller Lote? Die Summe ist durch die gegebenen Kathetenlängen a und b anzugeben.

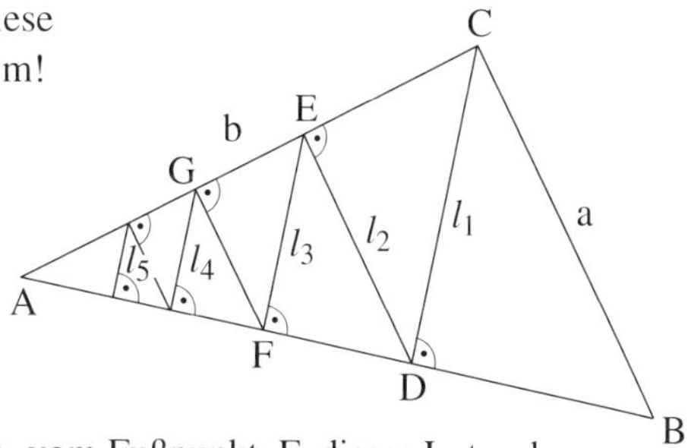


***BA 115***

Zeigen Sie durch vollständige Induktion, dass die folgenden Reihen die angegebenen Partialsummen $s_n$ haben! Untersuchen Sie die Reihen auf Konvergenz und ermitteln Sie die Summe!

a) $\sum_{k=1}^{\infty} \frac{1}{4k^2 - 1}$ mit $s_n = \frac{n}{2n+1}$

b) $\sum_{k=1}^{\infty} \frac{1}{(k+1)(k+2)}$ mit $s_n = \frac{1}{2} - \frac{1}{n+2}$

***BA 116***

a) Die Summe einer fallenden unendlichen geometrischen Zahlenfolge sei 10. Die Summe ihrer ersten vier Glieder beträgt $\frac{75}{8}$. Wie heißt das erste Glied dieser Folge?
b) Die Summe einer anderen fallenden unendlichen geometrischen Zahlenfolge sei 6. Die Summe ihrer ersten vier Glieder ist $\frac{45}{8}$. Wie heißt das erste Glied dieser Folge?
c) Die Summe einer fallenden unendlichen geometrischen Zahlenfolge sei 6. Die Summe der ersten 5 Glieder sei $\frac{93}{16}$.
   1) Ermitteln Sie $a_1$ und q dieser geometrischen Zahlenfolge!
   2) Wie heißt das Bildungsgesetz dieser geometrischen Zahlenfolge? Ermitteln Sie die ersten 5 Glieder!
   3) Wie lauten die ersten 5 Glieder der dazugehörigen Partialsummenfolge?
   4) Wie heißt das Bildungsgesetz der Partialsummenfolge?

***BA 117***

Von einer geometrischen Zahlenfolge, die auch Nullfolge ist, kennt man $a_2 = \frac{2}{3}$ und die Summe $s = 3$.

a) Ermitteln Sie alle geometrischen Zahlenfolgen, die diesen Bedingungen genügen!

b) Geben Sie die Bildungsgesetze und die ersten 5 Glieder dieser Zahlenfolge an!

c) Ermitteln Sie die Bildungsgesetze und die ersten 5 Glieder der jeweils dazugehörigen Partialsummenfolgen!

*Vermischte Aufgaben*

***BA 118*** *(↗ „Formeln und Tabellen", S. 41)*

Man berechne die Grenzwerte der Zahlenfolgen mit dem allgemeinen Glied

a) $a_n = \frac{3^{2n+1} - 3}{9^n + 1}$ b) $a_n = \left(\frac{n}{n+1}\right)^n$ c) $a_n = \sqrt[n]{\frac{1}{n}}$.

***BA 119***

Eine Zahlenfolge $(a_n)$ sei gegeben durch $(a_n) = \left(\frac{1}{(n+2)\,(n+3)}\right)$ $(n \geq 1)$.

a) Berechnen Sie $a_1$ bis $a_5$ sowie $s_1$ bis $s_5$!

b) Untersuchen Sie das Monotonieverhalten der Folge $(a_n)$!

c) Für die n-te Partialsumme der Folge $(a_n)$ gilt: $s_n = \frac{n}{3\,(n+k)}$ Ermitteln Sie den Wert von k!

d) Beweisen Sie, dass die in c) ermittelte Beziehung eine explizite Zuordnungsvorschrift der Partialsummenfolge $(s_n)$ ist!

***BA 120***

a) Eine endliche arithmetische Zahlenfolge $(a_n)$ habe die Differenz $d = -2$ und als letztes Glied die Zahl 17. Wie viel Glieder hat die Folge, wenn die Summe aller Glieder 897 beträgt?

b) In einer geometrische Zahlenfolge sei $a_7 = \frac{64}{243}$ und $q = -\frac{2}{3}$. Berechnen Sie $a_1$ sowie $s_6$ und $s_7$ der zugehörigen Partialsummenfolge! Für welches n ist das Folgenglied $a_n$ erstmalig kleiner als 0,01?

c) Eine arithmetische Zahlenfolge $(a_n)$ sei gegeben durch $\sum_{k=1}^{9} a_k = 92{,}25$ und $\sum_{k=1}^{15} a_k = 210$.

Berechnen Sie $a_1$ und d und geben Sie eine explizite Bildungsvorschrift der Folge $(a_n)$ an!

***BA 121***

Vier Zahlen bilden eine arithmetische Folge. Wenn man zur dritten Zahl 4 und zur vierten Zahl 16 addiert, erhält man eine geometrische Folge. Wie heißen die Zahlen, die die arithmetische Folge bilden?

***BA 122***

Jemand übermittelt zwei Bekannten eine Nachricht. Diese teilen ihrerseits diese Nachricht auch wieder je zwei Bekannten mit usw. Angenommen, jede Übermittlung dauerte eine halbe Stunde und wurde jedem Menschen einzeln mitgeteilt, wie viel Zeit war dann notwendig, um 2 Millionen Einwohner einer Stadt zu benachrichtigen? (Die Lösung ist mit einer Genauigkeit von einer Stunde anzugeben.)

***BA 123***

Die Summe der ersten drei Glieder einer arithmetischen Zahlenfolge beträgt 15, die Summe ihrer reziproken Werte $\frac{59}{45}$. Bestimmen Sie die Glieder dieser Folge!

***BA 124***

Die Summe aus dem ersten und dritten Glied einer geometrischen Zahlenfolge ist 100, das Produkt derselben Glieder beträgt 196. Man ermittle $a_1$, q und das zweite Glied dieser geometrischen Zahlenfolge.

***BA 125***

Zeigen Sie die Richtigkeit der folgenden Aussagen:
Wenn $(a_n)$ und $(b_n)$ geometrische Zahlenfolgen sind, dann ist auch

a) $(a_n \cdot b_n)$ b) $(\frac{a_n}{b_n})$ eine geometrische Zahlenfolge.

***BA 126***

Überzeugen Sie sich, dass die Zinseszinsformel $K_n = K_0(1 + \frac{p}{100})^n$ der Formel $K_n = K_0 \cdot e^{n \cdot \ln(1 + \frac{p}{100})}$ entspricht!

Lösen Sie folgende Probleme mit beiden Formeln:

a) Welches Endkapital wird erzielt, wenn 75000 € genau 5 Jahre mit 4,5 % verzinst werden?
b) Wie hoch ist ein Kapital von 45000 € verzinst, wenn es genau nach 7 Jahren ein Endkapital von 64382,41 € erreicht?
c) Nach wie viel Jahren verdreifacht sich ein Kapital bei einem Zinssatz von 7,5 %?

# C Grenzwert und Stetigkeit von Funktionen

## C 1 Grenzwert von Funktionen

***CA 1*** *(↗ Lehrbuch, S. 78)*

Gegeben sei die Funktion f mit $f(x) = \frac{x^2 - 1}{x + 1}$; $x \neq -1$. Untersuchen Sie, ob die Funktion an der Stelle $x_0 = -1$ einen Grenzwert besitzt!

***CA 2***

Berechnen Sie die nachstehenden Grenzwerte durch Einsetzen des allgemeinen Gliedes einer beliebigen Folge $(x_n)$, welche gegen $x_0$ konvergiert:

a) $\lim\limits_{x \to 2} x^2 + 1$ b) $\lim\limits_{x \to 1} |x|$ c) $\lim\limits_{x \to -3} \frac{x^2 - 9}{x + 3}$ d) $\lim\limits_{x \to -3} \frac{x^2 + 6x + 9}{x + 3}$

e) $\lim\limits_{x \to 1} \frac{5x^2 - 5}{x - 1}$ f) $\lim\limits_{x \to -2} \frac{(x + 2)^2}{x + 2}$ g) $\lim\limits_{x \to 3} \frac{x^2 - 2x - 3}{x - 3}$ h) $\lim\limits_{x \to -1} \frac{6x^2 + 21x + 15}{x + 1}$

***CA 3***

Bestimmen Sie das Verhalten der Funktion $f(x) = \frac{1}{x - 1}$ an der Stelle $x_0 = 1$! Verwenden Sie dazu die Folgen $(x_n) = (1 - \frac{1}{n^2})$ und $(x_n') = (1 + \frac{1}{n^2})$!

***CA 4***

Ermitteln Sie Unterschiede und Gemeinsamkeiten der Funktionen f und g mit $f(x) = x^2 + 1$ bzw. $g(x) = \frac{x^3 + x}{x}$ (Definitions- und Wertebereich, Graph, Grenzwert an der Stelle $x_0 = 0$)!

***CA 5*** *(↗ Beispiel C 4, S. 78)*

Die folgende Funktion ist an der Stelle $x_0 = 2$ nicht definiert. Zeigen Sie, dass $\lim\limits_{x \to x_0} f(x)$ existiert, und berechnen Sie diesen Grenzwert!

$$f(x) = \begin{cases} 5x - 6; & x < 2 \\ x^2 & ; x > 2 \end{cases}$$

***CA 6***

Die folgenden Funktionen sind jeweils an der Stelle $x_0$ nicht definiert. Zeigen Sie, dass $\lim\limits_{x \to x_0} f(x)$ existiert, und berechnen Sie diesen Grenzwert:

a) $f_1(x) = \begin{cases} x^2 - 1 & \text{für } x < 1 \\ \lg x & \text{für } x > 1 \end{cases}; \quad x_0 = 1$ b) $f_2(x) = \begin{cases} \cos x & \text{für } x < \frac{\pi}{4} \\ \sin x & \text{für } x > \frac{\pi}{4} \end{cases}; \quad x_0 = \frac{\pi}{4}$

c) $f_3(x) = \begin{cases} \cos x & \text{für } x < 0 \\ 3^x & \text{für } x > 0 \end{cases}; \quad x_0 = 0$

***CA 7*** *(↗ Beispiel C 7, S. 82)*

Der Grenzwert der Funktion $f(x) = \frac{x^2 - 5x}{x^2 + 8x}$, $x \neq 0$, an der Stelle $x_0 = 0$ ist mit Hilfe der Grenzwertsätze für Funktionen zu berechnen.

***CA 8***

Bestimmen Sie mittels Termumformung die Grenzwerte $\lim\limits_{x \to x_0} f_i(x)$ folgender Funktionen:

a) $f_1(x) = \frac{x^2 - 16}{x - 4}$; $x_0 = 4$  b) $f_2(x) = \frac{4x^2 - 1}{2x + 1}$; $x_0 = -\frac{1}{2}$  c) $f_3(x) = \frac{4x^2 + 4x}{x + 1}$; $x_0 = -1$

d) $f_4(x) = \frac{2x^2 - 32}{3x - 12}$; $x_0 = 4$  e) $f_5(x) = \frac{x^2 - 8x + 16}{x - 4}$; $x_0 = 4$  f) $f_6(x) = \frac{1 - x}{1 - \sqrt{x}}$; $x_0 = 1$

***CA 9*** *(↗ Satz C 2)*

Beweisen Sie den Grenzwertsatz für die Differenz, das Produkt und den Quotienten zweier Funktionen!

***CA 10***

Ermitteln Sie mit Hilfe der Grenzwertsätze für Funktionen die Grenzwerte folgender Funktionen an den jeweils angegebenen Stellen $x_0$:

a) $f_1(x) = x^2 + 1$; $x_0 = 1$  b) $f_2(x) = x^3 - 3x^2 + 2x - 7$; $x_0 = 2$

c) $f_3(t) = \frac{2t + t^2}{t}$; $t_0 = 0$  d) $f_4(x) = x^4$; $x_0 = 2$

***CA 11***

Berechnen Sie folgende Grenzwerte:

a) $\lim\limits_{x \to -2} \frac{x}{1 + x^2}$  b) $\lim\limits_{x \to -1} (4x^4 + 2x^3 - x^2 + 1)$

c) $\lim\limits_{h \to 0} \frac{(x_0 + h)^2 - x_0^2}{h}$  d) $\lim\limits_{x \to -1} (1 - x^2)$

***CA 12***

Gegeben sei die Funktion $f(x) = \frac{|x|}{x}$, $x \in \mathbb{R}\setminus\{0\}$. Ermitteln Sie $\lim\limits_{x \to 0} f(x)$ sowie $\lim\limits_{x \to \pm\infty} f(x)$ und zeichnen Sie den Graphen der Funktion!

***CA 13***

Gegeben sei die Funktion $f(x) = \frac{3x + 8}{x + 2}$, $x \in \mathbb{R}$, $x \neq -2$.

a) Berechnen Sie f(100), f(1000) sowie f(10000) und stellen Sie eine Vermutung für $\lim\limits_{x \to \infty} f(x)$ auf!
b) Bestätigen Sie durch Rechnung die Richtigkeit Ihrer Vermutung!
c) Untersuchen Sie das Verhalten der Funktion an der Stelle $x_0 = -2$ !
d) Zeigen Sie, dass $\lim\limits_{x \to -\infty} f(x) = 3$ gilt!
e) Skizzieren Sie den Graphen der Funktion!

***CA 14*** *(↗ Beispiel 11, S. 83)*

Berechnen Sie die Grenzwerte der nachfolgenden Funktionen für ständig wachsendes x ($x \to +\infty$):

a) $f_1(x) = \frac{x + 3}{4x - 5}$  b) $f_2(x) = \frac{3x^2 + x}{4x^2 - 2x + 1}$  c) $f_3(x) = \frac{x^2 - 1}{x^4}$

d) $f_4(x) = \frac{x^4}{5x^4 - 3}$  e) $f_5(x) = \frac{\frac{1}{2}x^3 - 2x^2 + 1}{-2x^3 + x - 1}$  f) $f_6(x) = \frac{1}{x} - 3$

***CA 15***

Berechnen Sie mit Hilfe der Grenzwertsätze folgende Grenzwerte:

a) $\lim\limits_{x \to +\infty} \frac{3x - 1}{1 + 5x}$  b) $\lim\limits_{x \to +\infty} \frac{4 - x^2}{1 + 2x^2}$  c) $\lim\limits_{x \to +\infty} 4 \cdot \frac{1 + 2x}{2 - x}$

d) $\lim\limits_{x \to +\infty} \frac{2(1+3x^2)}{5x^2-1}$ e) $\lim\limits_{x \to -\infty} \frac{2x}{x^2+1}$ f) $\lim\limits_{x \to -\infty} \frac{4x(1+x)}{x^3+1}$

g) $\lim\limits_{x \to -\infty} \frac{a}{3+x^2}$ h) $\lim\limits_{x \to 0} (2^{-x} + x^2)$ i) $\lim\limits_{x \to 3} x^2(1-2^{-x})$

j) $\lim\limits_{x \to \pi} \frac{\cos x}{1-\sin x}$ k) $\lim\limits_{x \to \frac{\pi}{2}} \frac{\cos^2 x}{1-\sin x}$ l) $\lim\limits_{x \to \pi} \frac{2}{\sin x}$

***CA 16***

Untersuchen Sie das Verhalten folgender Funktionen für $x \to x_0$ bzw. $x \to \pm\infty$:

a) $f_1(x) = \frac{1+2x}{1-x}$; $x \to 1$ $(x \to \infty)$ b) $f_2(x) = \frac{1+x}{1+2x}$; $x \to -1$ $(x \to -\frac{1}{2})$

c) $f_3(x) = \frac{\sqrt{x}}{x+\sqrt{x}}$; $x \to \infty$ $(x \to 0;\ x \to 4)$ d) $f_4(x) = \frac{-x^2-11x+3}{x+3}$; $x \to -3$ $(x \to +\infty)$

***CA 17***

Bestimmen Sie die Stellen $x_0$, an denen die Funktion $f_i(x)$ nicht definiert ist, und untersuchen Sie, ob $f_i(x)$ dort einen Grenzwert hat!

a) $f_1(x) = \frac{5x}{x-2}$ b) $f_2(x) = \frac{2-x^2}{x+1}$ c) $f_3(x) = 3^{\frac{1}{x}}$ d) $f_4(x) = \frac{x^2+x}{|x|}$

***CA 18***

Untersuchen Sie die Funktion $f(x) = \begin{cases} 1{,}5x\,; & \text{für } x > 2 \\ 0{,}5x + 2\,; & \text{für } x \le 2 \end{cases}$ auf einen Grenzwert an der Stelle $x_0 = 2$ !

***CA 19***

Bestimmen Sie die folgenden Grenzwerte:

a) $\lim\limits_{x \to -2} \left(\frac{x^2-4}{x+2}\right)^3$ b) $\lim\limits_{x \to 2} \left(\frac{x-2}{x^2-4}\right)^2$ c) $\lim\limits_{x \to -5} \left(\frac{x^2-25}{x+5}\right)^2$

d) $\lim\limits_{x \to -3} \left(\frac{x^2+x-6}{x+3}\right)^3$ e) $\lim\limits_{x \to 1} \left(\frac{x-1}{x^2-1}\right)^{\frac{1}{2}}$ f) $\lim\limits_{x \to 0} \sqrt{1+4 \cdot 2^{-x}}$

g) $\lim\limits_{x \to \infty} \left(\frac{2}{1+2x}\right)^2$ h) $\lim\limits_{x \to -\infty} \left(\frac{x}{1+2^x}\right)^2$ i) $\lim\limits_{x \to +\infty} \frac{1}{\lg x}$

j) $\lim\limits_{x \to +\infty} \ln\frac{2x^2+1}{x^2+1}$ k) $\lim\limits_{x \to 0} 2^{-\frac{1}{|x|}}$ l) $\lim\limits_{x \to 0} \sin^2(\frac{\pi}{4} - x)$

***CA 20***

Die Gleichung $f_t(x) = \frac{4t-12}{t(t-3)}x + 4$ bestimmt eine Schar von Geraden.

a) Zeichnen Sie diese Geraden für t = –1; 1; 2; –2; –5; 5 in ein Koordinatensystem!
Für welche Werte von t ($t_1$ und $t_2$) existieren keine Geraden?

b) Existieren für $t \to t_1$ und $t \to t_2$ Grenzgeraden?

***CA 21***

Der Punkt P(a; b) mit a > 1 liegt auf dem Graphen g von $f(x) = \frac{1}{2}x + 1$.

a) Skizzieren Sie den Sachverhalt!

b) Berechnen Sie für A(1; 0) den Anstieg m der Geraden durch A und P in Abhängigkeit von a!

c) Welchem Grenzwert nähert sich m, wenn sich P auf g immer weiter von der y-Achse entfernt? Vergleichen Sie mit dem Anstieg der Geraden g!

*CA 22*

Gegeben ist die Funktion $f(x) = x^5 + 0{,}5x$ und ein Punkt P(a; b), $a \neq 0$, auf ihrem Graphen. Berechnen Sie den Anstieg m der Strecke $\overline{OP}$ in Abhängigkeit von a sowie $\lim\limits_{a \to 0} m$ ! Was besagt das Ergebnis für den Graphen von f?

*CA 23*

Gegeben ist die Funktion $f(x) = \sqrt{x}$ .

a) Zeichnen Sie den Graph von f im Intervall $0 \leq x \leq 16$!
b) P(x; y) mit $x \neq 0$ sei ein beliebiger Punkt des Graphen. Berechnen Sie den Anstieg m der Strecke $\overline{OP}$ in Abhängigkeit von x! Wie verhält sich m für $x \to 0$?
c) Wie verhält sich m für $x \to +\infty$?
d) Welche Aussagen lassen sich aufgrund der Ergebnisse von b) und c) über das Verhalten des Graphen von f treffen?

# C 2 Stetigkeit von Funktionen

*CA 24*

Untersuchen Sie an Hand der Graphen, ob die dargestellten Funktionen im Intervall [a; b] und an der Stelle $x_0$ stetig sind! Begründen Sie knapp Ihre Entscheidung!

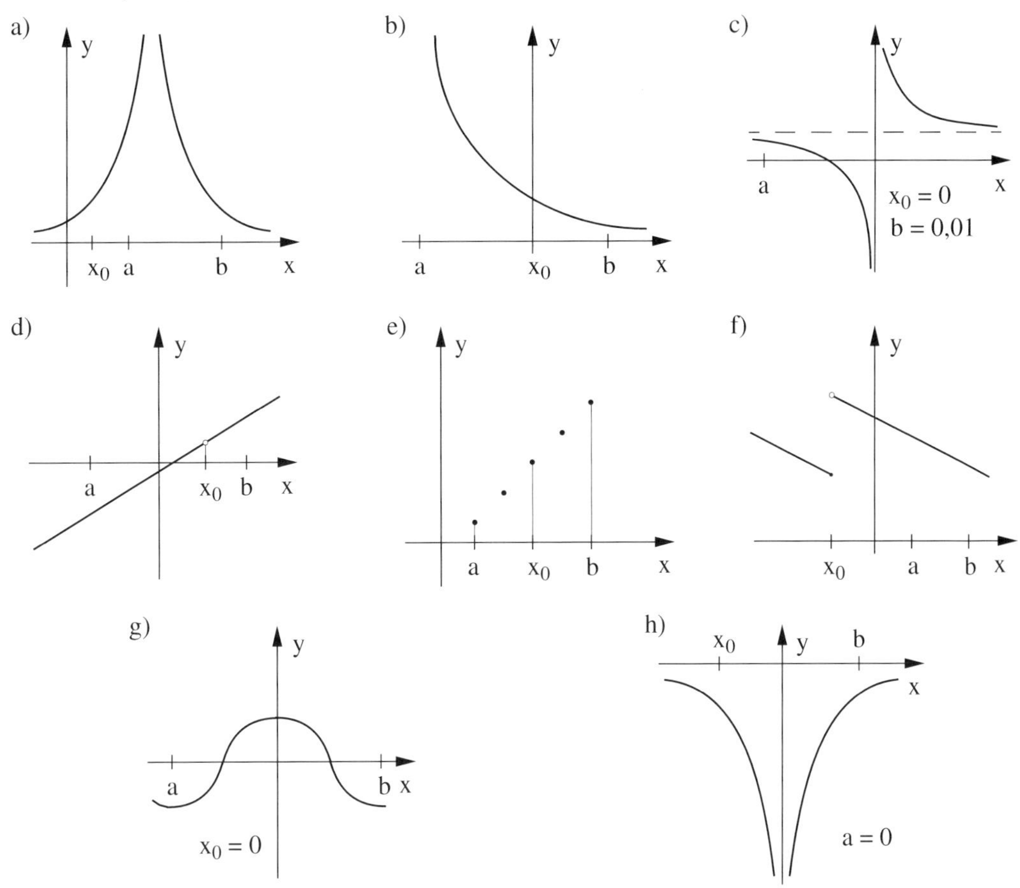

***CA 25*** *(↗ Definition C 3, S. 86)*

Untersuchen Sie die Funktion $f(x) = \dfrac{x^2 + 2x - 1}{2x^2 - 3}$ an der Stelle $x_0 = 2$ auf Stetigkeit!

***CA 26***

Untersuchen Sie die nachstehenden Funktionen auf Stetigkeit an der Stelle $x_0$:

a) $f_1(x) = \dfrac{(3+x)\,(2-x)}{x^2-4}$ $\quad x_0 = 2$

b) $f_2(x) = \dfrac{x^3 + 3x}{x}$ $\quad x_0 = 0$

c) $f_3(x) = \begin{cases} \dfrac{4x^2-16}{2x-4} & \text{für } x \neq 2 \\ 8 & \text{für } x = 2 \end{cases}$ $\quad x_0 = 2$

d) $f_4(x) = \sqrt{x} + x - 1$ $\quad x_0 = 0$

***CA 27***

Man zeige, dass die Funktion

a) $f(x) = |x|$ an der Stelle $x_0 = 0$ stetig ist;

b) $g(x) = \begin{cases} \frac{1}{2}x + 1 & \text{für } x < 3 \\ \frac{1}{2} & \text{für } x \geq 3 \end{cases}$

an der Stelle $x_0 = 3$ nicht stetig ist.

***CA 28***

Skizzieren Sie die Graphen nachfolgender Funktionen und bestimmen Sie die Stellen, an denen die jeweilige Funktion nicht stetig ist:

a) $f(x) = \begin{cases} x - 1, & x \in \mathbb{R}\setminus\{0\} \\ 2, & x = 0 \end{cases}$

b) $g(x) = \begin{cases} -x^{-1}, & -\infty < x < 0 \\ x, & x \geq 0 \end{cases}$

c) $h(x) = \begin{cases} 1, & x < 0 \\ 0, & x = 0 \\ -1, & x > 0 \end{cases}$

***CA 29***

Untersuchen sie die Funktion $f_i$ auf Stetigkeit an der Stelle $x_0 \in D_{f_i}$ und skizzieren Sie den Graphen dieser Funktion!

a) $f_1(x) = \sqrt{x}$; $x_0 = 0$

b) $f_2(x) = \begin{cases} x^2 & \text{für } x \leq 1 \\ \sqrt{x} & \text{für } x > 1 \end{cases}$; $x_0 = 1$

c) $f_3(x) = \begin{cases} \cos x & \text{für } x < \frac{\pi}{4} \\ \sin x & \text{für } x > \frac{\pi}{4} \end{cases}$; $x_0 = \frac{\pi}{4}$

d) $f_4(x) = \begin{cases} \dfrac{x^2-1}{x+1} & \text{für } x \neq -1 \\ 0 & \text{für } x = -1 \end{cases}$; $x_0 = -1$

e) $f_5(x) = \begin{cases} \dfrac{x^2-1}{x-1} & \text{für } x \neq 1 \\ -1 & \text{für } x = 1 \end{cases}$; $x_0 = 1$

***CA 30*** *(↗ Beispiel C 17, S. 89)*

Bestimmen Sie r so, dass die Funktion $f_i$ an der Stelle $x_0$ stetig ist!

a) $f_1(x) = \begin{cases} x + 1 & \text{für } x < 0 \\ x^2 + r & \text{für } x \geq 0 \end{cases}$; $x_0 = 0$

b) $f_2(x) = \begin{cases} r - x^2 & \text{für } x \leq 1 \\ \frac{1}{x} & \text{für } x > 1 \end{cases}$; $x_0 = 1$

c) $f_3(x) = \begin{cases} r \sin x & \text{für } x \leq \frac{\pi}{6} \\ r + x & \text{für } x > \frac{\pi}{6} \end{cases}$; $x_0 = \frac{\pi}{6}$

d) $f_4(x) = \begin{cases} \dfrac{x^2-x-2}{x+1} & \text{für } x < -1 \\ r \cdot \dfrac{x^2-2}{x+2} & \text{für } x \geq -1 \end{cases}$; $x_0 = -1$

*CA 31*

Für welche Werte von x weisen die nachfolgenden Funktionen Definitionslücken auf? Von welcher Art sind diese „Unstetigkeitsstellen“ und wie lassen sie sich, falls möglich, beheben?

a) $f_1(x) = \frac{|x-1|}{x-1}$ b) $f_2(x) = \frac{1-x}{1-|x|}$ c) $f_3(x) = \frac{x-3}{\sqrt{1+x}-2}$

d) $f_4(x) = \sin\frac{1}{x}$ e) $f_5(x) = x^2 \cdot \sin\frac{1}{x}$ f) $f_6(x) = x \cdot 2^{\frac{|x|}{x}}$

*CA 32*

Untersuchen Sie, ob die nachfolgenden Funktionen an der Stelle $x_0$ stetig sind:

a) $f_1(x) = x^2 \operatorname{sgn} x, \quad x_0 = 0$ b) $f_2(x) = x + \operatorname{sgn} x, \quad x_0 = 0$

*CA 33*

Geben Sie Beispiele für Funktionen an die an allen Stellen ihres Definitionsbereiches unstetig sind!

# C 3 Sätze über stetige Funktionen

*CA 34* *(↗ Satz C 5, S. 90)*

Man zeige, dass die Funktion $f(x) = x^3 - 9x^2 - 8x - 3$, $D_f = \mathbb{R}$, die Zahl 16 als Funktionswert annimmt!

*CA 35*

Zeigen Sie, dass die Funktion $f(x) = x^3 - 70$ im Intervall [4; 4,5] eine Nullstelle besitzt!

*CA 36*

Untersuchen Sie, ob folgende Funktionen im angegebenen Intervall ein Maximum bzw. ein Minimum besitzen, und geben Sie diese (falls vorhanden) an:

a) $f_1(x) = 6 - x$ [5; 8] b) $f_2(x) = (x-2)^2 - 2$ [0; 3]

c) $f_3(x) = x^2 - 6x + 2$ [−1; 4] d) $f_4(x) = \frac{1}{x}$ [1; 2]

*CA 37*

Die Funktionen f(x) und g(x) seien stetig auf [a; b]. Es gelte: $f(a) < g(a)$ und $f(b) > g(b)$.
Man beweise: Es gibt ein $x_0 \in [a; b]$ mit $f(x_0) = g(x_0)$.
(*Hinweis:* Bilden Sie $h(x) = f(x) - g(x)$ und untersuchen Sie h(a) und h(b)!)

*CA 38*

Man zeige mit Hilfe von Aufgabe ***CA 37***, dass die Gleichung $x^3 = x^2 + 1$ in $\mathbb{R}$ wenigstens eine Lösung hat.
(*Hinweis:* Betrachten Sie $f(x) = x^3$ und $g(x) = x^2 + 1$ auf [0; 2].)

*CA 39*

Zeigen Sie, dass folgende Funktionen in den angegebenen Intervallen Nullstellen besitzen:

a) $f(x) = x^2 - 2x - 3$ $I_1 = [-2; 0]$; $I_2 = [2; 4]$

b) $f(x) = x^3 - 0{,}1x^5$ $I_1 = [-4; -2]$; $I_2 = [-2; 1]$; $I_3 = [2; 4]$

c) $f(x) = 0{,}25(x^4 - x^3 - 14x^2 + 2x + 24)$ $I_1 = [-4; -2]$; $I_2 = [-2; -1]$; $I_3 = [1; 2]$; $I_4 = [3; 5]$

# D Differentialrechnung

## D 1 Grundbegriffe

### D 1.1 Der Begriff *Ableitung einer Funktion*

***DA 1***

a) Welchen Einfluss haben die Zahlen m und n auf den Verlauf des Graphen linearer Funktionen mit einer Gleichung der Form $f(x) = mx + n$?

b) Bestimmen Sie die Funktionsgleichungen für die nachfolgend durch ihre Graphen gegebenen linearen Funktionen!

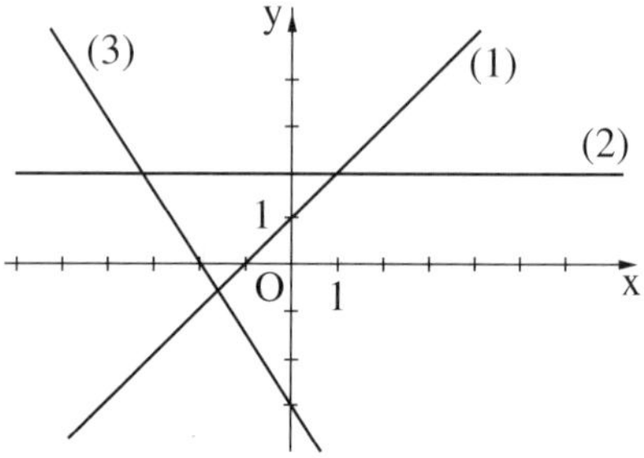


***DA 2***

Ermitteln Sie den mittleren Anstieg des Graphen folgender Funktionen im gegebenen Intervall, d. h. den Anstieg der Sekante durch die Kurvenpunkte in den beiden Enden dieses Intervalls:

a) $f_1(x) = x^2 + 1$; $[-1; 1]$ b) $f_2(x) = 2 - x^2$; $[-0{,}5; 0{,}5]$

c) $f_3(x) = x^3 + 1$; $[-1; 0]$ d) $f_4(x) = x^{-1}$; $[-2; -1]$

e) $f_5(x) = \sqrt{x}$; $[1; 2]$ f) $f_6(x) = \frac{0{,}4x^3 - 2{,}5x}{|x - 2|}$; $[-1; 1]$

***DA 3*** *(↗ S. 93; Definition D 1, S. 94)*

Berechnen Sie mit Hilfe des Differenzenquotienten den Anstieg der Sekante durch die Punkte $P_0(0{,}5; f(0{,}5))$ und $P_h(0{,}5 + h; f(0{,}5 + h))$ des Graphen der Funktion $f(x) = x^2$ für $h = -1$ $(-0{,}1; 0{,}1; 1)$! Stellen Sie den Sachverhalt grafisch dar!

***DA 4***

Bilden Sie zu folgenden Funktionen an der Stelle $x_0$ die Funktion d(h) und berechnen Sie den Anstieg der Sekante für $h = 1$ und $h = 0{,}01$!

a) $f_1(x) = x^2 - 4x + 20$; $x_0 = -2$ b) $f_2(x) = -\frac{1}{4}x^2 + \frac{1}{2}x + 2$; $x_0 = -1$

c) $f_3(x) = x^2 - 7$; $x_0 = -1{,}5$ d) $f_4(x) = x^3 - \frac{1}{10}x^5$; $x_0 = 2$

e) $f_5(x) = \frac{x}{x^2 + 1}$; $x_0 = 0{,}5$ f) $f_6(x) = \sqrt[3]{x}$; $x_0 = 0{,}8$

***DA 5*** *(↗ Beispiel D 1, S. 93)*

Zeigen Sie, dass die Funktion $f(x) = x^3$ an der Stelle $x_0 = 1{,}5$ differenzierbar ist und dass für die Ableitung der Funktion an dieser Stelle gilt: $f'(1{,}5) = 6{,}75$.

***DA 6***

Bestimmen Sie jeweils die Ableitung nachfolgender Funktionen an der Stelle $x_0$ mit Hilfe der Definition des Differentialquotienten:

a) $f(x) = x^3 - 2x^2 + 1$ $x_0 = 2$ b) $g(x) = x^2 - 2$ $x_0 = -1$

c) $h(x) = 2x - 2$ $x_0 = -\frac{1}{2}$ d) $k(x) = 4x^3$ $x_0 = 2$

*DA 7*

Zeigen Sie, dass die folgenden Funktionen an jeder Stelle $x_0$ ihres Definitionsbereiches differenzierbar sind. (*Hinweis:* Bilden Sie den Differenzenquotienten an einer beliebigen Stelle $x_0$ und bestimmen Sie $f'(x_0)$!)

a) $f(x) = 2x$  b) $g(x) = \frac{1}{2}x^2$  c) $h(x) = -x^2$  d) $k(x) = x^2 + 2$

*DA 8* *(↗ Beispiel D 2, S. 96)*

Ermitteln Sie die Gleichung der Tangente an den Graphen der Funktion $f(x) = 2 \cdot x^3$ an der Stelle $x_0 = 1$ und geben Sie den Schnittwinkel der Tangente mit der x-Achse an!

*DA 9*

Bestimmen Sie für $f(x) = \frac{1}{4}x^3$ die Gleichung der Tangente in $P(2; f(2))$!

*DA 10*

Bestimmen Sie die Stellen $x_i$, an denen der Graph von $f(x) = x^3$ den Anstieg $m = 6$ hat, und ermitteln Sie die Gleichungen der entsprechenden Tangenten!

*DA 11*

Berechnen Sie diejenigen Stellen $x_i$, wo die Tangenten an den Graphen der Funktion $f(x) = x^3$ parallel zur Sekante durch die Punkte $P_1(-1; f(-1))$ und $P_2(2; f(2))$ verlaufen! (Fertigen Sie zuvor eine Überlegungsskizze an!)

*DA 12*

Ermitteln Sie die Gleichungen der Tangenten vom Punkt $P(-1; -2)$ an den Graphen der Funktion $f(x) = \frac{1}{4}x^2$! (Fertigen Sie zunächst eine entsprechende Skizze an!)

*DA 13*

Ermitteln Sie die Gleichungen der Tangenten in $P_i$ und $Q_i$ an die Graphen der Funktionen $f(x)$ bzw. $g(x)$!

a) $f(x) = 2x^2$ $P_1(1; 2)$; $Q_1(-\frac{1}{2}; f(-\frac{1}{2}))$  b) $g(x) = \frac{1}{x}$ $P_2(2; g(2))$; $Q_2(-2; g(-2))$

*DA 14*

Bestimmen Sie die Stellen $x_i$, an denen die Graphen der Funktionen $f(x) = 0{,}5x^2 - x^3 + 2$ und $g(x) = x^3 - 4$ den gleichen Anstieg haben!

*DA 15*

Zeigen Sie, dass die Gerade g mit der Gleichung $g(x) = -4x - 3$ Tangente an die Funktion f mit $f(x) = \frac{1}{3}x^2 - 2x$ ist, und geben Sie die Koordinaten des Berührungspunktes an!

*DA 16*

Bestimmen Sie die Gleichung einer Tangente an den Graphen der Funktion $f(x) = \frac{1}{2}x^2$, die parallel zur Geraden g mit $g(x) = \frac{3}{2}x - 1$ verläuft!

## D 1.2 Differenzierbarkeit einer Funktion; Ableitungsfunktion

*DA 17* *(↗ Beispiel D 8, S. 99)*

Es ist die Ableitungsfunktion f′ zu der Funktion f mit $f(x) = x^3$ zu ermitteln.

*DA 18*

Zeichnen Sie den Graphen der Funktion $f(x) = -\frac{1}{2}x^2 + x$ $(x \in \mathbb{R})$ und entwickeln Sie davon ausgehend den Graphen der Ableitungsfunktion!

***DA 19***

Untersuchen Sie folgende Funktionen auf Differenzierbarkeit an der Stelle $x_0$:

a) $f_1(x) = \sqrt{x-1}$; $x_0 = 2$  b) $f_2(x) = |x-1|$; $x_0 = 1$

c) $f_3(x) = x^{\frac{2}{3}}$; $x_0 = 0$  d) $f_4(x) = \sqrt{2x-6}$; $x_0 = 3$

***DA 20***

Bilden Sie mittels des Differenzenquotienten d(h) und seines Grenzwertes $\lim\limits_{h \to 0} d(h)$ die Ableitung folgender Funktionen:

a) $f_1(x) = \frac{x}{x-1}$  b) $f_2(x) = \frac{10}{x^2+1}$  c) $f_3(x) = x + \frac{1}{x^2}$  d) $f_4(x) = (3-x)\cdot|x|$

e) $f_5(x) = \sqrt{9-x^2}$  f) $f_6(x) = x^2 - 2x + 4$  g) $f_7(x) = 0{,}2x^3 - 1{,}5$  h) $f_8(x) = \frac{1}{x}\sqrt{9-x}$

***DA 21***

Leiten Sie aus dem dargestellten Graphen der Ableitungsfunktion f′ Aussagen über das Steigungs- und Krümmungsverhalten der Funktion f ab!

Welches Verhalten zeigt f an der Stelle $x_1 = -2$?

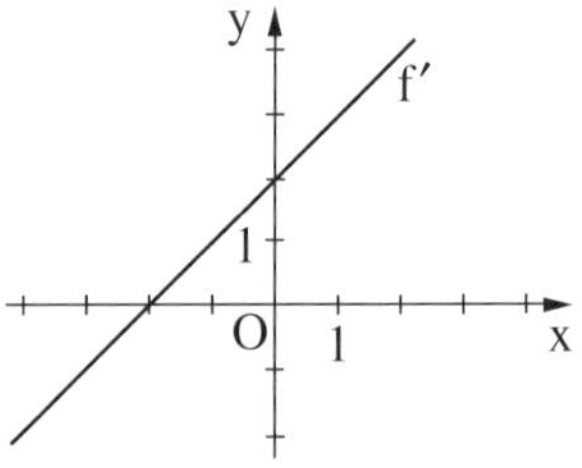


***DA 22***

a) Der Graph der Ableitungsfunktion f′ einer Funktion f mit $y = f(x)$ hat die Nullstellen $x_1 = -1$ und $x_2 = 3$. Was folgt daraus für den Verlauf des Graphen von f?

b) Welche Aussage über f lässt sich treffen, wenn $f'(x)$ in $]-1; 3[$ negativ ist?

c) Der Graph von f steigt in den Intervallen $]-\infty; -1[$ und $]3; +\infty[$. Welches Vorzeichen hat dort $f'(x)$?

## D 1.3 Zusammenhang zwischen Differenzierbarkeit und Stetigkeit

***DA 23*** *(↗ Abschnitt D 1.3, S. 99/100)*

Die Funktion $f(x) = \sqrt[3]{|x|}$ $(x \in \mathbb{R})$ ist auf Stetigkeit und Differenzierbarkeit an der Stelle $x_0 = 0$ zu untersuchen.

Zeichnen Sie den Graphen der Funktion!

***DA 24***

Zeichnen Sie den Graphen der Funktion f mit $f(x) = |x-1|$ und untersuchen Sie die Funktion auf Stetigkeit und Differenzierbarkeit an der Stelle $x_0 = 1$!

(*Hinweis:* Untersuchen Sie die links- und die rechtsseitige Ableitung von f an der Stelle $x_0 = 1$!)

***DA 25***

Skizzieren Sie die Graphen nachfolgender Funktionen und untersuchen Sie die Funktionen auf Stetigkeit und Differenzierbarkeit an der Stelle $x_0$:

(*Hinweis:* Bilden Sie gegebenenfalls die links- bzw. rechtsseitige Ableitung von f an der Stelle $x_0$!)

a) $f(x) = x^2 + 1$  $x_0 = 1$  b) $g(x) = |x| - 1$  $x_0 = 0$

c) $h(x) = \begin{cases} x^2 + 2x + 3 & \text{für } -1 \le x \le 1 \\ (x-1)^2 + 1 & \text{für } 1 < x \le 2 \end{cases}$  $x_0 = 1$  d) $k(x) = -x^2 + 4|x-1| + 3$  $x_0 = 1$

***DA 26***

Untersuchen Sie die Funktion $f(x) = |x^2 - 1|$ auf Stetigkeit und Differenzierbarkeit an den Nullstellen der Funktion!

***DA 27***

Entscheiden Sie, ob die nachfolgenden Aussagen über Funktionen f mit der Gleichung $y = f(x)$ wahr oder falsch sind, und begründen Sie Ihre Entscheidung:

a) Die Differenzierbarkeit einer Funktion f(x) an einer Stelle $x_0$ ist keine notwendige Bedingung für deren Stetigkeit an dieser Stelle.
b) Die Stetigkeit einer Funktion f(x) an einer Stelle $x_0$ ist eine notwendige Bedingung für deren Differenzierbarkeit an dieser Stelle.
c) Die Stetigkeit einer Funktion f(x) an einer Stelle $x_0$ ist eine hinreichende Bedingung für deren Differenzierbarkeit an dieser Stelle.
d) Die Stetigkeit von f(x) im Intervall [a; b] ist eine notwendige Bedingung für die Existenz eines Maximums im Intervall [a; b].
e) $f'(x_0) = 0$ ist eine notwendige Bedingung dafür, dass die Tangente an den Graphen von f(x) in $P(x_0; f(x_0))$ parallel zur x-Achse verläuft.

***DA 28***

Untersuchen Sie, für welche Werte von m und c die Funktion $f(x) = \begin{cases} x^2 & \text{für } x \le 1 \\ mx + c & \text{für } x > 1 \end{cases}$ in $x_0 = 1$ stetig und differenzierbar ist!

***DA 29***

Für welche Werte a ist die Funktion $f(x) = \begin{cases} a\sqrt{x} & \text{für } x \ge 1 \\ \frac{1}{4}(3x^2 + 4a - 3) & \text{für } x < 1 \end{cases}$ an der Stelle $x_0 = 1$ stetig und differenzierbar?

# D 2 Regeln zur Ableitung von Funktionen

## D 2.1 Konstantenregel, Faktorregel und Potenzregel

***DA 30*** *(↗ Beispiel D 9, S. 102)*

Bilden Sie die Ableitung von $f(x) = 3x^4$!

***DA 31***

Ermitteln Sie für die Funktionen $f_i(x)$ mit Hilfe der Faktorregel und Potenzregel die Ableitung $f_i'(x)$!

a) $f_1(x) = x$  b) $f_2(x) = 8x^3$  c) $f_3(x) = 4x^5$  d) $f_4(x) = \frac{1}{2}x^2$

***DA 32***

An welcher Stelle $x_0$ des Graphen der Funktion f(x) bzw. g(x) hat die Ableitung den angegebenen Wert?

a) $f(x) = x^3$  $f'(x_0) = 27$  b) $g(x) = 5x^4$  $g'(x_0) = 20$

***DA 33***

Bilden Sie die Ableitung der nachfolgenden Funktionen! (Alle Exponenten sind natürliche Zahlen.)

a) $f_1(x) = x^z$  b) $f_2(x) = x^{n+3}$  c) $f_3(x) = x^{t-3}$  d) $f_4(x) = x^0$  $(x \neq 0)$

*DA 34*

Bestimmen Sie zu den gegebenen Ableitungen von Potenzfunktionen jeweils eine zugehörige Ausgangsfunktion:

a) $f_1'(x) = 4x^3$ b) $f_2'(x) = 8x^7$ c) $f_3'(x) = 0$ d) $f_4'(t) = 5t^4$

e) $f_5'(z) = (n-1)z^{n-2}$ f) $f_6'(x) = 15x^4$ g) $f_7'(b) = 4ab$ h) $f_8'(m) = 2 + a$

*DA 35*

Mit einem Multivibrator lassen sich näherungsweise Trapezsignale erzeugen (s. Figur).

a) Differenzieren Sie die „Trapezfunktion“ auf grafischem (anschaulichem) Wege und geben Sie das neu entstandene Spannung-Zeit-Bild an!
b) Ermitteln Sie die Amplitude der Rechteckimpulse und die Frequenz der „differenzierten“ Signalfunktion!

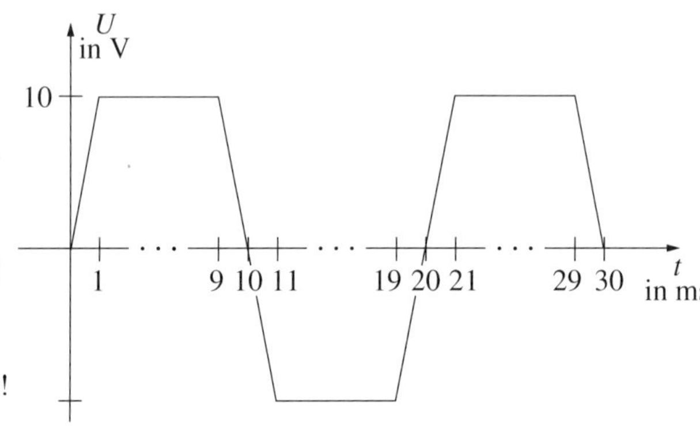


## D 2.2 Summenregel, Produkt- und Quotientenregel

*DA 36* *(↗ Beispiel D 10/D 11, S. 103/104)*

Differenzieren Sie die folgenden Funktionen:

a) $f(x) = x^3 + 2x^2 - 7$ b) $g(x) = (x^2 - 7x)(x^3 + 5)$ c) $h(x) = \frac{2x^2 + 1}{x}$, $x \neq 0$

*DA 37*

Bestimmen Sie jeweils die Ableitung folgender Funktionen und geben Sie die verwendeten Regeln an:

a) $f_1(x) = x^3 + \frac{1}{2}x^2 - 4$ b) $f_2(z) = \frac{1}{3}z^3 + z^2 - \sqrt{2}$ c) $f_3(x) = x + \frac{1}{x}$

d) $f_4(x) = \frac{1}{4}x^2 + x$ e) $f_5(x) = 2x^2 + 1$ f) $f_6(t) = t(t+1)(t-2)$

*DA 38*

Beweisen Sie durch vollständige Induktion, dass die Summenregel für endlich viele Summanden gilt!

*DA 39*

Bilden Sie $f_i'(x)$ mit Hilfe der Produktregel!

a) $f_1(x) = x(x+1)$ b) $f_2(x) = x^5(x^2 + 2x)$

c) $f_3(x) = (x^2 + 1)(x^3 - 1)$ d) $f_4(x) = (\frac{1}{\sqrt{x}} + x)(3x^2 - 2x + 1)$

*DA 40*

Leiten Sie folgende Funktionen ab:

a) $h(s) = as^2$ b) $f(r) = c\sqrt{2}\,r^3$ c) $f(x) = 2x^3x^4$

d) $f(z) = 0{,}6z^4$ e) $r(s) = 3\sqrt{2}\,s + s^5$ f) $f(x) = ax^3 + bx^2 + cx + d$

g) $f(x) = at^3x^2 + t^2x - t^3$ h) $f(t) = -t^2 + 2t$ i) $o(r) = 2\pi r^2 + 2\pi rh$

***DA 41***

Bilden Sie die Ableitung folgender Funktionen mit Hilfe der Quotientenregel!

a) $f(x) = \frac{x+1}{x-1}, \quad x \neq 1$

b) $g(x) = \frac{x^2 - x - 6}{3x + 6}, \quad x \neq -2$

c) $h(x) = \frac{4}{x^2 + 1}$

d) $k(x) = \frac{x^2 + 1}{4}$

***DA 42***

Beweisen Sie die Produktregel (Satz D 5) und die Quotientenregel (Satz D 6)!

(*Hinweis:* 1. Differenzenquotienten für p bzw. q aufstellen;
2. Differenzenquotienten so umformen, dass Differenzenquotienten von u und v genutzt werden können;
3. Grenzwert des Differenzenquotienten bilden)

***DA 43***

Zeigen Sie, dass die Produktregel auch für drei (allgemein: n) Faktoren gilt!

(*Hinweis:* Voraussetzung: $u(x)$, $v(x)$, $w(x)$ sind in $x_0$ differenzierbar
Behauptung: $p(x) = u(x) \cdot v(x) \cdot w(x)$ ist in $x_0$ differenzierbar und es ist
$p'(x_0) = u'(x_0) \cdot v(x_0) \cdot w(x_0) + u(x_0) \cdot v'(x_0) \cdot w(x_0) + u(x_0) \cdot v(x_0) \cdot w'(x_0)$).

***DA 44***

Bilden Sie jeweils die Ableitung folgender Funktionen! (Die Exponenten sind natürliche Zahlen.)

a) $f(x) = x^{n-1}$  b) $g(x) = x^{k+1} + x^{k-1}$  c) $h(x) = x^{2n} + x^r$  d) $k(x) = \frac{x^{n+1}}{n+1}$

***DA 45***

Bilden Sie von folgenden Funktionen die Ableitung:

a) $f_1(x) = cx + dx^3$

b) $f_2(x) = x^2(x-1)(2-0{,}5x)$

c) $f_3(t) = (a - 2t)(3t + 1)$

d) $f_4(x) = (bx + a)(dx + c)$

e) $f_5(x) = (0{,}5a - 2x)(0{,}75 + ax^2)$

f) $f_6(x) = \frac{3}{4} - \frac{1}{2}x^2 + \frac{1}{6}x^6$

g) $f_7(x) = ax^3 + bx^2 + cx + d$

h) $f_8(a) = 4a^5x^4 - a^2x + 2t$

i) $f_9(x) = 3 \cdot x^{2-s} + 5 \cdot x^{2s-t}$

j) $f_{10}(t) = c \cdot t^{1-k} + t^{k^2}$

k) $f_{11}(x) = 2r(x^{3+s} - 3x^k)$

l) $f_{12}(x) = \frac{x^{n+1}}{n+1} + \frac{x^n}{n}$

m) $f_{13}(n) = 2 + \frac{n}{1!} + \frac{n^2}{2!} + \ldots + \frac{n^n}{n!}$

n) $f_{14}(a) = \left(\frac{a^2 - x^2}{a - x}\right)^2, \quad a \neq x$

o) $f_{15}(b) = 5(1 - b)^3$

***DA 46***

Bilden Sie die Ableitung folgender Funktionen und geben Sie evtl. vorhandene Stellen an, wo die Funktionen nicht differenzierbar sind!

a) $f(x) = \frac{7}{x^3 + 1}$  b) $g(x) = \frac{6 - x}{x^2 + 2}$  c) $h(x) = \frac{1}{4x^3}$

d) $j(r) = \frac{4 - r^2}{r^2 - 4}$  e) $k(x) = \frac{1}{x^7}$  f) $m(t) = \frac{1}{t^4} + \frac{1}{t^2}$

### *DA 47*

Berechnen Sie jeweils den Anstieg folgender Funktionen an der Stelle $x_0$:

a) $f(x) = \frac{x^4 + 1}{2x - 1}, \quad x_0 = 2$  b) $g(x) = \frac{1 - x^2}{x}, \quad x_0 = -1$

### *DA 48*

Bestimmen Sie jeweils die Ableitung der Funktion $f_i(x)$ an der Stelle $x_1 = -1$ und $x_2 = 2$! Geben Sie die Gleichung der Tangenten in $P(-1; f_i(-1))$ und $Q(2; f_i(2))$ an!

a) $f_1(x) = \frac{1}{x}$  b) $f_2(x) = \frac{3}{2x^2}$  c) $f_3(x) = \frac{x}{x - 1}$

### *DA 49*

Gegeben sei die Funktion $f(x) = x^2 - 9$.

a) Für welches $x_0$ gilt $f'(x_0) = 0$?
b) Bestimmen Sie die Koordinaten der Schnittpunkte des Graphen von $f(x)$ mit der x-Achse!
c) Bestimmen Sie die Gleichungen der Tangenten an den Graphen von $f(x)$ in diesen Schnittpunkten!
d) Ermitteln Sie die Winkel, den die Tangenten mit der positiven x-Achse bilden!

### *DA 50*

Bestimmen Sie die Punkte des Graphen der Funktion $f(x) = 0{,}1x^4 + 0{,}4x^3 - 0{,}8x^2 - 5{,}8x + 8$, in denen die Tangente mit der x-Achse einen Winkel von 135° bildet!

### *DA 51*

An welchen Stellen verlaufen die Tangenten an die Graphen der folgenden Funktionen parallel zur x-Achse?

a) $f(x) = 2x^3 - 4x^2 + 2x - 5$  b) $g(x) = x^5 - x^3 + \frac{1}{4}x - 3$

### *DA 52*

Vergleichen Sie die Ableitungen von $f(x) = \frac{2x}{x - 1}$ und $g(x) = \frac{x + 1}{x - 1}$ und begründen Sie Ihre Feststellung!

### *DA 53*

Ermitteln Sie jeweils die Gleichungen der Tangente und der Normalen (d. h. der Senkrechten zur Tangente) im Punkt $Q_i$ an die Graphen der folgenden Funktionen:

a) $f_1(x) = -x^3 + x; \quad Q_1(1; y_{Q_1})$  b) $f_2(x) = x^3 + 2 - \frac{1}{2}x; \quad Q_2(-2; y_{Q_2})$

c) $f_3(t) = (1 + \frac{1}{2}t^2)(2t - 1); \quad Q_3(0; y_{Q_3})$  d) $f_4(x) = -\frac{2}{3}x^3 + 8x + 1; \quad Q_4(2; y_{Q_4})$

e) $f_5(t) = 3t^2 - \sqrt{2t}; \quad Q_5(\frac{1}{2}; y_{Q_5})$  f) $f_6(s) = 2s^2 - 16s^{-1} - 2s^{\frac{1}{2}}; \quad Q_6(4; y_{Q_6})$

### *DA 54*

f sei der Graph einer Funktion $f(x) = ax^2 + b$.

a) In welchen Punkten $P_1(x_1; y_1)$ bzw. $P_2(x_2; y_1)$ müssten die Tangenten an f gelegt werden, damit $\alpha = 90°$ gilt?

b) Gibt es weitere Punktepaare $(P_i; P_k)$, für welche die Tangenten einander unter 90° schneiden?

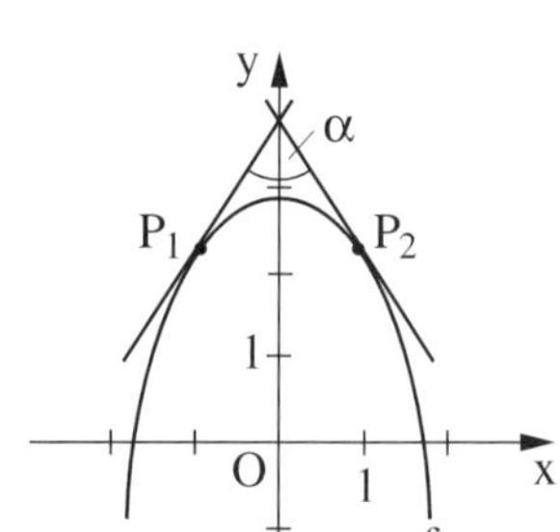

### D 2.3 Kettenregel

*DA 55* *(↗ Beispiel D 12, S. 106)*

Ermitteln Sie die Ableitung der Funktion f mit $f(x) = (5x^3 + 3x^2 - 7x + 4)^{15}$!

*DA 56*

Bilden Sie die Ableitung folgender Funktionen unter Benutzung der Kettenregel:

a) $f_1(x) = (2 + 3x)^2$ b) $f_2(x) = (4 - x)^2$

c) $f_3(x) = (1 - x + \frac{1}{3}x^3)^2$ d) $f_4(a) = [(\sqrt{x} - a)(\sqrt{x} + a)]^2$

e) $f_5(k) = \left(\frac{18k^2 + 24k + 8}{3k + 2}\right)^2$ f) $f_6(m) = (m^2 - \frac{5}{3}m)(6m^2 - 10m)^2$

*DA 57*

Bilden Sie die Ableitung folgender Funktionen!

a) $f(t) = \frac{t^2 + 1}{(t^2 + 1)^3}$ b) $g(x) = (4 + x)^3(x - 5)^4$

c) $h(r) = (\frac{2r + 5}{3r - 1})^3$ d) $k(x) = [(x^2 + 1)(x - 7)]^4$

### D 2.4 Umkehrregel

*DA 58* *(↗ Beispiel D 14, S. 107)*

Die Ableitung der Funktion $f(x) = 5\sqrt[3]{x}$, $x > 0$, ist mit Hilfe der Umkehrregel zu bilden.

*DA 59*

Bilden Sie die Ableitungen folgender Funktionen mit Hilfe der Umkehrregel:

a) $f(x) = \sqrt[5]{x}$; $x > 0$ b) $g(x) = \sqrt[3]{x + 1}$; $x > -1$

c) $h(x) = \sqrt[7]{3x + 3}$; $x > -1$ d) $k(x) = \sqrt{-x}$; $x < 0$

*DA 60*

Bilden Sie mit Hilfe der Umkehrregel die Ableitungen folgender Funktionen!

a) $f_1(t) = 2\sqrt{t}$; $t > 0$ b) $f_2(x) = 4\sqrt[3]{x}$; $x > 0$

c) $f_3(t) = \sqrt[4]{2t + 1}$; $t > -\frac{1}{2}$ d) $f_4(a) = a\sqrt{a} = \sqrt{a^3}$; $a > 0$

e) $f_5(b) = \sqrt[4]{(b - 1)(b + 2)}$; $b > 1$ f) $f_6(t) = \sqrt{t} \cdot \sqrt[3]{t} = \sqrt[6]{t^5}$; $t > 0$

## D 3 Ableitungen elementarer Funktionen

### D 3.1 Ableitung von Potenzfunktionen

*DA 61* *(↗ Beispiel D 17, S. 108)*

Ermitteln Sie jeweils die Ableitung folgender Funktionen:

a) $f_1(x) = \frac{4}{3x^3}$ b) $f_2(x) = \sqrt[3]{x^2}$, $x > 0$

***DA 62***

Bilden Sie jeweils die Ableitung folgender Funktionen und geben Sie jeweils den Definitionsbereich der Funktion und ihrer Ableitung an:

a) $f_1(x) = \frac{2}{x^4}$ b) $f_2(x) = \frac{a}{x^3}$ c) $f_3(x) = \sqrt[4]{x^7}$

d) $f_4(x) = \frac{a}{\sqrt[n]{x}}$ e) $f_5(t) = (t - \sqrt{t})^2$ f) $f_6(z) = 2 \cdot \sqrt{z} + 3\sqrt[3]{z} + 4\sqrt[4]{z}$

g) $f_7(x) = (x^2 + 1) \cdot \sqrt[3]{x}$ h) $f_8(x) = \frac{x + \sqrt{x}}{x}$

***DA 63***

Berechnen Sie den Anstieg des Graphen der Funktion $f_i(x)$ $(x > 0)$ an der Stelle $x_0$!

a) $f_1(x) = \sqrt{x}$; $x_0 = 1; 10; 100$ b) $f_2(x) = \sqrt[3]{x^2}$; $x_0 = 1; 10; 100$ c) $f_3(x) = \sqrt{6x}$; $x_0 = \frac{1}{2}$

d) $f_4(x) = -\frac{\sqrt{2}}{x}$; $x_0 = \sqrt{3}$ e) $f_5(x) = \frac{1}{b} \cdot \sqrt[3]{x^2}$; $x_0 = b^3$ f) $f_6(x) = \frac{t^2}{x^2}$; $x_0 = 3t$

g) $f_7(x) = \sqrt{r} \cdot x^{-\frac{1}{2}}$; $x_0 = \sqrt{2}$

***DA 64***

Zeigen Sie mit Hilfe der Kettenregel, dass die Potenzregel auch für rationale Exponenten gilt!

***DA 65***

Bestimmen Sie von folgenden Funktionen jeweils die Ableitungsfunktion:

a) $f(x) = (px + q)^n$; $n \in \mathbb{N}^*$ b) $g(x) = \sqrt[n]{px + q}$; $n \in \mathbb{N}^*$; $px + q > 0$

***DA 66***

Bilden Sie die Ableitung folgender Funktionen mit Hilfe der Kettenregel und vereinfachen Sie:

a) $f_1(x) = (-\frac{1}{2}x^2 + \sqrt{2}\,x)^4$ b) $f_2(a) = (\sqrt{2}\,a - a^2)^3$ c) $f_3(x) = \frac{5}{2\,(1 + 3x^2)^4}$

d) $f_4(t) = \frac{b + 1}{(b^2 - t + t^2)^2}$ e) $f_5(x) = \sqrt{bx}$ f) $f_6(x) = \sqrt{b^2x}$

g) $f_7(t) = (1 + \sqrt{t})^2$ h) $f_8(b) = (2\sqrt{b} - b)^3$ i) $f_9(t) = (1 - t)\sqrt{2t}$

j) $f_{10}(a) = 2(a^2 - 3\sqrt{a})^2$

***DA 67***

Bestimmen Sie den Anstieg des Graphen von $f(x)$ bzw. $g(x)$ an der Stelle $x_0$!

a) $f(x) = (x^2 - 1)^{13}$, $x_0 = 2$ b) $g(x) = \sqrt{x^2 + 1}$, $x_0 = 1{,}5$

***DA 68***

a) Bestimmen Sie $f'(x)$ zu $f(x) = \sqrt{25 - x^2}$ und geben Sie $D_f$ und $D_{f'}$ an!
b) Stellen Sie die Gleichung der Tangente t im Punkt P(r; s) des Graphen von $f(x)$ auf!
c) Zeichnen Sie $f(x)$ und t für $r = 3$ und $s = 4$!

***DA 69***

Bilden Sie die Ableitung folgender Funktionen, wenn die Funktion $h_i$ jeweils differenzierbar ist:

a) $f_1(x) = h_1(\frac{1}{2}x)$ b) $f_2(x) = h_2(1 - 3x)$

c) $f_3(x) = h_3(\sqrt{2x})$ d) $f_4(x) = h_4(\sqrt{x + 1})$

***DA 70***

Die Funktion $f(x) = \sqrt{(x-1)^2 \cdot (x+1)}$ ist für alle $x \geq -1$ definiert und für alle $x > -1$ auch stetig. Differenzieren Sie die Funktion f nach der Kettenregel und bestimmen Sie den Differenzierbarkeitsbereich!

## D 3.2 Ableitung von Exponential- und Logarithmusfunktionen

***DA 71*** *(↗ Beispiele D 19/D 20, S. 110/111)*

Bilden Sie die Ableitungsfunktion von

a) $f(x) = 4^x \cdot x^4$, b) $g(x) = x^2 \cdot \lg x$.

***DA 72***

Bilden Sie jeweils die Ableitung $f_i'(x)$!

a) $f_1(x) = 3^x$ b) $f_2(x) = \frac{1}{2} \cdot 3^x$ c) $f_3(x) = x^3 \cdot 3^x$ d) $f_4(x) = \frac{3^x}{x^2}$

***DA 73***

Bilden Sie jeweils die Ableitung folgender Funktionen:

a) $f_1(x) = \lg x$ b) $f_2(x) = \lg x^3$ c) $f_3(x) = x \cdot \log_{10} x$ d) $f_4(x) = \ln x^n$

e) $f_5(x) = (\lg x)^2$ f) $f_6(x) = x \cdot \ln x$ g) $f_7(x) = \lg \sqrt{x^3}$ h) $f_8(x) = \ln(x^2 - 5)$

***DA 74***

Differenzieren Sie folgende Funktionen:

a) $f_1(x) = e^x$ b) $f_2(x) = e^{-x}$ c) $f_3(x) = x^2 \cdot e^x$ d) $f_4(x) = \frac{x^2}{e^x}$

e) $f_5(z) = \frac{e^z - 1}{e^z + 1}$ f) $f_6(x) = (e^x - 2)(2 + x^2)$ g) $f_7(x) = e^{k \cdot x}$ h) $f_8(x) = \frac{e^x}{1 + e^x}$

***DA 75***

Differenzieren Sie!

a) $f_1(x) = 2 \ln x$ b) $f_2(x) = x^2 \cdot \ln x$ c) $f_3(x) = \frac{\ln x}{x}$ d) $f_4(x) = \frac{1}{x^2} + 3 \ln x - \frac{\ln x}{x}$

***DA 76***

Ermitteln Sie mit Hilfe der Beziehung $\log_a x = \frac{\ln x}{\ln a}$ jeweils die Ableitung folgender Funktionen:

a) $f_1(x) = \log_3 x$ b) $f_2(x) = \log_3(x - 1)$ c) $f_3(x) = \log_2 3x$ d) $f_4(x) = \log_2 x^4$

***DA 77***

Bilden Sie die Ableitung folgender Funktionen:

a) $f_1(a) = e^{3a}$ b) $f_2(t) = e^{-\frac{1}{2}t}$ c) $f_3(x) = e^{-2x}$ d) $f_4(x) = e^{2x+2}$

e) $f_5(x) = e^{\sqrt{2}x - 2}$ f) $f_6(t) = t^2 \cdot e^t$ g) $f_7(x) = \frac{e^{2x}}{\sqrt{x}}$ h) $f_8(x) = \frac{e^{-x}}{1 + x}$

***DA 78***

Bilden Sie die Ableitung folgender Funktionen:

a) $f_1(t) = \sqrt{t} \ln t$ b) $f_2(x) = \frac{\ln x^2}{x}$ c) $f_3(t) = \ln \sqrt[3]{t}$ d) $f_4(x) = \ln \sqrt{\frac{x}{x-1}}$

e) $f_5(t) = \ln(1 - t)^2$ f) $f_6(x) = \frac{1 + x}{\ln(1 - x)}$ g) $f_7(x) = \frac{\ln 2x}{\sqrt{x}}$ h) $f_8(a) = \sqrt{2a} \ln a$

*DA 79*

Die Punkte R(1; 0) und S(e; 1) sind Punkte des Graphen der Funktion $f(x) = \ln x$. Bestimmen Sie die Koordinaten des Berührungspunktes P(x; y) der zu $\overline{RS}$ parallelen Tangente!

*DA 80*

Bestimmen Sie den Anstieg von $f(x) = e^x$ sowie die Gleichung der Tangente an den Graphen in $x_0 = 0$!

*DA 81*

Bilden Sie die Ableitung der Logarithmusfunktion $f(x) = \log_a x$ über den Grenzwert des Differenzenquotienten!

## D 3.3 Ableitung trigonometrischer Funktionen

*DA 82* (↗ *Beispiel D 21, S. 112*)

Zu den nachfolgenden Funktionen ist jeweils die Ableitung zu bilden:

a) $f_1(x) = x^3 - 3\sin x$ b) $f_2(x) = \cos 2x$ c) $f_3(x) = x \cdot \tan x$

*DA 83*

Bilden Sie jeweils die Ableitung folgender Funktionen:

a) $f_1(x) = 1 + \sin x$ b) $f_2(x) = 2\cos x$ c) $f_3(x) = \frac{3}{4}\sin(1{,}2\,x)$

d) $f_4(x) = 2x^3 \cdot \cos(3x)$ e) $f_5(z) = \frac{1}{2}\sin(\pi z)$ f) $f_6(t) = k \cdot \cos\frac{t}{2}$

g) $f_7(x) = \sin(2x)$ h) $f_8(x) = \cos(\frac{\pi}{4}x)$ i) $f_9(x) = \sin(\frac{1}{2}x) + 2\cos(-x)$

j) $f_{10}(t) = -\frac{1}{2}\cos t + \frac{2}{3}\sin t$ k) $f_{11}(t) = 0{,}4\sin(2t)$ l) $f_{12}(x) = a\cos(\frac{\pi}{2}x)$

m) $f_{13}(a) = \frac{4}{5}[-\frac{1}{2}\cos(\frac{2a}{3}) + \frac{1}{2}\sin(-\frac{a}{3})]$ n) $f_{14}(t) = t\cos\pi \cdot a + \sin(\pi t)$

o) $f_{15}(x) = 4\frac{\sin(2x) - k\cos(kx)}{3} + \frac{x}{2}$ p) $f_{16}(x) = \sin(2x) - 3\cos(\frac{1}{3}x)$

q) $f_{17}(a) = 3\sin(\frac{1}{3}x + 4)$ r) $f_{18}(x) = \cos^2(x^2 + 4x + 2)$

*DA 84*

Differenzieren Sie!

a) $f_1(x) = 2\tan x$ b) $f_2(x) = x^2 \cdot \tan x$ c) $f_3(x) = \frac{x}{\tan x}$ d) $f_4(x) = \frac{2\cos x}{x^2}$

*DA 85*

Bestimmen Sie den Anstieg der Funktionen $f(x) = \sin x$ und $g(x) = \cos x$ an den Stellen $x_0 = 0; \frac{\pi}{2}; \pi; \frac{3}{2}\pi; 2\pi$!

*DA 86*

Berechnen Sie den Schnittpunkt $S(x_s; y_s)$ der Graphen der Funktion $f(x) = \sin x$ und $g(x) = \cos x$ im Intervall $[0; \frac{\pi}{2}]$ und bestimmen Sie über den Anstieg der Funktion in $x_s$ den Schnittwinkel beider Funktionen an dieser Stelle!

*DA 87*

Bestimmen Sie die Stellen $x_0$, für die gilt:

a) $f_1'(x_0) = (\sin x_0)' = 1$ b) $f_2'(x_0) = (\cos x_0)' = 0{,}5$

*DA 88*

Ermitteln Sie die Gleichung der Tangente an den Graphen der Funktion $f(x) = \sin(2x + \frac{\pi}{4})$ im Punkt $P(0; f(0))$!

*DA 89*

Ermitteln Sie jeweils eine Gleichung der Tangente an den Graph der Funktion $f_i(x)$ im Punkt $P_0(x_0; f(x_0))$!

a) $f_1(x) = \cos x; \quad x_0 = \frac{\pi}{2}$

b) $f_2(x) = \tan x; \quad x_0 = 0$

c) $f_3(x) = \cos(2x - \frac{\pi}{4}); \quad x_0 = \frac{\pi}{8}$

d) $f_4(x) = \sin(x + \frac{\pi}{4}); \quad x_0 = \frac{\pi}{4}$

*DA 90*

Bilden Sie die Ableitungen folgender Funktionen:

a) $f_1(t) = n \cdot \cos mt$

b) $f_2(x) = b \cdot \sin(\frac{2\pi}{r} \cdot x)$

c) $f_3(t) = \tan 2t + 1; \quad 0 < t < \frac{\pi}{4}$

d) $f_4(x) = \cos^4 x$

e) $f_5(a) = \ln(\cos a); \quad 0 \leq a < \frac{\pi}{2}$

f) $f_6(x) = \cos x \cdot \sin x$

g) $f_7(t) = \tan\sqrt{t}; \quad 0 < t < \frac{\pi}{2}$

h) $f_8(t) = \sqrt{\tan t}; \quad 0 < t < \frac{\pi}{2}$

*DA 91*

Bilden Sie die Ableitung folgender Funktionen:

a) $f_1(x) = 3 \cdot \sin\frac{x}{3}$

b) $f_2(x) = 2\cos\frac{x}{2}$

c) $f_3(x) = \cos 2x$

d) $f_4(x) = 3\sin(x - \frac{\pi}{2}) + 1$

e) $f_5(x) = 4\cos x + 1$

f) $f_6(x) = r\cos \pi x$

g) $f_7(x) = \tan 2x; \quad 0 < x < \frac{\pi}{4}$

h) $f_8(x) = \sin(\frac{2\pi}{a} \cdot (x - t)); \quad a \neq 0$

*DA 92* (↗ *Beispiel D 23, S. 113*)

Bilden Sie die Ableitung der Funktion $f(x) = \arccos x$, $x \in [-1; 1]$, mit Hilfe der Umkehrregel!

*DA 93*

Bilden Sie die Ableitung von $y = f(x) = \arccos x$, $x \in [-1; 1]$, indem Sie den Zusammenhang $\arccos x = \frac{\pi}{2} - \arcsin x$ ausnutzen!

*DA 94*

Bilden Sie die Ableitung der Funktion $y = f(x) = \arctan x$, $D_f = ]-\frac{\pi}{2}; +\frac{\pi}{2}[$, $W_f = \mathbb{R}$, mit Hilfe der Umkehrregel!

*DA 95*

Untersuchen Sie nachfolgende Funktionen auf Differenzierbarkeit und bestimmen Sie, wenn möglich, deren Ableitung!

a) $f_1(x) = \arccos\frac{2}{x}, \quad x \in \mathbb{R}\setminus]-2; 2[$

b) $f_2(x) = \arcsin\sqrt{x^3}, \quad x \in [0; 1]$

c) $f_3(x) = \arcsin\frac{x^2 - 1}{x^2 + 1}, \quad x \in \mathbb{R}$

d) $f_4(x) = \arctan\frac{1 + x}{1 - x}, \quad x \in \mathbb{R}, x \neq 1$

e) $f_5(x) = \frac{e^x}{\arctan x}, \quad x \in \mathbb{R}, x \neq 0$

f) $f_6(x) = \arctan 5x, \quad x \in \mathbb{R}$

## D 3.4 Ableitungen höherer Ordnung

***DA 96*** *(↗ Beispiel D 24, S. 113)*

Gegeben ist die Funktion $f(x) = x^4 + 3x^2 + 2x - 1$.
Es ist die 3. Ableitung von $f(x)$ zu bestimmen.

***DA 97***

Bilden Sie von folgenden Funktionen $f_i(x)$ die 1., 2. und 3. Ableitung:

a) $f_1(x) = x^3 - 3x^2 - 0{,}5x + 1$
b) $f_2(x) = x^7 - 3x^4 - \frac{1}{4}x^2$
c) $f_3(x) = x^2 - 0{,}5x + 1$
d) $f_4(x) = 6x^3 + 4x - 10$

***DA 98***

Wie viele von 0 verschiedene Ableitungen hat die Funktion $f(x) = 3x^5 + 4x^4 - 3x^2 + \sqrt{2}\,x + 1$?
Ermitteln Sie diese!

***DA 99***

Bilden Sie $f_i'(x)$ und $f_i''(x)$ von

a) $f_1(x) = x^2 - 4x + 1$
b) $f_2(x) = \frac{1}{2}x^2 - 2x + 8$.

Zeichnen Sie die Graphen von $f_i(x)$, $f_i'(x)$ und $f_i''(x)$ jeweils in ein und dasselbe Koordinatensystem!

***DA 100***

Die Funktion $f(x) = \begin{cases} 1, & 0 \le x \le 1, \\ x^2 - 2x + 2, & x > 1, \end{cases}$ ist für $x \ge 0$ differenzierbar.

Bilden Sie $f'(x)$ und machen Sie Aussagen über die Differenzierbarkeit an der Stelle $x_0 = 1$!

***DA 101***

Bilden Sie die 1., 2. und 3. Ableitung von

a) $v_1(r) = \frac{4}{3}\pi \cdot r^3$
b) $v_2(a) = a^3$
c) $v_3(r) = \frac{1}{3}\pi \cdot r^2 \cdot h$
d) $v_4(a) = \frac{1}{3}a^2 \cdot h$

***DA 102***

Bilden Sie von folgenden Funktionen die ersten 3 Ableitungen:

a) $f_1(t) = -4\sqrt{t}$
b) $f_2(a) = \frac{1}{(a-2)^2}$
c) $f_3(t) = |0{,}6t^2 - 0{,}2t^3|$

***DA 103***

Bestimmen Sie die Stellen $x_0 \in [0;\, 2\pi]$, für die gilt:

a) $(\sin x)'' = 0$
b) $(\cos x)'' = 1$
c) $(\sin x)''' = -1$

***DA 104***

Bilden Sie die ersten drei Ableitungen von

a) $f_1(x) = e^{-x}$
b) $f_2(x) = e^x \cdot x^2$
c) $f_3(x) = 16\,e^{\frac{1}{2}x + 3}$
d) $f_4(x) = a \cdot e^{bx + c}$
e) $f_5(x) = 3\sin x$
f) $f_6(x) = \cos x - \frac{1}{2}\sin(2x)$
g) $f_7(x) = \ln x$
h) $f_8(x) = 3^x$

***DA 105***

Bilden Sie die ersten drei Ableitungen der nachfolgend gegebenen Funktionen:

a) $f_1(x) = \sin(1 - 2x)$
b) $f_2(x) = \frac{1}{2} \cdot \sin(2x)$
c) $f_3(x) = 2\cos(x - \frac{\pi}{2}) + 5$
d) $f_4(x) = 3 \cdot \sin(x + 2)$

***DA 106***

Bilden Sie die ersten vier Ableitungen der Funktion $f(x) = x \cdot e^{a \cdot x}$! Stellen Sie davon ausgehend eine Vermutung über die Bildungsvorschrift für die n-te Ableitung $f^{(n)}(x)$ auf und beweisen Sie diese!

***DA 107***

Weisen Sie nach, dass für alle Funktionen $f(x) = ax^2e^{-bx}$ $(x, a, b \in \mathbb{R})$ die Gleichung $f''(x) + 2b \cdot f'(x) + b^2 \cdot f(x) - 2a\,e^{-bx} = 0$ erfüllt ist!

***DA 108***

Bestimmen Sie die Funktion $g_1(x)$ aus der Schar der Funktionen $g(x) = -\frac{6}{x}(1 - \ln ax)$, $(x \in \mathbb{R}$ und $x > 0$; $a \in \mathbb{R}$ und $a > 0)$, die an der Stelle $x_1 = 1$ den Anstieg 0 hat!

# D 4 Sätze über differenzierbare Funktionen

***DA 109*** *(↗ Beispiel D 25, S. 115)*

Gegeben sei die Funktion $f(x) = 0{,}1x^3 - 0{,}2x^2 - x + 1{,}5$ auf dem Intervall $[-4; 4]$.
Bestimmen Sie eine Stelle $x_0$ $(x_0 \in\, ]-4; 4[)$ so, dass die Tangente in $P(x_0; f(x_0))$ an den Graphen der Funktion parallel zur Sekante durch $Q(3; f(3))$ und $R(0; f(0))$ verläuft!
Zeichnen Sie die Graphen von Funktion, Sekante und Tangente!

***DA 110***

Gegeben sei die Funktion $f(x) = x^2 - 1$.
Bestimmen Sie $x_0$ so, dass die Tangente an den Graphen von $f(x)$ parallel zur Sekante durch die Punkte $R(-1; f(-1))$ und $S(2; f(2))$ verläuft!

***DA 111***

Gegeben ist eine im Intervall $[-2; 3]$ differenzierbare Funktion f, deren Graph durch die Punkte $A(-1; 0)$ und $B(2{,}5; 0)$ verläuft. Welche Zahl kommt dann mit Sicherheit im Wertebereich von $f'$ vor?

***DA 112***

Bestimmen Sie Intervalle, in denen Nullstellen der Ableitung $f'(x)$ liegen!

a) $f_1(x) = (x + 3)(x - 1)(2x - 5)$

b) $f_2(x) = x(x + 1)(x - 2)(x + 3)$

***DA 113***

Wenden Sie den Mittelwertsatz (↗ Satz D 15, S. 114) auf die Funktion

a) $f_1(t) = t^3$ im Intervall $[1; 3]$

b) $f_2(x) = \sin x$ im Intervall $[\frac{\pi}{6}; \frac{2\pi}{3}]$

c) $f_3(x) = \ln x$ im Intervall $[0{,}5; 1{,}5]$

an! Bestimmen Sie die Stelle c!

***DA 114***

Eine Bewegung erfolge nach dem Weg-Zeit-Gesetz $s(t) = 0{,}4t^3 - 4t^2 + 10$. ($s$ ist der zum Zeitpunkt $t$ zurückgelegte Weg.) Zu welchem Zeitpunkt $t_0 \in [0; 4]$ ist die Momentangeschwindigkeit $v(t_0)$ gleich der Durchschnittsgeschwindigkeit im angegebenen Zeitintervall? Zeigen Sie, dass der Mittelwertsatz die Existenz von $t_0$ bestätigt!

***DA 115*** *(↗ Beispiele D 26/D 27, S. 116/117)*

Bestimmen Sie die nachfolgenden Grenzwerte mit Hilfe der Regeln von DE L'HOSPITAL:

a) $\lim\limits_{x \to 4} \dfrac{x^2 + x - 20}{x^3 - x^2 - 12x}$

b) $\lim\limits_{x \to \infty} \dfrac{\ln x}{x^n}$, $n > 0$

***DA 116***

Bestimmen Sie die folgenden Grenzwerte nach der 1. Regel von DE L'HOSPITAL:

a) $\lim\limits_{x \to 1} \frac{\ln x}{x-1}$ b) $\lim\limits_{x \to 1} \frac{2x^2+x-3}{x-1}$ c) $\lim\limits_{x \to -1} \frac{x^2+x}{x+1}$ d) $\lim\limits_{x \to 0} \frac{\sin 2x}{x}$

e) $\lim\limits_{\substack{x \to 0 \\ x>0}} x^3 \cdot \ln x$ f) $\lim\limits_{\substack{\alpha \to 0 \\ \alpha>0}} \frac{\tan\sqrt{\alpha}}{\alpha}$ g) $\lim\limits_{\alpha \to k \cdot \pi} \frac{\tan 2\alpha}{\tan\alpha}$ h) $\lim\limits_{\substack{x \to 0 \\ x>0}} x^x$

i) $\lim\limits_{x \to \frac{\pi}{2}} (\sin x)^{\tan x}$ j) $\lim\limits_{x \to 1} \frac{ax^2-a}{x-1}$

*Hinweis zu h), i):* Formen Sie den betrachteten Term unter Verwendung von $e^{\ln x} = x$ zunächst in eine Potenz von e um.

***DA 117***

Bestimmen Sie die folgenden Grenzwerte nach der 2. Regel von DE L'HOSPITAL:

a) $\lim\limits_{x \to \infty} x^{\frac{1}{x}}$ b) $\lim\limits_{x \to \infty} x \cdot \sin\frac{1}{x}$ c) $\lim\limits_{x \to \infty} \frac{\sin^2 \frac{1}{x}}{\frac{1}{x^2}}$ d) $\lim\limits_{x \to \infty} \frac{\sqrt{x}}{x-1}$

e) $\lim\limits_{x \to \infty} \frac{\arctan x - \frac{\pi}{2}}{\frac{1}{x}}$ f) $\lim\limits_{x \to \infty} \frac{ax+b}{\ln(1+e^x)}$ g) $\lim\limits_{x \to \infty} \frac{x^2}{2^x}$ h) $\lim\limits_{x \to \infty} \frac{\ln x}{\sqrt{x^2-1}}$

*Hinweis zu a):* Formen Sie den betrachteten Term unter Verwendung von $e^{\ln x} = x$ zunächst in eine Potenz von e um.

***DA 118***

Bestimmen Sie durch mehrmalige Anwendung der Regeln von DE L'HOSPITAL die nachfolgenden Grenzwerte:

a) $\lim\limits_{x \to 0} \frac{x^2-2+2\cos x}{x^4}$ b) $\lim\limits_{x \to \infty} \frac{x^3}{e^x}$ c) $\lim\limits_{x \to \infty} \frac{e^x}{x^2}$ d) $\lim\limits_{x \to \infty} x^n \cdot e^{-x}$

e) $\lim\limits_{x \to 0} \frac{e^x - e^{-x} - 2x}{x - \sin x}$ f) $\lim\limits_{x \to \frac{\pi}{2}} \frac{\tan x}{\tan 3x}$ g) $\lim\limits_{x \to 0} \frac{\sin x - x}{e^{\sin x} - e^x}$ h) $\lim\limits_{x \to 0} \frac{1-\cos x}{x^2}$

***DA 119***

Diskutieren Sie die Besonderheiten der folgenden Grenzwerte bei formaler Anwendung der Regeln von DE L'HOSPITAL. Bestimmen Sie die Grenzwerte!

a) $\lim\limits_{x \to 2} \frac{x^2-x+2}{x-2}$ b) $\lim\limits_{x \to \infty} \frac{x+\sin x}{x}$

# D 5 Anwendungen der Differentialrechnung

## D 5.1 Untersuchung von Funktionen

### D 5.1.1 Monotonieverhalten

***DA 120*** *(↗ Beispiel D 29, S. 120)*

Gegeben ist die Funktion $f(x) = \frac{1}{3}x^3 - \frac{3}{2}x^2 - 4x + 3$. Untersuchen Sie die Funktion f auf Monotonie!

***DA 121***

Untersuchen Sie folgende Funktionen auf Monotonie:

a) $f_1(x) = \frac{1}{3}x^3 + x^2 - \frac{5}{4}x - 2$ b) $f_2(x) = \frac{1}{6}x^3 - 2x^2 + 6x + 1$ c) $f_3(x) = \frac{3}{4}x^4 + x^3 - 3x^2$

d) $f_4(x) = -x^3 + 2x^2 - 4x$ e) $f_5(x) = x(2 - \ln x)$ f) $f_6(x) = e^x(x-4)$

g) $f_7(x) = 1 - 2\cos x;\ x \in [0;\ 2\pi]$ h) $f_8(x) = 2\sin\frac{x}{3} + 1;\ x \in [0;\ 6\pi]$ i) $f_9(x) = \ln\frac{1}{x^2};\ x \neq 0$

***DA 122***

Ermitteln Sie die Intervalle, in denen folgende Funktionen monoton wachsend sind:

a) $f_1(x) = \sin^2 x - \sin x$ b) $f_2(x) = \cos x - \cos^2 x$

***DA 123***

Untersuchen Sie folgende Funktionen in Abhängigkeit von a $(a \in \mathbb{R})$ auf Monotonie!

a) $f_1(x) = ax^3 + 3x^2$ b) $f_2(x) = x^4 + ax^2$

***DA 124***

Welche Aussagen kann man über das Monotonieverhalten der Funktion $f_i$ treffen, wenn Folgendes gilt:

a) $f_1'$ besitzt zwei Nullstellen.
b) Der Graph von $f_2'$ verläuft vollständig oberhalb der x-Achse.
c) $f_3'(x) = 0$ ist erfüllt für $x = -3$.
d) Der Graph von $f_4'$ berührt die x-Achse an der Stelle $x_1 = 0$ und schneidet sie bei $x_2 = 4$.

Veranschaulichen Sie jeweils den entsprechenden Sachverhalt!

D 5.1.2 Extremstellen

***DA 125*** *(↗ Satz D 21, S. 123)*

Beweisen Sie das (–+)VZW-Kriterium für lokale Extrema!

***DA 126***

Beweisen Sie Satz D 22 (↗ S. 125) für den Fall des lokalen Minimums!

***DA 127***

Überprüfen Sie, ob folgende Aussagen wahr sind, und begründen Sie Ihre Entscheidung!

a) f sei im Intervall I differenzierbar und $x_0 \in I$.
Dann ist $f'(x_0) \neq 0$ hinreichend dafür, dass $x_0$ keine lokale Extremstelle von f ist.
b) Wenn die Funktion f in einer Umgebung von $x_0$ differenzierbar ist, $f'(x_0) = 0$ gilt und $f'(x)$ an der Stelle $x_0$ einen Vorzeichenwechsel hat, so ist $x_0$ eine lokale Extremstelle von f.
c) $f'(x_0) = 0$ ist ein hinreichendes Kriterium für ein lokales Extremum an der Stelle $x_0$.
d) $f'(x_0) = 0$ und $f''(x_0) > 0$ ist ein hinreichendes Kriterium für ein lokales Minimum an der Stelle $x_0$.
e) $f'(x_0) = 0$ ist notwendig für das Vorhandensein eines lokalen Extrempunktes des Graphen der Funktion f im Punkt $P_0(x_0; f(x_0))$.
f) $f'(x_0) = 0$ ist hinreichend, aber nicht notwendig für das Vorhandensein eines lokalen Extrempunktes des Graphen der Funktion an der Stelle $x_0$.

***DA 128*** *(↗ Beispiel D 31, S. 124)*

Gegeben ist die Funktion $f(x) = x^4 - 4x^2 + 4$. Ermitteln Sie die lokalen Extremstellen der Funktion und die Art der Extrema, indem Sie das VZW-Kriterium anwenden!

***DA 129*** *(↗ Beispiel D 32, S. 126)*

Gegeben ist die Funktion f mit der Gleichung $f(x) = x^3 - 5x^2 - 8x + 2$.
Ermitteln Sie lokale Extremstellen der Funktion f und bestimmen Sie die Art der Extrema! Geben Sie die Koordinaten der lokalen Extrempunkte an!

***DA 130***

Untersuchen Sie die Graphen nachfolgender Funktionen auf lokale Extrempunkte! Entscheiden Sie je nach Aufgabe selbst, welches Verfahren Sie anwenden!

a) $f_1(x) = \frac{1}{3}x^3 - 2x^2 - 5x$

b) $f_2(x) = \frac{3}{4}x^4 - x^3 - 3x^2$

c) $f_3(x) = 30 - 24x + 9x^2 - x^3$

d) $f_4(x) = 2x^4 - 32x^2 - 10$

e) $f_5(x) = \frac{1}{5}(x^5 - \frac{19}{3}x^3 - 4x)$

f) $f_6(x) = x^4 - 4x^3 + 1$

***DA 131***

Bestimmen Sie von folgenden gebrochenrationalen Funktionen lokale Extrema und untersuchen Sie die Art der Extrema:

a) $f_1(x) = \frac{x^2 - 1}{x^2 + 1}$ b) $f_2(x) = \frac{2x^2 - 8}{x^2 + 2}$ c) $f_3(x) = \frac{x^2 - 6}{x - 3{,}5}$ d) $f_4(x) = \frac{x^2 - 3}{2x - 5}$

***DA 132***

Bestimmen Sie von folgenden Funktionen die lokalen Extrempunkte und die Art der Extrema:

a) $f_1(x) = x \cdot e^x$ b) $f_2(x) = x^2 \cdot \ln x$ c) $f_3(x) = 3 - x + 2\sqrt{x}$

d) $f_4(x) = \sqrt{2x + 3} - x$ e) $f_5(x) = \sin^2 x; \quad x \in [0; 2\pi]$

***DA 133***

Ermitteln Sie die lokalen Extrempunkte folgender Funktionen!

a) $f_1(x) = 1 + \cos(2x - \frac{\pi}{2}); \quad x \in \mathbb{R}$ b) $f_2(x) = \sin^2 x + \cos x; \quad x \in \mathbb{R}$

***DA 134***

Von einer ganzrationalen Funktion $f_i(x)$ ist ein Term für ihre 1. Ableitung $f_i'(x)$ gesucht. Die Funktion $f_i$ soll folgende Bedingungen erfüllen:

a) $f_1$ hat lokale Extremstellen bei $x_1 = -1$, $x_2 = 3$ und $x_3 = 5$.
b) $f_2$ hat bei $x_1 = -2$ ein lokales Minimum und bei $x_2 = 1$ ein lokales Maximum.
c) $f_3$ hat bei $|x| = 3$ relative Minima und bei $x = 0$ ein relatives Maximum.

***DA 135***

Bestimmen Sie von folgenden Funktionen die lokalen Extrempunkte und die Art der Extrema: (*Hinweise:* Bringen Sie die Betragsfunktionen zunächst in eine betragsfreie Form. Beachten Sie Stellen, an denen die Funktionen nicht differenzierbar sind!)

a) $f_1(x) = \begin{cases} x^2 - 2x + 3 & \text{für } x < 3 \\ x^2 - 8x + 21 & \text{für } x \geq 3 \end{cases}$ b) $f_2(x) = |x^3 - x|$ c) $f_3(x) = x^2 - |x|$

***DA 136***

Welche Bedingungen müssen a bzw. a, b, c erfüllen, damit die Funktionen $f_i$

a) genau eine lokale Extremstelle,
b) genau drei lokale Extremstellen besitzen?
- $f_1(x) = x^6 + ax^4$
- $f_2(x) = ax^4 + bx^2 + c; \quad a \neq 0$

D 5.1.3 Krümmungsverhalten und Wendestellen

***DA 137*** *(↗ Beispiel D 35, S. 129)*

Gegeben ist die Funktion f mit der Gleichung $f(x) = x^3 - 5x^2 - 8x + 2$.
Untersuchen Sie f auf mögliche Wendestellen und geben Sie die Koordinaten der Wendepunkte des Graphen von f an!

***DA 138***

Untersuchen Sie nachfolgende Funktionen auf Existenz von Wendestellen und geben Sie jeweils die Koordinaten der Wendepunkte ihrer Graphen an!

a) $f_1(x) = \frac{1}{3}x^3 - 2x^2 - 5x$
b) $f_2(x) = \frac{3}{4}x^4 - x^3 - 3x^2$
c) $f_3(x) = \frac{1}{5}(x^5 - \frac{19}{3}x^3 - 4x)$
d) $f_4(x) = x^4 - 4x^3 + 1$

***DA 139***

Ermitteln Sie von den Graphen der folgenden Funktionen die Koordinaten der Wendepunkte und geben Sie jeweils die Gleichung der Wendetangente an!

a) $f_1(x) = \frac{1}{2}x^4 + x^3$
b) $f_2(x) = x \cdot e^x$
c) $f_3(x) = \sin(2x + \frac{\pi}{4});\ 0 \le x \le \frac{\pi}{2}$

***DA 140***

Skizzieren Sie Graphen von Funktionen, die folgende Extrem- bzw. Wendepunkte besitzen:

a) Genau 2 Wendepunkte, einen lokalen Maximumpunkt, zwei lokale Minimumpunkte;
b) genau 2 Wendepunkte, keinen Extrempunkt;
c) genau einen lokalen Maximumpunkt, genau einen lokalen Minimumpunkt, genau 3 Wendepunkte;
d) genau einen Minimumpunkt, genau 2 Wendepunkte.

***DA 141***

Ermitteln Sie für die Graphen folgender Funktionen die lokalen Extrempunkte und die Wendepunkte! Untersuchen Sie die Art der Extrempunkte und das Krümmungsverhalten der Graphen in der Umgebung der Wendepunkte! Fertigen Sie eine Skizze der Graphen an!

a) $f_1(x) = \frac{4x^2 - 16}{4 + x^2}$
b) $f_2(x) = \frac{x^3 - 3x + 2}{x^2}$
c) $f_3(x) = x^5 - \frac{10}{3}x^3 - 1$
d) $f_4(x) = x^3 + 6x^2 + 9x$

***DA 142***

Durch die Graphen der Ableitungsfunktionen f′, f″ und f‴ wird eine Funktion f bezüglich ihrer Monotonie, der lokalen Extrema und der Wendestellen beschrieben.
Skizzieren Sie den möglichen Verlauf des Graphen von f!

a)
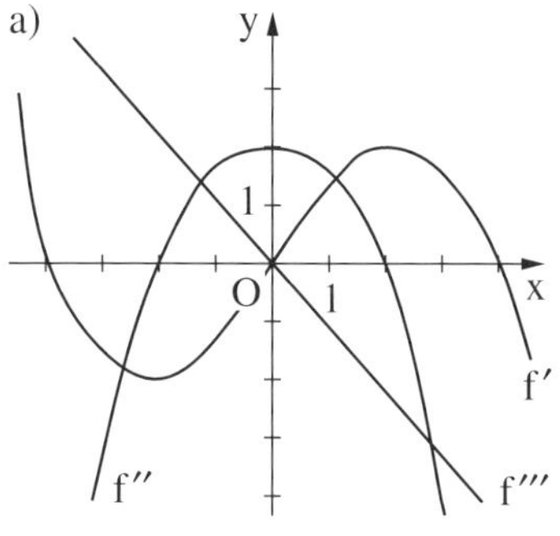


b)
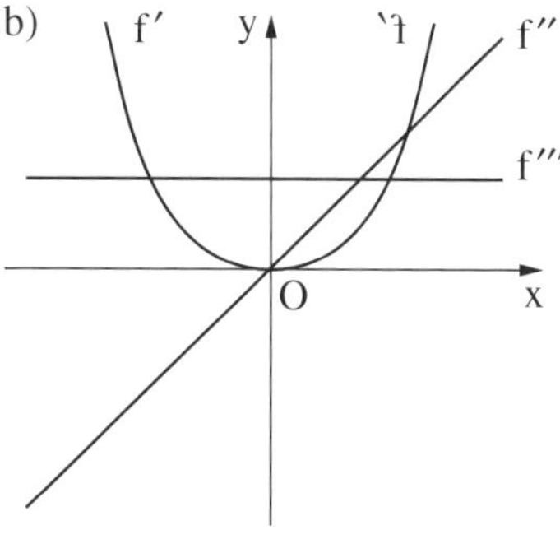


***DA 143***

Untersuchen Sie die Anzahl der Wendepunkte der Funktion $f_i$ in Abhängigkeit vom Koeffizienten a! Liegen Horizontalwendepunkte vor?

a) $f_1(x) = x^5 + ax^3 - 1;\quad a \in \mathbb{R}$
b) $f_2(x) = x^5 + x^4 + ax^3;\quad a \in \mathbb{R}$

### D 5.1.4 Verhalten im Unendlichen

***DA 144*** *(↗ Beispiel D 37, S. 132)*

Untersuchen Sie das Verhalten der Funktion $f_i$ im Unendlichen!

a) $f_1(x)$ ist ganzrationale Funktion: $f_1(x) = 3x^3 - 4x^2 + 7x$

b) $f_2(x)$ ist gebrochenrationale Funktion: $f_2(x) = \frac{2x^3 + 4x^2 - 4}{4x^3 + 6x + 3}$

***DA 145***

Untersuchen Sie das Verhalten nachfolgender Funktionen im Unendlichen:

a) $f_1(x) = \frac{1}{3}x^3 - 2x^2 - 5x$ b) $f_2(x) = \frac{3}{4}x^4 - x^3 - 3x^2$ c) $f_3(x) = \frac{1}{5}(x^5 - \frac{19}{3}x^3 - 4x)$

***DA 146***

Untersuchen Sie das Verhalten folgender Funktionen im Unendlichen! Geben Sie die Gleichungen der Asymptoten an!

a) $f_1(x) = \frac{x^2 - 1}{x^2 + 1}$ b) $f_2(x) = \frac{2x^2 - 8}{x^2 + 2}$ c) $f_3(x) = \frac{x^2 - 6}{x - 3{,}5}$ d) $f_4(x) = \frac{-2x^3 + x^2}{x^2 + 1}$

***DA 147***

Ermitteln Sie das Verhalten der Funktionen im Unendlichen in Abhängigkeit vom Koeffizienten a $(a \in \mathbb{R},\ a \neq 0)$! Bestimmen Sie gegebenenfalls die Gleichung der Asymptote!

a) $f_1(x) = ax^4 + 3x^3 - x^2 + 8x + 1$ b) $f_2(x) = x - x^2 - ax^3$

c) $f_3(x) = \frac{ax^4 - 1}{1 + x^3}$ d) $f_4(x) = \frac{x^3 + x^4}{1 - ax^3}$

***DA 148***

Untersuchen Sie durch Grenzwertbestimmung das Verhalten der folgenden Funktionen im Unendlichen:

a) $\lim\limits_{x \to +\infty} \sqrt{\frac{2x^2 - x}{1 + 8x^2}}$ b) $\lim\limits_{x \to \infty} \sqrt{\frac{x - 1}{x^2 + 1}}$ c) $\lim\limits_{x \to \pm\infty} e^{\frac{1}{x}}$ d) $\lim\limits_{x \to \infty} e^{\frac{1}{\sqrt{x}}}$

e) $\lim\limits_{x \to \pm\infty} 2^{\frac{x}{x-1}}$ f) $\lim\limits_{x \to +\infty} 10^{\sqrt{x}}$ g) $\lim\limits_{x \to \pm\infty} \left(\ln\frac{x^2 - 1}{x + x^2}\right)$ h) $\lim\limits_{x \to \pm\infty} \left(\lg\frac{5 + 20x^4}{x^2 + 2x^4}\right)$

***DA 149***

Untersuchen Sie durch Grenzwertbestimmung das Verhalten der folgenden Funktionen im Unendlichen! Nutzen Sie gegebenenfalls die Regel von DE L'HOSPITAL!

a) $\lim\limits_{x \to \pm\infty} \frac{e^x}{x}$ b) $\lim\limits_{x \to \pm\infty} \frac{\sin\frac{1}{x}}{\frac{1}{x^2}}$ c) $\lim\limits_{x \to \infty} \frac{x^3 - x^2}{\ln x}$

d) $\lim\limits_{x \to +\infty} \frac{\sqrt{x}}{2x + 1}$ e) $\lim\limits_{x \to +\infty} \frac{\sqrt{x} + \sqrt{a}}{\sqrt{x + a}}$; $a > 0$ f) $\lim\limits_{x \to \infty} \frac{e^{-x}}{\frac{1}{x}}$

### D 5.1.5 Definitionslücken

***DA 150*** *(↗ Beispiel D 39, S. 194)*

Untersuchen Sie die folgenden gebrochenrationalen Funktionen auf die Existenz von Polstellen und das Verhalten der Funktion in der Umgebung der Polstellen!

a) $f_1(x) = \frac{x - 2}{x + 3}$ b) $f_2(x) = \frac{x^2 + x}{2x - 4}$ c) $f_3(x) = \frac{x}{x^3 + 2x^2}$ d) $f_4(x) = \frac{3x + 4}{x^2 + 2}$

e) $f_5(x) = \frac{2x-1}{x^2-4}$ f) $f_6(x) = \frac{x^3-6x^2+9x-4}{x^2+2x-3}$ g) $f_7(x) = \frac{x+1}{x^2}$ h) $f_8(x) = \frac{x^2-1}{x+1}$

i) $f_9(x) = \frac{x^2-4}{x^3+2x^2}$ j) $f_{10}(x) = \frac{2x-5}{x^4-4x^3+4x^2}$

***DA 151***

Die in den oben angegebenen Teilaufgaben ***DA 150*** f, h und i genannten Funktionen besitzen Definitionslücken, die keine Polstellen sind. Untersuchen Sie das Verhalten der Funktionen in der Umgebung dieser Stellen!

### D 5.1.6 Kurvendiskussionen an Beispielen

***DA 152*** *(↗ S. 136f.)*

Untersuchen Sie die Funktion $f(x) = x^4 - 5x^2 + 4$ und deren Graphen!

***DA 153***

Untersuchen Sie wie in Aufgabe ***DA 152*** folgende Funktionen:

a) $f_1(x) = x^3 + 6x^2 + 9x$ b) $f_2(x) = \frac{1}{8}x^4 - \frac{1}{2}x^3$ c) $f_3 = \frac{1}{4}(x-1)^3(x+2)$

***DA 154***

Stellen Sie von den in den Aufgaben ***DA 130*** a, b, f, ***DA 138*** a–c und ***DA 145*** gegebenen Funktionen die bisher ermittelten Eigenschaften zusammen, ergänzen Sie die Nullstellen und fertigen Sie eine Skizze der Graphen der Funktionen an!

***DA 155*** *(↗ S. 137 bis 139)*

Untersuchen Sie die Funktion $f(x) = \frac{x^2-2}{3-x^2}$!

***DA 156***

Untersuchen Sie wie in Aufgabe ***DA 155*** folgende Funktionen:

a) $f_1(x) = \frac{9-x^2}{x^2+3}$ b) $f_2(x) = \frac{x^2+2x+1}{x^2+1}$ c) $f_3(x) = \frac{x^2-5}{x-3}$

***DA 157***

Vervollständigen Sie die in Aufgabe ***DA 131*** a–c begonnene und in Aufgabe ***DA 146*** a–c fortgesetzte Untersuchung von Funktionen durch die Berechnung von Nullstellen, Polstellen und Wendepunkten und zeichnen Sie jeweils den Graphen der Funktion!

***DA 158***

Ermitteln Sie von den folgenden Funktionen Definitionsbereich, Nullstellen und Koordinaten lokaler Extrempunkte! Untersuchen Sie jeweils das Verhalten der Funktion im Unendlichen und zeichnen Sie den Graphen!

a) $f_1(x) = (x-2) \cdot \sqrt{5-x}$ b) $f_2(x) = x \cdot \sqrt{x+2}$ c) $f_3(x) = (x-3) \cdot \sqrt[3]{x^2}$

***DA 159***

Bestimmen Sie von den folgenden Funktionen Nullstellen, Koordinaten lokaler Extrempunkte und Wendepunkte!

Zeichnen Sie die Graphen!

a) $f_1(x) = e^x(x^2 - 2x)$ b) $f_2(x) = x^2(\ln x - 1)$ c) $f_3(x) = e^{\frac{1}{2}x} + e^{-x}$

d) $f_4(x) = e^x(x-4)$ e) $f_5(x) = x(2 - \ln x)$ f) $f_6(x) = (\ln x)^2$

***DA 160***

Berechnen Sie von den gegebenen Funktionen Nullstellen sowie lokale Extrempunkt- und Wendepunktkoordinaten im jeweils angegebenen Intervall! Zeichnen Sie den Graphen!

a) $f_1(x) = 2\sin x + \sin 2x \quad (-2\pi \leq x \leq 2\pi)$ b) $f_2(x) = \sin^3 x \quad (0 \leq x \leq 2\pi)$

c) $f_3(x) = \cos^2 x - \frac{1}{4} \quad (0 \leq x \leq 2\pi)$ d) $f_4(x) = \sin 2x + 2\cos x \quad (0 \leq x \leq 2\pi)$

***DA 161***

Ermitteln Sie die Nullstellen, die lokalen Extrem- und Wendepunkte der folgenden Funktionen $f_i$ und zeichnen Sie deren Graphen im angegebenen Intervall!

a) $f_1(x) = 2\sin(4x - \frac{\pi}{6}) + 1; \quad x \in [0; \pi]$ b) $f_2(x) = 4\cos(\frac{1}{2}x + \frac{\pi}{4}) - 2\sqrt{2}; \quad x \in [0; 4\pi]$

c) $f_3(x) = \cos 2x - 8\sin x - 1; \quad x \in [0; \pi]$

***DA 162*** *(↗ Beispiel D 42, S. 140f.)*

Gegeben ist die Funktionenschar $f_a(x) = ax^2 + x$ mit $a \in \mathbb{R}, a \neq 0$.

a) Skizzieren Sie für $|a| = 1$, $|a| = \frac{1}{2}$, $|a| = \frac{1}{4}$ die Graphen der Funktionen in ein und dasselbe Koordinatensystem!
b) Zeigen Sie, dass die lokalen Extrempunkte der Graphen der Schar auf einer Geraden liegen!
c) Weisen Sie nach, dass alle Graphen der Schar die Abszisse unter dem gleichen Winkel schneiden!
d) Für welches a verläuft der Graph durch den Punkt P(3; –15)?
e) Für welches a besitzt der Graph der Funktion eine Tangente mit der Gleichung $y = 5x - 2$?

***DA 163***

Gegeben ist die Funktionenschar $f_t(x) = \frac{x^2}{t} + \frac{t^2}{x}$ mit $t \in \mathbb{R}, t \neq 0$.

a) Ermitteln Sie für t = 1 und t = –1 die Schnittpunkte der Graphen mit der x-Achse, die Polstellen, lokalen Extrem- und Wendepunkte! Zeichnen Sie beide Graphen!
b) Auf welcher Kurve liegen die Extrempunkte der Graphen der Schar? Geben Sie die Art der Extrempunkte in Abhängigkeit vom Parameter t an!

***DA 164***

Untersuchen Sie die folgenden Funktionenscharen auf Nullstellen, Extrem- und Wendepunkte und zeichnen Sie die Graphen der Schar für die angegebenen Parameterwerte:

a) $f_a(x) = a\sqrt{x} - x; \quad a \in \mathbb{R}, a \neq 0, x \in \mathbb{R}, x \geq 0;$ Graph für a = 1, a = –1, a = 2

b) $f_a(x) = (x + 1)e^{ax}; \quad a \in \mathbb{R}, a \neq 0, x \in \mathbb{R};$ Graph für $a = \frac{1}{2}$, a = 1, a = –1, a = –2

***DA 165***

Berechnen Sie für die Funktionen der nachfolgend angegebenen Funktionenscharen die Nullstellen und lokalen Extremstellen. Zeichnen Sie die Funktionen der Scharen für die angegebenen Parameterwerte im Intervall $[0; 2\pi]$ jeweils in ein und dasselbe Koordinatensystem:

a) $f_a(x) = a \cdot \sin(3x + \frac{\pi}{2}); \quad a \in \mathbb{R}, a \neq 0;$ Graph für a = –1, a = 1,5, a = 2

b) $f_b(x) = 2\sin(bx - \frac{\pi}{4}); \quad b \in \mathbb{R}, b \neq 0;$ Graph für b = 1, b = 2, $b = \frac{1}{2}$

c) $f_c(x) = 2\sin(3x + c); \quad c \in \mathbb{R};$ Graph für c = 0, $c = \frac{\pi}{2}$, $c = -\frac{\pi}{4}$

***DA 166***

Untersuchen Sie die Funktionenschar $f_k(x) = x \cdot e^{kx}$ $(k \in \mathbb{R}, k < 0, x \in \mathbb{R})$ auf Nullstellen, lokale Extrem- und Wendepunkte! Auf welcher Kurve liegen die lokalen Extrem- bzw. Wendepunkte der

Schar? Geben Sie die entsprechenden Gleichungen an! Zeichnen Sie die Graphen für $k = -1$, $k = -\frac{1}{2}$, $k = -\frac{1}{3}$ im Intervall $[-1; 7]$!

***DA 167***

Gegeben ist die Funktionenschar $f_t(x) = \frac{t}{x} \ln tx$; $t \in \mathbb{R}, t > 0, x \in \mathbb{R}, x > 0$.

a) Ermitteln Sie die lokalen Extrempunkte der Graphen der Schar in Abhängigkeit von t und die Gleichung der Kurve, auf der sie liegen!

b) Vom Koordinatenursprung seien Tangenten an die Graphen der Schar gelegt. Ermitteln Sie die Gleichung der Kurve, auf der die Berührungspunkte liegen!

D 5.1.7 Ermittlung von Funktionsgleichungen

***DA 168*** *(↗ Beispiel D 43, S. 142)*

Wie lautet die Funktionsgleichung einer ganzrationalen Funktion 3. Grades, die an der Stelle $x_e = 2$ eine lokale Extremstelle hat, deren Punkt W(3; 8) Wendepunkt ist und die an der Stelle $x_t = 0$ eine Tangente mit dem Anstieg $m = 24$ besitzt?

***DA 169***

Wie heißt die Funktionsgleichung einer ganzrationalen Funktion 4. Grades, die an der Stelle $x_s = 0$ einen Sattelpunkt und an der Stelle $x_e = 2$ eine lokale Extremstelle hat? Außerdem hat diese Funktion im Punkt P(1; –0,5) eine Tangente mit dem Anstieg $m = -6$.

***DA 170***

Ermitteln Sie die Funktionsgleichung!

a) Vom Graphen einer ganzrationalen Funktion 3. Grades sind folgende Punkte gegeben: $P_1(0; 1)$, $P_2(1; 0)$, $P_3(-1; -4)$, $P_4(2; -1)$.

b) Vom Graphen einer ganzrationalen Funktion 3. Grades kennt man den lokalen Maximumpunkt H(1; 5) und den lokalen Minimumpunkt T(–1; 1).

c) Der Graph einer ganzrationalen Funktion 3. Grades hat im Koordinatenursprung einen Wendepunkt. Der Anstieg der Wendetangente ist $m = -0{,}9$. Gegeben ist außerdem der Punkt P(3; 0) dieser Funktion.

d) Vom Graphen einer ganzrationalen Funktion 3. Grades sind der Wendepunkt W(3; –10) und der lokale Minimumpunkt T(5; –26) bekannt.

e) Vom Graphen einer ganzrationalen Funktion 4. Grades sind der Punkt P(0; 2) und der lokale Minimumpunkt T(1; 1) bekannt. Außerdem weiß man, dass der Graph achsensymmetrisch zur y-Achse liegt.

f) Beim Graphen einer ganzrationalen Funktion 4. Grades ist T(–2; –5) lokaler Minimumpunkt, der Punkt S(0; 1) Terrassen- oder Sattelpunkt.

g) Der punktsymmetrisch zum Koordinatenursprung liegende Graph einer ganzrationalen Funktion 3. Grades hat in T(1; –3) einen lokalen Minimumpunkt.

h) Der punktsymmetrisch zum Koordinatenursprung liegende Graph einer ganzrationalen Funktion 3. Grades hat in P(2; 6) einen Tangentenanstieg von $m = 19$.

i) Eine ganzrationale Funktion 4. Grades hat bei $x_1 = -2$ eine lokale Extremstelle, ihr Graph in T(1; 1) einen lokalen Minimumpunkt sowie an der Stelle $x_m = 0$ eine Tangente mit der Gleichung $y = -4x + 5$.

j) Von einer ganzrationalen Funktion 4. Grades ist die Stelle $x_1 = 0$ eine lokale Extremstelle und die Stelle $x_2 = -1$ eine Terrassenpunktstelle. Außerdem besitzt der Graph der Funktion an der Stelle $x_m = -2$ eine Tangente mit der Gleichung $y = -24x - 47$.

## D 5.2 Extremwertprobleme

***DA 171*** *(↗ Beispiele D 44, S. 143)*

Vor einer Werkhalle soll ein rechteckiger Lagerplatz mit einer Fläche von 450 $m^2$ angelegt werden. Dazu ist der Platz an 3 Seiten zu umzäunen, an der 4. Seite begrenzt ihn die Werkhalle. Die Abmessungen des Lagerplatzes sollen so gewählt werden, dass die Gesamtlänge des Zaunes minimal wird. Berechnen Sie für diesen Fall Länge und Breite des Platzes und die Gesamtlänge des Zaunes!

***DA 172***

Ein Zaun von 40 m Länge soll dazu verwendet werden, eine rechteckige Fläche mit größtmöglichem Inhalt einzuschließen. Man ermittle die Länge a, die Breite b und den maximalen Flächeninhalt dieses Rechtecks.

***DA 173***

Es sind quaderförmige Behälter mit einem Volumen von $12\,m^3$ herzustellen, bei denen die Breite halb so groß wie ihre Länge ist. Welche Maße muss ein solcher Behälter haben, damit zu seiner Herstellung möglichst wenig Material verbraucht wird?

***DA 174***

Auf einem Baugrundstück, das die Form eines rechtwinkligen Dreiecks mit den Kathetenlängen 80 m und 100 m hat, soll eine Halle mit rechteckiger Grundfläche errichtet werden. Bei welchen Abmessungen wird die Hallenfläche am größten?

***DA 175***

Von einer rechteckigen Marmorplatte ist an einer Ecke ein Stück abgebrochen. Aus dieser Restplatte soll wieder ein rechteckiges Stück mit möglichst großer Fläche geschnitten werden. Wie groß sind dabei die Seiten zu wählen? (Maße siehe Abbildung!)

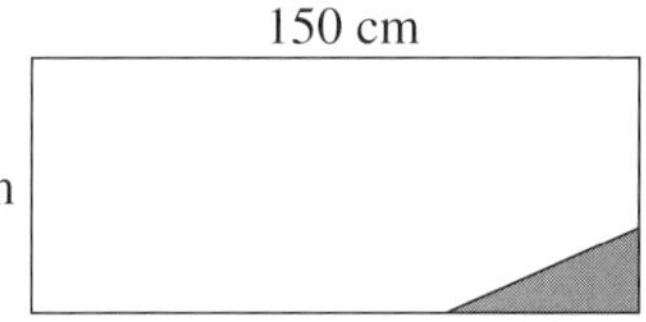


***DA 176***

Der Querschnitt eines 25 m langen Tunnels besteht aus einem Rechteck mit aufgesetztem Halbkreis (siehe Abbildung). Der Umfang der Querschnittsfläche beträgt 18 m. Wie ist der Radius des Halbkreises zu wählen, damit das Tunnelvolumen möglichst groß ist?

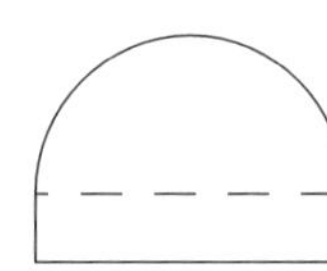

***DA 177***

Ein Kreisausschnitt PQM habe einen Flächeninhalt von A = 100 $cm^2$. Bestimmen Sie den Radius r und die Länge des Kreisbogens b für den Fall, dass der Umfang des Kreisbogens minimal wird!

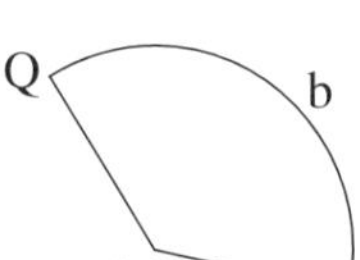


***DA 178***

An zwei geradlinig verlaufenden Straßen, die sich unter einem Winkel von 60° schneiden, liegen die Orte A 30 km und B 45 km von der Kreuzung S entfernt. Von A fährt ein Radfahrer $R_1$ mit einer Geschwindigkeit $v_1 = 10\ km \cdot h^{-1}$ in Richtung der Kreuzung. Von B fährt ein Radfahrer $R_2$ mit einer Geschwindigkeit $v_2 = 12\ km \cdot h^{-1}$ in Richtung der Kreuzung (s. Abbildung S. 71 links).

a) Bestimmen Sie die Abstände der beiden Radfahrer von der Kreuzung und den Abstand voneinander nach 40 Minuten!

b) Nach welcher Zeit ist der Abstand der Radfahrer voneinander am geringsten? Geben Sie diesen Abstand an! (Auf einen Nachweis der Art des lokalen Extremums wird verzichtet.)

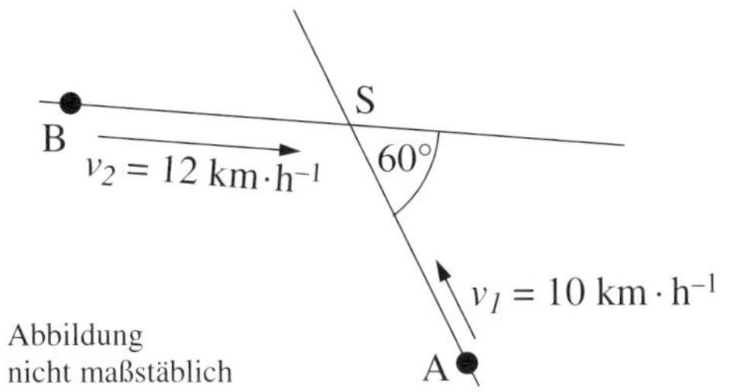


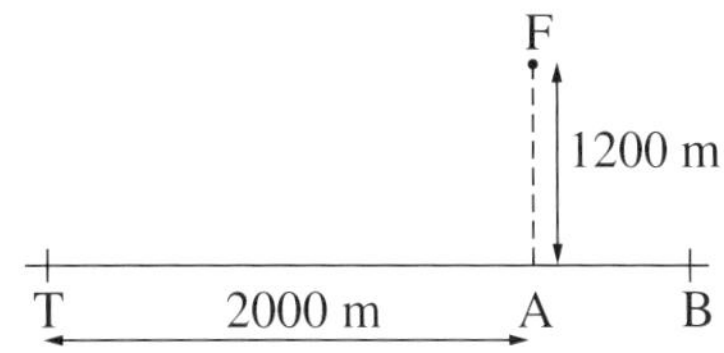


*DA 179*

Ein Firmenneubau F soll durch ein Erdkabel an die nächstgelegene Trafostation T angeschlossen werden. Von T über A nach B verläuft eine Straße, F befindet sich abseits einer Straße. Die Verlegungskosten längs der Straße betragen 150 €/m, im unerschlossenen Gelände 250 €/m (s. Abb. oben rechts). Berechnen Sie die Kosten, die entstehen, wenn die Verlegung des Kabels

a) geradlinig von T nach F nur im Gelände,
b) geradlinig von T nach A längs der Straße und dann nach F im Gelände erfolgt!

Nach welcher Strecke sollte man die Straße verlassen, um die Kosten so gering wie möglich zu halten? Wie hoch sind sie dann? (Auf den Nachweis der Art des Extremums wird hier verzichtet.)

*DA 180*

Aus quadratischen Kartonstücken mit den Seitenlängen a sollen an den Ecken gleiche Quadrate herausgeschnitten werden, so dass aus den Restflächen durch Falten oben offene Schachteln entstehen. Wie muss die Seitenlänge der herauszuschneidenden Quadrate gewählt werden, damit das Schachtelvolumen maximal wird?

*DA 181*

Aus trapezförmigen Blechabfällen sollen Rechtecke größter Fläche zur weiteren Verwendung herausgeschnitten werden. Berechnen Sie die Seitenlängen des geforderten Rechtecks! (Maße siehe Abbildung!)

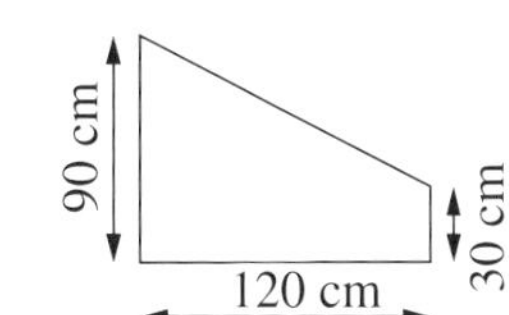


*DA 182*

Einem geraden Kreiskegel mit gegebenem Grundkreisdurchmesser d und Höhe h soll der gerade Kreiszylinder mit größtmöglichem Volumen einbeschrieben werden, so dass sein Grundkreis auf dem des Kreiskegels liegt.
Bestimmen Sie für diesen Fall den Grundkreisradius, die Höhe des Kreiskegels und das Volumen!

*DA 183*

Einem geraden Kreiszylinder mit gegebenem Grundkreisdurchmesser d und Höhe h soll der Kreiskegel mit dem kleinsten Volumen umbeschrieben werden. Bestimmen Sie für diesen Fall Grundkreisradius, Höhe und Volumen des Kegels!

*DA 184*

Bestimmen Sie Grundkreisradius, Höhe und Volumen des Zylinders mit dem größtmöglichen Volumen, der sich in eine Kugel mit gegebenem Radius R einbeschreiben lässt!

*DA 185*

Ein Stück Draht, das den Umfang eines Kreises mit einem Radius von 12cm bildet, soll so zerschnitten werden, dass mit ihm zwei Kreise geformt werden können. Wie groß sind die Radien dieser beiden Kreise, wenn die Summe der Flächeninhalte dieser beiden Kreise ein Minimum werden soll?

*DA 186*

Aus einem Silberdraht der Länge s soll ein Ohrgehänge angefertigt werden, welches aus einem Kreis mit angelötetem Quadrat besteht. Wie verhält sich der Durchmesser des Kreises zur Seitenlänge des Quadrates, wenn die Summe der Flächeninhalte von Kreis und Quadrat möglichst klein sein soll? (Der Drahtdurchmesser bleibt unberücksichtigt.)

*DA 187*

Drei Bretter, die die gleiche Breite b haben, sollen zu einer Wasserrinne zusammengebaut werden, deren Querschnitt ein gleichschenkliges Trapez ist. Unter welchem Winkel müssen die Bretter zusammenstoßen, wenn das Fassungsvermögen maximal werden soll?

*DA 188*

Eine oben offene Rinne hat als Querschnitt ein gleichschenkliges Trapez. $|\overline{AB}| = 6{,}8$ dm; $|\overline{BC}| = |\overline{AD}| = 4{,}0$ dm

$x = |\overline{DE}|$; $\alpha = \sphericalangle ADE$

Berechnen Sie x oder α für den Fall, dass der Flächeninhalt des Querschnitts maximal wird! Berechnen Sie auch den maximalen Flächeninhalt!

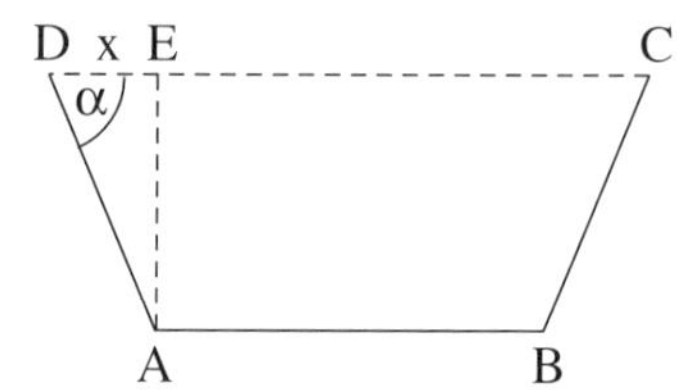


*DA 189*

Gegeben ist die Funktion $f(x) = 3\sqrt{x} - x$. Skizzieren Sie den Graphen von f! Es soll ein Punkt $P(x_p; f(x_p))$ im 1. Quadranten so bestimmt werden, dass das Dreieck OPP′ mit $P'(x_p; 0)$, $O(0; 0)$ maximalen Flächeninhalt besitzt.

*DA 190*

Der Graph der Funktion $f(x) = \frac{1}{5}\sqrt{225 - 9x^2}$ ist die Hälfte einer Ellipse, deren Mittelpunkt im Koordinatenursprung liegt. Skizzieren Sie den Graphen von f!

a) Ein Rechteck soll so einbeschrieben werden, dass eine Seite auf der x-Achse liegt. Ermitteln Sie die Seitenlängen des Rechtecks, das maximalen Flächeninhalt hat!
b) Ein gleichschenkliges Trapez soll so einbeschrieben werden, dass eine der parallelen Seiten auf der x-Achse liegt. Bestimmen Sie die Maße der Seitenlängen des Trapezes, das maximalen Flächeninhalt hat!

*DA 191*

Einem Rotationsparaboloiden (Körper, der bei Rotation einer Parabel um ihre Achse entsteht) soll ein gerader Kreiszylinder mit maximaler Oberfläche einbeschrieben werden. Die Skizze zeigt seinen Achsenschnitt, der eine quadratische Parabel darstellt. Berechnen Sie die Maße des Zylinders!

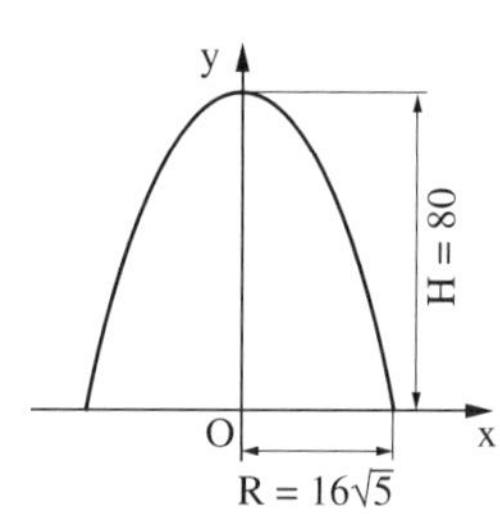


## D 5.3 Näherungsverfahren zum Lösen von Gleichungen

*DA 192*

Bestimmen Sie mittels Taschenrechner auf 3 Stellen nach dem Komma genau eine Nullstelle der Funktion $y = f(x) = 2\sin x - x$ im Intervall $(0; \pi)$!

*Hinweis:* Bei den Aufgaben dieses Komplexes soll „auf n Stellen nach dem Komma genau" heißen, dass sich bei mehreren aufeinander folgenden Näherungen die Ziffernfolge bis zur (n + 1)-ten Stelle nach dem Komma nicht ändert.

*DA 193*

Bestimmen Sie mittels Taschenrechner auf 3 Stellen nach dem Komma genau eine Nullstelle folgender Funktionen:

a) $y = f_1(x) = \cos x - x$ im Intervall $]0; \frac{\pi}{2}]$ b) $y = f_2(x) = \tan x - 2x$ im Intervall $]0; \frac{\pi}{2}[$

*Bemerkung zu b):* Falls Sie diese Aufgabe mittels allgemeiner Iteration bearbeiten wollen, empfiehlt es sich, als Iterationsfunktion $\varphi(x) = x - \frac{\tan x - 2x}{4}$ oder eine ähnliche Funktion zu verwenden.

*DA 194*

Bestimmen Sie für die folgenden Funktionen in den jeweils angegebenen Intervallen Nullstellen mittels folgender Methoden: Systematische Suche, NEWTON-Verfahren, Regula falsi und allgemeine Iteration. Verwenden Sie hierzu einen PC mit geeigneter Software und vergleichen Sie den Rechenaufwand der verschiedenen Methoden, wenn jeweils auf 6 Stellen nach dem Komma genau gearbeitet werden soll!

a) $y = f_1(x) = \ln x - \frac{x}{4}$ in $[0{,}1; 10]$ b) $y = f_2(x) = x^3 - 0{,}26x^2 - 0{,}28x + 5{,}568$ in $[-3; 2]$

*DA 195*

Für die Funktion $y = f(x) = 2e^{0{,}5x} - 4\sin x$ (↗ Fig. D 55, S. 145) ist die Lage der lokalen Maximumstelle im Intervall $[-2; -1]$ nach einem Näherungsverfahren Ihrer Wahl auf 6 Stellen nach dem Komma genau zu bestimmen.

*DA 196*

a) Bestimmen Sie die Schnittpunkte der Graphen der Funktionen $f_1(x) = e^x$ und $f_2(x) = 3x$ nach einem Näherungsverfahren Ihrer Wahl auf 6 Stellen nach dem Komma genau!
b) Wie muss der reelle Parameter a gewählt werden, damit die Funktionen $f_1(x) = e^x$ und $f_i(x) = a \cdot x$ $(a > 0)$ nur genau einen gemeinsamen Punkt besitzen? (Lösung ohne Näherungsverfahren!)

*DA 197*

Wie hoch stehen 500 Liter Flüssigkeit in einem kugelförmigen Behälter, dessen innerer Radius $r = 1$ m beträgt? Die Höhe h ist durch Näherung auf Zentimeter genau zu bestimmen!

*DA 198*

Ein Behälter besitzt die Form eines Kreiszylinders (mit quadratischem Achsenschnitt) mit aufgesetztem Kreiskegel. Die Gesamthöhe beträgt 12,00 m, das Volumen $192\pi$ m$^3$. Wie groß sind der Radius und die Höhe von Zylinder bzw. Kegel? (Näherung auf Zentimeter genau!)

*DA 199*

Für eine nach oben offene Halbkugel als Vorratsbehälter (↗ Fig. D 56, S. 145) ist eine Füllstandskala zu berechnen, auf der in 10er-Schritten der Füllstand in Prozent (von 0% bis 100%) angegeben wird. Berechnen Sie für diese Prozentsätze die jeweilige Höhe als Vielfaches des Halbkugelradius!

*DA 200*

Ein Bauer will seine runde Wiese von einer Ziege, die an einem Pfahl am Rande der Wiese angebunden wird, zur Hälfte abfressen lassen. Wie lang muss die Leine sein, wenn die Wiese einen Durchmesser von 20 m hat?

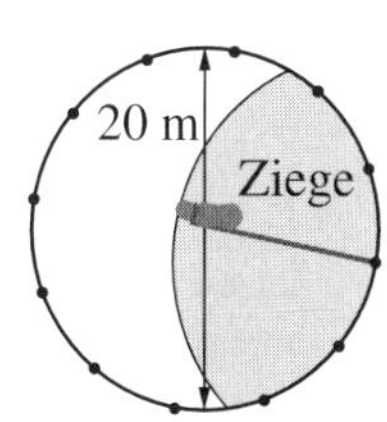

# E Integralrechnung

## E 1 Das unbestimmte Integral

### E 1.1 Der Begriff *Stammfunktion*

***EA 1*** *(↗ Beispiel E 1/E 2, S. 154 f.)*

Bestimmen Sie je eine Stammfunktion zu den Funktionen mit den folgenden Gleichungen und überprüfen Sie das Ergebnis durch Differentiation:

a) $f(x) = ax^4$

b) $f(x) = \frac{1}{\sqrt{x}}$; $x \neq 0$

***EA 2***

Ermitteln Sie je eine Stammfunktion zu den Funktionen mit den folgenden Gleichungen und überprüfen Sie das Resultat.[1]

a) $f_1(x) = -4x$

b) $f_2(a) = 0{,}4a$

c) $f_3(a) = -5b$

d) $f_4(x) = 4x + 1$

e) $f_5(b) = -6(b - 3)$

f) $f_6(x) = (x - 1)(x + 1)$

g) $f_7(k) = 3k + x$

h) $f_8(x) = \frac{1}{2\sqrt{x}}$

i) $f_9(z) = \frac{3}{2\sqrt{z}}$

j) $f_{10}(p) = \frac{4}{3\sqrt[3]{p^2}}$

k) $f_{11}(x) = \frac{x^4 - x^2 - 1}{x^2}$

l) $f_{12}(r) = \frac{ar^2 + a^2r}{r}$

m) $v(t) = g \cdot t$

n) $a(t) = g$

o) $f_{13}(x) = \sqrt{2}\, x^n$

p) $f_{14}(a) = a - \frac{1}{\sqrt{a}} + 2$

q) $f_{15}(x) = x^{2-k} + k$

r) $f_{16}(t) = \frac{2}{x^3} + \frac{4}{3\sqrt{t}}$

s) $f_{17}(z) = (z^2 - 1) \cdot x$

t) $f_{18}(x) = x^2(x^2 - a)$

***EA 3***

Die Funktion $F_i$ mit der nachfolgend angegebenen Gleichung sei jeweils Stammfunktion von Funktion $f_i$. Ermitteln Sie $f_i$!

a) $F_1(x) = \frac{1}{5}x^5 - 2x - \frac{1}{3x^3}$

b) $F_2(a) = \frac{3}{4}x^4 - ax$

c) $F_3(t) = \frac{5}{2}t^2 + 4t - \frac{1}{t^2}$

d) $F_4(x) = (a + x)\cdot(b + x)$

e) $F_5(s) = (1 - x)\cdot s$

f) $F_6(y) = \frac{x}{5}y^5 + \frac{1}{2}x^2y^2$

g) $F_7(x) = -\frac{1}{6x^6} - \frac{1}{3}x^{-3}$

h) $F_8(x) = \ln(2x + 1) + 4$

i) $F_9(x) = \frac{1}{3}\cos(3x - \frac{\pi}{2}) + 1$

1) Wir setzen hier und im Folgenden – wenn nicht anders vermerkt – stets voraus:
- Nenner $\neq 0$
- Basis von Potenzen mit gebrochenen Exponenten $> 0$

*EA 4*

Überprüfen Sie, ob die nachfolgend angegebene Funktion $F_i$ jeweils eine Stammfunktion von $f_i$ ist:

a) $F_1(x) = \frac{1}{2}x^6 - \frac{1}{3}x^3 + x^2 + 1$ $f_1(x) = x(3x^4 - x + 2)$

b) $F_2(x) = \frac{1}{2}\sqrt{x} + 7x$ $f_2(x) = \frac{1}{4\sqrt{x}} + 7$

c) $F_3(a) = x^5a - 3$ $f_3(a) = 5x^4a$

d) $F_4(t) = \frac{x^2 - 5}{x - 3}t$ $f_4(t) = \frac{x^2 - 5}{x - 3}$

e) $F_5(x) = \frac{1}{3}x^3 - \frac{1}{2}x^2 - 12x + a$ $f_5(x) = (x - 4)(x + 3)$

f) $F_6(d) = 2d^5 - 2d^4 + 3d^2 - 3d$ $f_6(d) = 10d^4 - 8d^3 + 6d$

g) $F_7(x) = \frac{x^2 + 2}{3x}$ $f_7(x) = \frac{x^2 - 2}{3x^2}$

h) $F_8(x) = \frac{x + 2}{3x^2}$ $f_8(x) = \frac{-x - 4}{3x^3}$

i) $F_9(x) = 3e^{2x + 4}$ $f_9(x) = \frac{3}{2}e^{2x + 4}$

j) $F_{10}(t) = (\sin t + \cos x)^2$ $f_{10}(t) = 2(\sin t + \cos x) \cdot \cos t$

*EA 5*

Geben Sie je drei Stammfunktionen zu den Funktionen $f_i$ an und skizzieren Sie deren Graphen jeweils in ein gemeinsames Koordinatensystem!

a) $f_1(x) = 2x - 3$ b) $f_2(x) = -3x^2$ c) $f_3(x) = 4$ d) $f_4(x) = 4x^3$

*EA 6*

Zeigen Sie, dass $F_1(x) = x(\frac{3}{2}x + 4)$ und $F_2(x) = \frac{3}{2}x^2 + 4x - \frac{9}{2}a$ Stammfunktionen von $f(x) = 3x + 4$ sind!

Gilt diese Aussage auch für $F_3(x) = x(x^2 - 9)$ und $F_4(x) = x(x + 3)(x - 3) - 3$ bezüglich $f(x) = 3x^2 - 9$?

## E 1.2 Der Begriff *unbestimmtes Integral*
## E 1.3 Regeln für das Ermitteln von unbestimmten Integralen
## E 1.4 Beispiele für das Ermitteln unbestimmter Integrale

*EA 7* *(↗ Beispiele E 4 bis E 8, S. 157 –160)*

a) Ermitteln Sie die Menge aller Stammfunktionen für die Funktion f mit der Gleichung

$$f(x) = ax^3 - 2x^2 + 3x + b$$

b) Ermitteln Sie das folgende unbestimmte Integral:

$$\int (2x^2 + ax)^2 dx$$

*EA 8*

Ermitteln Sie jeweils die Menge aller Stammfunktionen für die Funktionen $f_i$ mit nachfolgenden Gleichungen:

a) $f_1(x) = \frac{1}{2} - 3x + 4x^3$ b) $f_2(a) = a^2x - \frac{a}{x}$ c) $f_3(t) = t - \frac{1}{\sqrt{t}} - 3$

d) $f_4(r) = (r + \frac{1}{r})(r - \frac{1}{r})$ e) $f_5(x) = 4x(x^2 - 5)$ f) $f_6(s) = ax + as - 3$

g) $f_7(b) = ab + ax$ h) $f_8(x) = x^3 - 3x^2 - x$ i) $f_9(h) = \frac{3}{ch^2}$

j) $f_{10}(r) = (r - 1)(r + 1)$ k) $f_{11}(t) = \frac{1}{t^2} - \frac{1}{t^3} + t$ l) $f_{12}(x) = 2x^{10} - 5x^4$

m) $f_{13}(x) = \frac{3}{ax^n}$ n) $f_{14}(t) = \frac{1}{2t^2}$ o) $f_{15}(a) = a^{-1 + 2n}$

p) $f_{16}(a) = \frac{x^7}{4} - \frac{x}{a^3}$

*EA 9*

Ermitteln Sie folgende unbestimmte Integrale:

a) $\int (x^2 - 1)dx$ b) $\int at dt$ c) $\int (x^2 + 3x + 1)dx$

d) $\int (\sqrt{a} - x\sqrt{b})dx$ e) $\int \frac{1}{2}\sqrt{x}\, dx$ f) $\int (x + \frac{1}{x^2} + \frac{1}{x^3})dx$

g) $\int \frac{dx}{\sqrt[3]{x^2}}$ h) $\int (\sqrt{x} + \sqrt[3]{x} - \sqrt[4]{x} + 4)dx$ i) $\int (\frac{3}{x^4} + \frac{2}{x^3} + \frac{1}{x^2})dx$

j) $\int (ab + b^4)db$ k) $\int (t - 2)^2 dt$ l) $\int \frac{12dx}{5x^5}$

*EA 10*

Bestimmen Sie den Integranden in folgenden Gleichungen:

a) $\int f_1(x)dx = 7x^2 - c$ b) $\int f_2(x)dx = \frac{-1}{\sqrt{x}} + b$ c) $\int f_3(x)dx = \sqrt{x} + a$

d) $\int f_4(a)da = \sqrt{x} + a$ e) $\int f_5(t)dt = t^{-5} + 2t^2 - c$ f) $\int f_6(x)dx = ax + c$

g) $\int f_7(b)db = b^2 + 2b + c$ h) $\int f_8(x)dx = \frac{1}{x^4} - \frac{1}{x^2} + c$ i) $\int f_9(x)dx = \frac{x}{\pi} - \pi$

j) $\int f_{10}(s)ds = 7s^3 - \frac{s^2}{4} + c$ k) $\int f_{11}(x)dx = \sqrt{x} + \frac{1}{\sqrt{a}}$ l) $\int f_{12}(x)dx = \sqrt{x} + a$

*EA 11*

a) Beweisen Sie die Summenregel für unbestimmte Integrale (Satz E 4, Teil 2)!

b) Beweisen Sie durch vollständige Induktion die Gültigkeit dieser Summenregel für n Summanden $(n > 2)$!

*EA 12*

Stellen Sie die Funktionen $F_1(x) = -x^2$, $F_2(x) = -x^2 + 1$, $F_3(x) = -x^2 - 1$ und $F_4(x) = -x^2 + 3$ grafisch dar! Zeigen Sie, dass die Tangenten in Punkten mit demselben Abszissenwert x bei allen vier Graphen parallel zueinander verlaufen und den Anstieg $f(x) = -2x$ besitzen!

*EA 13*

Ermitteln Sie die Gleichung derjenigen Stammfunktion von $f(x) = 2x - 3$, die an der Stelle $-1$ den Funktionswert $\frac{9}{2}$ hat!

*EA 14*

Bestimmen Sie diejenige Stammfunktion von $f_i$, welche die angegebene Bedingung erfüllt!

| | | | |
|---|---|---|---|
| a) $f_1(x) = x^2 + 3$ | $F_1(1) = 4$ | b) $f_2(x) = \frac{x}{10}$ | $F_2(0) = 4$ |
| c) $f_3(x) = (x^2 - 1)(x^2 + 1)$ | $F_3(1) = \frac{3}{5}$ | d) $f_4(x) = \sqrt[4]{x}$ | $F_4(1) = \frac{4}{5}$ |
| e) $f_5(t) = \frac{\pi}{2}t - \frac{\pi}{3}$ | $F_5(1) = \pi$ | f) $f_6(a) = 0{,}6a^2 - \frac{1}{5}a + 1$ | $F_6(0) = 0$ |
| g) $f_7(x) = \frac{1}{2\sqrt{x}}$ | $F_7(9) = 2$ | h) $f_8(b) = \frac{1}{b^2}$ | $F_8(7) = \frac{6}{7}$ |

*EA 15*

Geben Sie zu der Funktion $f_i$ die Stammfunktionen $F_{i1}$ und $F_{i2}$ mit $F_{i1}(0) = 0$ bzw. $F_{i2}(0) = 2$ an!

a) $f_1(x) = -x^2 + 4x$ b) $f_2(x) = 2x$ c) $f_3(t) = x^3 + x^2 - 2x$

d) $f_4(x) = \frac{1}{\sqrt{x}} + 2x$ e) $f_5(x) = x^2 - 2x + 1$ f) $f_6(x) = (x - 1)^2$

*EA 16*

Die Funktion f mit $f(x) = x^3 - 2x^2 + 1$ hat eine Stammfunktion, deren Graph durch den Punkt P(1; 2) verläuft.
Ermitteln Sie die Gleichung dieser Stammfunktion!

*EA 17*

Geben Sie Stammfunktionen von f mit $f(x) = -2x + 3$ an, die nur negative Funktionswerte annehmen!

*EA 18*

Gegeben ist die Funktion $f(x) = x^2 - 2x$.

a) Ermitteln Sie die Stammfunktion $F_1$ von f, die an der Stelle 1 den Funktionswert $\frac{1}{3}$ annimmt!
b) Welchen Anstieg hat $F_1$ im Punkt $P(1; \frac{1}{3})$?
c) Ermitteln Sie die Stammfunktion $F_2$ von f, deren Graph auf der Geraden y = 1 einen Wendepunkt hat!

*EA 19*

Berechnen Sie den Parameter a ($a \in \mathbb{R}$) so, dass $F_i$ eine Stammfunktion von $f_i$ ist!

a) $F_1(x) = ax^3 + 3x^2 + 7x$ b) $F_2(x) = \frac{1}{3}ax^3 - ax^2$

$f_1(x) = (x + 3)^2 - 2$ $f_2(x) = \frac{x^4 - 2x^3}{5x^2}$

# E 2 Das bestimmte Integral

## E 2.1 Flächeninhalt unter der Normalparabel
## E 2.2 Der Begriff *bestimmtes Integral*
## E 2.3 Begriffserweiterung und Eigenschaften des bestimmten Integrals

***EA 20*** *(↗ Beispiel E 9, S. 168)*

Berechnen Sie das bestimmte Integral $\int_{-1}^{2}(x^2+2)dx$! Verwenden Sie dazu die Definition E 3 (S. 167)!

***EA 21***

Berechnen Sie analog zu Aufgabe ***EA 20*** die folgenden bestimmten Integrale:

a) $\int_{-2}^{2}(-x^2+4)dx$  b) $\int_{0}^{2}(2x+1)dx$  c) $\int_{0}^{1}(x^3+1)dx$

d) $\int_{0}^{1}\frac{1}{2}x^2dx$  e) $\int_{0}^{2}(x^2+x)dx$

***EA 22***

Berechnen Sie elementargeometrisch den Inhalt der jeweils markierten Fläche:

a) 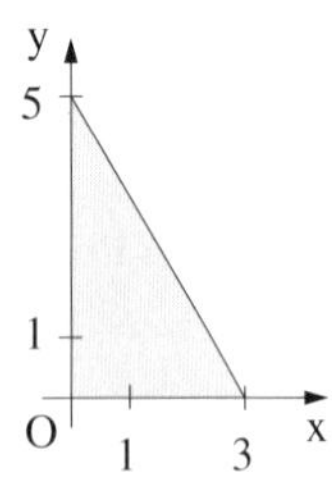


b) 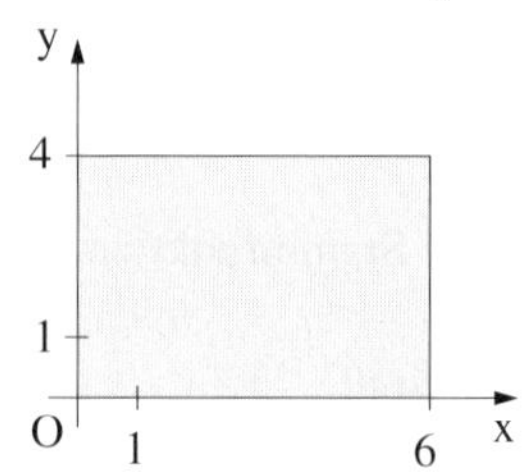


c) 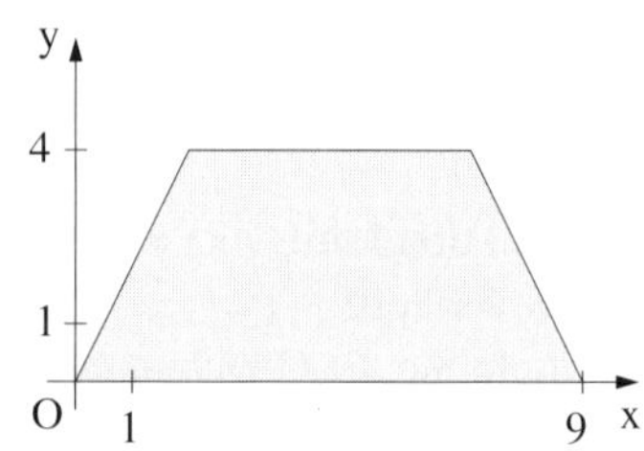


***EA 23***

Berechnen Sie den Inhalt der Fläche unter der Normalparabel (Graph der Funktion $f(x) = x^2$) in folgenden Intervallen! Verwenden Sie dazu die Ihnen bekannte Formel $A = A_2 - A_1 = \frac{b^3}{3} - \frac{a^3}{3}$!

a) [1; 3]  b) [0; 5]  c) [–2; 0]  d) [–1; 1]

***EA 24*** *(↗ Beispiel E 10, S. 169)*

Überprüfen Sie, ob sich die folgenden bestimmten Integrale als Flächeninhalt deuten lassen! Begründen Sie knapp Ihre Entscheidung!

a) $\int_{1}^{3}(-3x+3)dx$  b) $\int_{1}^{4}(\frac{1}{2}x-1)dx$  c) $\int_{-2}^{1}(x^2+2)dx$  d) $\int_{-1}^{2}(x^2-2x)dx$

***EA 25*** *(↗ Beispiel E 11, S. 169f.)*

Geben Sie den Inhalt der markierten Flächen mit Hilfe bestimmter Integrale an!

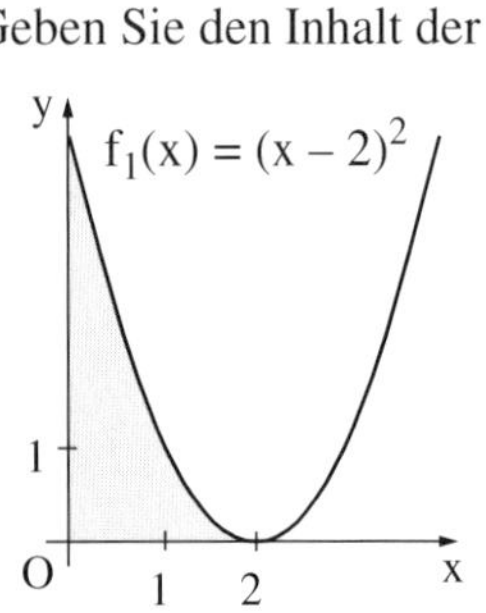


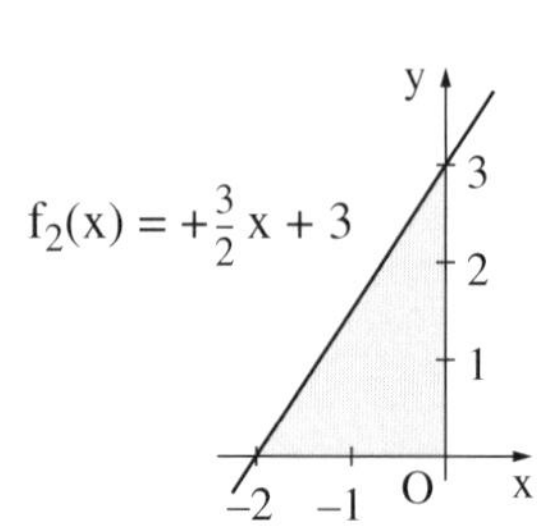


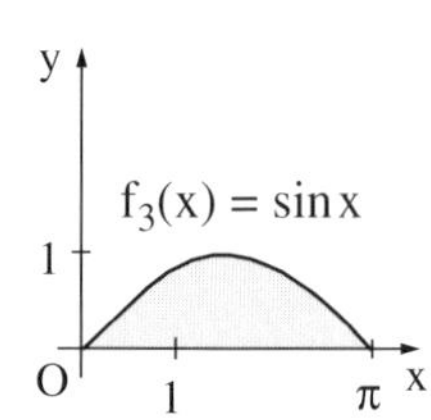

*EA 26*
Geben Sie den Inhalt der markierten Flächen aus Aufgabe ***EA 22*** mit Hilfe bestimmter Integrale an!

*EA 27*
Wie verändert sich der Flächeninhalt unter dem Graphen der Funktion $f_i$ im Intervall [0; a] mit $a > 0$, wenn die Intervallänge auf [0; 2a] verdoppelt wird?

a) $f_1(x) = x$ b) $f_2(x) = x^2$ c) $f_3(x) = 2x$ d) $f_4(x) = x^3$

*EA 28*
Gegeben ist die Funktion $f(x) = x^2$. Welchen Wert hat b, wenn

a) die Fläche unter dem Graphen der Funktion f im Intervall [0; b] den Inhalt 72 FE besitzt,
b) die Fläche unter dem Graphen der Funktion f im Intervall [2; b] den Inhalt 39 FE hat?

*EA 29*
Überprüfen Sie, ob folgende Gleichungen wahre Aussagen sind, und begründen Sie knapp Ihre Entscheidung:

a) $\int_2^3 x(x^2 - x)\,dx - \int_4^3 \frac{x^5 - x^4}{x^2}\,dx + \int_4^2 x^2(x - 1)\,dx = 0$ b) $\int_0^5 (x^2 - 1)\,dx = -\int_5^0 (x + 1)(x - 1)\,dx$

c) $\int_2^4 \frac{x^4 - x^2}{x^2}\,dx - \int_4^2 x^2(1 - \frac{1}{x^2})\,dx = 0$ d) $\int_1^7 a^2(x^2 - 1)\,dx + a^2\int_7^1 (x + 1)(x - 1)\,dx = 0$

*EA 30* *(↗ Beispiel E 14, S. 173)*
Berechnen Sie unter Anwendung von Definition E 5 und E 6 sowie Satz E 7:

a) $\int_c^d (x - c)^2\,dx + \int_d^c x^2\,dx - c\int_c^d (-2x + c)\,dx$ b) $\int_{-2}^3 (2x + 4)\,dx - 2 \cdot \int_7^4 (x + 2)\,dx - \frac{1}{2} \cdot \int_4^3 (4x + 8)\,dx$

*EA 31*
Berechnen Sie – auf möglichst günstige Weise – die folgenden bestimmten Integrale:

a) $\int_1^1 x\,dx$ b) $\int_0^0 t^7\,dt$ c) $\int_0^x b\,db$ d) $\int_{-3}^{-3} (a^2 + a + 2)\,da$

e) $\int_\pi^\pi x^2\,dx$ f) $\int_b^0 x\,dx$ g) $\int_0^b z\,dz$ h) $\int_0^0 (x^4 + 1)\,dx$

i) $\int_1^3 (x^2 + 1)\,dx + \int_3^1 (x^2 + 1)\,dx$ j) $\int_2^5 (\frac{1}{x} + 2)\,dx + \int_5^2 (\frac{1}{x} + 2)\,dx$

k) $\int_1^4 x\,(x^2 + x + 1)\,dx + \int_4^7 (x^3 + x^2 + x)\,dx + \int_7^1 (x^3 + x^2 + x)\,dx$ l) $\int_0^1 x^3\,dx - \int_3^1 x^3\,dx + \int_3^5 x^3\,dx$

## E 2.4 Mittelwertsatz der Integralrechnung

*EA 32* *(↗ Beispiel E 15, S. 174)*
Berechnen Sie für die nachfolgenden Funktionen jeweils den Mittelwert im angegebenen Intervall! Ermitteln Sie das zugehörige Argument $x_0$!

a) $f_1(x) = x^2$; [2; 4] b) $f_2(x) = x^3$; [0; 3]

c) $f_3(x) = -x$; [−4; 0] d) $f_4(x) = 2x$; [1; 2]

*EA 33*

Berechnen Sie b so, dass der Mittelwert für die Normalparabel $f(x) = x^2$ im Intervall [0; b] den Wert 2 hat!

*EA 34*

a) Gibt es Funktionen, bei denen der Mittelwert über einem Intervall [–a; a] gleich 0 ist?

b) Gibt es Funktionen, bei denen der Mittelwert über einem Intervall [–a; a] doppelt so groß ist wie der Mittelwert über [0; a]?

Begründen Sie Ihre Antwort!

# E 3 Beziehung zwischen bestimmtem und unbestimmtem Integral

## E 3.1 Das bestimmte Integral als Funktion der oberen Integrationsgrenze
## E 3.2 Hauptsatz der Differential- und Integralrechnung

*EA 35* (↗ S. 175 f.)

Ermitteln Sie jeweils das bestimmte Integral als Funktion der oberen Integrationsgrenze!

a) $\Phi(x) = \int\limits_0^x \frac{2t}{3}\,dt$ b) $\Phi(a) = \int\limits_0^a 2x^3\,dx$

*EA 36*

Ermitteln Sie für nachfolgende Integrale die Integralfunktion:

a) $\int\limits_0^a dx$ b) $\int\limits_0^x (-3)\,da$ c) $\int\limits_0^t (ax^2 + bx + c)\,dx$ d) $\int\limits_0^x (2 + v^3 + v^4 + v^5)\,dv$

e) $\int\limits_0^c k \cdot \frac{1}{x^5}\,dx$ f) $\int\limits_0^a \frac{x^3 - x^2 + 4}{x^2}\,dx$ g) $\int\limits_0^x (a-1)(a+1)\,da$ h) $\int\limits_0^x \left(\frac{2}{z^4} - \frac{3}{z^5} + \frac{1}{z^6}\right)dz$

i) $\int\limits_0^t x \cdot x^{-4}\,dx$ j) $\int\limits_0^a \frac{w^4}{z^2}\,dz$ k) $\int\limits_0^x \frac{t}{10}\,dt$ l) $\int\limits_0^a x^n\,dx$

*EA 37*

Berechnen Sie folgende bestimmte Integrale nach dem Hauptsatz der Differential- und Integralrechnung:

a) $\int\limits_a^x \left(2t - \frac{t^2}{2}\right)dt$ b) $\int\limits_2^b (a-2)^2\,da$

*EA 38*

Berechnen Sie folgende bestimmte Integrale:

a) $\int\limits_a^b \pi\,dx$ b) $\int\limits_r^s (3x - 4)\,dx$ c) $\int\limits_1^x at^2\,dt$ d) $\int\limits_2^a ct \cdot \cos\alpha\,dc$

e) $\int\limits_a^5 (x+2)^2\,dx$ f) $\int\limits_0^x (t^2 - 1)(t^2 + 1)\,dt$ g) $\int\limits_1^3 (x^2 + ax)^2\,da$ h) $\int\limits_5^7 \sqrt{a}\,dx$

*EA 39*

Berechnen Sie möglichst rationell:

a) $\int_1^2 (x+2)^2 dx - \int_1^2 (x-2)^2 dx$

b) $\int_1^1 (a+bx)dx - \int_1^1 (a-bx)dx$

c) $\int_0^3 (1-3t)dt + \int_0^3 (1+3t)dt$

d) $2\cdot \int_{-1}^2 (x+2)dx - \int_{-1}^2 (2x-4)dx$

e) $\int (\frac{1}{3}x^3 - 2x^2 + \frac{1}{6}x + 2)dx - \int (\frac{1}{3}x^3 + 2x^2 - \frac{1}{6}x + 2)dx$

f) $\int \frac{1}{x^4} dx + \int \frac{2}{x^4} dx$

g) $\int_0^2 \left(\frac{1+2x}{\sqrt{x}}\right) dx - \int_0^2 \left(\frac{2+2x}{\sqrt{x}}\right) dx$

h) $\frac{1}{2}\int_1^2 \left(\frac{6-2\sqrt{x}}{\sqrt{x}}\right) dx - \frac{1}{3}\int_1^2 \left(\frac{24}{2\sqrt{x}} - 4\right) dx$

# E 4 Berechnung bestimmter Integrale

***EA 40*** *(↗ Beispiele E 16, S. 178)*

Berechnen Sie folgende bestimmte Integrale:

a) $\int_1^4 \left(\frac{1}{2\sqrt{x}} + x\right) dx$

b) $\int_{-2}^2 (3t + t\cdot\sin\alpha)dt$

***EA 41***

Berechnen Sie folgende bestimmte Integrale:

a) $\int_0^3 dx$

b) $\int_{-1}^0 (-2)da$

c) $\int_1^2 \frac{3}{x^2} dx$

d) $\int_1^3 4t^{-3}dt$

e) $\int_0^3 (3x^2 + 4x + 5)dx$

f) $\int_1^2 (x^3 - 3x^2 + 3x - 1)dx$

g) $\int_2^3 \left(\frac{t^3-1}{t^2}\right) dt$

h) $\int_1^2 \left(\frac{1}{\sqrt{x}} - 2x\right) dx$

i) $\int_1^2 \left(\frac{3x^3-8}{4x^2}\right) dx$

j) $\int_1^2 \left(\frac{8-2\sqrt{t}}{\sqrt{t}}\right) dt$

***EA 42***

Berechnen Sie folgende bestimmte Integrale:

a) $\int_{-2}^1 (5x^4 - \frac{1}{5}x^2 - 3)dx$

b) $\int_1^4 \frac{1}{2\sqrt{x}} dx$

c) $\int_1^4 (\sqrt{x} + x)dx$

d) $\int_1^4 5\sqrt[4]{x}\, dx$

e) $\int_0^1 2\sqrt[4]{v}\, dv$

f) $\int_{-1}^2 (t-2)^2 dt$

g) $\int_0^a ab^2 db$

h) $\int_0^a ab^2 dx$

i) $\int_1^2 \left(\frac{1}{x^3} + \frac{1}{x^4}\right) dx$

j) $\int_2^4 \frac{-2}{3x\sqrt[3]{x^2}} dx$

k) $\int_0^1 x^2(4-x^2)dx$

l) $\int_1^3 (x+2)^3 dx$

***EA 43***

Ermitteln Sie k ($k \in \mathbb{R}$) so, dass gilt:

a) $\int_1^k (x-2)dx = \frac{3}{2}$

b) $\int_k^1 2(2x-1)dx = \frac{1}{2}$

*EA 44*

Bestimmen Sie aus nachfolgenden Gleichungen jeweils k ($k \in \mathbb{R}$):

a) $\int_0^k x\,dx = 8$  b) $\int_0^k (x+3)\,dx = 8$  c) $\int_0^k dx = 3\int_0^1 dx$

d) $\int_{-k}^0 t^2 dt = 2$  e) $\int_{-1}^k (3x^2 + 2x - 2)\,dx = 2$  f) $\int_{-2}^k (4x^3 - 4x)\,dx = -9$

g) $\int_0^3 (x^2 + k)\,dx = 15$  h) $\int_{-2}^0 (x^4 + k)\,dx = \frac{2}{5}$  i) $\int_0^2 2a\,da = \int_0^k x^3 dx$

j) $\int_1^5 kt\,dt = 60$

*EA 45*

Ermitteln Sie die Nullstellen der folgenden Funktionen und berechnen Sie das bestimmte Integral dieser Funktionen in dem durch die Nullstellen gegebenen Intervall:

a) $f_1(x) = -2\,[(x-2)^2 - 16]$  b) $f_2(x) = (x^2+4)(x^2-4)$  c) $f_3(x) = x^3 + 3x^2$

d) $f_4(x) = \frac{1}{2}x^2 - 4x + \frac{15}{2}$

*EA 46*

Beweisen Sie a) die Faktorregel, b) die Summenregel der Integralrechnung (Satz E 11)!

# E 5 Anwendungen der Integralrechnung

## E 5.1 Berechnung von Flächeninhalten

*EA 47* *(↗ Beispiel E 18, S. 180)*

Berechnen Sie den Inhalt der Fläche zwischen dem Graphen der Funktion $f_i$ und der x-Achse im angegebenen Intervall:

a) $f_1(x) = 4x - \frac{1}{2}x^2$, $[1; 6]$  b) $f_2(x) = \sqrt{x} - 2{,}5$; $x \geq 0$, $[1; 5]$

c) $f_3(x) = -x^3 + 3x^2 + 4x$, $[-1; 3]$

*EA 48*

Berechnen Sie den Inhalt der Fläche zwischen dem Graphen der Funktion $f_i$ und der x-Achse im angegebenen Intervall!

a) $f_1(x) = \frac{1}{4}x^2 + x - 3$  $[-4; -1]$  b) $f_2(x) = -x^3 + 3x^2 + 4x$  $[1; 6]$

c) $f_3(x) = 3 - \sqrt{x}$  $[3; 5]$  d) $f_4(x) = \sqrt{x-2} - 1{,}5$  $[3; 6]$

e) $f_5(x) = \frac{1}{(x+3)^2} - 1$  $[0; 5]$  f) $f_6(x) = x^4 - x^2$  $[0; 1]$

g) $f_7(x) = \frac{1}{\sqrt{x}}$  $[1; 4]$  h) $f_8(x) = 1 - \frac{1}{x^2}$  $[1; 2]$

i) $f_9(x) = \sqrt[3]{x} + 1$  $[0; 1]$

***EA 49*** *(↗ Beispiel E 19, S. 180 bis 182)*

Durch den Graphen der Funktion $f_i$ und die x-Achse wird ein Flächenstück vollständig begrenzt. Berechnen Sie den Inhalt dieser Fläche!

a) $f_1(x) = (\frac{1}{2}x - 1)^2 - \frac{9}{4}$ b) $f_2(x) = 2x^3 - 8x$

***EA 50***

Der Graph der Funktion $f_i$ und die x-Achse begrenzen eine Fläche vollständig. Berechnen Sie den Inhalt dieser Fläche!

a) $f_1(x) = -\frac{1}{2}x^2 + 4{,}5$ b) $f_2(x) = 5x^2 - x^3$ c) $f_3(x) = x^4 - 8x^2 + 16$

d) $f_4(x) = x^2 - 4x - 5$ e) $f_5(x) = x^2 - 6x$ f) $f_6(x) = x\,(x + 4)$

g) $f_7(x) = x^3 - 3x^2$ h) $f_8(x) = (x - 4)\sqrt{x}$ i) $f_9(x) = \frac{1}{2}x^4 + x^3$

j) $f_{10}(x) = x^2(3 - x)$ k) $f_{11}(x) = (x - 1)(x + 2)(x - 3)$ l) $f_{12}(x) = x^4 - 3x^3 - x^2 + 9x - 6$

***EA 51***

Berechnen Sie den Inhalt der Fläche, die durch den Graphen der Funktion $f_i$ und die x-Achse vollständig begrenzt wird!

a) $f_1(x) = 3x^3 - 12x$ b) $f_2(x) = -x^3 + 6x^2 - 5x$ c) $f_3(x) = x^3 - 8x^2 + 15x$

d) $f_4(x) = x^4 - 10x^2 + 9$ e) $f_5(x) = x^5 + x^3 - 12x$ f) $f_6(x) = x^3 - 9x$

g) $f_7(x) = (\sqrt{5 - x})(x - 2)$ h) $f_8(x) = x^5 - 10x^3 + 9x$ i) $f_9(x) = x^3 - 6x^2 + 8x$

***EA 52***

Der Graph der gegebenen Funktion, die x-Achse und die Gerade $x = a$ begrenzen ein Flächenstück vollständig. Berechnen Sie den Inhalt der Fläche!

a) $f(x) = x^2 - 2$ $a = -1$ b) $g(x) = 0{,}5x^3 + 4$ $a = 2$

c) $h(x) = \sqrt{x + 2}$ $a = 4$ d) $k(x) = (x^2 - 9)\,(x + \frac{1}{2})$ $a = -1$

e) $m(x) = \frac{1}{4}x^4 - 4$ $a = 1$ f) $n(x) = \sqrt{4x}$ $a = 2$

***EA 53***

Der Graph der Funktion $f_i$ und die Koordinatenachsen begrenzen ein Flächenstück vollständig. Berechnen Sie den Inhalt dieser Fläche!

a) $f_1(x) = -\frac{1}{2}x + 4$ b) $f_2(x) = \sqrt{2 + x}$ c) $f_3(x) = 3 - \frac{1}{3}x$

d) $f_4(x) = \sqrt[3]{1 - x}$ e) $f_5(x) = x - 3\sqrt{x}$ f) $f_6(x) = (x - 1)(x - 2)(x - 3)$

g) $f_7(x) = 8 - x^3$ h) $f_8(x) = \sqrt{3(x + 2)}$

***EA 54***

Der Graph der Funktion $f_i$, die x-Achse und die Gerade $x = a$ begrenzen eine Fläche vollständig. Für welches $a \in \mathbb{R}$, $a < 0$, hat die Fläche den vorgegebenen Inhalt?

a) $f_1(x) = x^3$ $A = 2$ (FE) b) $f_2(x) = -2x + 2$ $A = 9$ (FE)

c) $f_3(x) = -3x^2 + 12$ $A = 27$ (FE)

*EA 55*

Bestimmen Sie k ($k \in \mathbb{R}$) so, dass der Graph der Funktion $f_i$ mit der x-Achse eine Fläche mit dem vorgegebenen Inhalt A (in FE) einschließt!

a) $f_1(x) = kx^2 - 4 \quad A = \frac{32}{3}$

b) $f_2(x) = x^2 + kx \quad A = 4$

c) $f_3(x) = kx^3 - 4x \quad A = 2$

d) $f_4(x) = k^2 - 4x^2 \quad A = 18$

e) $f_5(x) = k(x^2 - 1) \quad A = 12$

f) $f_6(x) = kx^2 + 2x \quad A = \frac{64}{3}$

*EA 56*

Die Fläche, die vom Graphen der Funktion $f(x) = \sqrt{x}$, der x-Achse und der Geraden $x = 4$ eingeschlossen wird, soll durch eine Parallele zur y-Achse in zwei flächengleiche Teilflächen zerlegt werden. In welchem Abstand zur y-Achse ist diese Parallele zu zeichnen?

*EA 57*

Ein Flächenstück, welches durch die Kurve der Funktion $f(x) = 2x^2 + 4x + 1$, ein Intervall der x-Achse, die Ordinate an der Stelle $x_1 = 1$ und eine zweite Ordinate (an einer Stelle $x_2 > 1$) begrenzt wird, hat die Größe 35 FE. Wo befindet sich die zweite Ordinate? (Näherung auf 2 Stellen nach dem Komma genau.)

*EA 58*

Bestimmen Sie den Inhalt der Fläche, die vom Graphen der Funktion f und der x-Achse eingeschlossen wird!

$$f(x) = \begin{cases} x & \text{für } x < 1 \\ 1 & \text{für } 1 \leq x < 2 \\ -\frac{x}{2} + 2 & \text{für } x \geq 2 \end{cases}$$

*EA 59*

Berechnen Sie den Inhalt der markierten Fläche!

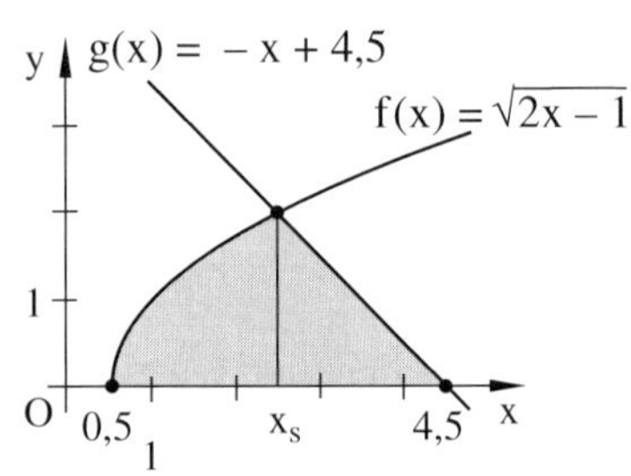


*EA 60*

Berechnen Sie den Inhalt der markierten Flächen!

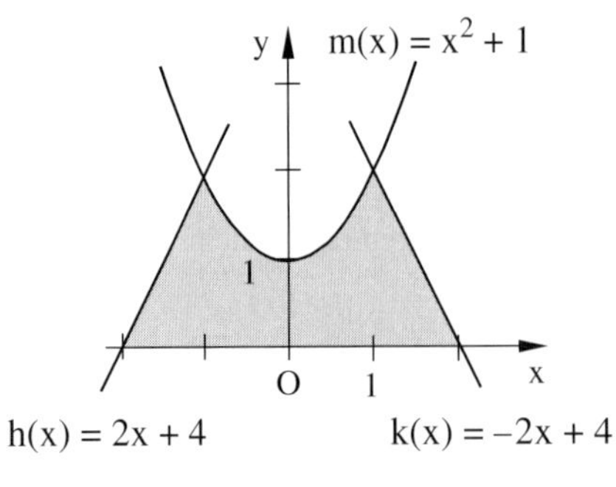


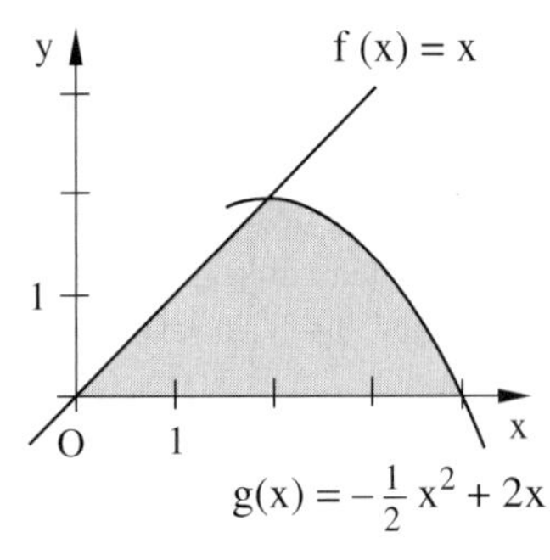

*EA 61*
Der Graph der Funktion $f(x) = -x^2 + 4$ und die x-Achse begrenzen eine Fläche (ein Parabelsegment) vollständig.

a) Berechnen Sie den Inhalt dieser Fläche!
b) Dem Parabelsegment soll ein Quadrat einbeschrieben werden, dessen eine Seite auf der x-Achse liegt. Berechnen Sie die Seitenlänge und den Flächeninhalt dieses Quadrates!

*EA 62*
Wie groß ist die Fläche, welche die Normalparabel ($f(x) = x^2$), deren Tangente im Punkt P(2; 4) und die x-Achse einschließen?

*EA 63*
Berechnen Sie in den nachfolgenden Funktionsgleichungen den Parameter $k \in \mathbb{R}$ so, dass der Graph der Funktion $f_i$ und die x-Achse im angegebenen Intervall eine Fläche mit vorgegebenem Inhalt A (in FE) einschließen.

a) $f_1(x) = kx + 1$, $[1; 3]$, $A = 14$, $k > 0$
b) $f_2(x) = kx^2 + 2k$, $[0; 2]$, $A = \frac{80}{3}$, $k > 0$
c) $f_3(x) = kx^3$, $[1; 3]$, $A = 40$, $k > 0$
d) $f_4(x) = k(x^4 - 1)$, $[-1; 1]$, $A = \frac{16}{5}$, $k < 0$

*EA 64*
Welche Parabel mit der Gleichung $f(x) = -x^2 + k$ $(k > 0)$ schließt mit der x-Achse eine 2 FE große Fläche ein?

*EA 65*
Eine Potenzfunktion 3. Grades hat ein Minimum bei (1; 0) und einen Wendepunkt bei (0; 1). Stellen Sie die Gleichung dieser Funktion auf und berechnen Sie den Inhalt der Fläche, die der Graph dieser Funktion und die x-Achse einschließen!

*EA 66*
Der Graph einer quadratischen Funktion mit einer Gleichung der Form $f(x) = ax^2 + bx + c$ schneidet die x-Achse in den Punkten (–4; 0) und (3; 0). Er schließt mit der x-Achse zwischen diesen Nullstellen eine Fläche mit dem Inhalt $A = 42\frac{7}{8}$ (FE) ein. Bestimmen Sie die Gleichung dieser Funktion!

*EA 67*
Eine Potenzfunktion 3. Grades hat einen Minimumpunkt bei (1; –2) und einen Wendepunkt bei (0; 0). Bestimmen Sie die Funktionsgleichung und berechnen Sie den Inhalt der Fläche, die der Graph dieser Funktion und die x-Achse einschließen!

*EA 68*
Gegeben sei eine Schar von Funktionen $f_s$ mit der Gleichung $f_s(x) = kx + k$ $(k \in \mathbb{R},\ k > 0)$.

a) Skizzieren Sie für $k_1 = \frac{1}{2}$ und $k_2 = 2$ die Graphen der Funktionen $f_s$!
b) Berechnen Sie für $k_3 = \frac{3}{2}$ den Inhalt der Fläche zwischen dem Graphen der Funktion $f_k$ und der x-Achse im Intervall $[-1; 2]$!
c) Für welches k hat die Fläche zwischen dem Graphen der Funktion $f_{s_i}$ und der x-Achse im Intervall $[-1; 4]$ einen Inhalt von A = 25 (FE)?

*EA 69*

Der Graph der Funktion $f(x) = -x^2 + 4$ schneidet die x-Achse in den Punkten $P_1$ und $P_2$ und die y-Achse im Punkt Q. Berechnen Sie den Inhalt der Fläche zwischen der Parabel und den Sehnen $\overline{P_1Q}$ und $\overline{P_2Q}$!

*EA 70* *(↗ Beispiel E 21, S. 183–185)*

a) Durch die Graphen der Funktionen f und g wird eine Fläche vollständig begrenzt. Berechnen Sie den Inhalt dieser Fläche!

$f(x) = -x^2 + \frac{3}{2}x + 4; \quad g(x) = \frac{1}{2}x^2 + 1$

b) Berechnen Sie den Inhalt der nebenstehenden markierten Fläche!

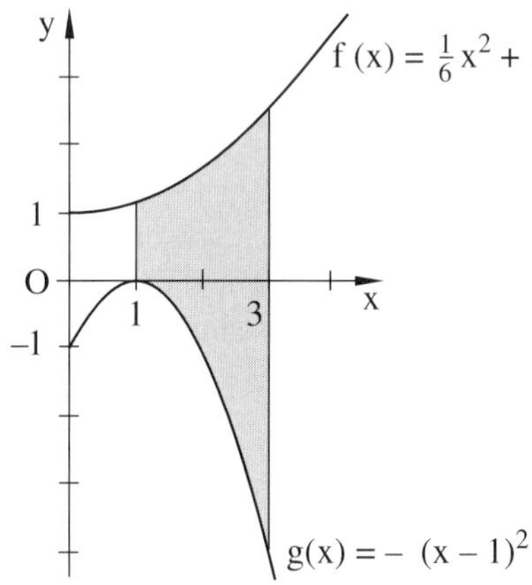


*EA 71*

Die Graphen der Funktionen $f_i$ und $g_i$ mit den angegebenen Gleichungen schließen jeweils eine Fläche oder mehrere Flächenstücke ein. Berechnen Sie deren Inhalt!

a) $f_1(x) = x^2$, $g_1(x) = 5$

b) $f_2(x) = x^3 - 8$, $g_2(x) = 4x - 8$

c) $f_3(x) = 3 - \frac{1}{2}x^4$, $g_3(x) = 3 - 4x$

d) $f_4(x) = \sqrt{4x}$, $g_4(x) = \sqrt{12x - 72}$

e) $f_5(x) = x^2$, $g_5(x) = x + 2$

f) $f_6(x) = x^3 - 6x^2 + 8x$, $g_6(x) = x^2 - 4x$

g) $f_7(x) = x^3 - 2x^2 - 3x$, $g_7(x) = 5x$

h) $f_8(x) = x^3 - 5x^2 + 4x - \sqrt{x}$, $g_8(x) = -\sqrt{x}$

*EA 72*

Berechnen Sie den Inhalt der Fläche zwischen den Graphen der Funktionen $f_i$ und $g_i$ im vorgegebenen Intervall!

a) $f_1(x) = -x^2 + 4x$, $g_1(x) = x - 4$, $[0; 3]$

b) $f_2(x) = \frac{1}{2}x^3 - 2x^2$, $g_2(x) = -x^2 + 6x$, $[1; 3]$

c) $f_3(x) = x^4 - 4x^2 + 4$, $g_3(x) = 0{,}5x^3 - 2{,}5$, $[-1; +1]$

d) $f_4(x) = -x^2 - 6x$, $g_4(x) = \frac{1}{4}x^2 - \frac{5}{2}$, $[-3; 0]$

e) $f_5(x) = \frac{1}{2}x^2 - 4$, $g_5(x) = \sqrt{2 + x}$, $[-1; 2]$

f) $f_6(x) = -\frac{1}{4}(x^4 - 1)$, $g_6(x) = x^2 - 2$, $[-1; 1]$

*EA 73*

Gegeben sind die Funktionen $f(x) = -(x + 2)^2 + 2$ und $g(x) = x + 2$. Berechnen Sie den Inhalt der markierten Flächen!

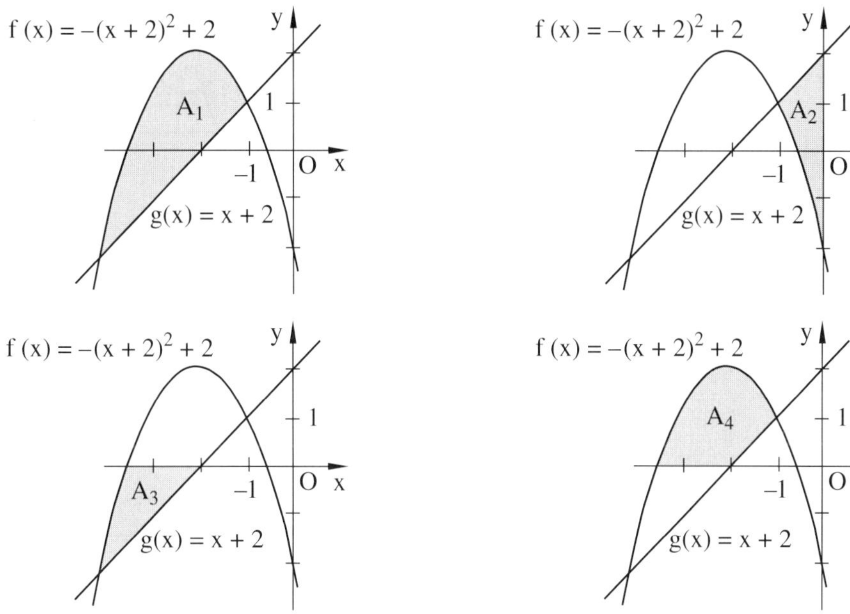


*EA 74*

Bestimmen Sie den Parameter $k_i$ ($k_i \in \mathbb{R}$) in den nachfolgenden Funktionsgleichungen so, dass die von den Graphen der Funktionen $f_i$ und $g_i$ eingeschlossene Fläche den angegebenen Inhalt $A_i$ (in FE) hat.

a) $f_1(x) = x^2$, $g_1(x) = k_1 x$, $k_1 > 0$, $A_1 = \frac{9}{2}$

b) $f_2(x) = -x^2 + k_2^2$, $g_2(x) = 3x^2$, $k_2 > 0$, $A_2 = \frac{16}{3}$

c) $f_3(x) = k_3^2$, $g_3(x) = -\frac{1}{2}x^2 + 3k_3^2$, $k_3 > 0$, $A_3 = \frac{16}{3}$

d) $f_4(x) = k_4 x$, $g_4(x) = x^3$, $k_4 > 0$, $A_4 = 16$

*EA 75*

Gegeben sei eine Schar von Funktionen $f_s$ mit der Gleichung $f_s(x) = (1 - a)\,x^2$ ($a \in \mathbb{R}$, $a \neq 1$).

a) Skizzieren Sie für $a_1 = \frac{1}{2}$ und $a_2 = 3$ die Graphen der Funktionen $f_s$ und berechnen Sie den Inhalt der Fläche zwischen beiden Graphen im Intervall $[-2; 2]$!

b) Für welchen Wert von a hat die Fläche zwischen dem Graphen der Funktion $f_{s_1}$, der x-Achse und der Geraden $x = 3$ den Inhalt $A = 36$ (FE)?

*EA 76*

Gegeben sind die Funktionen f und g mit $f(x) = x^2$ und $g(x) = mx$ ($m \in \mathbb{R}$). Für welches m schließen die Parabel und die Gerade eine Fläche mit dem Inhalt $A = \frac{4}{3}$ (FE) ein?

*EA 77*

Bestimmen Sie den Inhalt der Fläche A, die von den Graphen der Funktionen f, g und h auf die nebenstehende Weise eingeschlossen wird.

Es sei $f(x) = (x - 4)^2 - 1$,

$g(x) = x^2 - 4x + 5$,

$h(x) = x^2 - 12x + 37$

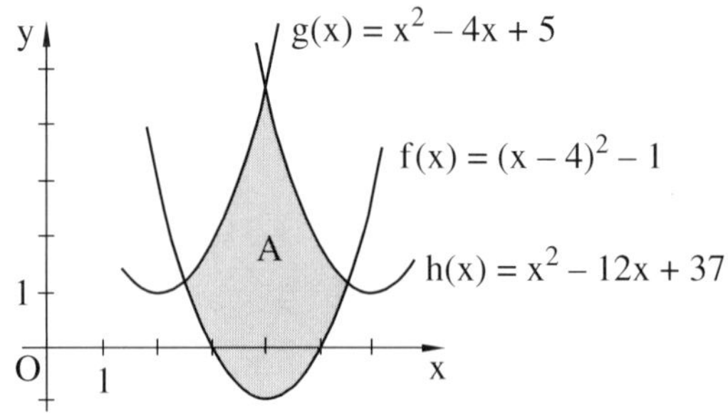


*EA 78*

Für welchen Wert von m sind die beiden markierten Flächen gleich groß?

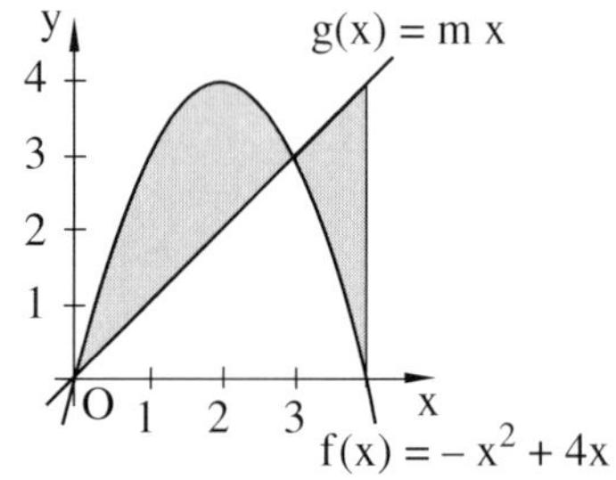


*EA 79*

Der Graph der Funktion $f(x) = \sqrt{4x}$ wird an der Geraden $f(x) = x$ gespiegelt. Wie groß ist der Inhalt der Fläche, die Original- und Bildgraph einschließen? (Fertigen Sie eine Skizze an!)

*EA 80*

Zeichnen Sie das Rechteck ABCD mit A(0; 0), B(2; 0), C(2; 4) und D(0; 4). In welchem Verhältnis teilt die Normalparabel (Graph der Funktion $f(x) = x^2$) die Fläche des Rechtecks?

*EA 81*

In welchem Verhältnis teilt der Graph der Funktion $f(x) = \frac{1}{4}x^2$ den Flächeninhalt des Quadrates mit den Eckpunkten A(0; 0), B(2; 0), C(2; 2) und D(0; 2)?

*EA 82*

In welchem Verhältnis teilt der Graph der Funktion $f(x) = x + 3$ die von den Graphen der Funktionen $g(x) = -x^2 + 9$ und $h(x) = x^2 - 9$ eingeschlossene Fläche? (Fertigen Sie eine Skizze an!)

*EA 83*

Durch die Gleichung $f(x) = (x - a)^2$ ist für jeden Wert von a $(a \in \mathbb{R})$ eine Parabel gegeben, die mit der x-Achse und den Geraden $x = 0$ und $x = 4$ eine Fläche begrenzt. Für welches a hat diese Fläche den Inhalt $\frac{28}{3}$ FE?

*EA 84*

Beim Bau einer Traglufthalle wird eine parabolische Bogenkonstruktion verwendet. Die Maße sind der nebenstehenden Skizze zu entnehmen.

a) Bestimmen Sie die Gleichung dieser Parabel!
b) Berechnen Sie den Inhalt der Querschnittsfläche!
c) Berechnen Sie das Luftvolumen!

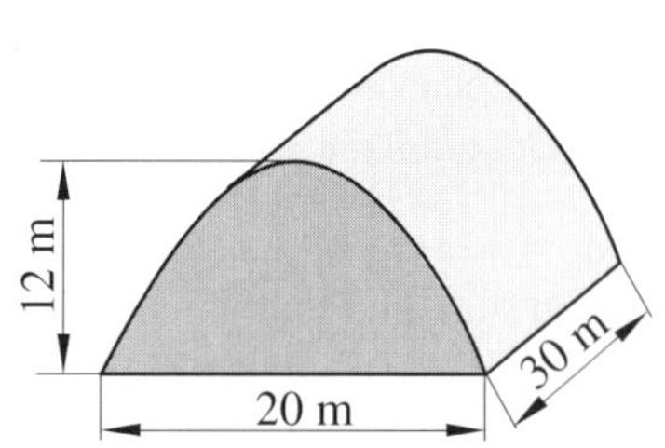

*EA 85*

Der Querschnitt der Tragfläche eines Leichtbauflugzeuges wird durch Graphen der Funktion $f(x) = \frac{1}{8}x^2$ und $g(x) = \sqrt{\frac{x}{8}}$ begrenzt. Berechnen Sie den Inhalt der Querschnittsfläche!

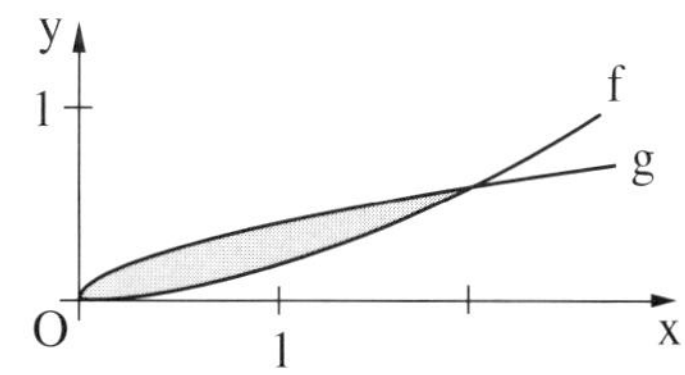


## E 5.2 Physikalische Probleme

*EA 86*

Berechnen Sie die Spannarbeit, die beim Spannen einer Schraubenfeder (Federkonstante $D = 0{,}2\ \mathrm{N \cdot cm^{-1}}$) von folgenden Dehnungen aufgebracht werden muss:

a) von 0 auf 10 cm, b) von 5 auf 15 cm, c) von 15 auf 30 cm.

*EA 87*

Berechnen Sie die Arbeit, die beim Transport eines 10 Tonnen schweren Satelliten in eine 5000 km hohe Bahn verrichtet werden muss!

*EA 88*

Welche Arbeit ist aufzuwenden, um ein Raumschiff mit der Masse $m = 10^4$ kg bis zum Abstand $R$ von der Erdoberfläche zu bringen?

*EA 89*

Welche Arbeit ist erforderlich, um eine 500 kg schwere Sonde von der Mondoberfläche in 100 km Höhe zu bringen?

*EA 90*

Auf einem Weg von 25 m wirkt eine konstante Kraft von 20 N auf einen Körper. Berechnen Sie die verrichtete Arbeit!

*EA 91*

Ein Fahrstuhl fährt über fünf Stockwerke und hält in jedem. Es steigen jeweils Personen ein und aus, wodurch sich die jeweilige Belastung ändert. Der Höhenabstand zwischen zwei Stockwerken sei $\Delta s$. Fertigen Sie ein mögliches Kraft-Weg-Diagramm an und berechnen Sie die verrichtete Arbeit!

*EA 92*

Ein Körper, der zur Zeit $t_0 = 0$ die Geschwindigkeit $v_0 = 4\ \mathrm{ms^{-1}}$ besitzt, erfährt 3 s lang eine linear zunehmende Beschleunigung von 0 auf $6\ \mathrm{ms^{-2}}$. Wie ändert sich in dieser Zeit seine Geschwindigkeit und wie weit kommt er?

*EA 93* *(↗ Beispiel E 23, S. 187 f.)*

Berechnen Sie den Schwerpunkt der folgenden Flächen:

a) Halbkreis

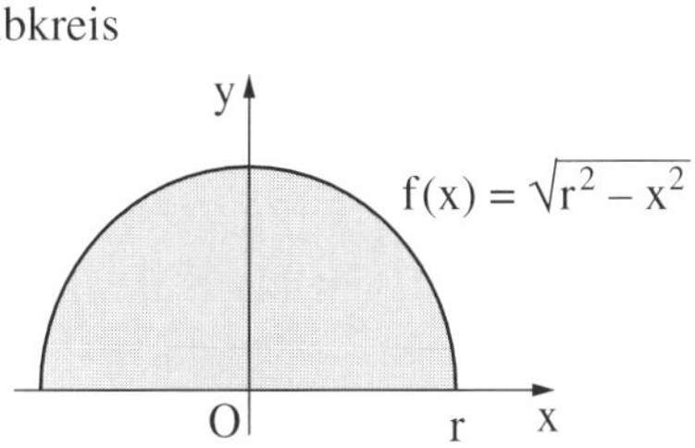


b) Parabelfläche

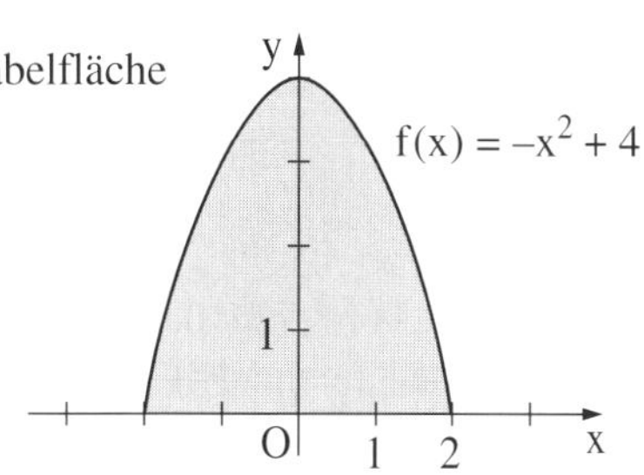

*EA 94*

Berechnen Sie den Schwerpunkt eines gleichschenkligen Dreiecks!
(*Hinweis:* Legen Sie das Dreieck symmetrisch zur x-Achse in ein Koordinatensystem!)

*EA 95*

Berechnen Sie die Schwerpunktskoordinaten eines Viertelkreises!
(*Hinweis:* Wählen Sie den Viertelkreis im I. Quadranten! Beachten Sie die Symmetrie zur Geraden $y = x$!)

*EA 96*

Für einen Kondensator lässt sich die Entladungsstromstärke als Funktion der Zeit durch folgende Gleichung angeben:

$I(t) = I_0 \cdot e^{-0{,}4t} \quad (t > 0;\ t \in \mathbb{R})$

Berechnen Sie die Ladung, die der Kondensator in den ersten 5 s des Entladevorgangs abgibt, wenn zum Zeitpunkt $t_0 = 0$ gilt: $I_0 = 2{,}4$ mA.

*EA 97*

Ein Kondensator wird über einen Widerstand entladen. Für ihn gilt $U(t) = U_0 \cdot e^{-0{,}5t} \quad (t \geq 0)$.
Zum Zeitpunkt $t = 0$ sei $U_0 = 800$ V. Der Mittelwert der Spannung $U_M$ kann berechnet werden durch die Gleichung $U_M = \frac{1}{t_2 - t_1} \int_{t_1}^{t_2} U(t)\,dt.$

Berechnen Sie $U_M$ für $0 \leq t \leq 4$!

## E 5.3 Berechnung des Volumens von Rotationskörpern

*EA 98* (↗ *Beispiel E 26, S. 191*)

Die Fläche unter dem Graphen der Funktion $f(x) = \sqrt{2x}$ rotiert im Intervall [1; 4] um die x-Achse. Fertigen Sie eine Skizze an und berechnen Sie das Volumen des entstehenden Rotationskörpers!

*EA 99*

Die Fläche unter dem Graphen der Funktion $f_i$ rotiert im angegebenen Intervall um die x-Achse. Berechnen Sie das Volumen des Rotationskörpers! Fertigen Sie jeweils eine Skizze an! Welche der Ihnen bekannten Körper entstehen durch die Rotation?

a) $f_1(x) = 2$; [0; 5]

b) $f_2(x) = \frac{2}{5}x$; [0; 5]

c) $f_3(x) = \sqrt{4 - x^2}$; [–2; 2]

d) $f_4(x) = \frac{2}{3}x + 1$; [2; 6]

e) $f_5(x) = x^2 - 3x$; [0; 3]

f) $f_6(x) = x^2 - 1$; [1; 3]

g) $f_7(x) = \frac{1}{2}x$; [1; 4]

h) $f_8(x) = \sqrt{x}$; [0; 4]

i) $f_9(x) = \sqrt[4]{x - 1}$; [1; 2]

j) $f_{10}(x) = (x - 1)(x + 1)$; [–1; 1]

*EA 100*

Leiten Sie die Formel für das Volumen eines geraden Kreiskegels mit der Höhe h und dem Radius r durch geeignete Integration her!

*EA 101*
Leiten Sie die Formel für das Volumen eines Kegelstumpfes her!

*EA 102*
Durch die Gleichung $\frac{x^2}{a^2} + \frac{y^2}{b^2} = 1$ ist eine Ellipse mit den Halbachsen a und b gegeben (↗ Satz F 21, S. 249).
Die Ellipse mit $a = 5$ und $b = 5$ rotiere um die x-Achse. Berechnen Sie das Volumen des entstehenden Ellipsoids!

*EA 103* *(↗ Beispiel E 27, S. 191 f.)*
Die Fläche zwischen dem Graphen der Funktion $f_i$ und der y-Achse rotiere im (auf der x-Achse) angegebenen Intervall um die y-Achse. Berechnen Sie das Volumen des entstehenden Rotationskörpers!

a) $f(x) = \frac{5}{3}x \quad [0; 3]$  b) $f(x) = \frac{1}{4}x^2 \quad [1; 3]$  c) $f(x) = \sqrt{1 + x^2} \quad [1; 2]$  d) $f(x) = x^3 \quad [0; 2]$

*EA 104*
Leiten Sie die Formel für das Volumen einer Kugel mit dem Radius r mit Hilfe der Integralrechnung her!
(Wählen Sie eine geeignete Lage des entsprechenden Funktionsgraphen im Koordinatensystem!)

*EA 105*
Gegeben ist die Funktion $f(x) = \frac{3}{4}x$.

a) Skizzieren Sie den Graphen der Funktion im Intervall [0; 4]!
b) Bei Rotation um die x-Achse entsteht ein Rotationskörper. Berechnen Sie dessen Volumen!
c) In diesen Rotationskörper wird ein Zylinder einbeschrieben. Wie groß sind dessen Höhe h und der Radius r, damit sein Volumen maximal wird?

*EA 106*
Die Graphen der Funktionen $f_i$ und $g_i$ und die x-Achse begrenzen eine Fläche. Diese Fläche rotiert um die x-Achse. Bestimmen Sie das Volumen des Rotationskörpers!

a) $f_1(x) = x^2; \quad g_1(x) = -x + 2$  b) $f_2(x) = \frac{1}{2}x^2; \quad g_2(x) = -\frac{1}{2}x + 3$

*EA 107*
Welches Volumen hat der Rotationskörper, der entsteht, wenn die Fläche zwischen den Graphen der folgenden Funktionen $f_i$ und $g_i$ um die x-Achse rotiert?

a) $f_1(x) = \frac{1}{2}x; \quad g_1(x) = \sqrt{x}$  b) $f_2(x) = x^3; \quad g_2(x) = 4x$

*EA 108*
Ein Behälter zur Herstellung von Eis hat ein parabelförmiges Profil mit den nebenstehenden Maßen.

a) Stellen Sie die Gleichung der Parabel auf!
b) Berechnen Sie das Volumen des Behälters!

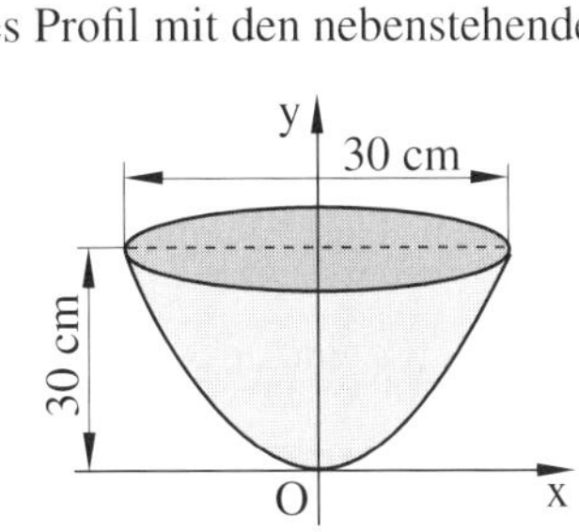

*EA 109*

Ein Kupferkessel entsteht durch Rotation der markierten Fläche um die x-Achse. (Einheit: 1 dm)

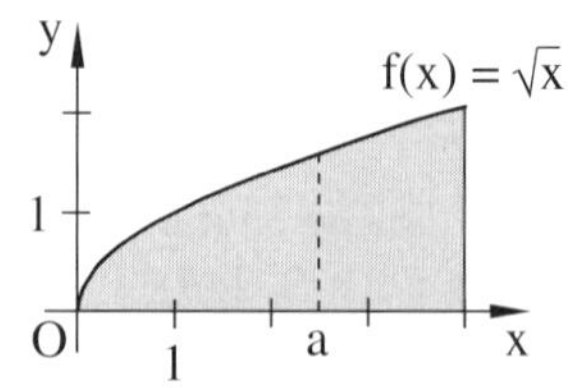


a) Berechnen Sie das Fassungsvermögen!

b) Für welchen Wert a ist der Kessel halb gefüllt?

# E 6 Weitere Integrationsmethoden

## E 6.1 Integration durch lineare Substitution

*EA 110* *(↗ Beispiel E 28/29, S. 192 f.)*

Ermitteln Sie folgende unbestimmte Integrale:

a) $\int (2x-1)^{10}dx$ b) $\int \frac{1}{(ax+b)^5}dx$

*EA 111*

Bestimmen Sie:

a) $\int (3x-2)^4 dx$ b) $\int \frac{1}{(2x+1)^2}dx$ c) $\int \sqrt{5a-1}\,da$ d) $\int (1-\frac{1}{5}x)^3 dx$

e) $\int \frac{dt}{(3-2t)^3}$ f) $\int 2\cdot\sqrt[3]{1-x}\,dx$ g) $\int \frac{da}{\sqrt{ax+2}}$ h) $\int \sqrt[4]{ax+2}\,dx$

*EA 112*

Berechnen Sie folgende bestimmte Integrale:

a) $\int_0^2 (2x+1)^2 dx$ b) $\int_{-1}^0 \frac{1}{(1-x)^2}dx$ c) $\int_{-1}^2 (4a+1)^3 da$

d) $\int_0^1 \sqrt{5x+3}\,dx$ e) $\int_0^3 (\frac{1}{6}x+2)^4 dx$ f) $\int_{-1}^1 \frac{dt}{(2-t)^3}$

g) $\int_{-1}^1 \sqrt{(2x+5)^3}\,dx$ h) $\int_{-2}^3 (\frac{1}{2}-z)^3 dz$ i) $\int_1^3 \sqrt[3]{(4x-3)^2}\,dx$

j) $\int_{-3}^2 \frac{dt}{\sqrt{7-3t}}$ k) $\int_{-1,5}^{0,5} (\sqrt{1-2x}+4)dx$ l) $\int_0^1 (\frac{1-3a}{2})da$

m) $\int_0^1 \frac{dx}{\sqrt[3]{x+2}}$ n) $\int_1^2 \sqrt[3]{(4x-3)^5}\,dx$ o) $\int_1^8 (\sqrt{6x}+\sqrt{16-2x})dx$

*EA 113*

Zeigen Sie, dass für eine gerade Funktion f die Gleichung $\int_{-a}^{a} f(x)dx = 2\cdot\int_0^a f(x)dx$ gilt!

Veranschaulichen Sie diese Formel anhand geeigneter Beispiele!

*EA 114*

Zeigen Sie, dass für eine ungerade Funktion g die Gleichung $\int_{-a}^{a} g(x)dx = 0$ gilt!

Veranschaulichen Sie diese Formel anhand geeigneter Beispiele!

*EA 115*

Überprüfen Sie, ob eine der folgenden beiden Aussagen wahr ist:

a) „Die Integralfunktion einer geraden Funktion ist stets eine gerade Funktion."

b) „Die Integralfunktion einer ungeraden Funktion ist stets eine gerade Funktion."

*EA 116*

Bestimmen Sie k $(k \in \mathbb{R})$ so, dass gilt:

a) $\int_k^1 (3x-1)^4 dx = \frac{32}{15}$ b) $\int_{-2}^k (2t-3t^2)dt = -12$ c) $\int_1^2 (k-2x)^3 dx = 10$

## E 6.2 Partielle Integration

*EA 117* *(↗ Beispiel E 30, S. 194)*

Ermitteln Sie das unbestimmte Integral $\int (1-x^3)\cdot 3x^2 dx$ mittels partieller Integration!

*EA 118*

Berechnen Sie mittels partieller Integration:

a) $\int (5x^2-2)\cdot 4x\,dx$ b) $\int_1^3 4x^3\cdot(7-\frac{1}{4}x^2)dx$ c) $\int_{-2}^1 2a^3\cdot(6a^3-4)\,da$

d) $\int x^5(1+x)dx$ e) $\int x(1+x)^3 dx$

## E 6.3 Integration durch Partialbruchzerlegung

*EA 119* *(↗ Beispiel E 31, S. 194 f.)*

Ermitteln Sie das unbestimmte Integral $\int \frac{2x^2+x-3}{2x-3}dx$ mittels Partialbruchzerlegung!

*EA 120*

Ermitteln Sie: a) $\int \frac{x^3+x^2+5x+12}{x+3}dx$ b) $\int \frac{2x^2-4x+3}{x-1}dx$

*EA 121*

Berechnen Sie mittels Partialbruchzerlegung: $\int \frac{1}{x^2-1}dx$

*EA 122*

Ermitteln Sie:

a) $\int \frac{2x-1}{x^2-5x+6}dx$ b) $\int \frac{6x-22}{x^2-8x+15}dx$ c) $\int \frac{x+5}{x^2-2x-3}dx$

d) $\int \frac{18x^3-21x^2-30x+34}{6x^2-17x+12}dx$ e) $\int \frac{x^2-3}{x^3-x}dx$ f) $\int \frac{5x+1}{x^2+x-2}dx$

*EA 123*

a) $\int_1^7 \frac{3x+2}{x}dx$ b) $\int_3^8 \frac{x}{1+x^2}dx$ c) $\int_1^2 \frac{x^2}{x+1}dx$

d) $\int_0^2 \frac{x^2+2}{x+1}dx$ e) $\int_3^4 \frac{5x-7}{x^2-3x+2}dx$ f) $\int_3^5 \frac{3x+1}{x^2-1}dx$

# E 7 Integration weiterer Funktionen; uneigentliche Integrale

## E 7.1 Integration trigonometrischer Funktionen
## E 7.2 Integration von Exponential- und Logarithmusfunktionen

***EA 124*** *(↗ Beispiele E 32/33, S. 196 f.)*

Bestimmen Sie für die nachfolgend gegebenen Funktionen $f_i$ je eine Stammfunktion:

a) $f_1(x) = 2\sin x + \cos x$ b) $f_2(x) = \cos 3x$ c) $f_3(a) = \sin(a + \frac{\pi}{2})$

d) $f_4(x) = \sin \frac{1}{2}x$ e) $f_5(x) = a\sin(bx + c)$ f) $f_6(x) = 2\sin x - 3\cos \frac{1}{3}x$

g) $f_7(x) = e^{4x}$ h) $f_8(t) = 3e^{3t+2}$ i) $f_9(x) = \frac{1}{2}e^{-x+1}$

j) $f_{10}(x) = x^2 + e^x$ k) $f_{11}(x) = e^x + 2e$ l) $f_{12}(t) = 2e^{-t} + 1$

m) $f_{13}(x) = 2 \cdot 3^x$ n) $f_{14}(a) = 2^{a+1}$ o) $f_{15}(x) = \left(5^{\frac{1}{2}x}\right)^4$

p) $f_{16}(x) = 2^{3x}$

***EA 125***

Überprüfen Sie, ob die nachfolgend angegebenen Funktionen $F_i$ jeweils Stammfunktionen der Funktionen $f_i$ sind!

a) $F_1(x) = \frac{1}{b-a}\ln\frac{x+a}{x+b}$; $f_1(x) = \frac{1}{(x+a)\,(x+b)}$

b) $F_2(x) = -3(2 - \ln 3x)\cdot\ln 3x$; $f_2(x) = -\frac{6}{x}(1 - \ln 3x)$

c) $F_3(x) = \frac{5}{4}x^2 - \frac{x^2}{2}\ln x$; $f_3(x) = x(2 - \ln x)$

d) $F_4(x) = (-x - 1)e^{2-x}$; $f_4(x) = xe^{2-x}$

e) $F_5(x) = \ln(x^2 - 4)$; $f_5(x) = \frac{2x}{x^2 - 4}$

f) $F_6(x) = \frac{1}{3}x^3\cdot\ln x - \frac{4}{9}x^3$; $f_6(x) = x^2(\ln x - 1)$

g) $F_7(x) = \frac{5}{4}x^2 - \frac{x^2}{2}\ln x$; $f_7(x) = x(2 - \ln x)$

h) $F_8(x) = x^2e^{-2a} + \frac{1}{3}(x^3 - \ln x)$ $f_8(x) = x(x + e^{-2a}) - \frac{1}{3x}$

***EA 126***

Für genau einen Wert von a ist $F(x) = \frac{a}{x+2} + 4\ln(x+2)$ eine Stammfunktion von $f(x) = \frac{4x+6}{(x+2)^2}$. Berechnen Sie a!

***EA 127***

Ermitteln Sie die folgenden unbestimmten Integrale:

a) $\int a\cdot e^{-a}da$ b) $\int x\cdot\sin 2x\,dx$ c) $\int 2x\cdot\ln x\,dx$

d) $\int t\cdot\cos(2t+1)\,dt$ e) $\int x\cdot e^{5x+2}dx$ f) $\int \frac{\ln 2x}{x}\,dx$

*EA 128*

Berechnen Sie folgende bestimmte Integrale:

a) $\int_1^4 \frac{x^2}{2\sqrt{x}}\,dx$ b) $\int_1^2 x \cdot \ln x\,dx$ c) $\int_{-\pi}^0 x \cdot \sin x\,dx$ d) $\int_1^2 x \cdot e^x\,dx$

e) $\int_{0,25}^1 x \cdot \ln 4x\,dx$ f) $\int_{0,5}^1 \frac{2a-1}{e^a}\,da$ g) $\int_1^3 \frac{\ln x}{x^2}\,dx$ h) $\int_{-1}^1 (1+t) \cdot e^t\,dt$

i) $\int_0^2 x\sqrt{2x+1}\,dx$ j) $\int_{\frac{\pi}{2}}^{\frac{3}{2}\pi} x \cdot \cos x\,dx$ k) $\int_0^2 z \cdot e^{2z-1}\,dz$ l) $\int_0^2 x \cdot \sqrt{4-2x}\,dx$

*EA 129*

Berechnen Sie folgende bestimmte Integrale:

a) $\int_0^{\pi} \sin t\,dt$ b) $\int_{\frac{3}{4}\pi}^{\frac{\pi}{2}} (\cos x - \sin x)\,dx$ c) $\int_0^{\frac{\pi}{2}} (1 + \cos a)\,da$ d) $\int_0^1 \sin x\,dx$

e) $\int_{-\frac{\pi}{2}}^{\frac{\pi}{2}} \cos x\,dx$ f) $\int_0^{\frac{\pi}{2}} \frac{1}{4}\,(1 + \sin 2x)\,dx$ g) $\int_0^1 (e^x + 1)\,dx$ h) $\int_{-1}^0 \frac{1}{4}\,(e^x + e^{-x})\,dx$

i) $\int_{-3}^3 \frac{1}{2}\,e^x\,dx$ j) $\int_{-4}^1 e^{2x}\,dx$ k) $\int_0^2 e^{1-2t}\,dt$ l) $\int_0^1 (e^{-x} + x)\,dx$

*EA 130*

Berechnen Sie den Inhalt der Fläche, die der Graph der Funktion $f_i$ und die x-Achse im gegebenen Intervall einschließen!

a) $f_1(x) = \sin x$ $[-\pi; 0]$ b) $f_2(x) = \cos x$ $[-\frac{\pi}{2}; \frac{\pi}{2}]$

c) $f_3(x) = \sin(-x + \frac{\pi}{2})$ $[-\frac{\pi}{2}; \frac{\pi}{2}]$ d) $f_4(x) = \frac{1}{2}\sin(x + \pi) + 0{,}5$ $[-\frac{3}{2}\pi; -\frac{5}{2}\pi]$

*EA 131*

Ermitteln Sie je eine Stammfunktion zu folgenden Funktionen $f_i$:

a) $f_1(x) = \frac{1}{4x-1}$ b) $f_2(x) = x \cdot \ln 3$ c) $f_3(x) = \frac{1}{ax+b}$ d) $f_4(x) = \frac{1}{3-2x}$

e) $f_5(x) = \frac{2}{5x-1} + 3x$ f) $f_6(x) = \frac{\ln 2}{x}$ g) $f_7(x) = \frac{\sin x}{\cos x}$ h) $f_8(x) = \frac{x-1}{x^2-2x-3}$

*EA 132*

Berechnen Sie die folgenden bestimmten Integrale:

a) $\int_1^e \frac{e}{x}\,dx$ b) $\int_1^e (a + \frac{2}{a})\,da$ c) $\int_1^2 \frac{4}{1+2x}\,dx$ d) $\int_1^2 \sum_{k=1}^{3} x^{-k}\,dx$

e) $\int_{10}^{20} \frac{2}{x\ln 10}\,dx$ f) $\int_1^2 \frac{x+6}{2x}\,dx$ g) $\int_0^1 \frac{x}{1+x^2}\,dx$ h) $\int_{\frac{\pi}{6}}^{\frac{\pi}{2}} \frac{\sin x \cdot \cos x}{\sin^2 x}\,dx$

i) $\int_0^{\ln 2} \frac{e^x}{1+e^x}\,dx$ j) $\int_{\frac{\pi}{2}}^{\frac{3}{4}\pi} \frac{\sin x + x\cos x}{x\sin x}\,dx$ k) $\int_e^{e^2} \frac{1+\ln x}{x\ln x}\,dx$ l) $\int_0^1 \frac{3t^2+2}{t^3+2t+1}\,dt$

*EA 133*

Berechnen Sie den Inhalt der Fläche zwischen den Graphen der Funktionen $f_i$ und $g_i$ im angegebenen Intervall:

a) $f_1(x) = \sin x; \quad g_1(x) = \cos x \quad [-\frac{3}{4}\pi; \frac{1}{4}\pi]$ b) $f_2(x) = x + 2\cos x, \quad g_2(x) = x + 2 \quad [0; 2\pi]$

*EA 134*

Berechnen Sie den Inhalt der Fläche, die im angegebenen Intervall von den Graphen der Funktionen $f_i$ und $g_i$ eingeschlossen wird!

a) $f_1(x) = e^x, \quad g_1(x) = x^2 \quad [0; 1]$ b) $f_2(x) = e^x, \quad g_2(x) = x^3 \quad [-1; 1]$

c) $f_3(x) = e^{-\frac{1}{2}x}, \quad g_3(x) = -\frac{3}{4}x \quad [-3; 0]$ d) $f_4(x) = e^x, \quad g_4(x) = e^{-x} \quad [0; 2]$

e) $f_5(x) = x - e^x, \; g_5(x) = 0 \quad [-5; -1]$ f) $f_6(x) = \frac{1}{2}x^2 - 3, \quad g_6(x) = \ln x \quad [1; 2]$

*EA 135*

Berechnen Sie den Inhalt der Fläche zwischen den Graphen der Funktionen $f_i$ und $g_i$:

a) $f_1(x) = \frac{x-3}{x}, \quad g_1(x) = 3x - 9$ b) $f_2(x) = 1 - 2\cos x, \quad g_2(x) = 1 + \sin 2x$

*EA 136*

Berechnen Sie den Inhalt des Flächenstücks, das von den Graphen der Funktionen $f(x) = \sin x$ und $g(x) = x^2$ im Intervall $[0; \frac{\pi}{2}]$ eingeschlossen wird! Fertigen Sie eine Skizze an!

*EA 137*

Gegeben seien die Funktionen $f(x) = e^x$ und $g(x) = (x-4)^2$

a) Skizzieren Sie die Graphen der Funktionen f und g!
b) Durch die Graphen der Funktionen f und g und die beiden Koordinatenachsen wird ein Flächenstück vollständig begrenzt. Berechnen Sie dessen Flächeninhalt!

*EA 138*

Berechnen Sie den Inhalt der Fläche zwischen den Graphen der Funktionen $f(x) = \frac{1}{x^2} + x^2$ und $g(x) = -\frac{1}{x^2} + x^2$ und den Geraden $x = b$ und $x = c$ mit $0 < b < c$!

*EA 139*

Zeichnen Sie die Graphen der Funktionen

$f(x) = a - a\sin x$ im Intervall $[0; \frac{\pi}{2}]$, $g(x) = a + a\sin x$ im Intervall $[-\frac{\pi}{2}; 0]$,

$h(x) = -\frac{1}{a}\cos x$ im Intervall $[-\frac{\pi}{2}; \frac{\pi}{2}]$

und berechnen Sie den Inhalt der von ihnen umschlossenen Fläche in Abhängigkeit von a!

*EA 140*

Ermitteln Sie eine Zahl a ($a \in \mathbb{R}$) so, dass das Flächenstück, das vom Graphen der Funktion $f_i$, der x-Achse und den Geraden $x = 0$ und $x = a$ begrenzt wird, den Flächeninhalt $A = 1$ (FE) hat!

a) $f_1(x) = 2\sin 2x$ b) $f_2(x) = \frac{1}{2}\cos\frac{1}{2}x$

***EA 141***

Berechnen Sie jeweils den Inhalt der markierten Flächen!

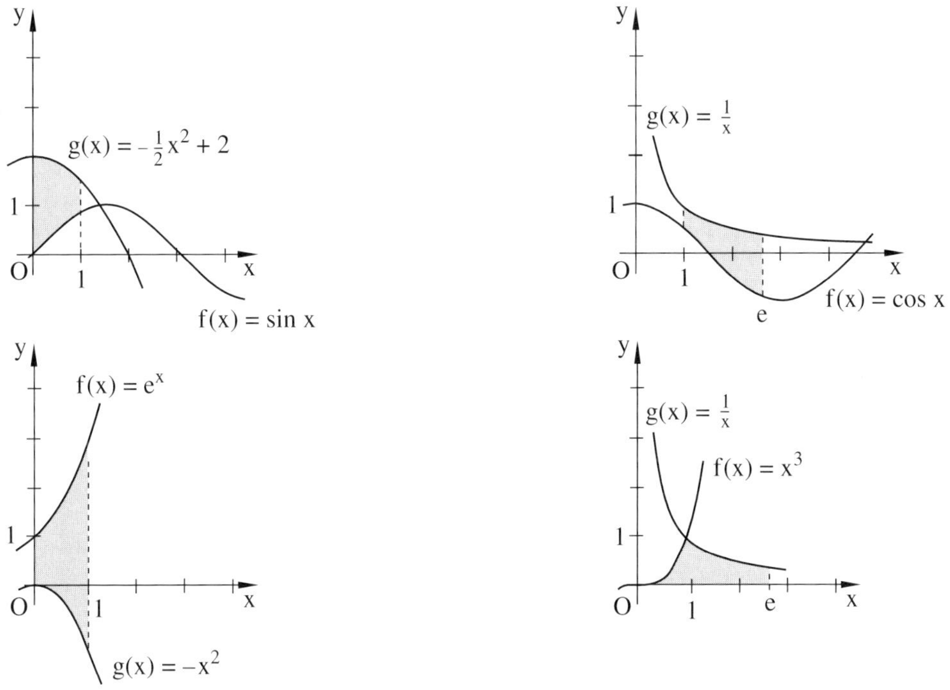


***EA 142***

Der Graph der nachfolgenden Funktion und die x-Achse schließen ein Flächenstück ein. Durch Drehung um die x-Achse entsteht ein Rotationskörper. Berechnen Sie dessen Volumen!

a) $g(x) = \frac{x}{3}\sqrt{9 - x}$ b) $h(x) = \sqrt{x\,(4 - x^2)}$ $x \geq 0$

***EA 143***

Gegeben ist die Funktion $y = f(x) = e^{\sqrt{x}}$.

a) Skizzieren Sie den Graphen dieser Funktion!
b) Der Graph der Funktion f begrenzt mit der x-Achse im Intervall [0; 2] eine Fläche vollständig. Diese Fläche rotiere um die x-Achse. Berechnen Sie das Volumen des Rotationskörpers!

***EA 144***

Der Graph der Funktion $f(x) = 2 - \sqrt{x + 1}$ schließt mit den Koordinatenachsen eine Fläche ein.

a) Fertigen Sie eine Skizze an!
b) Berechnen Sie den Inhalt dieser Fläche!
c) Berechnen Sie das Volumen des Körpers, der bei Rotation dieser Fläche um die x-Achse entsteht!
d) Berechnen Sie das Volumen des Körpers, der bei Rotation dieser Fläche um die y-Achse entsteht!

***EA 145***

Ein Rotationskörper entsteht durch Drehung der Fläche unter dem Graphen der Funktion $f(x) = \cos^2 x$ um die x-Achse $(-\frac{\pi}{2} \leq x \leq \frac{\pi}{2})$. Berechnen Sie das Volumen des Rotationskörpers!

***EA 146***

Gegeben sei eine Funktion f mit $f(x) = 2e^{-tx}$.

a) Ermitteln Sie den Inhalt der Fläche unter dem Graphen von f im Intervall $[0; \frac{1}{t}]$!

b) Diese Fläche rotiere um die x-Achse. Berechnen Sie das Volumen des Rotationskörpers in Abhängigkeit von t!

c) Für welchen Wert von t beträgt das Volumen 5,432 (VE)?

***EA 147***

Nebenstehend ist der Graph der Funktion $f(x) = e^x$ und eine Parallele zur x-Achse durch den Punkt P (k; f(k)) mit $0 < k < 2$ skizziert.

Bestimmen Sie k so, dass die beiden markierten Flächen gleichen Inhalt haben!

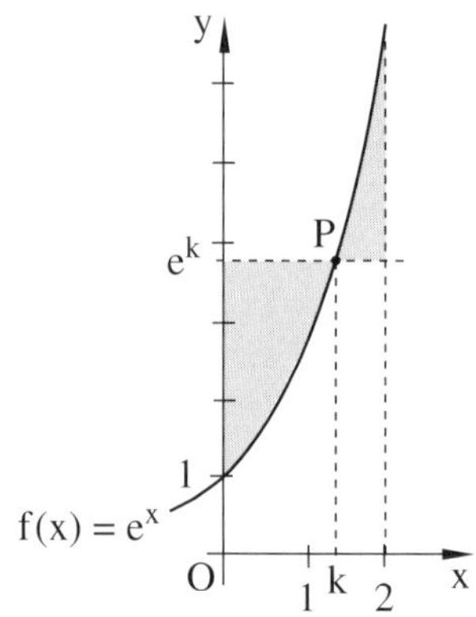


***EA 148***

Der Graph der Funktion $h(x) = \frac{6}{\sqrt{3x+4}}$, die Koordinatenachsen und die Gerade $x = b$ $(b > 0)$ begrenzen eine Fläche.

Ermitteln Sie b für den Fall, dass der Inhalt der Fläche 8 (FE) beträgt!

***EA 149***

Der Graph der Funktion $f(x) = \frac{x^3 - 2x^2 + ax}{x - 1}$ $(a \in \mathbb{R})$ und die x-Achse schließen eine Fläche vollständig ein.

Berechnen Sie den Inhalt dieser Fläche in Abhängigkeit von a!

***EA 150***

Der Graph der Funktion $f(x) = 1 - \frac{2e^x}{e^x + a}$, die x-Achse und die Gerade $x = \ln(2a)$ schließen eine Fläche ein.

Zeigen Sie, dass der Inhalt dieser Fläche nicht von a abhängt!

## E 7.3 Uneigentliche Integrale

***EA 151*** *(↗ Beispiel E 34, S. 198)*

Berechnen Sie das uneigentliche Integral $\int_1^{\infty} \frac{dx}{x^2}$!

***EA 152***

Berechnen Sie – falls möglich – die folgenden uneigentlichen Integrale:

a) $\int_0^{\infty} e^{-2x}dx$  b) $\int_1^{\infty} \frac{dx}{x^3}$  c) $\int_{-1}^{\infty} (x+1)e^{1-x}dx$

d) $\int_0^{\infty} e^{-0,5x}dx$  e) $\int_1^{\infty} \frac{dx}{\sqrt{x}}$  f) $\int_{-\infty}^{-3} \frac{dx}{(x+2)^2}$

***EA 153***

Bestimmen Sie die Zahl a so, dass $F(x) = \frac{1}{2}e^x(e^x - a)$ eine Stammfunktion von $f(x) = e^x(e^x - 2)$ wird!

Berechnen Sie den Inhalt der Fläche zwischen dem Graphen der Funktion f, der x-Achse und der Geraden $x = k$ $(k < 0)$! Kann dieser Flächeninhalt für $k \to -\infty$ beliebig groß werden?

*EA 154*

Berechnen Sie den Inhalt der Fläche zwischen den Graphen der Funktionen $f(x) = \frac{6}{x} - \frac{3}{x^2}$ und $g(x) = \frac{3}{x}$ sowie der Geraden $x = b$ mit $b > 1$. Ist dieser Flächeninhalt für $b \to \infty$ nach oben beschränkt?

*EA 155*

Berechnen Sie den Inhalt der Fläche unter dem Graphen der Funktion $f(x) = (x^2 - \frac{2x}{t})e^{tx}$ und der Geraden $x = b$ $(b < 0)$! Existiert für $b \to -\infty$ ein Grenzwert?

*EA 156*

Untersuchen Sie, welche der folgenden uneigentlichen Integrale definiert sind! Berechnen Sie dieses gegebenenfalls!

a) $\int_0^1 \frac{x^2}{x}\,dx$ b) $\int_0^1 \frac{dx}{x^2}$ c) $\int_0^1 \frac{dx}{\sqrt{x}}$ d) $\int_0^e (\frac{1}{e}x - \ln x)\,dx$

*EA 157*

Berechnen Sie die folgenden Integrale! Untersuchen Sie zunächst, wo der Integrand nicht definiert ist!

a) $\int_{-1}^1 \frac{dx}{\sqrt[3]{x}}$ b) $\int_0^1 (x - \frac{1}{\sqrt{x}})\,dx$ c) $\int_0^1 \ln x\,dx$ d) $\int_{-2}^0 \frac{dx}{\sqrt{x+2}}$

# E 8 Numerische Integration

## E 8.1 Rechteckmethode
## E 8.2 Trapezmethode
## E 8.3 Parabelmethode

*EA 158* *(↗ Beispiel E 36, S. 201)*

Berechnen Sie das bestimmte Integral $\int_1^2 \frac{e^x}{x}\,dx$ mit Hilfe der Rechteckformeln für $n = 5$ näherungsweise!

*EA 159*

Ermitteln Sie einen Näherungswert mit Hilfe der Rechteckformeln für das Integral $\int_0^{\frac{\pi}{2}} \sqrt{\cos x}\,dx$ für $n = 10$!

*EA 160* *(↗ Beispiel E 37, S. 202)*

Ermitteln Sie nach der Trapezmethode einen Näherungswert für das Integral $\int_0^3 e^{2x}dx$ für $n = 10$!

*EA 161* *(↗ Beispiel E 38, S. 204)*

Berechnen Sie für nachfolgende Integrale nach der Trapezmethode für $n = 8$ und nach der Parabelmethode (SIMPSONregel) für $n = 4$ Näherungswerte und vergleichen Sie diese Näherungswerte mit den exakten Werten:

a) $\int_1^2 x^3 dx$ b) $\int_1^2 \frac{1}{x^2}\,dx$

*EA 162*

Berechnen Sie nach der Parabelmethode (KEPLERsche Fassregel und SIMPSONregel) für $n = 10$ Näherungswerte für folgende Integrale und vergleichen Sie mit den exakten Werten:

a) $\int_1^2 \frac{1}{x}\,dx$ b) $\int_1^3 \frac{1}{x}\,dx$ c) $\int_1^7 \frac{1}{x}\,dx$

*EA 163*

Von einer stetigen Funktion f sind folgende geordnete Paare bekannt:

| x | −2 | −1,5 | −1 | −0,5 | 0 | 0,5 | 1 | 1,5 | 2 |
|---|---|---|---|---|---|---|---|---|---|
| f(x) | 0 | 2,1 | 5,2 | 9 | 11,2 | 7,1 | 4,8 | 1,2 | 0 |

Bestimmen Sie einen Näherungswert für das bestimmte Integral $\int_{-2}^{2} f(x)dx$!

*EA 164*

Von einer stetigen Funktion f sind im Intervall [0; 1] die folgenden Funktionswerte bekannt:

| x | 0 | 0,1 | 0,2 | 0,3 | 0,4 | 0,5 | 0,6 | 0,7 | 0,8 | 0,9 | 1 |
|---|---|---|---|---|---|---|---|---|---|---|---|
| f(x) | 1,375 | 1,923 | 0,736 | 0,841 | 1,613 | 3,445 | 4,502 | 4,933 | 5,155 | 4,112 | 3,814 |

Berechnen Sie das Integral $\int_{0}^{1} f(x)dx$ nach der SIMPSONregel!

*EA 165*

Berechnen Sie nach der Trapezmethode näherungsweise das Integral $\int_{1}^{2} \frac{dx}{x}$ für $n = 4$ und $n = 8$! Vergleichen Sie!

# E 9 Weitere Anwendungen der Integralrechnung

## E 9.1 Berechnung der Bogenlänge von Kurven

*EA 166* *(↗ Beispiel E 39, S. 205)*

Der Graph der Funktion f mit $f(x) = \frac{1}{2}(e^x + e^{-x})$ heißt Kettenlinie. Berechnen Sie die Länge der Kettenlinie im Intervall [−a; a]!

*EA 167*

Die NEILsche Parabel ist der Graph der Funktion $f(x) = \sqrt{x^3}$. Berechnen Sie die Bogenlänge der NEILschen Parabel im Intervall [0; b]!

*EA 168*

Berechnen Sie die Bogenlänge eines Halbkreises mit dem Radius 1!

*EA 169*

Berechnen Sie die Länge des Graphen der Funktion $f(x) = \frac{2}{3}(x-1)^{\frac{3}{2}}$ über dem Intervall [1; 4]!

*EA 170*

Berechnen Sie für die lineare Funktion $f(x) = 3x + 1$ die Bogenlänge über dem Intervall [0; 3]! Überprüfen Sie das Ergebnis, indem Sie die Streckenlänge elementar berechnen!

## E 9.2 Berechnung der Mantelfläche von Rotationskörpern

*EA 171* *(↗ Beispiel E 40, S. 206)*

Bestimmen Sie die Mantelfläche eines geraden Kreiskegels, der durch Rotation des Graphen der Funktion $y = f(x) = mx$ um die x-Achse im Intervall [0; h] entsteht!

*EA 172*

a) Die Formel für die Mantelfläche eines Kegelstumpfes ist mit Hilfe der Integralrechnung zu bestätigen.

b) Berechnen Sie den Inhalt der Mantelfläche für den Kegelstumpf, der durch Rotation des Graphen der Funktion $y = -x + 5$ um die x-Achse im Intervall [0; 4] entsteht!

***EA 173***
Die Asteroide (Sternkurve) rotiere um die x-Achse (↗ Beispiel E 39, S. 205). Berechnen Sie die Oberfläche dieses Rotationskörpers!

***EA 174***
Die Kettenlinie (Graph der Funktion mit der Gleichung $y = f(x) = \frac{1}{2}(e^x + e^{-x})$ – vgl. ***EA 166***) erzeugt bei Rotation um die x-Achse einen Körper. Wie groß ist dessen Mantelfläche über dem Intervall [–1; 1]?

***EA 175***
Der Graph der Funktion mit der Gleichung $y^2 = 2x$ (eine Parabel) rotiere um die x-Achse. Berechnen Sie die Mantelfläche des entstehenden Paraboloids über dem Intervall [0; 2]!

***EA 176***
Berechnen Sie die Mantelfläche des Rotationsparaboloids, das durch Rotation der Parabel $y^2 = 2px$ um die x-Achse im Intervall [0; h] entsteht!

# *Ergänzung II: Komplexe Zahlen*

## 1 Lösbare und unlösbare Gleichungen
## 2 Komplexe Zahlen als geordnete Paare reeller Zahlen

***EA 177*** *(↗ Beispiel E 41/42, S. 210 f.)*

1) Berechnen Sie:

a) $(3; 9) + (-4; 3)$ b) $(-4; 5) - (-4; 5)$ c) $(3; 4)\cdot(-2; -1)$

2) Bestimmen Sie a, b so, dass gilt:

a) $(2a; b^2) = (-8; 144)$ b) $(-a; -\frac{2b}{3}) = (-5; 4)$

***EA 178***
Vervollständigen Sie die folgende Tabelle:

| | | | | |
|---|---|---|---|---|
| (a; b) | (3; 4) | (–1; 4) | (4; 0) | (–3; – 4) |
| (c; d) | (1; –2) | (1; 5) | (0; 4) | (5; –6) |
| (a; b) + (c; d) | | | | |
| (a; b) – (c; d) | | | | |
| (a; b)·(c; d) | | | | |

## 3 Algebraische Darstellung komplexer Zahlen

***EA 179*** *(↗ Beispiel E 43, S. 212)*
Berechnen Sie:

a) $(3 - 2i) + (5 - 5i)$, b) $(-8 + 0{,}5i) - (-3{,}5 - 0{,}05i)$, c) $(\frac{1}{2} + \frac{1}{4}i)\cdot(\frac{1}{3} - \frac{2}{3}i)$

***EA 180***
Berechnen Sie:

a) $(3 - i) + (-2 + 3i)$ b) $(\frac{2 - 0{,}5i}{4}) - (\frac{1}{4} - \frac{1}{8}i)$ c) $3(a + bi) + b(0 - 3i)$ $a, b \in \mathbb{R}$

d) $(2 + 2i)(\frac{1}{2} - 3i)$ e) $(\frac{2}{3} - \frac{1}{5}i)(-\frac{1}{2} - 2i)$ f) $(0{,}25 - \frac{3}{5}i)(\frac{1}{4} + 0{,}6i)$

***EA 181***

Bestimmen Sie a ($a \in \mathbb{R}$) so, dass das Produkt $(a + i)(3 - 2i)$ rein imaginär ist! Wie heißt das Produkt dann?

***EA 182***

Bestimmen Sie k ($k \in \mathbb{R}$) so, dass das Produkt $(2 - i)(-4 + ki)$ reell wird! Wie heißt das Produkt dann?

***EA 183***

Bestimmen Sie r ($r \in \mathbb{R}$) so, dass das Produkt $(-4 + ri)(8 - 2ri)$ rein imaginär wird! Geben Sie das Produkt an!

***EA 184***

Bestimmen Sie komplexe Zahlen $f_R$ und $f_I$ so, dass für eine beliebige komplexe Zahl $z = a + bi,\ z \neq 0,$ gilt: $z \cdot f_R = a$ und $z \cdot f_I = bi$

***EA 185***

Berechnen Sie jeweils durch Ausmultiplizieren: a) $(a + bi)^2$ b) $(a + bi)^3$

***EA 186***

Bestimmen Sie die komplexe Zahl $z = x + iy$ so, dass gilt: $(3 - 2i) \cdot z = 5 + i$

***EA 187***

Leiten Sie eine Regel für die Division $\frac{a + bi}{c + di} = x + iy$, mit $c + di \neq 0$, her, indem Sie wie in Aufgabe ***EA 186*** die komplexe Zahl $z = x + yi$ bestimmen, die die Gleichung $(c + di) \cdot z = (a + bi)$ zu einer wahren Aussage macht!

***EA 188***

Berechnen Sie unter Nutzung der in Aufgabe ***EA 187*** erhaltenen Regel:

a) $\frac{-2 + 7i}{2 - 3i}$ b) $\frac{i}{12 + 5i}$ c) $\frac{1 + i}{1 - i}$ d) $\frac{3 + i}{i}$ e) $\frac{1}{i}$

***EA 189***

Berechnen Sie die Beträge folgender komplexer Zahlen:

a) $z_1 = 3 - 4i$ b) $z_2 = 0{,}12 + 0{,}05i$ c) $z_3 = -7$ d) $z_4 = 0{,}3i$ e) $z_5 = i$

***EA 190***

Bestimmen Sie die reelle Zahl a so, dass das Produkt der komplexen Zahlen $z_1 = a + ai$ und $z_2 = 2 - ai$ den Betrag $\sqrt{10}$ hat!

***EA 191***

Bestimmen Sie zu folgenden komplexen Zahlen z jeweils die konjugiert komplexen Zahlen $\bar{z}$, stellen Sie z und $\bar{z}$ grafisch dar (außer g) und h)) und bilden Sie jeweils die Summe und das Produkt von z und $\bar{z}$!

a) $z_1 = 2 + 1{,}5i$ b) $z_2 = -\frac{1}{2} - i$ c) $z_3 = -3{,}7 + 0{,}3i$ d) $z_4 = \frac{5}{4} - 1{,}4i$

e) $z_5 = i$ f) $z_6 = 3$ g) $z_7 = 1 + bi$ h) $z_8 = a + bi$

***EA 192***

Leiten Sie unter Verwendung des Ergebnisses der Aufgabe ***EA 191 h)*** eine Formel zur Berechnung des Betrages einer komplexen Zahl $z = a + bi$ unter Einbeziehung der zu ihr konjugiert komplexen Zahl $\bar{z}$ her!

*EA 193*
Machen Sie für die in Aufgabe ***EA 188*** angegebenen Brüche die Nenner reell, indem Sie die Brüche mit der konjugiert komplexen Zahl des jeweiligen Nenners erweitern! Berechnen Sie erneut die Quotienten!

## 4 Geometrische Veranschaulichung komplexer Zahlen
## 5 Trigonometrische Darstellung komplexer Zahlen

*EA 194* *(↗ Beispiel E 44, S. 213)*
Geben Sie die komplexe Zahl $z = 2 + 2i$ in ihrer trigonometrischen Darstellung $z = z(r;\ \varphi) = r \cdot (\cos\varphi + i \cdot \sin\varphi)$ an und stellen Sie die Zahl grafisch dar!

*EA 195*

Geben Sie die folgenden komplexen Zahlen $z = a + bi$ in ihrer trigonometrischen Darstellung $z = z(r;\ \varphi) = r \cdot (\cos\varphi + i \cdot \sin\varphi)$ an und stellen Sie die Zahlen grafisch dar!

a) $z = 1 - i$ b) $z = -1 + 1{,}732i$ c) $z = -5{,}196 - 3i$

d) $z = 1 + 3i$ e) $z = 3i$ f) $z = 5$

*EA 196* *(↗ Beispiel E 45, S. 213)*
Wandeln Sie die komplexe Zahl in trigonometrischer Darstellung $z = z(r;\ \varphi) = z(2;\ 50°)$ in die algebraische Darstellung $z = a + bi$ um!

*EA 197*
Wandeln Sie folgende komplexe Zahlen in trigonometrischer Darstellung $z = z(r;\ \varphi)$ in die algebraische Darstellung $z = a + bi$ um!

a) $z_1 = z_1(1;\ 215°)$ b) $z_2 = z_2(0{,}75;\ \frac{3}{4}\pi)$ c) $z_3 = z_3(c;\ \frac{1}{6}\pi)$

d) $z_4 = z_4(3;\ 270°)$ e) $z_5 = z_5(1;\ \pi)$

*EA 198* *(↗ Beispiel E 46, S. 214)*
Berechnen Sie: $z_1(5;\ 130°) \cdot z_2(7;\ 320°)$

*EA 199*
Berechnen Sie:

a) $z_1(3;\ 30°) \cdot z_2(2;\ 60°)$ b) $z_3(2{,}4;\ 130°) \cdot z_4(0{,}8;\ 210°)$ c) $z_5(5;\ 100°) \cdot z_6(2{,}5;\ 80°)$

d) $z_7(\frac{1}{2};\ 300°) \cdot z_8(\frac{4}{3};\ 170°)$ e) $z_9(4;\ 110°) : z_{10}(1;\ 40°)$ f) $z_{11}(5;\ 200°) : z_{12}(10;\ 320°)$

g) $1 : z_{13}(\frac{1}{3};\ 60°)$

*EA 200* *(↗ Beispiel E 42, S. 214)*
Berechnen Sie unter Anwendung der Regel von MOIVRE:

a) $[z_1(3;\ 20°)]^4$

b) $\sqrt[5]{z_2\,(32;150°)}$

*EA 201*

Berechnen Sie unter Anwendung der Regel von MOIVRE:

a) $[z_1(7;\,110°)]^2$ b) $[z_2(1;\,270°)]^3$ c) $[z_3(16;\,40°)]^{-4}$

d) $\sqrt[3]{2\,(\frac{1}{2}\sqrt{3}+\frac{1}{2}i)}$ e) $[z_4(4;\,160°)]^{\frac{1}{2}}$

## 6 Fundamentalsatz der Algebra

*EA 202*

Lösen Sie folgende Gleichungen im Bereich der komplexen Zahlen:

a) $z^3 - 1 = 0$ b) $z^2 - 2z + 10 = 0$ c) $z^2 - 5z + 7 = 0$

d) $3z^2 - 9z + 12 = 0$ e) $z^5 - z^2 = 0$

## 7 Die EULERsche Formel

*EA 203* *(↗ Beispiel E 50, S. 217)*

Geben Sie die Exponentialdarstellung der komplexen Zahl $2 \cdot (\cos 30° + i\sin 30°)$ an!

*EA 204*

Geben Sie die Exponentialdarstellung folgender komplexer Zahlen an:

a) $\sqrt{3} \cdot (\cos 195° + i\sin 195°)$ b) $100 \cdot (\cos 140° + i\sin 140°)$ c) $\cos\pi + i\sin\pi$

d) $\frac{1}{2}(\cos 650° + i\sin 650°)$ e) $a(\cos 4\pi + i\sin 4\pi)$

*EA 205*

Geben Sie die komplexe Zahl $3 - 3i$ in Exponentialdarstellung an!

*EA 206*

Wandeln Sie in Exponentialdarstellung um:

a) $z_1 = -1 + \sqrt{3}\,i$ b) $z_2 = \sqrt{12} + 2i$ c) $z_3 = -3 - 5i$

d) $z_4 = -2i$ e) $z_5 = 1$

*EA 207*

Geben Sie folgende komplexe Zahlen in Exponentialdarstellung an:

a) $z_1 = 3(\cos 60° + i\sin 30°)$ b) $z_2 = \frac{1}{2}(\cos\frac{\pi}{6} + i\sin\frac{\pi}{6})$

c) $z_3 = -1(\cos 200° + i\sin 200°)$ d) $z_4 = -2(\cos 90° + i\sin 90°)$

e) $z_5 = 5(\cos 330° + i\sin 30°)$ f) $z_6 = k(-\cos 120° + i\sin 60°);\quad k \in \mathbb{R}$

g) $z_7 = \frac{1}{\sqrt{2}}(\cos 80° + i\cos 350°)$

*EA 208*

Geben Sie die algebraische Darstellung der komplexen Zahl $z_1 = 3 \cdot e^{i \cdot \frac{\pi}{2}}$ an!

***EA 209***

Wandeln Sie in die algebraische Darstellung um:

a) $z_1 = \frac{1}{2} e^{i \cdot 20°}$ b) $z_2 = \sqrt{3} \cdot e^{i \cdot 210°}$ c) $z_3 = \frac{3}{5} \cdot e^{i \frac{5}{6} \pi}$ d) $z_4 = e^{-i \cdot 45°}$

***EA 210***

Geben Sie das Resultat der Operation $\sqrt{2} \cdot e^{i \cdot 80°} \cdot \sqrt{8} \cdot e^{i \cdot 100°}$ in Exponentialdarstellung an ($0° \leq \varphi < 360°$)!

***EA 211***

Geben Sie die Resultate folgender Operationen in Exponentialdarstellung an ($0° \leq \varphi < 360°$):

a) $3 \cdot e^{i \cdot 48°} \cdot 2 \cdot e^{i \cdot 342°}$ b) $6 \cdot e^{i \cdot 70°} : (2 \cdot e^{i \cdot 10°})$ c) $\frac{2}{7} \cdot e^{i \cdot \frac{\pi}{4}} : (\frac{7}{4} \cdot e^{i \cdot \frac{\pi}{3}})$ d) $1 : (\frac{1}{2} e^{i \cdot \frac{\pi}{2}})$

e) $\frac{1}{\sqrt{2} \cdot e^{i \cdot 125°}}$ f) $2 \cdot e^{i \cdot 25°} + \frac{1}{2} \cdot e^{i \cdot 65°}$ g) $\sqrt{7} \cdot e^{i \cdot 190°} - 7 \cdot e^{i \cdot 310°}$

***EA 212***

Berechnen Sie und geben Sie das Resultat jeweils in Exponentialdarstellung an ($0° \leq \varphi < 360°$):

a) $\left[1 \cdot e^{i \cdot \frac{\pi}{2}}\right]^2$ b) $\left[9 \cdot e^{i \cdot 100°}\right]^{\frac{1}{2}}$

***EA 213***

Berechnen Sie und geben Sie das Resultat jeweils in Exponentialdarstellung an ($0° \leq \varphi < 360°$):

a) $\left[\sqrt[3]{2} \cdot e^{i \cdot 40°}\right]^3$ b) $\left[\frac{1}{2} \cdot e^{i \cdot \frac{3}{2}\pi}\right]^4$ c) $\left[3e^{i \cdot 50°}\right]^{-2}$

d) $\left[e^{i \cdot \frac{\pi}{2}}\right]^{-1}$ e) $\sqrt[4]{\frac{1}{16} \cdot e^{i \cdot \frac{\pi}{3}}}$ f) $\left[27e^{i \cdot 60°}\right]^{-\frac{1}{3}}$

***EA 214***

Berechnen Sie folgende Wurzeln und stellen Sie das Ergebnis grafisch dar!

a) $\sqrt{-1}$ b) $\sqrt[3]{-1}$ c) $\sqrt[4]{-1}$ d) $\sqrt[5]{-1}$ e) $\sqrt{i}$

f) $\sqrt[3]{i}$ g) $\sqrt[4]{i}$ h) $\sqrt[5]{i}$ i) $\sqrt{1+i}$

## 8 Anwendungsbeispiele

***EA 215*** *(↗ S. 217ff.)*

a) Eine Wechselspannung wird durch den komplexen Ausdruck $\boldsymbol{U}(t) = 380\ \text{V} \cdot e^{i \cdot (2\pi \cdot 50\text{s}^{-1} \cdot t)}$ beschrieben. Wie groß ist die messbare Spannung $U(t)$ zu den Zeiten $t_1 = 0$ s; $t_2 = 0{,}002$ s; $t_3 = 0{,}005$ s und $t_4 = 0{,}01$ s?
b) Ein Wechselstrom wird im selben Wechselstromkreis durch den komplexen Ausdruck $\boldsymbol{I}(t) = 2\ \text{A} \cdot e^{i \cdot (2\pi \cdot 50\text{s}^{-1} \cdot t - 10°)}$ beschrieben. Wie groß ist die messbare Stromstärke $I(t)$ zu den Zeiten $t_1$ bis $t_4$ aus Aufgabe a)?

# F Koordinatengeometrie

## F 1 Koordinatengeometrie der Ebene und des Raumes

### F 1.1 Koordinatensysteme in der Ebene und im Raum

*FA 1* *(↗ Beispiel F 1, S. 222)*

Zeichnen Sie in ein kartesisches Koordinatensystem die folgenden Punkte ein:

$P_1(3; 2)$, $P_2(-3; 2)$, $P_3(3; -2)$, $P_4(-3; -2)$, $P_5(0; -1)$, $P_6(2; 0)$

*FA 2*

Die Eckpunkte eines Dreiecks ABC sind A(–2; –1), B(3; 2) und C(0; 3). A′B′C′ sei das zum Dreieck ABC in Bezug auf die x-Achse symmetrische Dreieck. Zeichnen Sie A′B′C′ in ein Koordinatensystem und geben Sie die Koordinaten von A′, B′ und C′ an!

*FA 3*

Gegeben seien die Punkte A und B mit A(1; 0) und B(4; 1). Zeichnen Sie in ein Koordinatensystem die Bildpunkte von A und B bei folgenden Spiegelungen ein:

a) Spiegelung an der x-Achse,
b) Spiegelung an der y-Achse,
c) Spiegelung am Koordinatenursprung.

Ermitteln Sie aus der Abbildung die Koordinaten der entsprechenden Bildpunkte!

*FA 4*

Ein gleichseitiges Dreieck ABC der Seitenlänge 5 (LE) hat die in der Abbildung dargestellte Lage.
Welche Koordinaten haben die Eckpunkte des Dreiecks?

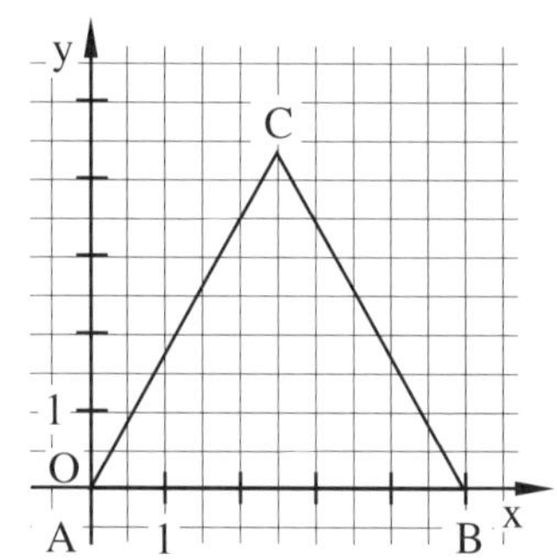


*FA 5*

Die Abbildung unten links zeigt die Lage eines regelmäßigen Sechseckes ABCDEF mit der Seitenlänge 6 (LE) in einem kartesischen Koordinatensystem. Welche Koordinaten haben die Eckpunkte des Sechsecks und sein Mittelpunkt M?

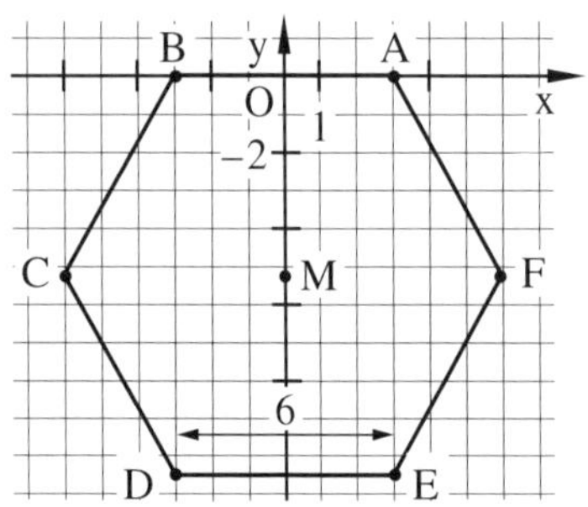


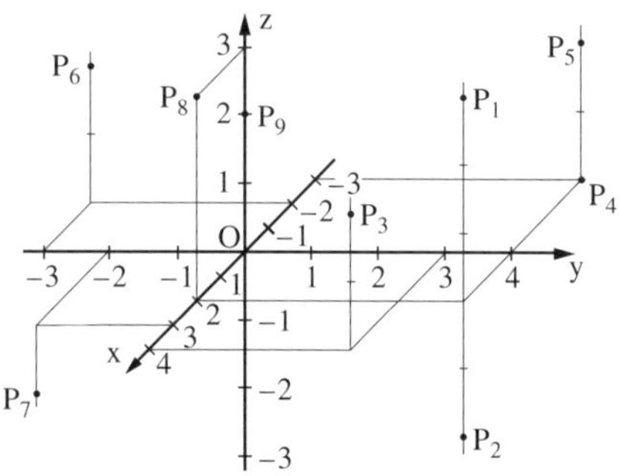


*FA 6*

Die Abbildung oben rechts zeigt die Lage von 9 Punkten $P_1, P_2, \ldots, P_9$ in einem räumlichen kartesischen Koordinatensystem. Geben Sie die Koordinaten dieser Punkte an!

*FA 7*

Zeichnen Sie entsprechend der Abbildung zu ***FA 6*** das Schrägrissbild eines kartesischen Koordinatensystems im Raum und tragen Sie die folgenden Punkte ein:

$Q_1(0; 0; 2)$, $Q_2(0; -2; 3)$, $Q_3(2; 3; 2)$, $Q_4(-3; -2; 1)$, $Q_5(2; -2; -1)$, $Q_6(3; 0; 2)$, $Q_7(4; 1; -1)$

*FA 8*

Die Abbildung zeigt ein Gebäude mit Walmdach in Grund- und Aufriss (1 LE ≙ 1 m).

a) Geben Sie die Koordinaten der Punkte $P_1$ bis $P_8$ und $F_1$, $F_2$ ($\overline{F_1F_2}$ ist der First) an!

b) Zeichnen Sie das Gebäude mit Walmdach in einem Schrägrissbild entsprechend der Abbildung in ***FA 6***! Hierbei soll $P_1$ im Koordinatenursprung, $P_2$ auf der positiven x-Achse, $P_4$ auf der positiven y-Achse und $P_5$ auf der positiven z-Achse liegen. Bevor Sie die entsprechenden Punkte in ein vorgegebenes Koordinatensystem eintragen, notieren Sie sich die Koordinaten der neuen Punkte $\overline{P_1}$ bis $\overline{P_8}$ und $\overline{F_1}$, $\overline{F_2}$, die durch die Verschiebung, die $P_1(1; 1; 1)$ in $O(0; 0; 0)$ abbildet, bestimmt sind.

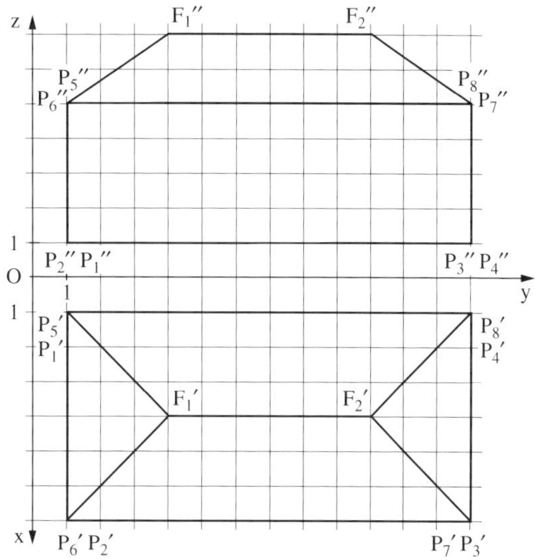


## F 1.2 Länge einer Strecke

*FA 9* (↗ *Beispiel F 2, S. 224f.*)

Berechnen Sie die Länge $s_1$ der Strecke $\overline{P_1P_2}$ mit $P_1(1; 2)$, $P_2(9; 8)$ und die Länge $s_2$ der Strecke $\overline{P_3P_4}$ mit $P_3(-2; 4)$, $P_4(7; -2)$! Zeichnen Sie die Strecken in ein Koordinatensystem und prüfen Sie durch Messen Ihr Ergebnis!

*FA 10*

Berechnen Sie die Längen der Strecken, die jeweils durch folgende Punkte begrenzt sind:

a) $P_1(-5; 2)$, $P_2(0; 0)$
b) $P_3(-2; 1)$, $P_4(7; 1)$
c) $P_5(-4; -3)$, $P_6(-7; -5)$
d) $P_7(\frac{1}{4}; -\frac{1}{3})$, $P_8(\frac{4}{5}; \frac{2}{3})$

*FA 11*

Gegeben sei ein Dreieck ABC mit A(0; 0), B(10; 0) und C(7; 4). Berechnen Sie seinen Umfang!

*FA 12*

Berechnen Sie die Längen der Seiten und die Längen der Diagonalen des Vierecks ABCD!

a) A(–4; 1), B(–1; –3), C(11; 2), D(3; 6)
b) A(1; –3), B(9; –3), C(13; 0), D(1; 9)

*FA 13*

Gegeben seien der Punkt A(5; 2) und die Koordinate $x_B = -3$ eines Punktes B. Ermitteln Sie die Koordinate $y_B$ von B, so dass A und B den Abstand 10 (LE) haben!

*FA 14*

Gegeben seien die Punkte A(0; 1) und B(2; 5). Berechnen Sie die Koordinaten eines Punktes C auf der x-Achse, der von A und B gleich weit entfernt ist!

*FA 15*

Gegeben seien die Punkte A und B mit A(0; 0) und B(1; 1). Ermitteln Sie die Koordinaten von Punkten $C_i$ so, dass die Dreiecke $ABC_i$ gleichseitig sind!

*FA 16*

Zeigen Sie, dass das Dreieck ABC mit A(–2; –1), B(6; 0) und C(0; 3) ein bei C rechtwinkliges Dreieck ist! (*Hinweis:* Benutzen Sie die Umkehrung des Satzes des PYTHAGORAS!)

*FA 17*

Zeigen Sie, dass das Dreieck ABC mit A(0; 0), B(6; 0) und C(5; $\sqrt{5}$) ein bei C rechtwinkliges Dreieck ist!

*Hinweis*: Benutzen Sie die Umkehrung des Satzes des PYTHAGORAS oder verwenden Sie den Satz des THALES (M(3; 0) ist der Mittelpunkt von $\overline{AB}$)!

*FA 18*

Gegeben seien die Punkte A und B mit A(0; 0) und B(10; 0). Ermitteln Sie die Koordinaten eines Punktes C im ersten Quadranten so, dass Dreieck ABC sowohl gleichschenklig als auch bei C rechtwinklig ist!

*FA 19*

Gegeben sei das Dreieck ABC mit A(–2; –3), B(5; –2) und C(1; 6). Berechnen Sie die Koordinaten des Mittelpunktes U des Umkreises von Dreieck ABC und seinen Radius R!

*Hinweis:* Der Umkreismittelpunkt (Schnittpunkt der Mittelsenkrechten) von Dreieck ABC ist von allen drei Eckpunkten gleich weit entfernt.

*FA 20*

Gegeben seien die Punkte $P_1(8; 9; 5)$ und $P_2(5; 3; -1)$.

a) Bestimmen Sie die Länge s der Strecke $\overline{P_1P_2}$!

b) Welchen Abstand haben die Punkte $P_1$ und $P_2$ jeweils vom Koordinatenursprung?

c) Der Abstand des Punktes $P_3(8; 3; z_3)$ von $P_1$ sei 10 (LE). Ermitteln Sie $z_3$!

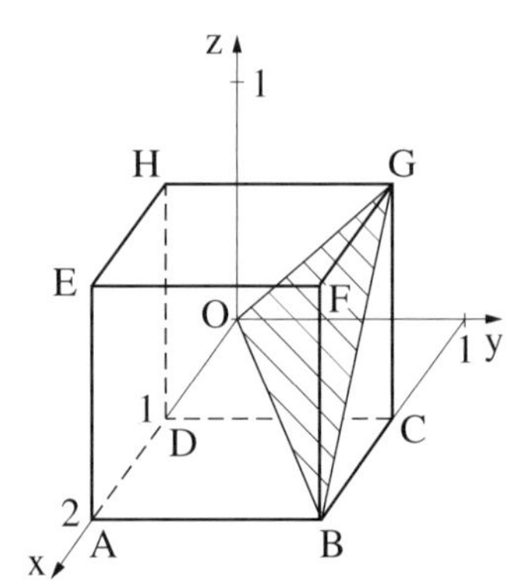


*FA 21*

Entnehmen Sie aus der nebenstehenden Abbildung die Koordinaten der Punkte B, G und O und bestätigen Sie, dass

$|\overline{BG}|^2 + |\overline{GO}|^2 = |\overline{OB}|^2$ ist!

Welche Schlussfolgerung können Sie für das Dreieck OBG ziehen?

*FA 22*

Gemäß dem Beispiel F 4, S. 225f., seien in Ebene und Raum einem kartesischen Koordinatensystem jeweils ein Polarkoordinatensystem zugeordnet (Ebene: a = x; Raum: u = x und v = y; s. Definitionen F 3/F 4).

a) Geben Sie in der Ebene vom Punkt P(x; y) des Einheitskreises mit $x = \frac{1}{2}$ und $y > 0$ die Polarkoordinaten an!

b) Geben Sie im Raum vom Punkt P(x; y; z) der Einheitskugel mit $x = \frac{1}{4}$, $y = \frac{1}{4}\sqrt{3}$ und $z > 0$ die Polarkoordinaten an!

## F 1.3 Mittelpunkt einer Strecke

*FA 23* *(↗ Beispiel F 5, S. 227)*

Geben Sie die Koordinaten des Mittelpunktes M der Strecke $\overline{P_1P_2}$ mit $P_1(1; 1)$ und $P_2(5; 3)$ an! Konstruieren Sie den Mittelpunkt M der Strecken $\overline{P_1P_2}$ !

*FA 24*

Geben Sie jeweils die Koordinaten des Mittelpunktes M der Strecken $\overline{P_1P_2}$ an!

a) $P_1(-1; 3)$, $P_2(7; 3)$
b) $P_1(10; 2)$, $P_2(5; 6)$
c) $P_1(-2; -5)$, $P_2(6; -1)$
d) $P_1(\frac{1}{4}; \frac{2}{3})$, $P_2(\frac{1}{3}; -\frac{1}{6})$

*FA 25*

Gegeben seien die Punkte A und B mit A(6; 5) und B(–7; 3,5). Konstruieren Sie die Mittelpunkte der Strecken zwischen dem Koordinatenursprung O und den Punkten A bzw. B und geben Sie die Koordinaten der Mittelpunkte an!

*FA 26*

M sei der Mittelpunkt der Strecke $\overline{AB}$. Bestimmen Sie die fehlenden Koordinaten!

a) A(8; –5), B(–2; 7), $M(x_M; y_M)$
b) A(0,5; –1), B(4,3; 6,6), $M(x_M; y_M)$
c) A(2; 4), $B(x_B; y_B)$, M(3; 6)
d) $A(x_A; y_A)$, B(–1; –2), M(2; –4)
e) A(–3; 4), $B(x_B; y_B)$, M(–4; –2)
f) $A(7; y_A)$, $B(x_B; -1)$, M(0; 0)

*FA 27*

Gegeben sei ein Dreieck ABC mit A(–5; 0), B(–1; –3) und C(2; 4). Berechnen Sie die Koordinaten der Bildpunkte von A, B bzw. C bei der Spiegelung am Koordinatenursprung O! Prüfen Sie Ihr Ergebnis zeichnerisch!

*FA 28*

Von einer Strecke $\overline{P_1P_2}$ sind die Koordinaten des Mittelpunktes M und die eines Endpunktes gegeben. Berechnen Sie jeweils die Koordinaten des zweiten Endpunktes!

a) M(2; –3), $P_1(1; -5)$
b) M(0; 0), $P_1(3; -2)$
c) M(–2; 1), $P_2(3; 2)$

*FA 29*

Berechnen Sie die Koordinaten der Bildpunkte von A(–3; –1), B(0; –2), C(2; 4) und D(–2; 2) bei der Spiegelung am Punkt M(1; 2)! Stellen Sie den Punkt M, das Viereck ABCD und das Bildviereck A′B′C′D′ in einem Koordinatensystem dar!

*FA 30*

Gegeben sei ein Dreieck ABC mit A(0; –3), B(7; 0) und C(–1; 6).

a) Berechnen Sie die Länge der Seitenhalbierenden $s_a$ im Dreieck ABC! Bestimmen Sie dafür zuerst die Koordinaten des Mittelpunktes der Seite a!
b) Geben Sie die Länge der Seitenhalbierenden $s_b$ an!
c) Geben Sie die Länge der Seitenhalbierenden $s_c$ an!

*FA 31*

Gegeben sei ein Parallelogramm ABCD mit A(0; 0), B(a; 0), $C(x_C; y_C)$ und $D(x_C - a; y_C)$. Berechnen Sie die Mittelpunkte von $\overline{AC}$ sowie von $\overline{BD}$ und vergleichen Sie die Ergebnisse!

*FA 32*

Ein Parallelogramm habe die Eckpunkte $A_i$, $B_i$, $C_i$ und $D_i$. Bestimmen Sie jeweils die Koordinaten des Mittelpunkts und des vierten Eckpunktes des Parallelogramms!

a) $A_1(-2; -2)$, $B_1(4; 1)$, $C_1(2; 6)$ b) $A_2(1; 0)$, $B_2(7; 3)$, $C_2(6; 5)$

*FA 33*

Geben Sie jeweils die Koordinaten des Mittelpunktes M der Strecke $\overline{P_1P_2}$ an!

a) $P_1(-1; -4; 2)$, $P_2(5; 6; 4)$ b) $P_1(-4; -5; -3)$, $P_2(0; 0; 0)$

c) $P_1(3; \frac{5}{2}; \frac{9}{2})$, $P_2(-3; -\frac{5}{2}; \frac{9}{2})$ d) $P_1(1; 1; 1)$, $P_2(7; -\frac{5}{7}; \frac{7}{2})$

*FA 34*

Gegeben sei der Punkt P mit P(1; 1; 1) in einem kartesischen Koordinatensystem. Betrachten Sie diesen Punkt in einem Schrägrissbild des Koordinatensystems und geben Sie die Koordinaten der Bildpunkte von P bei der Spiegelung an O, bei der Spiegelung an der x-Achse bzw. bei der Spiegelung an der yz-Ebene an! Zeichnen Sie die Bildungspunkte auch in das Koordinatensystem ein!

## F 1.4 Flächeninhalt eines Dreiecks

*FA 35* *(↗ Satz F 5, S. 228)*

Gegeben sei ein Dreieck $P_1P_2P_3$ mit $P_1(1; 1)$, $P_2(5; 2)$, $P_3(2; 4)$. Berechnen Sie den Flächeninhalt A des Dreiecks $P_1P_2P_3$!

*FA 36*

Berechnen Sie die Seitenlängen und die Flächeninhalte der Dreiecke mit den folgenden Eckpunkten:

a) $P_1(0; 0)$, $P_2(4; 3)$, $P_3(1; 5)$ b) $P_1(3; 4)$, $P_2(-3; -4)$, $P_3(3; -4)$

c) $P_1(-1; -1)$, $P_2(5; -3)$, $P_3(2; 2)$

*FA 37*

Geben Sie eine Formel für den Flächeninhalt eines Dreiecks an, welches von den Punkten $P_1(x_1; y_1)$, $P_2(x_2; y_2)$ und dem Koordinatenursprung gebildet wird!
Unter welcher Bedingung liegen $P_1$ und $P_2$ auf einer Geraden durch O?

*FA 38*

Ein Streckenzug ist durch die Punkte $P_0(0; 2)$, $P_1(1; 3)$, $P_2(3; 1)$ und $P_3(4; 5)$ gegeben. Wie groß ist das Flächenstück, das von dem Streckenzug, der y-Achse und der x-Achse sowie dem Lot von $P_3$ auf die x-Achse begrenzt wird?

*FA 39*

Untersuchen Sie, ob die Punkte $P_1$, $P_2$ und $P_3$ jeweils auf einer Geraden liegen:

a) $P_1(2; 2)$, $P_2(4; 3)$, $P_3(-4; -1)$ b) $P_1(-2; 7)$, $P_2(-1; 5)$, $P_3(5; -8)$

c) $P_1(-\frac{1}{3}\sqrt{12}; 3)$, $P_2(\sqrt{3}; 8)$, $P_3(-2\sqrt{3}; -1)$

*FA 40*

Gegeben seien die Punkte $P_1$ und $P_2$:

a) $P_1(7; 7)$, $P_2(\frac{1}{2}; \frac{1}{2})$ b) $P_1(-1; 4)$, $P_2(5; -2)$ c) $P_1(7; 0)$, $P_2(-3; -5)$

Bestimmen Sie jeweils vom Punkt P(1; y) die y-Koordinate so, dass $P_1$, $P_2$ und P kollinear sind!

## F 1.5 Koordinaten des Teilpunktes einer Strecke

*FA 41* (↗ *Satz F 6, S. 230*)
Gegeben seien die Punkte $P_1(0; 0)$ und $P_2(8; 3)$.

a) Berechnen Sie die Koordinaten des Teilpunktes T, der die gerichtete Strecke $\overrightarrow{P_1P_2}$ im Verhältnis $\lambda = -4$ teilt.
b) In welchem Verhältnis teilt $T(-4; 1{,}5)$ die gerichtete Strecke $\overrightarrow{P_1P_2}$?

Überprüfen Sie durch Eintragungen in ein Koordinatensystem und Messen die Ergebnisse!

*FA 42*
Gegeben seien die Punkte $P_1(-5; 0)$ und $P_2(5; 0)$. Berechnen Sie die x-Koordinaten des Teilpunktes T, der die gerichtete Strecke $\overrightarrow{P_1P_2}$ im folgenden Verhältnis teilt:

a) $\lambda_1 = 9$, b) $\lambda_2 = -9$, c) $\lambda_3 = \frac{1}{4}$, d) $\lambda_4 = -\frac{1}{4}$.

Überprüfen Sie durch eine Zeichnung die Ergebnisse!

*FA 43*
Gegeben seien die Punkte $P_1(-5; 0)$ und $P_2(5; 0)$. Ermitteln Sie, in welchem Verhältnis jeweils $T_i$ die gerichtete Strecke $\overrightarrow{P_1P_2}$ teilt:

a) $T_1(0; 0)$, b) $T_2(1; 0)$, c) $T_3(-10; 0)$, d) $T_4(20; 0)$

Prüfen Sie durch eine Zeichnung die Ergebnisse nach!

*FA 44*
Gegeben seien die Koordinaten der Eckpunkte eines Dreiecks $P_1P_2P_3$:

a) $P_1(1; 1)$, $P_2(9; 3)$, $P_3(5; 8)$ b) $P_1(1; -3)$, $P_2(3; 1)$, $P_3(-4; 2)$

Berechnen Sie die Koordinaten des Schwerpunktes von $P_1P_2P_3$ und überprüfen Sie jeweils durch eine Zeichnung das erhaltene Ergebnis!

*FA 45*
Es sei $P_1P_2P_3P_4$ ein Tetraeder mit $P_i(x_i; y_i; z_i)$ für i =1, 2, 3, 4. Weiterhin seien $M_1$, $N_1$ die Mittelpunkte von $\overline{P_1P_2}$ bzw. $\overline{P_3P_4}$ und $M_2$, $N_2$ die Mittelpunkte von $\overline{P_1P_3}$ bzw. $\overline{P_2P_4}$ (z.B. ist $\overline{P_1P_2}$ und $\overline{P_3P_4}$ ein *Paar gegenüberliegender Kanten* im Tetraeder $P_1P_2P_3P_4$ und $M_1N_1$ eine *Mittellinie* dieses Tetraeders). Skizzieren Sie den Sachverhalt, bestimmen Sie allgemein

a) die Koordinaten des Mittelpunktes von $\overline{M_1N_1}$,
b) die Koordinaten des Mittelpunktes von $\overline{M_2N_2}$

und vergleichen Sie die Ergebnisse!
Welche Aussage können Sie über die dritte Mittellinie des Tetraeders machen?

## F 1.6 Geraden in der Ebene; Geradengleichungen

*FA 46* (↗ *Satz F 7, S. 231*)
Geben Sie in expliziter Form die Gleichung der Geraden g an, die

a) durch den Punkt $A(1; -1)$ und den Anstieg $m = 3$,
b) durch den Punkt $B(0; 0)$ und den Steigungswinkel $\alpha = 30°$

bestimmt ist!

*FA 47*

Geben Sie in expliziter Form die Gleichung der Geraden $g_i$ an, die jeweils durch einen Punkt und ihren Anstieg bzw. ihren Steigungswinkel bestimmt ist!

a) $g_1$: A(0; –2), $m = \frac{1}{2}$ b) $g_2$: B(–1; 3), $m = -1$

c) $g_3$: C(2; 0), $\alpha = 120°$ d) $g_4$: D(–3; –2), $\alpha = 0°$

*FA 48*

Geben Sie den Steigungswinkel $\alpha_i$ (falls möglich) und die Schnittpunkte $S_x$ und $S_y$ von $g_i$ mit der x- bzw. y-Achse an!

a) $g_1$: $y = 3x + 2$ b) $g_2$: $y = x - \frac{4}{3}$ c) $g_3$: $y = -1$ d) $g_4$: $y = -2x + 6$

e) $g_5$: $y = -x - 2$ f) $g_6$: $x = 2$ g) $g_7$: $y = -\frac{1}{3}\sqrt{3}\,x + 2$ h) $g_8$: $y = \sqrt{3}\,x + \sqrt{3}$

*FA 49*

Welche der Punkte $P_1(-8; 3)$, $P_2(2; -2)$, $P_3(-1; -4)$, $P_4(-4; -7)$, $P_5(-4; 4)$, $P_6(1; 5)$, $P_7(0{,}8; -2{,}2)$ sind Punkte der Geraden $g_i$ mit der folgenden Gleichung:

a) $g_1$: $-x + y + 3 = 0$ b) $g_2$: $y = 2{,}4x + 2{,}6$ c) $g_3$: $y = \frac{x}{4} + 5$

d) $g_4$: $x + 2y + 2 = 0$ e) $g_5$: $y = -3x + 2$ f) $g_6$: $x + y = 0$

Zeichnen Sie die Geraden in ein Koordinatensystem und bestimmen Sie die Schnittpunkte $S_x$ und $S_y$ von $g_i$ mit der x- bzw. y-Achse!

*FA 50*

Geben Sie eine Gleichung für die Gerade $g_i$ an, die durch den Punkt $P_0(-2; 3)$ geht und

a) den Anstieg $m = 1$ hat, b) parallel zur x-Achse ist,

c) parallel zur y-Achse ist, d) parallel zur Geraden h mit der Gleichung h: $y = 3x$ verläuft!

*FA 51*

Von einer Geraden $g_i$ sind der Schnittpunkt $S_y$ mit der y-Achse und ein weiterer Punkt bekannt.

a) $S_y(0; 2)$, $P_0(-2; -4)$ b) $S_y(0; -3)$, $P_0(1; 3)$

c) $S_y(0; 0)$, $P_0(-2; 4)$ d) $S_y(0; -2)$, $P_0(2; 0)$

Ermitteln Sie den Schnittpunkt $S_x$ der Geraden g mit der x-Achse!

*FA 52* (↗ *Beispiel F 8, S. 23f.*)

Eine Gerade g sei durch zwei Punkte $P_1(-3; 2)$ und $P_2(1; 1)$ bestimmt. Ermitteln Sie eine Gleichung der Geraden g und geben Sie diese Gleichung in der expliziten Form $y = mx + n$ an!
Zeichnen Sie die Gerade in ein Koordinatensystem und geben Sie deren Achsenabschnittsgleichung an!

*FA 53*

Eine Gerade $g_i$ sei durch zwei Punkte $P_m$ und $P_n$ bestimmt. Ermitteln Sie eine Gleichung der Geraden $g_i$ und geben Sie diese Gleichung in der expliziten Form $y = mx + n$ an! Zeichnen Sie die Gerade in ein Koordinatensystem und geben Sie deren Achsenabschnittsgleichung an!

a) $g_1$: $P_1(6; 5)$, $P_2(8; 7)$ b) $g_2$: $P_3(\frac{3}{2}; 1)$, $P_4(6; -2)$

c) $g_3$: $P_5(2; -\frac{1}{2})$, $P_6(-3; \frac{1}{3})$ d) $g_4$: $P_7(-1; -2)$, $P_8(1; 4)$

*FA 54*

Stellen Sie eine Gleichung der Geraden $g_i$ auf, die durch den Koordinatenursprung und den nachfolgend jeweils angegebenen Punkt $P_i$ verläuft! Ermitteln Sie den Anstieg $m_i$ und den Steigungswinkel $\alpha_i$ der Geraden $g_i$:

a) $P_1(7; \frac{7}{2})$ b) $P_2(-2; -6)$ c) $P_3(3; -3)$ d) $P_4(-2; 2 \cdot \sqrt{3})$

*FA 55*

Eine Gerade $g_i$ sei jeweils durch zwei Punkte $P_1$ und $P_2$ bestimmt. Ermitteln Sie die Achsenabschnittsgleichung von $g_i$ sowie die Schnittpunkte $S_x$ und $S_y$ von $g_i$ mit der x- bzw. y-Achse!

a) $P_1(-3; 16)$, $P_2(2; \frac{8}{3})$ b) $P_1(-5; 2)$, $P_2(\frac{5}{2}; \frac{1}{2})$

c) $P_1(-1; \frac{3}{2})$, $P_2(0; 3)$ d) $P_1(-1; 2{,}5)$, $P_2(0{,}5; -5)$

*FA 56*

Prüfen Sie, ob die nachfolgend jeweils angegebenen drei Punkte auf derselben Geraden liegen:

a) $A(4{,}3; 5{,}2)$, $B(5{,}9; 7{,}6)$, $C(6{,}7; 8{,}8)$ b) $A(-4{,}5; -1{,}9)$, $B(-2{,}1; -0{,}3)$, $C(-0{,}1; 0{,}9)$

*FA 57*

Beschreiben Sie die Menge aller Punkte $P(x; y)$, deren Koordinaten die Gleichung $|x| + |y| = 1$ erfüllen und veranschaulichen Sie diese Menge in einem Koordinatensystem!

## F 1.7 Lagebeziehungen zweier Geraden in der Ebene

*FA 58* *(↗ Beispiele F 10/11, S. 234)*

Berechnen Sie die Koordinaten des Schnittpunktes der Geraden $g_1$ und $g_2$, sofern die Geraden $g_1$ und $g_2$ nicht parallel sind! Ermitteln Sie eine Gleichung für die Parallele h zur Geraden $g_1$, die durch den Koordinatenursprung verläuft!

$g_1$: $x + \frac{1}{4}y - 4 = 0$ $g_2$: $x - y + 1 = 0$

*FA 59*

Berechnen Sie jeweils die Koordinaten des Schnittpunktes der Geraden $g_1$ und $g_2$, sofern die Geraden $g_1$ und $g_2$ nicht parallel sind! Ermitteln Sie eine Gleichung für die Parallele $h_1$ zur jeweiligen Geraden $g_1$, die durch den Koordinatenursprung verläuft!

a) $g_1$: $y = -\frac{1}{4}x - 1$
$g_2$: $y = \frac{1}{2}x - 4$

b) $g_1$: $4x - y + 10 = 0$
$g_2$: $2x - \frac{1}{2}y + 5 = 0$

c) $g_1$: $y = -x + \frac{5}{2}$
$g_2$: $y = -2x + 5$

d) $g_1$: $y = \frac{7}{3}x + 2$
$g_2$: $y = \frac{7}{3}x - 2$

e) $g_1$: $3x - y = -24$
$g_2$: $x - 3y = 0$

f) $g_1$: $2x - 3y = -6$
$g_2$: $y = \frac{2}{3}x + 2$

*FA 60*

Ermitteln Sie jeweils eine Gleichung für die Parallele $h_i$ zur Geraden $g_i$, die den Punkt $P_i$ enthält!

a) $g_1$: $y = \frac{1}{2}x + 3$, $P_1(1; -1)$ b) $g_2$: $y = -2x - 4$, $P_2(1; 2)$

c) $g_3$: $y = -\frac{1}{3}x + 5$, $P_3(0; 0)$ d) $g_4$: $y = \frac{1}{4}x$, $P_4(4; -2)$

Zeichnen Sie die Geraden in ein Koordinatensystem und konstruieren Sie die zugehörigen Parallelen!

*FA 61*

Notieren Sie jeweils die Gleichungen der Parallelen zu den Koordinatenachsen durch den angegebenen Punkt!

a) $P_1(3; 4)$ b) $P_2(0; -\frac{5}{7})$ c) $P_3(-\frac{4}{9}; 0)$ d) $P_4(0; 0)$ e) $P_5(-2; -3)$ f) $P_6(0{,}5; -\frac{1}{3})$

*FA 62*

Welche zwei der jeweils vier Geraden $g_1$, $g_2$, $g_3$ und $g_4$ mit

a) $g_1$: $y = -\frac{1}{4}x + 4$ $g_2$: $x + 4y = -4$ $g_3$: $x - y = 1$ $g_4$: $\frac{1}{2}x + 2y = 8$

b) $g_1$: $y - 2x = 4$ $g_2$: $y = -2x + 4$ $g_3$: $2y - x = 4$ $g_4$: $y = \frac{1}{2}x$

schneiden einander, sind echt parallel zueinander oder fallen zusammen? Begründen Sie knapp Ihre Entscheidung!

*FA 63*

Die Gerade $g$ hat den Anstieg $m$ und verläuft durch den Punkt $P_1$. Die Gerade $h$ verläuft durch die Punkte $P_2$ und $P_3$. Bestimmen Sie jeweils die gegenseitige Lage von $g$ und $h$! Berechnen Sie gegebenenfalls den Schnittpunkt!

a) $m = \frac{1}{2}$, $P_1(6; 0)$, $P_2(5; -2)$, $P_3(-1; 4)$ b) $m = 8$, $P_1(1; 1)$, $P_2(-1; -15)$, $P_3(1{,}7; 6{,}6)$

c) $m = -\frac{2}{3}$, $P_1(3; 3)$, $P_2(-3; -3)$, $P_3(0; -5)$ d) $m = -\frac{1}{3}$, $P_1(3; -2)$, $P_2(1; 2{,}4)$, $P_3(\sqrt{5}; \frac{12}{5})$

*FA 64*

Die Seiten eines Dreiecks werden durch die Geraden $g_1$, $g_2$ und $g_3$ mit

$g_1$: $y = \frac{1}{3}x$, $g_2$: $y = -x + 8$, $g_3$: $y = 5x + 14$ gebildet.

a) Ermitteln Sie die Koordinaten der Eckpunkte des Dreiecks!

b) Bestimmen Sie die Gleichungen der Geraden, auf denen die Seitenhalbierenden liegen!

c) Geben Sie die Koordinaten des Schnittpunktes der Seitenhalbierenden an!

Die Rechnungen unter a) – c) sind durch eine Zeichnung zu überprüfen.

## F 1.8 Schnittwinkel und Orthogonalität zweier Geraden

*FA 65* (↗ *Beispiel F 13, S. 236*)

Bestimmen Sie die Anstiege $m_1$, $m_2$ und die Steigungswinkel $\alpha_1$, $\alpha_2$ der Geraden $g_1$ und $g_2$ mit folgenden Gleichungen:

$g_1$: $y = \frac{1}{3}x + 1$ $g_2$: $y = \frac{3}{2}x - 2$ Wie groß ist der Schnittwinkel der Geraden $g_1$ und $g_2$?

*FA 66*

Die Gerade $g$ hat den Anstieg $m_1$. Bestimmen Sie den Anstieg $m_2$ einer Orthogonalen zu $g$!

a) $m_1 = \frac{3}{5}$ b) $m_1 = -\frac{1}{4}$ c) $m_1 = \sqrt{2}$ d) $m_1 = -3$ e) $m_1 = -0{,}75$ f) $m_1 = -0{,}1$

*FA 67*

Welche zwei der vier Geraden $g_1$, $g_2$, $g_3$ und $g_4$ mit folgenden Gleichungen sind zueinander parallel bzw. orthogonal?

$g_1$: $y = \frac{1}{2}x - \frac{3}{2}$ $g_2$: $y = -2x - 4$ $g_3$: $y = 3x - 4$ $g_4$: $y = -2x + 1$

*FA 68*

Gegeben seien die Gerade $g$ mit $g$: $y = 3x - 4$ und der auf $g$ liegende Punkt $P_0(2; 2)$. Ermitteln Sie eine Gleichung der in $P_0$ auf $g$ errichteten Senkrechten!

*FA 69*

Geben Sie jeweils eine Gleichung für das Lot vom Punkt $P_i$ auf die Gerade $g_i$ an! Berechnen Sie jeweils die Koordinaten des Lotfußpunktes!

a) $P_1(1; 2)$, $g_1: 2x - y + 4 = 0$ b) $P_2(4; 0)$, $g_2: x + 4y - 4 = 0$

c) $P_3(2; \frac{5}{8})$, $g_3: y = -\frac{4}{3}x - 4$ d) $P_4(2{,}5; -1{,}5)$, $g_4: y = -3$

*FA 70*

Berechnen Sie jeweils den Abstand des Koordinatenursprungs von der Geraden $g_i$!

a) $g_1: y = \frac{1}{2}x - 3$ b) $g_2: y = -\frac{5}{4}x + 5$ c) $g_3: y = 4$ d) $g_4: \frac{x}{4} + \frac{y}{3} = 1$

*FA 71*

Gegeben seien Dreiecke $A_iB_iC_i$ mit den folgenden Koordinaten der Eckpunkte:

a) $A_1(-4; 1), B_1(2; -2), C_1(2; 5)$ b) $A_2(0; 0), B_2(5; 1), C_2(1; 5)$

Berechnen Sie die Koordinaten des Höhenschnittpunktes von $A_iB_iC_i$!

*FA 72*

Gegeben seien jeweils zwei einander schneidende Geraden $g_1$ und $g_2$. Berechnen Sie den Schnittwinkel $\psi$ von $g_1$ und $g_2$!

a) $g_1: y = \frac{1}{2}x - \frac{1}{2}$; $g_2: y = \frac{3}{2}x - \frac{3}{2}$ b) $g_1: y = 4x + 6$; $g_2: y = \frac{1}{3}x + \frac{7}{3}$

c) $g_1: y = -0{,}1x + 3$; $g_2: y = \frac{1}{3}x - 2$ d) $g_1: y = \frac{2}{3}x - 2$; $g_2: y = 0{,}01x + 3$

e) $g_1: y = -2x + 1$; $g_2: y = \frac{1}{5}x - 2$ f) $g_1: y = -\frac{1}{5}x + 1$; $g_2: y = x - 3$

*FA 73*

Geben Sie eine Gleichung für die Gerade $g_2$ an, welche die Gerade $g_1$ mit $g_1: y = 1$ im Punkt $P_0(2; 1)$ unter einem Winkel von $\alpha_1 = 30°$, $\alpha_2 = 45°$, $\alpha_3 = 60°$ schneidet!

## F 1.9 Kreis

### F 1.9.1 Definition und Kreisgleichung

*FA 74* *(↗ Beispiel F 14, S. 237f.)*

Nachstehend sind fünf Kreise durch ihre Mittelpunkte und Radien (in LE) gegeben. Notieren Sie eine Gleichung zu jedem der fünf Kreise und untersuchen Sie die Lage des Punktes P(1; 3) bezüglich jedes dieser Kreise!

$k_1$: $M_1(3; 4)$, $r_1 = 3$; $k_2$: $M_2(0; 0)$, $r_2 = \sqrt{10}$; $k_3$: $M_3(3; -2)$, $r_3 = 4$;
$k_4$: $M_4(-2; -1)$, $r_4 = \sqrt{37}$; $k_5$ : $M_5(-1; 4)$, $r_5 = \sqrt{17}$

*FA 75*

Notieren Sie eine Gleichung des Kreises $k_i$ mit dem Mittelpunkt $M_i$ und dem Radius $r_i$! Untersuchen Sie die Lage der Punkte $P(-\frac{1}{2}; 2)$, $Q(0; 2)$, $R(2; -2)$ bezüglich jedes Kreises $k_i$!

a) $M_1(0; -2)$; $r_1 = 4$ b) $M_2(4; 2)$; $r_2 = 2 \cdot \sqrt{5}$ c) $M_3(-4; 5)$; $r_3 = 5$

*FA 76*

Durch die drei Punkte $P_1$, $P_2$ und $P_3$ sei jeweils genau ein Kreis k bestimmt. Geben Sie den Mittelpunkt, den Radius sowie eine Gleichung des Kreises k an!

a) $P_1(0; 0), P_2(6; -8), P_3(7; -1)$ b) $P_1(-18; 6), P_2(-1; 13), P_3(6; -4)$

c) $P_1(5; 9), P_2(7; -5), P_3(-9; 7)$

*FA 77*

$P_i$ und $Q(-6; 8)$ seien Punkte ein und desselben Kreises um den Koordinatenursprung. Bestimmen Sie jeweils die Koordinaten von $P_i$!

a) $P_1(x_{P_1}; 5\cdot\sqrt{2})$  b) $P_2(-5; y_{P_2})$  c) $P_3(5\cdot\sqrt{3}; y_{P_3})$  d) $P_4(\sqrt{91}; y_{P_4})$

*FA 78*

Geben Sie die Gleichung von jeweils einem Kreis an, der folgender Bedingung genügt:

| | $P_i$ ist Punkt des Kreises … | $P_i$ ist innerer Punkt des Kreises … | $P_i$ ist äußerer Punkt des Kreises … |
|---|---|---|---|
| a) $P_1(-3; 7)$ | | | |
| b) $P_2(\sqrt{2}; \sqrt{3})$ | | | |
| c) $P_3(-\frac{1}{3}; \frac{4}{5})$ | | | |

*FA 79*

Geben Sie die Gleichung von jeweils einem Kreis (Mittelpunkt (c; d)) an, der folgenden Bedingungen genügt:

| | $P_i$ ist Punkt des Kreises … | $P_i$ ist innerer Punkt des Kreises … | $P_i$ ist äußerer Punkt des Kreises … |
|---|---|---|---|
| a) $P_1(-1; -1)$, $c > 0$, $d > 0$ | | | |
| b) $P_2(2; -1)$, $c < 0$, $d < 0$ | | | |

*FA 80*

Geben Sie die Gleichung eines Kreises k mit dem Radius 4,5 (LE) an, dessen Mittelpunkt auf der y-Achse liegt und der die x-Achse berührt!

*FA 81*

Bestimmen Sie die Koordinaten der Schnittpunkte des Kreises k: $(x-3)^2 + (y+2)^2 = 16$ mit der x-Achse und der y-Achse!

*FA 82*

Geben Sie die Gleichung des Kreises k an, der durch den Punkt $P(-4; 2)$ geht und den Mittelpunkt $M(1; 1)$ hat!

*FA 83*

Bestimmen Sie die Gleichung eines Kreises $k_i$, der den Kreis mit der Gleichung $x^2 + y^2 - 10 = 0$

a) in seinem Innern enthält;  b) von innen berührt;
c) von außen berührt;  d) in zwei Punkten schneidet!

*FA 84*

Beschreiben die folgenden Gleichungen Kreise? Geben Sie im Fall eines Kreises den Mittelpunkt und den Radius an!

a) $x^2 + y^2 - 4x + 2y - 4 = 0$  b) $x^2 + y^2 - 8x + 6y + 25 = 0$
c) $x^2 + y^2 + 2x + 2y + 1 = 0$  d) $x^2 + y^2 + 2x + 2y + 3 = 0$

*FA 85* (↗ *Satz F 16, S. 240*)

Ermitteln Sie jeweils eine parameterfreie Gleichung der Kreise, die durch folgende Parametergleichungen gegeben sind:

a) $k_1$: $x = 4\cos\varphi$; $y = 4\sin\varphi$

b) $k_2$: $x = 2\cos\varphi + 1$; $y = 2\sin\varphi + 3$

c) $k_3$: $x = -2 + 3\cos\varphi$; $y = 1 + 3\sin\varphi$

d) $k_4$: $x = -17 + \sqrt{2}\cos\varphi$; $y = -5 + \sqrt{2}\sin\varphi$

e) $k_5$: $x = 2\cos\varphi$; $y = 2\sin\varphi + 3$

f) $k_6$: $x = -4 + 2\cos\varphi$; $y = 2\sin\varphi$

g) $k_7$: $x = -4 + 2\cos\varphi$; $y = 4 + 2\sin\varphi$;

h) $k_8$: $x = 9\cos\varphi + 1$; $y = -1 + 9\sin\varphi$

***FA 86***

Ermitteln Sie jeweils eine Parametergleichung der Kreise, die durch folgende parameterfreie Gleichungen gegeben sind:

a) $k_1$: $(x + 1)^2 + y^2 = 4$

b) $k_2$: $(x - 3)^2 + (y + 2)^2 = 11$

c) $k_3$: $(x + 3)^2 + (y - 2)^2 = 11$

d) $k_4$: $(x - 9)^2 + (y - 1)^2 = 3$

e) $k_5$: $x^2 + (y + 2)^2 = 4$

f) $k_6$: $x^2 + y^2 = 6$

g) $k_7$: $(x - 3)^2 + y^2 = 9$

h) $k_8$: $(x + 3)^2 + y^2 = 9$

### F 1.9.2 Kreis und Gerade

***FA 87*** *(↗ Beispiel F 16, S. 240)*

Berechnen Sie die Schnittpunkte der Geraden g mit dem Kreis k!

g: $y = -\frac{11}{3}x + \frac{9}{2}$

k: $(x + 2)^2 + (y - 1)^2 = 16{,}25$

***FA 88***

Gesucht sind die Schnittpunkte der Geraden $g_i$ mit dem Kreis $k_i$:

a) $g_1$: $y = 0{,}5x + 2$; $k_1$: $x^2 + y^2 = 16$

b) $g_2$: $4x - 3y - 8 = 0$; $k_2$: $(x + 4)^2 + (y - 2)^2 = 36$

c) $g_3$: $y = 0{,}5x + 2$; $k_3$: $x^2 - 8x + y^2 = 0$

d) $g_4$: $6x + 7y = 42$; $k_4$: $x^2 + y^2 = 16$

e) $g_5$: $y = 3$; $k_5$: $x^2 + (y + 1)^2 = 25$

***FA 89***

a) Wie lauten die Gleichungen der Tangenten an den Kreis k: $x^2 + y^2 - 2x - 24 = 0$ in den Punkten $A(4; 4)$ und $B(-3; 3)$?

b) Bestimmen Sie das Produkt $m_1 \cdot m_2$ der Anstiege dieser beiden Tangenten! Was schlussfolgern Sie daraus?

***FA 90***

Bestimmen Sie die Gleichungen der Tangenten an den Kreis k: $(x + 2)^2 + (y - 1)^2 = 16{,}25$ in den Kreispunkten mit der Koordinate $x = 0$!

***FA 91***

Geben Sie die Gleichungen der vier Tangenten an den Kreis k: $(x - 2)^2 + (y + 1)^2 = 25$ an, die parallel zur x-Achse bzw. zur y-Achse verlaufen!

***FA 92***

Leiten Sie die Gleichung der Tangente an einen Kreis k in einem Kreispunkt P mit Hilfe der Differentialrechnung her!

### F 1.9.3 Zwei Kreise

***FA 93*** *(↗ Beispiel F 18, S. 242/243)*

Berechnen Sie die Schnittpunkte der beiden Kreise:

$k_1$: $(x + 2)^2 + (y - 3)^2 = 13$

$k_2$: $(x - 1)^2 + (y + 12)^2 = 169$

*FA 94*

Untersuchen Sie, ob die beiden nachfolgend jeweils durch ihre Gleichungen angegebenen Kreise $k_1$ und $k_2$ gemeinsame Punkte besitzen! Wenn dies der Fall ist, dann berechnen Sie die Koordinaten dieser Punkte!

a) $k_1$: $(x-1)^2+(y-2)^2=5$; $k_2$: $(x-6)^2+(y+3)^2=25$

b) $k_1$: $(x-1)^2+(y-2)^2=5$; $k_2$: $(x-5)^2+(y-10)^2=45$

c) $k_1$: $(x+3)^2+(y+2)^2=13$; $k_2$: $(x-1)^2+(y-2)^2=5$

d) $k_1$: $(x+2)^2+(y+1)^2=10$; $k_2$: $(x-4)^2+(y-3)^2=9$

e) $k_1$: $x^2+y^2=10$; $k_2$: $(x-4)^2+(y-3)^2=9$

f) $k_1$: $(x-\frac{1}{2})^2+(y-\frac{3}{2})^2=1$; $k_2$: $x^2-x+y^2-3y=3$

*FA 95*

Bestimmen Sie die Gleichungen der Tangenten an die beiden Kreise $k_1$ und $k_2$ jeweils im Punkt P (2; 4)!

$k_1$: $(x-1)^2+(y-2)^2=5$, $k_2$: $(x-1{,}5)^2+(y-3)^2=1{,}25$

Welche Schlussfolgerung ziehen Sie bezüglich des Schnittverhaltens dieser beiden Kreise?

*FA 96* *(↗ Beispiel F 18, S. 242f.)*

Untersuchen Sie jeweils das Schnittverhalten der folgenden beiden Kreise $k_1$ und $k_2$:

a) $k_1$: $M_1(3; 0)$, $r_1=\sqrt{8}$; $k_2$: $x^2+(y-3)^2=2$

b) $k_1$: $(x+2)^2+(y-1)^2=4$; $k_2$: $(x-3)^2+(y+1)^2=9$

c) $k_1$: $(x+2{,}5)^2+(y-2)^2=\frac{85}{4}$; $k_2$: $(x-5{,}5)^2+y^2=\frac{85}{4}$

d) $k_1$: $x^2+y^2-2x-4y+1=0$; $k_2$: $(x-1)^2+(y-2)^2=4$

*FA 97*

Gegeben seien zwei Kreise $k_1$ und $k_2$ mit den Mittelpunkten $M_1$ bzw. $M_2$ und den Radien $r_1$ bzw. $r_2$. Geben Sie Bedingungen für die verschiedenen Lagebeziehungen der beiden Kreise zueinander an! (*Hinweis:* Skizzieren Sie den Sachverhalt! Untersuchen Sie die Beziehungen zwischen den Radien und Mittelpunktsabständen!)

## F 1.10 Kugel

### F 1.10.1 Definition und Kugelgleichung

*FA 98*

Untersuchen Sie die Lagebeziehungen der Punkte $A_1$, $A_2$, $A_3$ bezüglich der Kugel k:

k: $(x-3)^2+(y+1)^2+(z-2)^2=16$, $A_1(2; 0; 1)$; $A_2(6; -1; 2)$; $A_3(0; 0; 0)$

*FA 99*

Geben Sie die Gleichungen der folgenden Kugeln an, die durch Mittelpunkt und Radius gegeben sind:

a) $M_1(-1; 3; 2)$, $r_1=4$ b) $M_2(-2; -2; 0)$, $r_2=\sqrt{8}$ c) $M_3(1; 0; -2)$, $r_3=1$

*FA 100*

Bestimmen Sie den Radius r der Kugel k mit dem Mittelpunkt M(2; –3; 2) so, dass k die y-Achse berührt! Bestimmen Sie gegebenenfalls auch die Schnittpunkte dieser Kugel mit den beiden anderen Koordinatenachsen!

***FA 101***

Geben Sie die Gleichung der Kugel um den Koordinatenursprung mit dem Radius $r = 5$ in Polarkoordinaten an! Bestimmen Sie anschließend die (kartesischen) Koordinaten des Punktes der Kugel, für den $\varphi = 45°$ und $\lambda = 30°$ ist!

***FA 102***

Ermitteln Sie die geographischen Koordinaten Ihres Heimatortes aus einem Atlas!

F 1.10.2 Kugel und Gerade; Kugel und Ebene

***FA 103***

Bestimmen Sie die Länge der Schnittstrecke, die von einer Kugel mit dem Radius r = 10 cm und einer Geraden g gebildet wird, wenn die Gerade zum Kugelmittelpunkt einen Abstand von 3 cm hat!

***FA 104*** *(↗ Beispiel F 19, S. 245)*

Bestimmen Sie die gemeinsamen Punkte der Kugel $k: (x-2)^2 + (y-3)^2 + (z-2)^2 = 9$ mit der yz- und mit der xz-Ebene!

***FA 105***

Gegeben seien eine Kugel k mit dem Radius r = 7 cm und einer Ebene $\varepsilon$, die vom Kugelmittelpunkt den Abstand d = 4 cm hat. Bestimmen Sie den Radius des Schnittkreises!

F 1.10.3 Zwei Kugeln

***FA 106*** *(↗ Beispiel F 20, S. 245)*

Gegeben seien jeweils zwei Kugeln $k_1$ und $k_2$ durch ihren Mittelpunkt und ihren Radius. Bestimmen Sie jeweils die Lagebeziehung beider Kugeln und geben Sie gegebenenfalls den Radius des Schnittkreises an!

a) $k_1$: $M_1(1; 3; -2)$, $r_1 = 4$
   $k_2$: $M_2(0; -2; 5)$, $r_2 = 2$

b) $k_1$: $M_1(1; 3; -2)$, $r_1 = 7$
   $k_2$: $M_2(4; 7; 10)$, $r_2 = 6$

c) $k_1$: $M_1(1; 3; -2)$, $r_1 = 4$
   $k_2$: $M_2(3; -1; -1)$, $r_2 = 2$

***FA 107***

Gegeben seien zwei Kugeln $k_1$ und $k_2$ mit

$k_1$: $(x-3)^2 + (y+2)^2 + (z-3)^2 = 16$, $k_2$: $M_2(2; 1; -2)$, Radius $r_2$.

Bestimmen Sie alle Radien $r_2$ so, dass $k_1$ und $k_2$ genau einen Punkt gemeinsam haben!

***FA 108***

Führen Sie die Überlegungen aus Aufgabe ***FA 97*** für zwei Kugeln durch!

## F 1.11 Ellipse

F 1.11.1 Definition und Eigenschaften

***FA 109*** *(↗ Beispiel F 21, S. 248)*

Konstruieren Sie Ellipsenpunkte zu der durch $F_1$ und $F_2$ gegebenen Ellipse mit $2a = |\overline{AB}|$ (siehe Abbildung)! Benutzen Sie die eingetragenen Punkte $T_1$, $T_2$, $T_3$, $T_4$ und $T_5$!

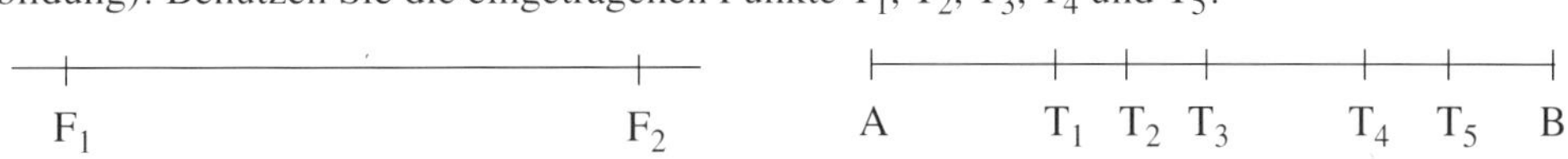

***FA 110***

Konstruieren Sie Punkte der Ellipse mit

a) $a = 3, \quad e = 2$ b) $b = 3, \quad e = 5$ c) $a = 4, \quad b = \sqrt{5}$.

(Ermitteln Sie die für die Konstruktion gegebenenfalls erforderlichen Größen ebenfalls konstruktiv!)

## F 1.11.2 Gleichung einer Ellipse

***FA 111***

Von einer Ellipse sind die Koordinaten der Brennpunkte $F_1(-4; 0)$ und $F_2(4; 0)$ sowie die Länge 10 (LE) der großen Achse bekannt. Bestimmen Sie die Gleichung dieser Ellipse!

***FA 112***

Bestimmen Sie die Brennpunkte der Ellipse mit der Gleichung $\frac{x^2}{100} + \frac{y^2}{64} = 1$!

***FA 113***

Konstruieren Sie die Ellipsen mit den Gleichungen:

a) $\frac{x^2}{16} + \frac{y^2}{4} = 1$ b) $\frac{x^2}{9} + \frac{y^2}{4} = 1$ c) $\frac{4x^2}{81} + \frac{4y^2}{25} = 1$ d) $\frac{4x^2}{25} + \frac{y^2}{9} = 1$

***FA 114***

Geben Sie eine Gleichung einer Ellipse an, die folgenden Bedingungen genügt:

a) $a = 5, \ b = 4$ b) $e = 4, \ a = 5$ c) $b = 2, \ e = 6$

d) $a + b = 10, \ e = \sqrt{20}$ e) $a = 13, \ F_1(-10; 0), \ F_2(14; 0)$ f) $b = 1, \ F_1(-1; 1), \ F_2(1; 1)$

***FA 115***

Der Mittelpunkt einer Ellipse, deren Hauptachse parallel zur x-Achse liegt, sei M (3; 2). Der Abstand der Brennpunkte dieser Ellipse beträgt 6 (LE). Die Hauptachse hat eine Länge von 8 (LE). Bestimmen Sie die Gleichung dieser Ellipse!

***FA 116***

Stellen Sie fest, welche der folgenden Punkte auf der Ellipse $8x^2 + 5y^2 = 77$ liegen bzw. innere oder äußere Punkte dieser Ellipse sind!

$P_1(-2; 3)$, $P_2(2; -2)$, $P_3(2; -4)$, $P_4(-1; 3)$, $P_5(-4; -3)$, $P_6(3; -1)$, $P_7(3; -2)$, $P_8(2; 1)$, $P_9(0; 15)$, $P_{10}(0; -16)$.

***FA 117***

Werden durch die folgenden Gleichungen Ellipsen bestimmt? Geben Sie im Fall der Ellipse den Mittelpunkt, die Brennpunkte und die Längen der Haupt- und Nebenachse an!

a) $4x^2 + 9y^2 - 36 = 0$ b) $4x^2 + 9y^2 - 16x - 36y + 16 = 0$ c) $2x^2 + 2y^2 - 12x + 4y + 19 = 0$

***FA 118***

Gegeben sei eine Ellipse mit der Gleichung $\frac{x^2}{a^2} + \frac{y^2}{b^2} = 1$. Beweisen Sie:

a) $P(x_1; y_1)$ ist innerer Punkt dieser Ellipse genau dann, wenn $\frac{x_1^2}{a^2} + \frac{y_1^2}{b^2} < 1$ ist.

b) $Q(x_2; y_2)$ ist äußerer Punkt dieser Ellipse genau dann, wenn $\frac{x_2^2}{a^2} + \frac{y_2^2}{b^2} > 1$ ist.

***FA 119***

Gegeben sei ein Kreis $k_0$ und ein Punkt $P_1$ im Innern von $k_0$, der vom Mittelpunkt von $k_0$ verschieden ist. Beweisen Sie, dass die Mittelpunkte aller Kreise k, die $k_0$ berühren und durch $P_1$

gehen, eine Ellipse bilden! *(Hinweis:* Zeigen Sie, dass für jeden solchen Kreis $k_1$ mit dem Mittelpunkt $M_1$ stets $|\overline{P_1M_1}| + |\overline{M_1M}| = \text{const.}$ gilt!)

***FA 120***

Gegeben seien zwei Kreise $k_1$ und $k_2$, die sich in zwei Punkten schneiden. Wir betrachten alle Kreise $k$, die $k_1$ von außen und $k_2$ von innen (Bild) oder die $k_2$ von außen und $k_1$ von innen berühren. Beweisen Sie, dass die Mittelpunkte $M$ aller dieser Kreise eine Ellipse bilden! Unter welchen Bedingungen liefern die Mittelpunkte $M$ dieser Kreise eine Hyperbel? Ist auch eine Parabel möglich?

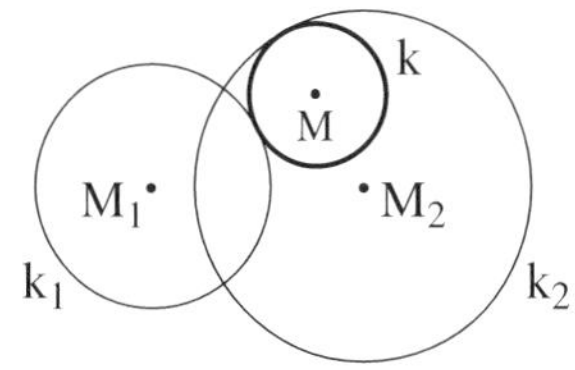


***FA 121***

Zeigen Sie, dass $x = a \cdot \cos t,\ y = b \cdot \sin t,\ t \in \mathbb{R}$, eine Parametergleichung der Ellipse mit der Gleichung $\frac{x^2}{a^2} + \frac{y^2}{b^2} = 1$ ist! Interpretieren Sie den Parameter $t$ in der obigen Gleichung geometrisch unter Verwendung der nebenstehenden Figur!

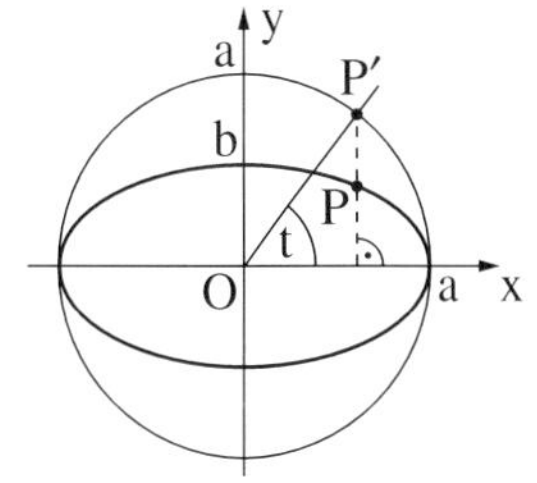


F 1.11.3 Tangenten an eine Ellipse

***FA 122***

Gegeben sei eine Ellipse mit der Gleichung $\frac{x^2}{36} + \frac{y^2}{25} = 1$.

a) Prüfen Sie, ob der Punkt $P(3;\ \frac{5}{2}\sqrt{3})$ zu dieser Ellipse gehört!

b) Bestimmen Sie die Gleichung der Tangente im Punkt $P(3;\ \frac{5}{2}\sqrt{3})$ an die Ellipse!

c) Konstruieren Sie die in b) genannte Tangente mit Hilfe des Satzes F 24!

***FA 123***

Wie viele Tangenten an die Ellipse $\frac{x^2}{9} + \frac{y^2}{4} = 1$ gehen durch den Punkt $P_1(1;\ 1)$, durch den Punkt $P_2(9;\ 1)$ bzw. durch den Punkt $P_3(0;\ 2)$? Begründen Sie Ihre Aussage!

***FA 124***

Schneiden Sie aus Papier einen Kreis mit dem Durchmesser von etwa 15 cm aus und markieren Sie einen vom Mittelpunkt verschiedenen Punkt P. Falten sie den Kreis nun so, dass der Rand des Kreises durch P geht. Öffnen Sie den Papierkreis nun wieder und wiederholen Sie diesen Vorgang mit verschiedenen Randpunkten, die durch den gegebenen Punkt P gehen. Je öfter Sie den Kreis gefaltet haben, umso deutlicher werden Sie feststellen, dass die Faltgeraden eine Ellipse einhüllen, für die P ein Brennpunkt ist. Beweisen Sie diesen Sachverhalt!
*Hinweis:* Benutzen Sie bei Ihren Überlegungen die Brennpunkteigenschaft der Ellipse.

## F 1.12 Hyperbel

F 1.12.1 Definition und Eigenschaften der Hyperbel

***FA 125*** *(↗ Beispiel F 23, S. 253)*

Konstruieren Sie Punkte zu der durch $F_1$ und $F_2$ sowie $2a = |\overline{AB}|$ (siehe Bild) gegebenen Hyperbel! Benutzen Sie die eingetragenen Punkte $T_1$, $T_2$, $T_3$, $T_4$ und $T_5$!

***FA 126***

Von einer Hyperbel sind die Brennpunkte $F_1$ und $F_2$ sowie ein Punkt P gegeben.

a) Konstruieren Sie weitere Hyperbelpunkte! b) Konstruieren Sie die Scheitel der Hyperbel!

## F 1.12.2 Gleichung einer Hyperbel

***FA 127***

Geben Sie die Gleichung einer Hyperbel an, die folgenden Bedingungen genügt:

a) $a = 3,\ b = 4$ b) $a = 12,\ e = 13$ c) $a = 4,\ F_1(-6; 0),\ F_2(6; 0)$

d) $b = \sqrt{2},\ e = \sqrt{11}$ e) $e = 5,\ S_1(-4; 0),\ S_2(4; 0)$ f) $S_1(-3; 0),\ S_2(3; 0),\ b = 5$

***FA 128***

Stellen Sie die Gleichung einer Hyperbel auf, von der bekannt ist, dass ein Scheitelpunkt von den zwei Brennpunkten einen Abstand von 9(LE) bzw. 1(LE) hat!

***FA 129***

Gegeben sei die Ellipse $\frac{x^2}{8} + \frac{y^2}{5} = 1$. Stellen Sie die Gleichung der Hyperbel auf, deren Scheitel sich in den Brennpunkten und deren Brennpunkte sich in den Scheiteln der gegebenen Ellipse befinden!

***FA 130***

Führen Sie die im Lehrbuch S. 253 erwähnte Umformung der Gleichung
$\left| \sqrt{y^2 + (x+e)^2} - \sqrt{y^2 + (e-x)^2} \right| = 2a$ in $\frac{x^2}{a^2} - \frac{y^2}{b^2} = 1$ für eine Hyperbel in Mittelpunktlage aus!

***FA 131***

a) Bestimmen Sie die Schnittpunkte einer Hyperbel mit der Gleichung $\frac{x^2}{a^2} - \frac{y^2}{b^2} = 1$ und einer Geraden g mit der Gleichung $y = mx + n$! Leiten Sie ein notwendiges und hinreichendes Kriterium in Abhängigkeit von m, n, a und b für die Existenz von Schnittpunkten her! Diskutieren Sie den Spezialfall $m = \pm\frac{b}{a}$!

b) Bearbeiten Sie die Teilaufgabe a) für eine Ellipse mit der Gleichung $\frac{x^2}{a^2} + \frac{y^2}{b^2} = 1$!
(Hier ist $m = \pm\frac{b}{a}$ kein Spezialfall.)

## F 1.12.3 Tangenten und Asymptoten einer Hyperbel

***FA 132***

Gegeben seien die nachfolgenden Gleichungen von Hyperbeln. Bestimmen Sie jeweils die Gleichungen von deren Asymptoten, berechnen Sie die Koordinaten der Brennpunkte und der Scheitel sowie die Größe der Winkel zwischen den Asymptoten!

a) $\frac{x^2}{9} - \frac{y^2}{16} = 1$ b) $12x^2 - 10y^2 = 60$

***FA 133***

Von einer Hyperbel sind die Scheitelpunkte $S_1(-1; 0)$ und $S_2(1; 0)$ sowie ein Punkt $P(2; \frac{1}{2}\sqrt{3})$ gegeben.

a) Ermitteln Sie die Gleichung der Hyperbel! b) Bestimmen Sie die Brennpunkte der Hyperbel!

c) Fertigen Sie ein Bild dieser Hyperbel an! d) Ermitteln Sie die Gleichungen der Asymptoten dieser Hyperbel!

e) Zeigen Sie, dass $Q(\frac{3}{2}; \frac{1}{4}\sqrt{5})$ ein Hyperbelpunkt ist und geben Sie die Gleichung der Tangente in diesem Punkt an die Hyperbel an!

*FA 134*

Leiten Sie die Gleichung der Tangenten in einem Punkt einer Hyperbel her, die sich in Mittelpunktlage befindet! (vgl. Satz F 26, Lehrbuch S. 254).

*FA 135*

Für $a = b$ heißt eine Hyperbel gleichseitig. Was lässt sich über die Asymptoten einer gleichseitigen Hyperbel aussagen?

*FA 136*

Betrachten wir eine Ellipse und eine Hyperbel, die dieselben Brennpunkte haben, dann schneiden diese zwei Kegelschnitte einander in vier Punkten. (Kegelschnitte mit denselben Brennpunkten heißen konfokal). Beweisen Sie, dass die zwei Tangenten in jedem Schnittpunkt senkrecht aufeinander stehen!

*Hinweis:* Benutzen Sie für Ihre Überlegungen die Brennpunkteigenschaften von Ellipse und Hyperbel (s. Lehrbuch, S. 251 und 255)!

## F 1.13 Parabel

### F 1.13.1 Definition und Eigenschaften der Parabel

*FA 137* *(↗ Fig. F 71, S. 256)*

Konstruieren Sie zu der im Bild durch die Leitlinie $l$ und den Brennpunkt F gegebenen Parabel die Parabelpunkte, die auf den eingezeichneten Parallelen zu $l$ liegen! Bestimmen Sie weiterhin den Scheitel der Parabel!

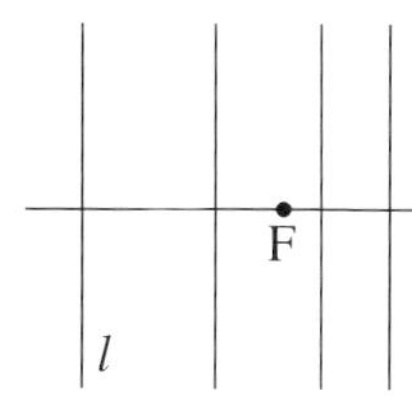


### F 1.13.2 Gleichung einer Parabel

*FA 138*

Geben Sie die Koordinaten der Brennpunkte folgender Parabeln an:

a) $y^2 = 6x$ b) $y^2 = -5x$ c) $y^2 = \frac{7}{3}x$ d) $0 = 0{,}5x - y^2$ e) $0 = \frac{1}{3}x + 2y^2$ f) $0 = x + 8y^2$

Bestimmen Sie jeweils die Gleichung der Leitlinie!

*FA 139*

Gegeben sei die Gleichung der Leitlinie einer Parabel, die zur x-Achse symmetrisch ist und deren Scheitelpunkt im Koordinatenursprung liegt. Bestimmen Sie jeweils die Gleichung der Parabel sowie die Koordinaten des Brennpunktes!

a) $x = -3$ b) $x = \frac{1}{2}$ c) $x = -1{,}2$

*FA 140*

Gegeben sind in einem Koordinatensystem zwei Parabelpunkte $P_1(1; 4)$, $P_2(4; 1)$ und die Leitlinie $l$ durch ihre Gleichung $y = -x + 1$.

a) Konstruieren Sie den Brennpunkt dieser Parabel!
b) Bestimmen Sie die Gleichung der Symmetrieachse dieser Parabel!

*FA 141*

Leiten Sie die Gleichung einer Parabel ab, die

a) symmetrisch zur x-Achse ist und den Scheitelpunkt S(c; 0) hat;
b) symmetrisch zur y-Achse ist und den Scheitelpunkt S(0; d) hat!

Gehen Sie dabei analog zur Ableitung der Gleichung einer Ellipse mit dem Mittelpunkt M(c; d) vor! (s. Lehrbuch, S. 249).

***FA 142***
Beweisen Sie: Schneiden zwei Parabeln, deren Achsen senkrecht aufeinander stehen, einander in vier Punkten, so liegen diese vier Punkte auf demselben Kreis. (Benutzen Sie dazu die Ergebnisse aus ***FA 141***!)

***FA 143***
Beweisen Sie, dass zwei Parabeln immer ähnlich zueinander sind! Zeigen Sie an Gegenbeispielen, dass dies für Ellipsen bzw. für Hyperbeln nicht gilt!

### F 1.13.3 Tangenten an eine Parabel

***FA 144***
Eine Parabel sei durch ihre Gleichung $y^2 = 2x$ gegeben.

a) Geben Sie die Koordinaten des Brennpunktes an!
b) Wie lautet die Gleichung der Leitlinie $l$?
c) Überprüfen Sie, ob $P(1; \sqrt{3})$ ein Parabelpunkt ist!
d) Geben Sie die Gleichung der Tangente in $Q(1; -\sqrt{2})$ an die Parabel an!
e) Zeichnen Sie das Bild der Parabel und tragen Sie dort auch die Tangente in Q an die Parabel ein!

***FA 145***
Gegeben sei eine Parabel mit der Gleichung $y^2 = 4x$.

a) Bestimmen Sie die Gleichung der Tangente $t$ im Punkt $P_1(4; 4)$ an diese Parabel!
b) Bestimmen Sie die Koordinaten des Brennpunktes $F$ dieser Parabel! Berechnen Sie anschließend die Größe des Winkels, den $\overline{FP_1}$ mit $t$ in $P_1(4; 4)$ bildet! Vergleichen Sie die Größe dieses Winkels mit der Größe des Winkels, den $t$ mit der x-Achse bildet!

***FA 146***
Bearbeiten Sie Aufgabe ***FA 131a)*** für eine Parabel mit der Gleichung $y^2 = 2px$!

***FA 147***
Gegeben sind zwei Parabeln, die denselben Brennpunkt sowie dieselbe Symmetrieachse besitzen und einander in zwei Punkten schneiden. Beweisen Sie, dass die beiden Tangenten in jedem Schnittpunkt senkrecht aufeinander stehen!
*Hinweis:* Benutzen Sie bei Ihren Überlegungen die Brennpunkteigenschaft der Parabel!

## F 1.14 Schnittfiguren eines Kegels

***FA 148*** *(↗ Fig. 76, S. 259)*
Beschreiben Sie die beim Schnitt eines Doppelkegels durch eine Ebene $\varepsilon$ entstehenden Figuren und deren Änderung bei Parallelverschiebung von $\varepsilon$ für folgende Fälle ($\alpha$ sei jeweils konstant und gibt den Neigungswinkel der Mantellinien des Kegels an; $\beta$ bestimmt den Neigungswinkel von $\varepsilon$):

a) $\beta = 0°$ b) $0° < \beta < 90°$; $\beta < \alpha$ c) $0° < \beta < 90°$; $\beta = \alpha$ d) $0° < \beta < 90°$; $\beta > \alpha$ e) $\beta = 90°$

***FA 149***
Ein Doppelkegel werde von einer Ebene $\varepsilon$ so geschnitten, dass die entstehende Figur eine Ellipse ist ($0° < \beta < \alpha$). Wie ändert sich die Gestalt der Ellipse, wenn

a) bei konstantem $\alpha$ der Neigungswinkel $\beta$ der Ebene $\varepsilon$,
b) bei konstantem $\beta$ der Neigungswinkel $\alpha$ der Mantellinien des Kegels kontinuierlich geändert wird?

*FA 150*

Untersuchen Sie, ob nachfolgende Gleichungen einen Kreis, eine Ellipse, eine Hyperbel, eine Parabel (oder keinen dieser Kegelschnitte) beschreiben! Ermitteln Sie ggf. die charakteristischen Größen (Mittel- bzw. Scheitelpunktskoordinaten; a, b, e bzw. r, p)!

a) $15x^2 - 16y^2 = 20$ b) $3x^2 + 3y^2 = 9$ c) $(x-5)^2 + (y-3)^2 = 1$

d) $2x^2 + 2y^2 - 8x + 2y + 7 = 0$ e) $2x^2 + 4y^2 = 4$ f) $2x - y^2 = 0$

g) $\frac{1}{2}x^2 - \frac{1}{2}y^2 = \frac{1}{4}$ h) $4x^2 + 4y^2 - 4x + 32y = -65$

## F 1.15 Beispiele für weitere Kurven in der Ebene und im Raum

*FA 151* *(↗ Fig. F 81/F 82, S. 261)*

Konstruieren Sie in ein und dasselbe Koordinatensystem archimedische Spiralen für $a = \frac{1}{2}$ und $a = \frac{3}{4}$, $0 \le \varphi \le 3\pi$!

*FA 152* *(↗ Fig. F 85, S. 262)*

Bestimmen Sie den Anstieg $m(\varphi_0)$ der Tangente in einem Punkt $P_0(\varphi_0; \rho_0)$ einer logarithmischen Spirale! Benutzen Sie dazu die Parameterdarstellung $x = e^{a\varphi}\cdot\cos\varphi \quad y = e^{a\varphi}\cdot\sin\varphi,\ \varphi \in \mathbb{R}$, und bestimmen Sie den Grenzwert $m(\varphi_0) = \lim\limits_{\varphi \to \varphi_0} \frac{y_0 - y}{x_0 - x}$ ! Achten Sie dabei auch auf Sonderfälle!

Zeigen Sie dann, dass der Winkel, den die Tangente in $P_0$ mit der Geraden durch O und $P_0$ einschließt, konstant ist!

*FA 153* *(↗ Fig. F 86, S. 262)*

Konstruieren Sie das Bild einer Schraubenlinie in Kavalierperspektive für $0 \le \varphi \le 3\pi$, indem Sie die Koordinaten des Punktes P′ in der xy-Ebene und dann die Höhe des Punktes P über P′ bestimmen! Wählen Sie $r = 4$ und $c = \frac{1}{2}$ ; gehen Sie in Schritten von $\frac{\pi}{4}$ für $\varphi$ vor!

# F 2 Lineare Gleichungssysteme I

## F 2.1 Lineare Gleichungssysteme mit genau einer Lösung; GAUSSsches Eliminierungsverfahren

*FA 154* *(↗ Beispiel F 25, S. 264)*

Lösen Sie mit dem GAUSSschen Eliminierungsverfahren das nebenstehende lineare Gleichungssystem:

$$\begin{aligned} &(I) & x + 2y + z &= 9 \\ &(II) & x - y + 2z &= 2 \\ &(III) & 2x - 3y + 3z &= -1 \end{aligned}$$

*FA 155*

Lösen Sie mit dem GAUSSschen Eliminierungsverfahren folgende lineare Gleichungssysteme:

a) $$\begin{aligned} 2x + 2y + z &= 2 \\ x + \tfrac{1}{2}y + z &= 1 \\ \tfrac{3}{2}x - 3y + z &= 3 \end{aligned}$$

b) $$\begin{aligned} x - 4y + 2z &= -6 \\ 2x + 3y + z &= 5 \\ -3x + 6y + z &= -2 \end{aligned}$$

c) $$\begin{aligned} 2y + z &= 2 \\ 2x + 5y - 2z &= -1 \\ x + 3y - 3z &= -4 \end{aligned}$$

d) $$\begin{aligned} 2x + y - z &= 0 \\ x + 3z &= -1 \\ 4x + z &= 7 \end{aligned}$$

e) $$\begin{aligned} 5x + 2y &= -2 \\ 2x + 3z &= 0 \\ 6y + 3z &= 11 \end{aligned}$$

f) $$\begin{aligned} 3x + 2y + z &= 40 \\ -5x - 5y - 2z &= -81 \\ x + 4y + 3z &= 58 \end{aligned}$$

g) $\begin{array}{l} 0{,}4x + 0{,}3y + 0{,}6z = 0{,}7 \\ 0{,}2x + 0{,}6y + 0{,}3z = 0{,}5 \\ 0{,}4x + 0{,}1y + 0{,}1z = 0{,}3 \end{array}$

h) $\begin{array}{l} \frac{1}{5}x + y + \frac{1}{10}z = \frac{5}{3} \\ -5x + \frac{1}{2}y + \frac{3}{2}z = -\frac{2}{3} \\ \frac{1}{3}x + \frac{1}{2}y + z = 7 \end{array}$

***FA 156***

Lösen Sie die folgenden linearen Gleichungssysteme:

a) $\begin{array}{l} 8x + 2y = 0 \\ y - 3z = 13 \\ 2x = 4 \end{array}$

b) $\begin{array}{l} x - y + 2z = 5 \\ -3y = 18 \\ x - 3y + 7z = 7 \end{array}$

c) $\begin{array}{l} 2x - 3y + 3z = 0 \\ x + z = 0 \\ 3x + 6y + z = 0 \end{array}$

d) $\begin{array}{l} x + y = 1 \\ 3x + y - 2z = -1 \\ x + 2y - z = -3 \end{array}$

## F 2.2 Lösbarkeit und Lösungsmenge von Gleichungssystemen

***FA 157*** *(↗ Beispiel F 26, S. 266f.)*

Lösen Sie mit dem GAUSSschen Eliminierungsverfahren die folgenden beiden linearen Gleichungssysteme:

a) $\begin{array}{ll} (I) & x + y - z = 2 \\ (II) & 3x + 4y - 6z = 4 \end{array}$

b) $\begin{array}{ll} (I) & 2x + 3y - 5z = 2 \\ (II) & x + 2z = 4 \\ (III) & 3x + 2y = 8 \end{array}$

Vergleichen Sie in beiden Fällen jeweils das gegebene Gleichungssystem mit der erhaltenen Lösungsmenge!

***FA 158***

Lösen Sie mit dem GAUSSschen Eliminierungsverfahren folgende lineare Gleichungssysteme:

a) $\begin{array}{l} 3x + 2y - 3z = 4 \\ -x + 2y - 3z = 2 \\ 3x - 4y + 6z = -2 \end{array}$

b) $\begin{array}{l} x - 2z = -1 \\ 2x + 4y - z = 0 \\ -3x - 4y + 3z = 1 \end{array}$

c) $\begin{array}{l} 2x + 4y - 4z = 8 \\ -x - 2y + 2z = -4 \end{array}$

d) $\begin{array}{l} 2x + y - z = 3 \\ -x + 2y - z = -5 \\ 3x + y - 3z = -2 \\ -2x + 2y - z = -8 \end{array}$

***FA 159***

Lösen Sie folgende Gleichungssysteme! (Geben Sie alle Lösungen an!)

a) $\begin{array}{l} 3x - y + 2z = 0 \\ -2x + 2y + z = 0 \\ -4x + 4y + 2z = 0 \end{array}$

b) $\begin{array}{l} x + y + z = 0 \\ -9x - y - 3z = 0 \\ -3x + 5y + 3z = 0 \end{array}$

c) $\begin{array}{l} -2x + 11y + 3z = 0 \\ 3x + 11y + z = 0 \\ 4x - 2y - 2z = 0 \end{array}$

d) $\begin{array}{l} x - y + z = 0 \\ 4x - y + 2z = 0 \\ 2x + y + z = 0 \end{array}$

***FA 160***

Lösen Sie mit dem GAUSSschen Eliminierungsverfahren folgende lineare Gleichungssysteme:

a) $\begin{array}{l} x_1 + 2x_2 - x_3 + x_4 = 6 \\ -2x_1 + 2x_2 + 6x_3 + 4x_4 = -2 \\ x_1 + 5x_2 - 4x_3 + 2x_4 = 15 \\ x_1 + 5x_2 + 6x_3 + 5x_4 = 4 \end{array}$

b) $\begin{array}{l} x_1 + 2x_2 + x_3 - 2x_4 = 8 \\ x_1 + x_2 - x_3 + x_4 = 0 \\ 2x_1 + x_2 - x_3 - x_4 = 1 \\ x_1 + x_2 + x_3 - 3x_4 = 6 \end{array}$

c) $\begin{array}{l} 2x_1 + 3x_2 - 5x_3 + 4x_4 = 0 \\ x_1 + 2x_2 + x_3 - 3x_4 = 5 \end{array}$

d) $\begin{array}{l} x_2 + x_3 + 2x_4 - 3x_5 = 6 \\ x_1 + 2x_2 - x_3 - 3x_4 - 2x_5 = 1 \\ 2x_3 + 6x_4 - 2x_5 = 4 \end{array}$

## F 2.3 Die Struktur der Lösungsmenge eines homogenen linearen Gleichungssystems

***FA 161*** *(↗ Beispiel F 28, S. 269)*

Lösen Sie mit dem GAUSSschen Eliminierungsverfahren das nebenstehende homogene lineare Gleichungssystem und geben Sie die Lösungsmenge übersichtlich als Summe von 4-Tupeln an!

$$\begin{aligned} x_1 - x_2 - 3x_3 + 2x_4 &= 0 \\ x_1 - 2x_2 - 7x_3 + 7x_4 &= 0 \end{aligned}$$

***FA 162***

Lösen Sie die folgenden homogenen linearen Gleichungssysteme und stellen Sie die Lösungsmenge mit Hilfe ganzzahliger Lösungen dar!
*Beachte:* Ein Vielfaches von beispielsweise $(\frac{4}{3}; \frac{1}{2}; \frac{1}{5})$ ist auch ein Vielfaches von (40; 15; 6).

a) $x_1 + 2x_2 - x_3 = 0$, $3x_1 + 9x_2 - x_3 = 0$

b) $2x_1 - \frac{2}{3}x_2 + \frac{1}{2}x_3 = 0$, $x_1 + \frac{1}{2}x_2 + \frac{1}{3}x_3 = 0$

c) $\frac{1}{2}x_1 + x_2 - x_3 + 2x_4 = 0$, $x_1 + \frac{1}{3}x_2 + \frac{2}{3}x_3 + x_4 = 0$

***FA 163***

Die 4-Tupel (1; –2; 2; 1), (3; –1; 1; 3) und (–2; 1; –1; –2) sind Lösungen des nebenstehenden Gleichungssystems:

$$\begin{aligned} x_1 + x_2 + x_3 - x_4 &= 0 \\ -x_1 + x_2 + x_3 + x_4 &= 0 \end{aligned}$$

Überprüfen Sie dies und stellen Sie dann jede dieser Lösungen als eine Summe von Vielfachen der beiden anderen Lösungen dar!

## F 2.4 Determinanten; Regel von CRAMER

***FA 164*** *(↗ Satz F 33, S. 271)*

Lösen Sie das nebenstehende lineareGleichungssystem mit Hilfe der Regel von CRAMER:

(I) $3x_1 - 5x_2 = 14$
(II) $2x_1 + x_2 = 5$

***FA 165***

Berechnen Sie die folgenden Determinanten:

a) $\det\begin{pmatrix} 7 & 1 \\ 3 & 2 \end{pmatrix}$ b) $\det\begin{pmatrix} 0 & 1 \\ 3 & 8 \end{pmatrix}$ c) $\det\begin{pmatrix} 7 & -1 \\ -5 & -3 \end{pmatrix}$ d) $\det\begin{pmatrix} 3 & 5 \\ 1 & 8 \end{pmatrix}$

e) $\det\begin{pmatrix} 1 & 0 \\ 0 & 1 \end{pmatrix}$ f) $\det\begin{pmatrix} a & a^2 \\ -5 & a \end{pmatrix}$ g) $\det\begin{pmatrix} b & b \\ a & a \end{pmatrix}$ h) $\det\begin{pmatrix} e-1 & e+1 \\ e & 5 \end{pmatrix}$

***FA 166***

Lösen Sie die folgenden linearen Gleichungssysteme mit Hilfe der Regel von CRAMER:

a) $x_1 - 5x_2 = 25$, $3x_1 + 4x_2 = -1$

b) $-4x_1 + 3x_2 = 9$, $x_1 + x_2 = 10$

c) $3x_1 + 2x_2 = 0$, $x_1 + 4x_2 = 30$

d) $5x_1 - 2x_2 = 8$, $-2x_1 + 8x_2 = 6$

e) $3x_1 + 2x_2 = 7$, $10x_1 - 8x_2 = 50$

f) $8x_1 - 2x_2 = 4$, $\frac{1}{2}x_1 - \frac{1}{8}x_2 = \frac{1}{4}$

g) $-5x_1 + 6x_2 = 8$, $2x_1 - \frac{12}{5}x_2 = 2$

h) $x_1 - x_2 = 1$, $-x_1 + x_2 = 1$

i) $2x_1 + 4x_2 = -8$, $-3x_1 - 5x_2 = 11$

***FA 167***

Welche der folgenden linearen Gleichungssysteme haben genau eine Lösung? Begründen Sie Ihre Entscheidung mit Hilfe der Determinante der Koeffizientenmatrix und geben Sie (falls möglich) die Lösung an!

a) $5x_1 - 2x_2 = 4$
$2x_1 - x_2 = 0$

b) $3x_1 - 18x_2 = 2$
$-\frac{1}{3}x_1 + 2x_2 = 3$

c) $\frac{1}{2}x_1 + \frac{4}{5}x_2 = 0$
$\frac{1}{3}x_1 + \frac{5}{6}x_2 = 4$

d) $8x_1 + 2x_2 = 52$
$5x_1 + 3x_2 = 29$

***FA 168***

Lösen Sie die Gleichungssysteme aus der Aufgabe ***FA 156*** mit Hilfe der CRAMERschen Regel!

## F 2.5 Praktische Anwendungen

***FA 169*** *(↗ Beispiele F 29, F 30, S. 272–274)*

Für die Herstellung von Kupferlegierungen stehen Legierungen $L_1$, $L_2$ und $L_3$ mit den in der Tabelle angegebenen Zusammensetzungen zur Verfügung. Prüfen Sie, ob die Herstellung einer Kupferlegierung L, die

| | $L_1$ | $L_2$ | $L_3$ |
|---|---|---|---|
| Kupfer | 80 | 80 | 95 |
| Zink | 10 | 0 | 5 |
| Zinn | 10 | 20 | 0 |

a) 90% Kupfer, 5% Zink und 5% Zinn, b) 85% Kupfer, 10% Zink und 5% Zinn

enthält, aus den Legierungen $L_1$, $L_2$ und $L_3$ möglich ist, und geben Sie gegebenenfalls an, in welchem Verhältnis diese drei Legierungen eingeschmolzen werden müssen!

***FA 170***

In einem Vorratslager befinden sich Flaschen zu jeweils 1 kg mit 14%iger, 11%iger, 8%iger, 5%iger Essigsäure in ausreichender Anzahl. Wie viel Flaschen von diesen Lösungen müssen gemischt werden, um 30 kg mit 13%iger Essigsäure zu erhalten? (Es sind alle Möglichkeiten anzugeben.)

***FA 171***

In der chemischen Industrie tritt häufig der Fall ein, dass bei der Produktion ein Teil des Fertigprodukts in die laufende Produktion zurückgeführt werden muss. Es seien F das Fertigprodukt, Z das Zwischenprodukt und $R_1$, $R_2$ die Rohprodukte. Das Zwischenprodukt Z besteht zu 70% aus $R_1$, zu 20% aus $R_2$ und zu 10% aus F. Vom Zwischenprodukt Z fallen 80% als Fertigprodukt F an. Wie viel Mengeneinheiten (ME) der Rohprodukte $R_1$ und $R_2$ sind erforderlich, um 1 ME des Fertigprodukts herzustellen? Wie viel ME von dem zunächst entstehenden Fertigprodukt müssen in die Produktion zurückgeführt werden?

***FA 172***

In einem Laborexperiment enthält eine Population Fliegen mit 3 verschiedenen Merkmalen A, B, C (z.B. krankhafte Veränderungen o.ä.). Bei der Vermehrung werden diese Merkmale an die nachfolgenden Generationen so weitergegeben, dass auf lange Sicht immer die gleiche Endverteilung der Merkmale A, B, C entsteht, gleich wie die Merkmale am Anfang des Laborexperiments in der ersten Generation verteilt sind. Im vorliegenden Experiment wird die Weitergabe der Merkmale im statistischen Mittel mit den Übergangswahrscheinlichkeiten aus der nebenstehenden Tabelle angegeben. So haben z.B. Fliegen mit dem Merkmal B mit 40 % Wahrscheinlichkeit Nachkommen mit Merkmal A usw.[1)]

| von<br>zu | A | B | C |
|---|---|---|---|
| A | 0,7 | 0,4 | 0,4 |
| B | 0,1 | 0,5 | 0,2 |
| C | 0,2 | 0,1 | 0,4 |

Berechnen Sie die Endverteilung der Merkmale A, B, C der Fliegenpopulation nach hinreichend vielen Generationen!

[1)] Solche Prozesse heißen MARKOW-Ketten, benannt nach A. A. MARKOW (1866–1922), einem der Begründer der modernen Wahrscheinlichkeitsrechnung.

# G Vektorrechnung

## G 1 Vektoren im Anschauungsraum

### G 1.1 Pfeile und Vektoren

*GA 1* *(↗ Beispiele G 1/G 2, S. 275f.)*

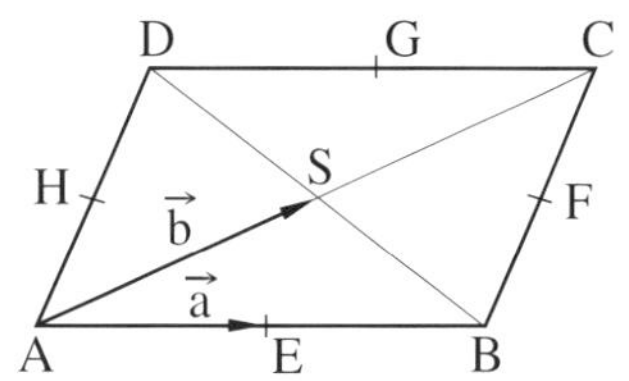


Im Parallelogramm ABCD bezeichnen E, F, G und H die Seitenmitten und S den Diagonalenschnittpunkt. Stellen Sie alle diejenigen Pfeile zusammen, die den bezeichneten Vektor repräsentieren!

a) $\vec{a} = \overrightarrow{AE}$  b) $\vec{b} = \overrightarrow{AS}$

*GA 2*

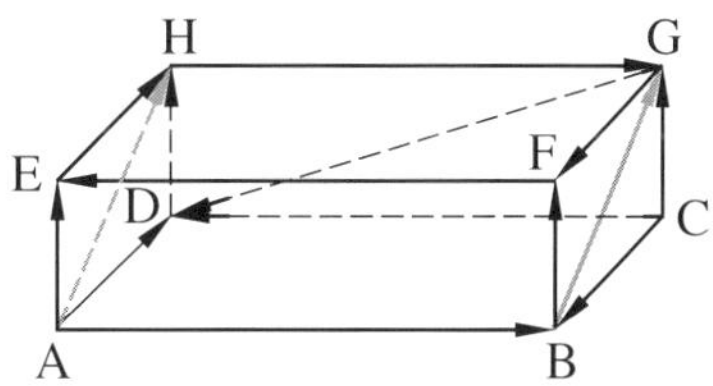


Geben Sie an, welche der auf dem Quader eingezeichneten Pfeile jeweils den Vektor $\vec{a}$ repräsentieren!

a) $\vec{a} = \overrightarrow{EH}$  b) $\vec{a} = \overrightarrow{DH}$  c) $\vec{a} = \overrightarrow{CD}$

d) $\vec{a} = \overrightarrow{AH}$  e) $\vec{a} = \overrightarrow{HG}$  f) $\vec{a} = \overrightarrow{AF}$

Begründen Sie außerdem, warum die Pfeile $\overrightarrow{AB}$ und $\overrightarrow{FE}$ nicht den gleichen Vektor repräsentieren!

*GA 3*

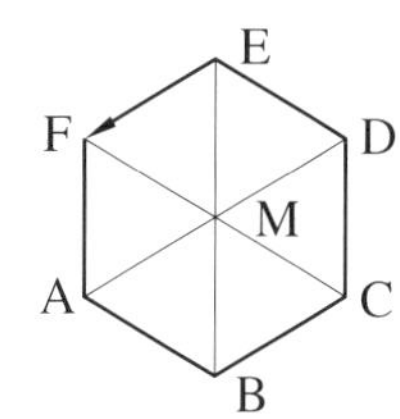


Geben Sie in dem dargestellten regelmäßigen Sechseck ABCDEF mit Hilfe der sieben Punkte alle Pfeile an, die bezüglich $\overrightarrow{EF}$ gleich lang, parallel und gleich gerichtet sind!

*GA 4*

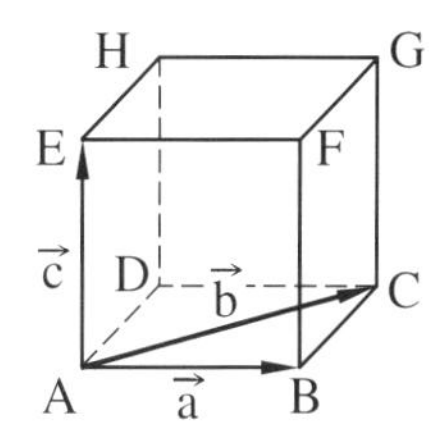


Gegeben sei ein Würfel ABCDEFGH. Geben Sie mit Hilfe der Eckpunkte des Würfels alle weiteren gerichteten Strecken an, die die nachfolgenden Vektoren repräsentieren:

$\vec{a} = \overrightarrow{AB}$  $\vec{b} = \overrightarrow{AC}$  $\vec{c} = \overrightarrow{AE}$

*GA 5*

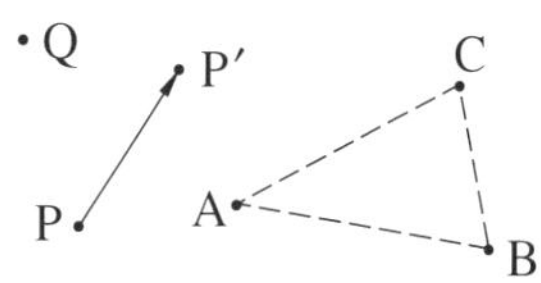


Durch die Verschiebung $\vec{v}$ der Ebene wird der Punkt P in den Punkt P′ überführt. Konstruieren Sie zu den Punkten A, B, C und Q die Bildpunkte A′, B′, C′ und Q′ bei dieser Verschiebung! Beschreiben Sie eine Bildpunktkonstruktion!

*GA 6*

Zeichnen Sie den Pfeil $\overrightarrow{P_1P_2}$ sowie den zum gleichen Vektor gehörenden Pfeil $\overrightarrow{P_3P_4}$ in ein Koordinatensystem! Bestimmen Sie die Koordinaten des jeweils nicht angegebenen Punktes!

a) $P_1(3; 1)$, $P_2(7; 4)$, $P_3(1; 4)$  b) $P_1(1; 5)$, $P_2(4; 2)$, $P_4(7; -1)$

## G 1.2 Addition von Vektoren

***GA 7*** *(↗ Definition G 2, Sätze G 1/G 2, S. 277)*

Gegeben sei das nebenstehend dargestellte Dreieck ABC.

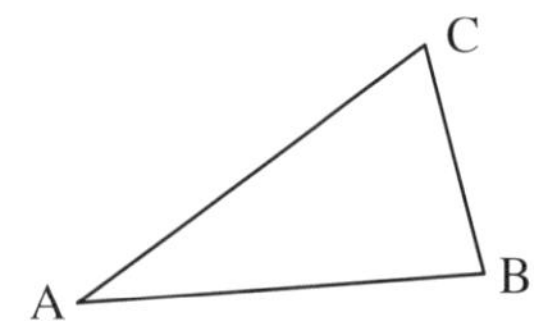


a) Bezeichnen Sie in diesem Dreieck die Vektoren $\vec{a} = \overrightarrow{AB}$, $\vec{b} = \overrightarrow{AC}$, $\vec{c} = \overrightarrow{BC}$ und $\vec{d} = \overrightarrow{CB}$ und veranschaulichen Sie durch Pfeile folgende Summenvektoren:

$\vec{a} + \vec{b}$, $\vec{a} + \vec{c}$, $\vec{b} + \vec{d}$, $\vec{b} + \vec{c}$ und $\vec{a} + \vec{d}$

b) Geben Sie $\vec{c}$ und $\vec{d}$ jeweils mit Hilfe von $\vec{a}$ und $\vec{b}$ an!

***GA 8***

Gegeben seien die Vektoren $\vec{u}$, $\vec{v}$ und $\vec{w}$. Übertragen Sie die Figur in Ihr Heft und zeichnen Sie folgende Vektoren ein:

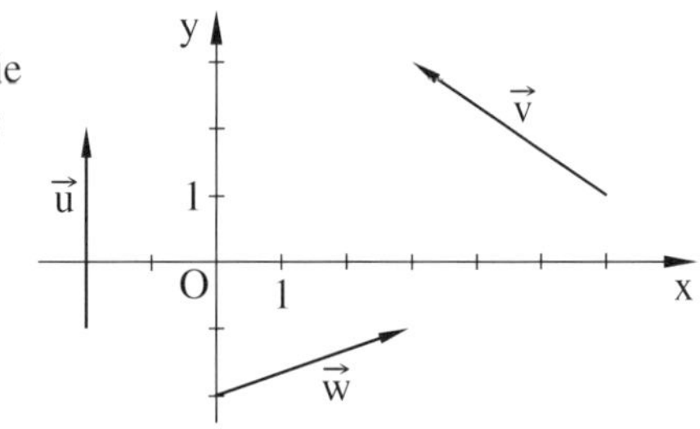


| | | |
|---|---|---|
| a) $\vec{u} + \vec{v}$ | b) $\vec{u} + \vec{w}$ | c) $\vec{v} + \vec{w}$ |
| d) $(\vec{u} + \vec{v}) + \vec{w}$ | e) $\vec{u} + \vec{u}$ | f) $\vec{w} + \vec{w} + \vec{w}$ |
| g) $\vec{u} - \vec{v}$ | h) $\vec{u} - \vec{w}$ | i) $\vec{v} - \vec{w}$ |
| j) $\vec{v} - \vec{u}$ | k) $\vec{u} - \vec{w} + \vec{v}$ | l) $\vec{v} + \vec{v} + \vec{w}$ |

***GA 9***

Ein Tetraeder OABC wird durch die drei Vektoren $\vec{a} = \overrightarrow{OA}$, $\vec{b} = \overrightarrow{OB}$ und $\vec{c} = \overrightarrow{OC}$ aufgespannt. Beschreiben Sie die im Bild angegebenen Vektoren $\vec{u}$, $\vec{v}$ und $\vec{w}$ der Seitenfläche ABC mit Hilfe von $\vec{a}$, $\vec{b}$ und $\vec{c}$ !

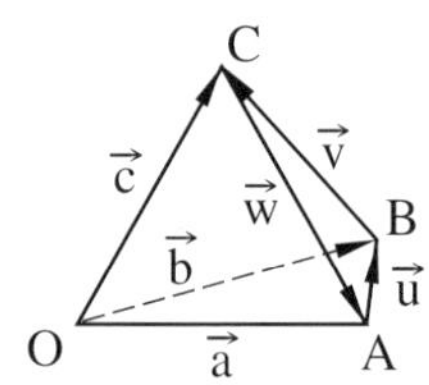


***GA 10***

Gegeben sei ein Dreieck ABC mit $\overrightarrow{AB} = \vec{u}$, $\overrightarrow{BC} = \vec{v}$ und $\overrightarrow{CA} = \vec{w}$. Dann ist $\vec{u} + \vec{v} + \vec{w} = \vec{o}$. Zeichnen Sie in eine entsprechende Abbildung Pfeile ein, die folgende Vektoren beschreiben:

a) $\vec{u} + (-\vec{w})$  b) $\vec{u} + \vec{v}$  c) $\vec{u} - \vec{v}$  d) $\vec{u} + \vec{w}$

***GA 11***

In einem Parallelogramm ABCD sei $\vec{a} = \overrightarrow{AB}$ und $\vec{b} = \overrightarrow{AD}$ . Geben Sie die folgenden Vektoren mit Hilfe von $\vec{a}$ und $\vec{b}$ an:

a) $\overrightarrow{AC}$  b) $\overrightarrow{BD}$  c) $\overrightarrow{CB}$  d) $\overrightarrow{CD}$  e) $\overrightarrow{CA}$  f) $\overrightarrow{DB}$

***GA 12***

Gegeben sei eine Pyramide OAPBC mit einem Parallelogramm OAPB als Grundfläche.

Das Parallelogramm werde durch die Vektoren $\vec{a} = \overrightarrow{OA}$ und $\vec{b} = \overrightarrow{OB}$ aufgespannt. Die Spitze der Pyramide beschreibt $\vec{c} = \overrightarrow{OC}$ . Beschreiben Sie die restlichen im Bild veranschaulichten Vektoren, die dort noch nicht bezeichnet sind, durch $\vec{a}$, $\vec{b}$ und $\vec{c}$!

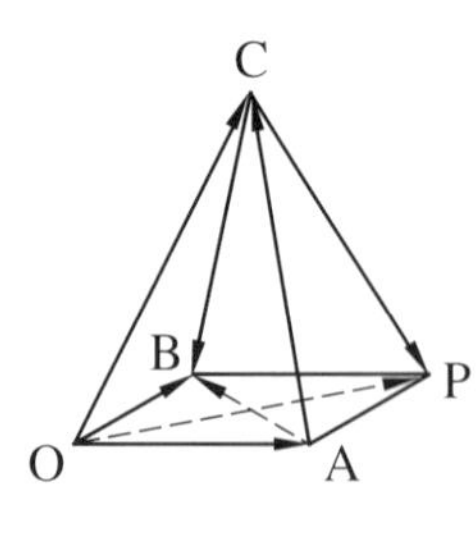

## G 1.3 Vervielfachung von Vektoren

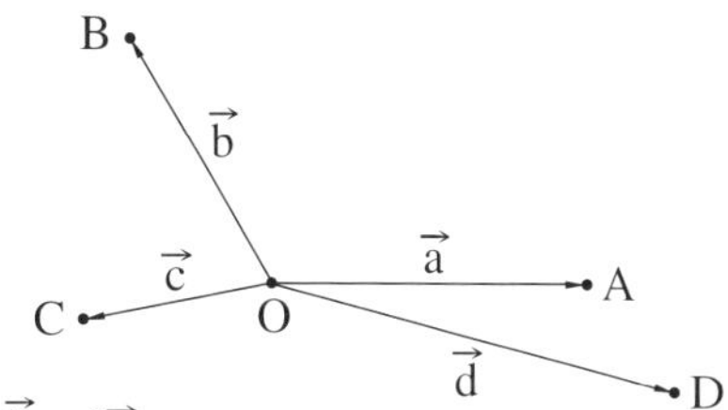


***GA 13*** *(↗ Beispiele G 3/G 4, S. 279)*

In der Ebene seien die Vektoren $\vec{a} = \overrightarrow{OA}$, $\vec{b} = \overrightarrow{OB}$, $\vec{c} = \overrightarrow{OC}$ und $\vec{d} = \overrightarrow{OD}$ gegeben. Konstruieren Sie in der Abbildung die Pfeile $\overrightarrow{OP}$ und $\overrightarrow{OQ}$ für folgende Vektoren:

a) $\overrightarrow{OP} = \vec{p} = \vec{a} + \vec{b} - \vec{c} - \vec{d}$ b) $\overrightarrow{OQ} = \vec{q} = \frac{1}{2}\vec{a} + \frac{1}{3}\vec{b} - 2\vec{c}$

***GA 14***

Gegeben sei ein Dreieck ABC mit $\vec{a} = \overrightarrow{AB}$ und $\vec{b} = \overrightarrow{AC}$. Verwenden Sie für Ihre Zeichnung a = 4 cm, b = 5 cm, c = 6 cm. Veranschaulichen Sie durch Pfeile die folgenden Vektoren:

a) $2\vec{b}$; $\frac{1}{2}\vec{a}$; $\frac{1}{2}\vec{a} + 2\vec{b}$; $2\vec{b} - \frac{1}{2}\vec{a}$; $\frac{1}{2}\vec{a} - \frac{1}{2}\vec{b}$ b) $\frac{3}{2}\vec{b}$; $\frac{2}{5}\vec{a}$; $\frac{3}{2}\vec{b} - \frac{2}{5}\vec{a}$

***GA 15***

Vereinfachen Sie die folgenden Terme durch Anwendung der Gesetze für das Rechnen mit Vektoren:

a) $4(\vec{a} - 2\vec{b}) + 2(3\vec{b} - 2\vec{a}) + 4\vec{b}$ b) $\frac{2}{3}\vec{a} + 4(\frac{3}{2}\vec{a} - \frac{5}{4}\vec{b}) - 3\vec{a}$

c) $4\vec{b} \cdot (\frac{3}{2} - 1{,}25) - \frac{1}{4} \cdot (\frac{6}{4}\vec{b})$ d) $\frac{1}{4}\vec{a} + \frac{\vec{a} + \vec{b}}{2} - \frac{\vec{a}}{3}$

***GA 16***

Gegeben seien die Vektoren $\vec{a} = \overrightarrow{AB}$ und $\vec{b} = \overrightarrow{AC}$ mit

a) $|\vec{a}| = 4$ $|\vec{b}| = 7$ $|\sphericalangle CAB| = 90°$ b) $|\vec{a}| = 3$ $|\vec{b}| = 5$ $|\sphericalangle CAB| = 60°$

c) $|\vec{a}| = \sqrt{8}$ $|\vec{b}| = 2$ $|\sphericalangle CAB| = 45°$

Berechnen Sie den Betrag des Vektors $\vec{a} + \vec{b} = \overrightarrow{AD}$ sowie die Größen der Winkel $\sphericalangle DAB$ und $\sphericalangle CAD$! Kontrollieren Sie jeweils durch eine Zeichnung Ihre errechneten Ergebnisse!

***GA 17***

Berechnen Sie zur Aufgabe ***GA 16 b)*** und ***c)*** die Beträge der Vektoren $\vec{a} - \vec{b}$ und $\vec{b} - \vec{a}$ sowie die Größen der Winkel $\sphericalangle AEC$ und $\sphericalangle BEA$, wobei E durch $\frac{1}{2}(\vec{a} + \vec{b}) = \overrightarrow{AE}$ bestimmt ist!

## G 1.4 Linearkombination von Vektoren und Komponentenzerlegung

***GA 18*** *(↗ Definition G 8, S. 280)*

Die Punkte $A_1$ und $A_2$ mit $A_1(4; 1)$ und $A_2(\frac{1}{2}; 3)$ seien bezüglich eines kartesischen Koordinatensystems gegeben. Durch $\overrightarrow{OA_1}$ und $\overrightarrow{OA_2}$ sind dann zwei Vektoren $\vec{a}_1$ bzw. $\vec{a}_2$ bestimmt.

a) Prüfen Sie, ob sich einer der Vektoren $\vec{a}_1$ bzw. $\vec{a}_2$ als Linearkombination des anderen darstellen lässt! Stellen Sie den Nullvektor $\vec{o}$ als Linearkombination von $\vec{a}_1$ und $\vec{a}_2$ dar!

b) Tragen Sie die Punkte $P_1$ bis $P_6$ mit $P_1(8; 2)$, $P_2(1; 6)$, $P_3(6{,}5; 4{,}5)$, $P_4(3; 6{,}5)$, $P_5(-\frac{1}{2}; -3)$, und $P_6(-3{,}5; 2)$ in das Koordinatensystem ein und stellen Sie die Vektoren $\vec{p}_i = \overrightarrow{OP_i}$ für i = 1, …, 6 als Linearkombinationen der Vektoren $\vec{a}_1$ und $\vec{a}_2$ dar!

***GA 19***

Zeichnen Sie ein Parallelogramm ABCD mit $|\overrightarrow{AB}| = 4$ cm, $|\overrightarrow{AD}| = 2$ cm und $|\sphericalangle DAB| = 60°$. Es seien weiterhin $\vec{a}_1 = \overrightarrow{AB}$ und $\vec{a}_2 = \overrightarrow{AD}$ sowie $\vec{a}_3 = \overrightarrow{AM}$ (M – Mittelpunkt von $\overline{AB}$).

a) Stellen Sie den Nullvektor $\vec{o}$ als Linearkombination von $\vec{a}_1$ und $\vec{a}_2$ dar!

b) Stellen Sie den Nullvektor $\vec{o}$ als Linearkombination von $\vec{a}_1$ und $\vec{a}_3$ dar! Geben Sie alle Möglichkeiten dafür an!

c) Zu den mit den Pfeilen $\overrightarrow{AB}$ und $\overrightarrow{AD}$ gezeichneten Vektoren $\vec{a}_1$ und $\vec{a}_2$ tragen Sie die folgenden Pfeile, die als Linearkombinationen von $\vec{a}_1$ und $\vec{a}_2$ gegeben sind, in die Abbildung ein:

$\overrightarrow{AE} = \frac{1}{2}\vec{a}_1 + 2\vec{a}_2$ $\quad\overrightarrow{AF} = \frac{3}{4}\vec{a}_1 + \frac{3}{2}\vec{a}_2$ $\quad\overrightarrow{AG} = \frac{7}{5}\vec{a}_1$

$\overrightarrow{AH} = -\frac{1}{2}\vec{a}_1 + 2\vec{a}_2$ $\quad\overrightarrow{AI} = \vec{a}_1 - \frac{3}{2}\vec{a}_2$

## G 1.5 Basen und Koordinatensysteme

***GA 20*** *(↗ Definition G 11/G 12, S. 223f.)*

Gegeben seien die Punkte $A_1(4; -3)$, $A_2(3; 2)$, $B_1(2; 3)$, $B_2(4; 6)$, $C_1(-3; 1)$, $C_2(-2; -3)$, $D_1(1; 3)$ und $D_2(-1; -3)$ in einem kartesischen Koordinatensystem.
Tragen Sie durch Pfeile mit dem Anfangspunkt O (Ursprung) die folgenden Ortsvektoren für die angegebenen Punkte in das Koordinatensystem ein:

$\vec{a}_1 = \overrightarrow{OA_1}$, $\vec{a}_2 = \overrightarrow{OA_2}$, $\quad\vec{b}_1 = \overrightarrow{OB_1}$, $\vec{b}_2 = \overrightarrow{OB_2}$,

$\vec{c}_1 = \overrightarrow{OC_1}$, $\vec{c}_2 = \overrightarrow{OC_2}$, $\quad\vec{d}_1 = \overrightarrow{OD_1}$, $\vec{d}_2 = \overrightarrow{OD_2}$

Überprüfen Sie, welche der folgenden Zweiermengen von Vektoren Basen für die Vektoren der Ebene sind und begründen Sie knapp Ihre Entscheidung!

$\{\vec{a}_1, \vec{a}_2\}$; $\quad\{\vec{b}_1, \vec{b}_2\}$; $\quad\{\vec{c}_1, \vec{c}_2\}$; $\quad\{\vec{d}_1, \vec{d}_2\}$.

***GA 21***

Gegeben sei ein Parallelogramm ABCD mit $|\overline{AB}| = 4$ cm, $|\overline{AD}| = 2$ cm und $|\sphericalangle DAB| = 60°$.
Es seien weiterhin

- M der Mittelpunkt von $\overline{AB}$, N der Mittelpunkt von $\overline{BC}$;
- E der Bildpunkt von A bei der Spiegelung an N;
- F der Bildpunkt von D bei der Spiegelung an M;
- G der Bildpunkt von N bei der Spiegelung an C.

a) Konstruieren Sie das Parallelogramm ABCD und bezeichnen Sie alle weiteren beschriebenen Punkte!

b) Geben Sie die Ortsvektoren der Punkte M, N, C, E, F und G sowohl durch Pfeile mit dem Anfangspunkt A in der Konstruktion als auch als Linearkombinationen der Vektoren $\vec{a}_1 = \overrightarrow{AB}$ und $\vec{a}_2 = \overrightarrow{AD}$ an!

c) Geben Sie die Koordinaten und die Komponenten der Ortsvektoren $\overrightarrow{AF}$ und $\overrightarrow{AG}$ bezüglich $\{\vec{a}_1, \vec{a}_2\}$ an!

***GA 22***

Gegeben seien die Punkte A(1; 3), B(4; 1) und C(5; 6) bezüglich eines kartesischen Koordinatensystems $(O; \vec{e}_1, \vec{e}_2)$.

a) Stellen Sie die Vektoren $\overrightarrow{OA}$, $\overrightarrow{OB}$, und $\overrightarrow{OC}$ als Linearkombinationen von $\vec{e}_1$ und $\vec{e}_2$ dar!

b) Stellen Sie die Vektoren $\overrightarrow{AB}$, $\overrightarrow{BC}$, und $\overrightarrow{AC}$ als Linearkombinationen von $\vec{e}_1$ und $\vec{e}_2$ dar!
Geben Sie die Koordinaten der Punkte $P_1$, $P_2$ und $P_3$ mit $\overrightarrow{OP_1} = \overrightarrow{AB}$, $\overrightarrow{OP_2} = \overrightarrow{BC}$ und $\overrightarrow{OP_3} = \overrightarrow{AC}$ an!

*GA 23*

Die Punkte A, B, C sind mit A(–2; 1), B(3; 2) und C(4; 6) durch ihre Koordinaten bezüglich eines kartesischen Koordinatensystems $(O; \vec{e}_1, \vec{e}_2)$ gegeben.

a) Stellen Sie die Vektoren $\overrightarrow{OB}$, $\overrightarrow{OC}$ und $\overrightarrow{BC}$ als Linearkombinationen von $\vec{e}_1$ und $\vec{e}_2$ dar!

b) Bestimmen Sie die Koordinaten des Punktes D mit $\overrightarrow{AD} = \overrightarrow{BC}$ !
Überprüfen Sie, ob $\overrightarrow{DC} = \overrightarrow{AB}$ ist!

*GA 24*

Gegeben seien die Punkte P(2; 4; 0) und Q(5; 1; 6) bezüglich eines kartesischen Koordinatensystems $(O; \vec{e}_1, \vec{e}_2, \vec{e}_3)$ .

a) Veranschaulichen Sie in einem Schrägrissbild des Koordinatensystems (↗ Fig. G 26b, S. 284) die Ortsvektoren $\overrightarrow{OP}$ und $\overrightarrow{OQ}$ und schreiben Sie diese als Linearkombination von $\vec{e}_1$, $\vec{e}_2$ und $\vec{e}_3$ auf!

b) Geben Sie den Vektor $\vec{a} = \overrightarrow{PQ}$ als Linearkombinationen von $\vec{e}_1$, $\vec{e}_2$ und $\vec{e}_3$ an!

*GA 25*

Gegeben seien die Punkte A, B und C bezüglich eines kartesischen Koordinatensystems $(O; \vec{e}_1, \vec{e}_2)$ bzw. $(O; \vec{e}_1, \vec{e}_2, \vec{e}_3)$. Bestimmen Sie mit Hilfe der Ortsvektoren $\vec{a}$, $\vec{b}$ und $\vec{c}$ von A, B bzw. C die Vektoren $\overrightarrow{AB}$, $\overrightarrow{BC}$ und $\overrightarrow{AC}$ !

a) A(5; 1), B(7; 3), C(–1; –5)
b) A(0; 3), B(3; 0), C(0; 0)
c) A(4; 1; 2), B(0; –1; 3), C(–2; –5; –7)
d) A(1; 1; 1), B(2; 2; 2), C(3; 3; 3)

*GA 26*

Vereinfachen Sie folgende Linearkombinationen durch Anwendung von Rechengesetzen!

a) $2(\vec{a} + 3\vec{b}) - (\vec{a} + \vec{b})$
b) $-3(-\vec{a} - \vec{b}) + 5(2\vec{a} - 3\vec{b})$
c) $\begin{pmatrix} 1 \\ 3 \end{pmatrix} + \begin{pmatrix} 1 \\ -1 \end{pmatrix}$
d) $3\begin{pmatrix} 2 \\ -1 \end{pmatrix} + 2\begin{pmatrix} 1 \\ 3 \end{pmatrix} - 4\begin{pmatrix} -1 \\ 1 \end{pmatrix}$
e) $2\begin{pmatrix} 1 \\ 2 \\ 3 \end{pmatrix} + 3\begin{pmatrix} 1 \\ 1 \\ -1 \end{pmatrix}$
f) $\begin{pmatrix} 15 \\ 20 \\ 10 \end{pmatrix} - 3\begin{pmatrix} 2 \\ 1 \\ 2 \end{pmatrix}$

*GA 27*

Bestimmen Sie in den folgenden Gleichungen jeweils den Vektor $\vec{x}$ :

a) $\vec{x} = \begin{pmatrix} 9 \\ 6 \end{pmatrix} + \begin{pmatrix} 3 \\ 5 \end{pmatrix}$
b) $\vec{x} = 3\begin{pmatrix} 2 \\ -3 \end{pmatrix} + 2\begin{pmatrix} -2 \\ 1 \end{pmatrix}$
c) $\begin{pmatrix} -12 \\ 3 \end{pmatrix} + \vec{x} = \begin{pmatrix} -8 \\ 4 \end{pmatrix}$
d) $4\begin{pmatrix} 2 \\ 3 \end{pmatrix} + 3\begin{pmatrix} 1 \\ -1 \end{pmatrix} = 2\vec{x} - \begin{pmatrix} -1 \\ 1 \end{pmatrix}$
e) $\vec{x} + \begin{pmatrix} 3 \\ -1 \\ 1 \end{pmatrix} = \begin{pmatrix} 13 \\ 11 \\ 7 \end{pmatrix}$
f) $2\begin{pmatrix} 2 \\ -2 \\ 3 \end{pmatrix} + 3\vec{x} = 5\begin{pmatrix} 2 \\ 1 \\ 3 \end{pmatrix}$

*GA 28*

Gegeben seien die Vektoren $\vec{a} = \begin{pmatrix} 1 \\ 2 \\ 4 \end{pmatrix}$, $\vec{b} = \begin{pmatrix} 1 \\ -2 \\ 3 \end{pmatrix}$ und $\vec{c} = \begin{pmatrix} 4 \\ 0 \\ -2 \end{pmatrix}$. Berechnen Sie:

a) $2\vec{a} + 3\vec{b}$
b) $4\vec{a} - 2\vec{c}$
c) $2\vec{a} + 3\vec{b} - 4\vec{c}$
d) $-3\vec{a} + \vec{b} - 2\vec{c}$
e) $2{,}5\vec{a} - \vec{b}$
f) $0{,}1\vec{a} + \vec{b} + \vec{c}$

*GA 29*

Prüfen Sie jeweils, ob die folgenden Vektoren $\vec{a}_1$ und $\vec{a}_2$ linear abhängig sind:

a) $\vec{a}_1 = \begin{pmatrix} 4 \\ 2 \end{pmatrix}, \vec{a}_2 = \begin{pmatrix} 8 \\ 4 \end{pmatrix}$ b) $\vec{a}_1 = \begin{pmatrix} 3 \\ 5 \end{pmatrix}, \vec{a}_2 = \begin{pmatrix} 1 \\ 1 \end{pmatrix}$ c) $\vec{a}_1 = \begin{pmatrix} 2 \\ -3 \end{pmatrix}, \vec{a}_2 = \begin{pmatrix} 0 \\ 0 \end{pmatrix}$

d) $\vec{a}_1 = \begin{pmatrix} 1 \\ -2 \\ 3 \end{pmatrix}, \vec{a}_2 = \begin{pmatrix} -4 \\ 8 \\ -12 \end{pmatrix}$ e) $\vec{a}_1 = \begin{pmatrix} 6 \\ 16 \\ 4 \end{pmatrix}, \vec{a}_2 = \begin{pmatrix} 14 \\ 40 \\ 10 \end{pmatrix}$ f) $\vec{a}_1 = \begin{pmatrix} 3 \\ 0 \\ 4 \end{pmatrix}, \vec{a}_2 = \begin{pmatrix} 4 \\ 1 \\ 2 \end{pmatrix}$

*GA 30*

Stellen Sie den Vektor $\vec{x}$ jeweils als Linearkombination der Vektoren $\vec{a}_1$ und $\vec{a}_2$ dar (sofern dies möglich ist)!

a) $\vec{x} = \begin{pmatrix} 2 \\ 5 \end{pmatrix}, \vec{a}_1 = \begin{pmatrix} 1 \\ 0 \end{pmatrix}, \vec{a}_2 = \begin{pmatrix} 0 \\ 1 \end{pmatrix}$ b) $\vec{x} = \begin{pmatrix} 2 \\ -3 \end{pmatrix}, \vec{a}_1 = \begin{pmatrix} 1 \\ -1 \end{pmatrix}, \vec{a}_2 = \begin{pmatrix} 2 \\ 1 \end{pmatrix}$

c) $\vec{x} = \begin{pmatrix} -3 \\ 4 \end{pmatrix}, \vec{a}_1 = \begin{pmatrix} 2 \\ 6 \end{pmatrix}, \vec{a}_2 = \begin{pmatrix} 5 \\ 15 \end{pmatrix}$ d) $\vec{x} = \begin{pmatrix} -3 \\ -9 \end{pmatrix}, \vec{a}_1 = \begin{pmatrix} 2 \\ 6 \end{pmatrix}, \vec{a}_2 = \begin{pmatrix} 5 \\ 15 \end{pmatrix}$

e) $\vec{x} = \begin{pmatrix} 0 \\ 0 \end{pmatrix}, \vec{a}_1 = \begin{pmatrix} 1 \\ -2 \end{pmatrix}, \vec{a}_2 = \begin{pmatrix} 3 \\ 4 \end{pmatrix}$ f) $\vec{x} = \begin{pmatrix} 5 \\ 5 \end{pmatrix}, \vec{a}_1 = \begin{pmatrix} 1 \\ 2 \end{pmatrix}, \vec{a}_2 = \begin{pmatrix} 3 \\ 2 \end{pmatrix}$

*GA 31*

Prüfen Sie jeweils, ob das Viereck ABCD ein Trapez ist!

a) A(1; 1), B(7; 5), C(4; 6), D(1; 4) b) A(0; 3), B(2; 1), C(8; 3), D(0; 8)

c) A(3; 1), B(8; 3), C(9; 6), D(6; 10)

*GA 32*

Prüfen Sie jeweils, ob die Vektoren $\vec{a}_1$, $\vec{a}_2$ und $\vec{a}_3$ linear abhängig sind!

a) $\vec{a}_1 = \begin{pmatrix} 1 \\ -2 \\ 3 \end{pmatrix}, \vec{a}_2 = \begin{pmatrix} 1 \\ 2 \\ 1 \end{pmatrix}, \vec{a}_3 = \begin{pmatrix} 1 \\ 0 \\ 1 \end{pmatrix}$ b) $\vec{a}_1 = \begin{pmatrix} 1 \\ 7 \\ 2 \end{pmatrix}, \vec{a}_2 = \begin{pmatrix} 1 \\ 2 \\ 1 \end{pmatrix}, \vec{a}_3 = \begin{pmatrix} 2 \\ -1 \\ 1 \end{pmatrix}$

c) $\vec{a}_1 = \begin{pmatrix} 1 \\ 0 \\ 1 \end{pmatrix}, \vec{a}_2 = \begin{pmatrix} 0 \\ 1 \\ 0 \end{pmatrix}, \vec{a}_3 = \begin{pmatrix} 2 \\ 1 \\ 2 \end{pmatrix}$

*GA 33*

Stellen Sie den Vektor $\vec{x}$ jeweils als Linearkombination der Vektoren $\vec{a}_1$, $\vec{a}_2$ und $\vec{a}_3$ dar (sofern dies möglich ist)!

a) $\vec{x} = \begin{pmatrix} 1 \\ 2 \\ 5 \end{pmatrix}, \vec{a}_1 = \begin{pmatrix} 1 \\ 0 \\ 0 \end{pmatrix}, \vec{a}_2 = \begin{pmatrix} 0 \\ 1 \\ 0 \end{pmatrix}, \vec{a}_3 = \begin{pmatrix} 0 \\ 0 \\ 1 \end{pmatrix}$ b) $\vec{x} = \begin{pmatrix} 3 \\ -3 \\ 4 \end{pmatrix}, \vec{a}_1 = \begin{pmatrix} 1 \\ -2 \\ 1 \end{pmatrix}, \vec{a}_2 = \begin{pmatrix} 1 \\ 0 \\ 1 \end{pmatrix}, \vec{a}_3 = \begin{pmatrix} 0 \\ 1 \\ -1 \end{pmatrix}$

c) $\vec{x} = \begin{pmatrix} 6 \\ 4 \\ 2 \end{pmatrix}, \vec{a}_1 = \begin{pmatrix} 1 \\ 0 \\ 0 \end{pmatrix}, \vec{a}_2 = \begin{pmatrix} 1 \\ 1 \\ 0 \end{pmatrix}, \vec{a}_3 = \begin{pmatrix} 1 \\ 1 \\ 1 \end{pmatrix}$

*GA 34*

Bestimmen Sie die Beträge der folgenden Vektoren:

a) $\vec{a}_1 = \begin{pmatrix} -3 \\ 4 \end{pmatrix}, \quad \vec{a}_2 = \begin{pmatrix} 8 \\ -6 \end{pmatrix}, \quad \vec{a}_3 = \begin{pmatrix} 5 \\ 4 \end{pmatrix},$

$\vec{a}_4 = \vec{a}_2 - \vec{a}_1$

b) $\vec{b}_1 = \begin{pmatrix} 0 \\ 2 \\ 0 \end{pmatrix}, \quad \vec{b}_2 = \begin{pmatrix} 3 \\ 2 \\ 6 \end{pmatrix}, \quad \vec{b}_3 = \begin{pmatrix} 1 \\ 1 \\ 1 \end{pmatrix},$

$\vec{b}_4 = \vec{b}_2 - \vec{b}_1$

*GA 35*

Bestimmen Sie alle reellen Zahlen r so, dass die folgenden Vektoren Einheitsvektoren sind:

a) $\begin{pmatrix} 1 \\ r \end{pmatrix}$ b) $\begin{pmatrix} r \\ r \end{pmatrix}$ c) $\begin{pmatrix} r \\ 0 \end{pmatrix}$ d) $\begin{pmatrix} 1 \\ 1 \\ r \end{pmatrix}$ e) $\begin{pmatrix} r \\ r \\ r \end{pmatrix}$ f) $\begin{pmatrix} r \\ r \\ 0 \end{pmatrix}$

## G 1.6 Beweise unter Verwendung von Vektoren

*GA 36* (↗ Beispiel G 10, S. 285)

Beweisen Sie folgende Aussage: Die Diagonalen eines Parallelogramms halbieren einander.

*GA 37*

Beweisen Sie die Aussage: Halbieren in einem Viereck ABCD die Diagonalen einander, so ist ABCD ein Parallelogramm.

*GA 38*

Beweisen Sie: Die Mittelpunkte der Seiten eines beliebigen Vierecks bilden die Eckpunkte eines Parallelogramms.

*GA 39*

Beweisen Sie: Im Trapez ist die Mittellinie parallel zu den Grundseiten und halb so groß wie deren Summe.

*GA 40*

Es sei ABCD ein beliebiges Tetraeder. Die Punkte $M_1$ und $M_2$ seien die Mittelpunkte von $\overline{AB}$ bzw. $\overline{AC}$, die Punkte $M_3$ und $M_4$ die Mittelpunkte von $\overline{BD}$ bzw. $\overline{CD}$. Zeigen Sie, dass

$\overrightarrow{M_1M_2} = \overrightarrow{M_3M_4}$ und $\overrightarrow{M_1M_3} = \overrightarrow{M_2M_4}$ gilt!

*GA 41* (↗ Beispiel G 11, S. 286)

Beweisen Sie: Ist M der Mittelpunkt der Strecke $\overline{AB}$ und sind $\vec{a}$, $\vec{b}$, und $\vec{m}$ die Ortsvektoren (s. Lehrbuch, S. 283) von A, B bzw. M bezüglich eines beliebigen Punktes O ($\vec{a} = \overrightarrow{OA}$, $\vec{b} = \overrightarrow{OB}$, $\vec{m} = \overrightarrow{OM}$), so gilt $\vec{m} = \frac{1}{2}(\vec{a} + \vec{b}) = \frac{\vec{a} + \vec{b}}{2}$.

*GA 42*

Beweisen Sie: Die Summe der von den Eckpunkten eines Dreiecks ABC zu den Mittelpunkten $M_a$, $M_b$ und $M_c$ der gegenüberliegenden Seiten führenden Vektoren $\vec{s}_a$, $\vec{s}_b$ bzw. $\vec{s}_c$ ist der Nullvektor $\vec{o}$.

*GA 43*

Weisen Sie vektoriell nach, dass die Seitenhalbierenden eines Dreiecks ABC einander in einem Punkt S schneiden und dass dieser Schnittpunkt (der Schwerpunkt des Dreiecks genannt wird) eine Seitenhalbierende im Verhältnis 2:1 teilt! Zeigen Sie dabei, dass $\vec{s} = \frac{1}{3}(\vec{a} + \vec{b} + \vec{c})$ für die Ortsvektoren der Punkte S, A, B bzw. C bezüglich eines Punktes O gilt!

*GA 44*

a) Beweisen Sie: Die Summe der von den Ecken eines Tetraeders ABCD zu den Schwerpunkten $S_A$, $S_B$, $S_C$ und $S_D$ der gegenüberliegenden Seitenflächen führenden Vektoren $\vec{t}_A$, $\vec{t}_B$, $\vec{t}_C$ bzw. $\vec{t}_D$ ist gleich dem Nullvektor $\vec{o}$.
b) Weisen Sie vektoriell nach, dass die Strecken $\overline{AS_A}$, $\overline{BS_C}$, $\overline{CS_A}$ und $\overline{DS_D}$ einander in einem Punkt S schneiden und dass der Punkt S jede dieser Strecken im Verhältnis 3:1 teilt!
Zeigen Sie dabei, dass $\vec{s} = \frac{1}{4}(\vec{a} + \vec{b} + \vec{c} + \vec{d})$ für die Ortsvektoren $\vec{s}$, $\vec{a}$, $\vec{b}$, $\vec{c}$ und $\vec{d}$ der Punkte S, A, B, C bzw. D bezüglich eines Punktes O gilt!

*GA 45*

Es sei ABCD ein Tetraeder. Verbindet man die Mittelpunkte zweier gegenüberliegender Kanten, so entsteht eine Strecke, die Mittellinie des Tetraeders genannt wird.

a) Beweisen Sie, dass alle drei Mittellinien von ABCD einander in einem Punkt P schneiden und von P halbiert werden!
b) Zeigen Sie, dass der Schnittpunkt P der Mittellinien zugleich der Schwerpunkt des Tetraeders ist!

### G 1.7 Praktische Anwendungen

*GA 46* (↗ *Beispiel G 13, S. 287f.*)

Ein Körper mit der Gewichtskraft 10000 N soll 10 m über dem Punkt O an drei Seilen aufgehängt werden. Die drei Aufhängepunkte $P_1$, $P_2$ und $P_3$ sowie die Lage des Körpers im Punkt P werden mit Hilfe eines kartesischen Koordinatensystems beschrieben:
$P_1(-5; 10; 15)$, $P_2(-10; -10; 15)$, $P_3(20; -10; 15)$ und $P(0; 0; 10)$ (Angaben in m).

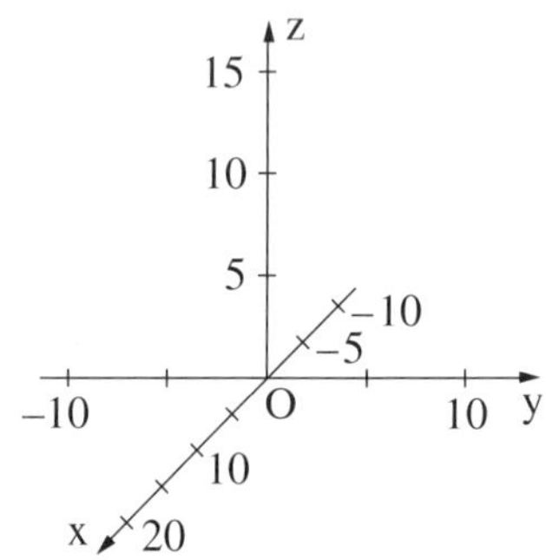


a) Berechnen Sie die Kräfte $\vec{F_1}$, $\vec{F_2}$ und $\vec{F_3}$, die in Richtung der Seile wirken und geben Sie ihre Beträge an!
b) Übernehmen Sie das Koordinatensystem in Ihr Heft, tragen Sie die Punkte $P_1$, $P_2$, $P_3$ und P ein und zeichnen Sie mit dem Maßstab 10000 N ≙ 10 m auch die Pfeile mit Anfangspunkt P ein, die die Kräfte $\vec{F_1}$, $\vec{F_2}$, $\vec{F_3}$ und $\vec{F}$ (Gewichtskraft) veranschaulichen!

*GA 47*

Auf die Spitze S eines Dreibeins mit den Stangen $\overline{S_1S}$, $\overline{S_2S}$ und $\overline{S_3S}$ wirkt am Ende eines Seiles in P eine Kraft $\vec{F}$. Die Koordinaten der Punkte sind der nebenstehenden Abbildung zu entnehmen.
Beschreiben Sie durch Untersuchung der Kräftezerlegung die Beanspruchung der Stangen!

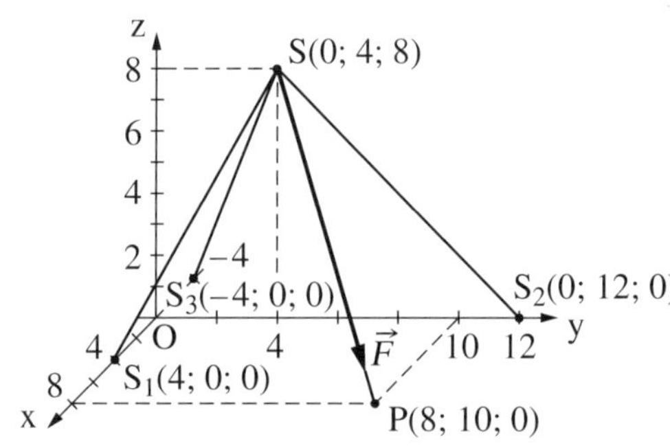


## G 2 Vektorräume

*GA 48*

In der Menge der Nullfolgen seien mit der Addition ⊕ und der Multiplikation ⊙ mit einer reellen Zahl r zwei Rechenoperationen wie folgt definiert: $(a_n) \oplus (b_n) = (a_n + b_n)$, $r \odot (a_n) = (ra_n)$.
Begründen Sie mit Hilfe der Grenzwertsätze, dass die Menge der Nullfolgen bezüglich dieser Rechenoperationen einen Vektorraum bildet!

*GA 49*

Analog zur Erklärung in ***GA 48*** definieren wir die Addition ⊕ und die Multiplikation ⊙ mit einer reellen Zahl r in der Menge der konvergenten Zahlenfolgen:
$(a_n) \oplus (b_n) = (a_n + b_n)$, $r \odot (a_n) = (ra_n)$.

a) Begründen Sie, warum alle konvergenten Zahlenfolgen, die keine Nullfolgen sind, bezüglich dieser Rechenoperationen *keinen* Vektorraum bilden!
b) Warum bildet die Menge aller konvergenten Zahlenfolgen einen Vektorraum?

# G 3 Gleichungen von Geraden und Ebenen in Vektorform

## G 3.1 Geraden in der Ebene und im Raum

*GA 50* (↗ Beispiele G 16/17, S. 292f.)

In der Ebene seien bezüglich eines Koordinatensystems der Punkt $P_0(-2;\,1)$ und der Vektor $\vec{a} = \begin{pmatrix} 1 \\ 2 \end{pmatrix}$ gegeben. Bestimmen Sie die Koordinaten der Punkte U, V, W mit den Ortsvektoren $\vec{u} = \vec{p}_0 + 2\vec{a},\ \vec{v} = \vec{p}_0 - 2\vec{a},\ \vec{w} = \vec{p}_0 + \vec{a}$! Tragen Sie diese Punkte in dem Koordinatensystem ein und überprüfen Sie auch rechnerisch, ob U, V, W auf einer Geraden durch $P_0$ liegen!

*GA 51*

Bestimmen Sie die Koordinaten der Punkte mit den zugehörigen Parameterwerten auf den gegebenen Geraden!

| | Gleichung der Geraden | $t = 1$ | $t = -1$ | $t = 0$ | $t = \frac{1}{2}$ | $t = -3$ | $t = 20$ |
|---|---|---|---|---|---|---|---|
| a) | $\vec{x} = \begin{pmatrix} 0 \\ 3 \end{pmatrix} + t\begin{pmatrix} -1 \\ -3 \end{pmatrix}$ | | | | | | |
| b) | $\vec{x} = \begin{pmatrix} 4 \\ -2 \end{pmatrix} + t\begin{pmatrix} 0 \\ 2 \end{pmatrix}$ | | | | | | |
| c) | $\vec{x} = \begin{pmatrix} 1 \\ 1 \end{pmatrix} + t\begin{pmatrix} 5 \\ -5 \end{pmatrix}$ | | | | | | |
| d) | $\vec{x} = \begin{pmatrix} 0 \\ 0 \end{pmatrix} + t\begin{pmatrix} -3 \\ 0 \end{pmatrix}$ | | | | | | |
| e) | $\vec{x} = \begin{pmatrix} 2 \\ 0 \end{pmatrix} + t\begin{pmatrix} \frac{1}{2} \\ 3 \end{pmatrix}$ | | | | | | |

*GA 52*

Beschreiben Sie die Menge der Punkte einer Geraden g, die durch die folgenden Einschränkungen für den Parameter t bestimmt sind: $g\colon \vec{x} = \begin{pmatrix} -2 \\ 3 \end{pmatrix} + t\begin{pmatrix} 1 \\ -2 \end{pmatrix}$

a) $t = -1$  b) $t \le 0$  c) $t \ge 0$  d) $-2 \le t \le 2$  e) $-2 < t < 2$  f) $-2 < t \le 2$

*GA 53*

Bestimmen Sie die Gleichung einer Geraden in vektorieller Form, die

a) den Punkt $A(-4;\,3)$;
b) die Strecke $\overline{PQ}$ mit $P(-2;\,3)$ und $Q(1;\,4)$;
c) den Strahl mit dem Anfangspunkt $M(-4;\,7)$ durch den Punkt $U(12;\,15)$

enthält! Geben Sie für diese geometrischen Objekte die jeweilige Einschränkung für den Parameter ihrer Gleichung an!

*GA 54*

Gegeben sind die folgenden Gleichungen von Geraden $g_i$ der Ebene in vektorieller Form:

a) $g_1\colon \vec{x} = \begin{pmatrix} 4 \\ 5 \end{pmatrix} + t\begin{pmatrix} 1 \\ 0 \end{pmatrix}$  b) $g_2\colon \vec{x} = \begin{pmatrix} -2 \\ 1 \end{pmatrix} + t\begin{pmatrix} 1 \\ -3 \end{pmatrix}$  c) $g_3\colon \vec{x} = \begin{pmatrix} 3 \\ 0 \end{pmatrix} + t\begin{pmatrix} 2 \\ 2 \end{pmatrix}$

d) $g_4\colon \vec{x} = \begin{pmatrix} 2{,}5 \\ -2{,}5 \end{pmatrix} + t\begin{pmatrix} 5 \\ -1 \end{pmatrix}$  e) $g_5\colon \vec{x} = \begin{pmatrix} 4 \\ 1 \end{pmatrix} + t\begin{pmatrix} 0 \\ 2 \end{pmatrix}$  f) $g_6\colon \vec{x} = \begin{pmatrix} 3 \\ 0 \end{pmatrix} + t\begin{pmatrix} 2 \\ -2 \end{pmatrix}$

Bestimmen Sie eine parameterfreie Gleichung jeder dieser Geraden!

*GA 55*

Im Raum seien bezüglich eines Koordinatensystems der Punkt $P_0(-3;\,2;\,2)$ und der Vektor $\begin{pmatrix} 1{,}5 \\ -1 \\ 2 \end{pmatrix}$ gegeben.

Bestimmen Sie die Koordinaten der Punkte U, V, W mit den zugehörigen Ortsvektoren $\vec{u} = \vec{p}_0 + 2\vec{a},\ \vec{v} = \vec{p}_0 - 2\vec{a},\ \vec{w} = \vec{p}_0 + \vec{a}$! Tragen Sie diese Punkte in ein Koordinatensystem ein!

***GA 56***

Gegeben sei im Raum die Gerade n durch ihre Gleichung n: $\vec{x} = \begin{pmatrix} 2 \\ 4 \\ -2 \end{pmatrix} + t\begin{pmatrix} -1 \\ -2 \\ 1 \end{pmatrix}$.

a) Zeigen Sie für zwei verschiedene Punkte von n, dass diese auch die Gleichung $x + y + 3z = 0$ erfüllen! Finden Sie zwei weitere Punkte, die diese Gleichung erfüllen, aber nicht auf der Geraden n liegen!

b) Lösen Sie den Teil a) auch für die Gleichung $x + z = 0$!

***GA 57***

a) Welcher der Punkte A(5; –1,5), B(–7; 4), C(–1; 1,5) liegt auf der durch $\vec{x} = \begin{pmatrix} 1 \\ 0,5 \end{pmatrix} + t\begin{pmatrix} -2 \\ 1 \end{pmatrix}$ bestimmten Geraden $g_1$?

b) Welcher der Punkte U(2; –1; 3), V(2; –1; 9), W(0; 2; –3) liegt auf der durch $\vec{x} = \begin{pmatrix} 1 \\ -1 \\ 0 \end{pmatrix} + t\begin{pmatrix} -1 \\ 0 \\ -3 \end{pmatrix}$ bestimmten Geraden $g_2$?

c) Ermitteln Sie jeweils vier weitere Punkte, die auf $g_1$ bzw. $g_2$ liegen!

***GA 58***

Welcher der Punkte A(7; –3; 6), B(–3; 2; –6), C(1; 0; –3) liegt sowohl auf der Geraden g, die durch die beiden Punkte U(1; 0; –3) und V(3; –1; 0) bestimmt ist, als auch auf der Geraden n mit der Gleichung $\vec{x} = \begin{pmatrix} 7 \\ 2 \\ -5 \end{pmatrix} + t\begin{pmatrix} 3 \\ 1 \\ -1 \end{pmatrix}$?

***GA 59***

Die Gerade $g_i$ sei durch die Punkte $A_i$ und $B_i$ bestimmt. Ergänzen Sie die fehlenden Koordinaten des Punktes $C_i$ so, dass $C_i$ auf der Geraden $g_i$ liegt!

a) $A_1(5; 1)$, $B_1(8; 3)$, $C_1(2; y_{C_1})$

b) $A_2(-3; 5)$, $B_2(-1; 4)$, $C_2(x_{C_2}; -6)$

c) $A_3(8; -3; -9)$, $B_3(5; -2; -4)$, $C_3(2; y_{C_3}; z_{C_3})$

d) $A_4(-5; 2; 10)$, $B_4(-15; 17; 40)$, $C_4(x_{C_4}; -13; z_{C_4})$

e) $A_5(7; -1; 15)$, $B_5(4; -3; 10)$, $C_5(x_{C_5}; y_{C_5}; 20)$

***GA 60***

Überprüfen Sie, ob der gegebene Punkt $X_i$ auf der durch $P_1(3; 4; -2)$ und $P_2(1,5; 2; 0)$ bestimmten Geraden liegt!

a) $X_1(2; 2; 1)$ b) $X_2(2; \frac{8}{3}; -\frac{2}{3})$ c) $X_3(4,5; 6; -4)$ d) $X_4(0; 0; 2)$

Falls $X_i$ auf der Geraden durch $P_1$ und $P_2$ liegt, bestimmen Sie auch das Teilverhältnis, in dem $X_i$ die Strecke $\overline{P_1P_2}$ teilt!

*Hinweis:* Überlegen Sie, wie der Ortsvektor $\vec{x}_i$ eines Punktes $X_i$ der Strecke $\overline{P_1P_2}$ mittels $\vec{p}_1$ und $\vec{p}_2$ ausgedrückt werden kann, wenn $X_i$ diese Strecke im Verhältnis $t : (1 - t)$ teilt!

***GA 61***

Geben Sie die Lagebeziehungen der Punkte A(1; 2), B(3; 6), C(0; 0) und D(–2; 1) bezüglich der folgenden Geraden an:

a) $g_1$: $2x - y = 0$

b) $g_2$: $\vec{x} = \begin{pmatrix} 3 \\ 0 \end{pmatrix} + t\begin{pmatrix} 2 \\ 2 \end{pmatrix}$

c) $g_3$: $y = \frac{1}{3}x + \frac{1}{2}$

d) $g_4$: $x + 3y + 15 = 0$

e) $g_5$: $\vec{x} = \begin{pmatrix} -1 \\ -2 \end{pmatrix} + t\begin{pmatrix} 1 \\ 2 \end{pmatrix}$

***GA 62***

Untersuchen Sie rechnerisch und zeichnerisch, ob die drei Punkte L(1; 2), M(3; 4) und N(–2; 0) auf einer gemeinsamen Geraden liegen!

*GA 63*

Geben Sie jeweils eine Parametergleichung (Vektorschreibweise) und eine parameterfreie Gleichung (Koordinatenschreibweise) der folgenden Geraden der Ebene an:

a) g hat den Richtungsvektor $\begin{pmatrix} -4 \\ 2 \end{pmatrix}$ und geht durch O.

b) $l$ geht durch die beiden Punkte A(–2; 1) und B(–1; –2).

c) m ist eine Parallele zur Geraden mit der Gleichung $2x - y = 3$ durch den Punkt P(1; –3).

d) n liegt auf der x-Achse des Koordinatensystems.

*GA 64*

Geben Sie eine Gleichung der folgenden Geraden des Raumes an:

a) g hat den Richtungsvektor $\begin{pmatrix} -2 \\ 3 \\ -1 \end{pmatrix}$ und geht durch 0;

b) $l$ geht durch die beiden Punkte A(–2; 1; 3) und B(–1; –2; 3) (Beschreiben Sie in diesem Fall auch anschaulich die Lage von $l$ im Koordinatensystem!);

c) m ist die Parallele zur Geraden mit der Gleichung $\vec{x} = \begin{pmatrix} 2 \\ -1 \\ 1 \end{pmatrix} + t\begin{pmatrix} -1 \\ 1 \\ 3 \end{pmatrix}$ durch P(1; –3; 3);

d) n liegt auf der x-Achse des (räumlichen) Koordinatensystems.

*GA 65*

Im Bild sind fünf Geraden bezüglich eines Koordinatensystems eingezeichnet. Bestimmen Sie jeweils eine parameterfreie und eine vektorielle Form der Gleichung für jede Gerade!

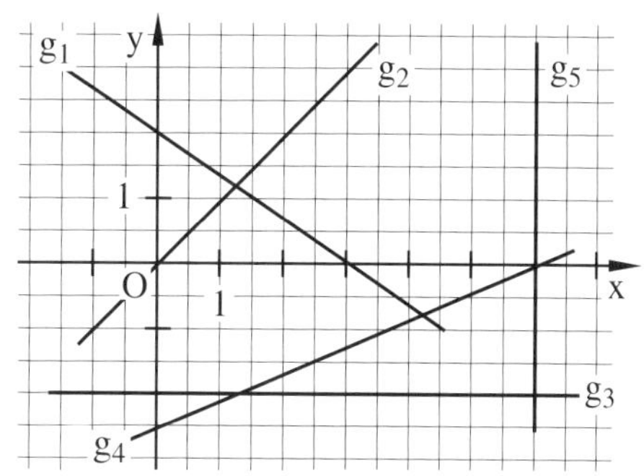


*GA 66*

Im Raum bewegt sich ein Punkt P geradlinig mit konstanter Geschwindigkeit. Zum Zeitpunkt t = 1 (s) befindet er sich im Punkt $P_1(5; -4; 7)$, zum Zeitpunkt t = 3 (s) im Punkt $P_3(1; 2; 4)$.

a) Bestimmen Sie die Koordinaten des Punktes zum Zeitpunkt t = 0 (s)!

b) Wo und wann erreicht P die xy-Ebene?

*GA 67*

Beweisen Sie, dass $\vec{s} = \frac{\vec{a} + \vec{b} + \vec{c} + \vec{d}}{4}$ der Ortsvektor zum Schwerpunkt des Tetraeders ABCD ist! Dabei ist der Schwerpunkt eines Tetraeders der Schnittpunkt der Verbindungsstrecken von den Ecken zu den Schwerpunkten der gegenüberliegenden Seitenflächen (vgl. Beispiel F 7, S. 230).

## G 3.2 Lagebeziehung von Geraden

*GA 68* *(↗ Beispiel G 19, S. 294–296)*

Gegeben seien die beiden Geraden $g_1$ und $g_2$ im Raum: $g_1$ habe den Richtungsvektor $\vec{a} = \begin{pmatrix} 2 \\ 1 \\ 1 \end{pmatrix}$ und gehe durch $P_1(1; 1; 1)$, $g_2$ gehe durch die beiden Punkte $P_2(-4; 0; 1)$ und $P_3(-2; -2; -3)$. Untersuchen Sie die Lagebeziehung von $g_1$ und $g_2$!

*GA 69*

Bestimmen Sie jeweils die Lagebeziehungen der Geraden $g_1$ und $g_2$, für die gilt:

a) $g_1$: $\vec{x} = \begin{pmatrix} 1 \\ 2 \end{pmatrix} + t\begin{pmatrix} -1 \\ 3 \end{pmatrix}$
$g_2$: $\vec{x} = \begin{pmatrix} 5 \\ -6 \end{pmatrix} + t\begin{pmatrix} 2 \\ -2 \end{pmatrix}$

b) $g_1$ ist durch die beiden Punkte A(1; 2) und B(0; 4) bestimmt. $g_2$ geht durch den Punkt P(2; –6) und hat den Richtungsvektor $\vec{a} = \begin{pmatrix} 1 \\ -2 \end{pmatrix}$.

c) $g_1$: $2x + y - 4{,}5 = 0$
$g_2$: $\vec{x} = \begin{pmatrix} 1{,}5 \\ 1{,}5 \end{pmatrix} + t\begin{pmatrix} -3 \\ 6 \end{pmatrix}$

d) $g_1$: $\vec{x} = \begin{pmatrix} 0 \\ 1 \end{pmatrix} + t\begin{pmatrix} 1 \\ -3 \end{pmatrix}$
$g_2$: $\vec{x} = \begin{pmatrix} 2 \\ -3 \end{pmatrix} + t\begin{pmatrix} -3 \\ 9 \end{pmatrix}$

e) $g_1$: $\vec{x} = \begin{pmatrix} 1 \\ 4 \end{pmatrix} + t\begin{pmatrix} 1 \\ -1 \end{pmatrix}$
$g_2$: $\vec{x} = \begin{pmatrix} -2 \\ 3 \end{pmatrix} + t\begin{pmatrix} 5 \\ -1 \end{pmatrix}$

f) $g_1$: $\vec{x} = \begin{pmatrix} 1 \\ -2 \end{pmatrix} + t\begin{pmatrix} 0 \\ 6 \end{pmatrix}$
$g_2$: $\vec{x} = \begin{pmatrix} 2 \\ -1 \end{pmatrix} + t\begin{pmatrix} 14 \\ 10{,}5 \end{pmatrix}$

g) $g_1$: $\vec{x} = \begin{pmatrix} 3 \\ 0 \end{pmatrix} + t\begin{pmatrix} -4 \\ 8 \end{pmatrix}$
$g_2$: $\vec{x} = \begin{pmatrix} 0 \\ 6 \end{pmatrix} + t\begin{pmatrix} 4 \\ -4 \end{pmatrix}$

h) $g_1$: $\vec{x} = \begin{pmatrix} 2 \\ -1 \\ 3 \end{pmatrix} + t\begin{pmatrix} 2 \\ 3 \\ -1 \end{pmatrix}$
$g_2$ verläuft durch die Punkte A(1; 2; 5) und B(–2; 2; –1)

i) $g_1$: $\vec{x} = \begin{pmatrix} 2 \\ 1 \\ -1 \end{pmatrix} + t\begin{pmatrix} -4 \\ 1 \\ 4 \end{pmatrix}$
$g_2$: $\vec{x} = \begin{pmatrix} 1 \\ 1 \\ 1 \end{pmatrix} + t\begin{pmatrix} 5 \\ 3 \\ -6 \end{pmatrix}$

j) $g_1$: $\vec{x} = \begin{pmatrix} 1 \\ 2 \\ -4 \end{pmatrix} + t\begin{pmatrix} 8 \\ -4 \\ 2 \end{pmatrix}$
$g_2$: $\vec{x} = \begin{pmatrix} 3 \\ -2 \\ -5 \end{pmatrix} + t\begin{pmatrix} 20 \\ -10 \\ 5 \end{pmatrix}$

k) $g_1$: $\vec{x} = \begin{pmatrix} 1 \\ 1 \\ -1 \end{pmatrix} + t\begin{pmatrix} 1 \\ 2 \\ 1 \end{pmatrix}$
$g_2$: $\vec{x} = \begin{pmatrix} 0 \\ 1 \\ 1 \end{pmatrix} + t\begin{pmatrix} 1 \\ 1 \\ 1 \end{pmatrix}$

l) $g_1$: $\vec{x} = \begin{pmatrix} 1 \\ 0 \\ 1 \end{pmatrix} + t\begin{pmatrix} 1 \\ 1 \\ -2 \end{pmatrix}$
$g_2$: $\vec{x} = \begin{pmatrix} 1 \\ 0 \\ 0 \end{pmatrix} + t\begin{pmatrix} 2 \\ 2 \\ -3 \end{pmatrix}$

m) $g_1$: $\vec{x} = \begin{pmatrix} 3 \\ -5 \\ 4 \end{pmatrix} + t\begin{pmatrix} -2 \\ 4 \\ -6 \end{pmatrix}$
$g_2$ verläuft durch die Punkte A(5; –9; 10) und B(4; –7; 7)

*GA 70*

Eine Gerade g sei durch die Punkte A und B, eine Gerade h durch die Punkte C und D bestimmt. Überprüfen Sie, ob g und h einander schneiden und berechnen Sie die Koordinaten des Schnittpunkts S!

a) A(1; 4), B(2; 3); C(3; 3), D(5; 10)
b) A(3; 1; 2), B(5; 3; 4); C(2; 1; 1), D(3; 3; 2)
c) A(4; 1; 5), B(6; 0; 6); C(–3; –6; 0), D(–2; –3; 1)

*GA 71*

In einem räumlichen Koordinatensystem sei ein Spat durch seine Eckpunkte gegeben: A(0; 0; 0), D(0; 5; 0), C(3; 7; 0), B(3; 2; 0), E(1; 1; 4), H(1; 6; 4), G(4; 8; 4), F(4; 3; 4). Berechnen Sie die Schnittpunkte folgender Raumdiagonalen! (Skizzieren Sie zuvor den Sachverhalt in einem räumlichen Koordinatensystem!)

a) $\overline{AG}$ und $\overline{BH}$
b) $\overline{AG}$ und $\overline{EC}$
c) $\overline{BH}$ und $\overline{EC}$

*GA 72*

Prüfen Sie, ob das Viereck ABCD eben ist!
(*Hinweis*: In einem ebenen Viereck schneiden die Diagonalen einander.)

a) A(2; 1; 2), B(5; 2; 1), C(6; 5; 3), D(0; 3; 5)
b) A(2; 2; 4), B(5; 3; 2), C(6; 9; 1), D(3; 8; 5)

*GA 73*

Bestimmen Sie die Schnittpunkte der Geraden $g$: $\vec{x} = \begin{pmatrix} 1 \\ 2 \\ 1 \end{pmatrix} + t\begin{pmatrix} -1 \\ -1 \\ 1 \end{pmatrix}$ mit den drei Koordinatenebenen!

*GA 74*

Gegeben sind ein Punkt $P_0(3; 4{,}5; 1)$ und ein Vektor $\vec{a} = \begin{pmatrix} 2 \\ 3 \\ -1 \end{pmatrix}$.

a) Geben Sie eine Gleichung der durch $P_0$ und $\vec{a}$ bestimmten Geraden an!

b) Bestimmen Sie den Schnittpunkt von g mit der xy-Ebene!

c) Zeigen Sie, dass g die z-Achse schneidet. Bestimmen Sie diesen Schnittpunkt!

## G 3.3 Ebenen im Raum

*GA 75* *(↗ Beispiel G 23, S. 299)*

Gegeben sei eine Ebene ε durch die drei Punkte A(1; 4; 0), B(–1; 2; 3) und C(1; 0; 0). Geben Sie eine Gleichung dieser Ebene in Vektorform an!

*GA 76*

Gegeben seien die Punkte $A_i$, $B_i$ und $C_i$. Bestimmen Sie jeweils die Gleichung der Ebene $\varepsilon_i$, die diese Punkte enthält!

a) $A_1(5; -3; 0)$, $B_1(7; 1; 5)$, $C_1(-2; 0; 1)$

b) $A_2(0; 0; -2)$, $B_2(3; 5; 7)$, $C_2(-1; -2; -3)$

c) $A_3(0; 4; -1)$, $B_3(3; 8; -2)$, $C_3(-7; -1; -6)$

*GA 77*

Gegeben seien ein Punkt $P_i$ und ein Vektor $\vec{u}_i$. Bestimmen Sie jeweils einen Vektor $\vec{v}_i$ so, dass durch $P_i$, $\vec{u}_i$ und $\vec{v}_i$ eine Ebene $\varepsilon_i$ eindeutig festgelegt ist! Stellen Sie die Gleichung der Ebene auf!

a) $P_1(7; 3; 4)$, $\vec{u}_1 = \begin{pmatrix} 3 \\ 1 \\ 2 \end{pmatrix}$

b) $P_2(0; 3; 0)$, $\vec{u}_2 = \begin{pmatrix} 2 \\ -1 \\ 0 \end{pmatrix}$

c) $P_3(4; -1; 2)$, $\vec{u}_3 = \begin{pmatrix} 3 \\ 4 \\ -1 \end{pmatrix}$

*GA 78*

Gegeben sei eine Ebene η durch $\vec{x} = \begin{pmatrix} 1 \\ 4 \\ 0 \end{pmatrix} + r\begin{pmatrix} -2 \\ -2 \\ 3 \end{pmatrix} + s\begin{pmatrix} 0 \\ -4 \\ 0 \end{pmatrix}$.

a) Ermitteln Sie eine parameterfreie Gleichung dieser Ebene!

b) Berechnen Sie die Koordinaten der Schnittpunkte von η mit den Achsen des Koordinatensystems!

*GA 79*

Gegeben seien die folgenden Gleichungen von Ebenen im Raum in vektorieller Form:

a) $\varepsilon_1\colon \vec{x} = \begin{pmatrix} -2 \\ 3 \\ 1 \end{pmatrix} + r\begin{pmatrix} 1 \\ 2 \\ 3 \end{pmatrix} + s\begin{pmatrix} -3 \\ 1 \\ 2 \end{pmatrix}$

b) $\varepsilon_2\colon \vec{x} = \begin{pmatrix} 1 \\ 2 \\ 5 \end{pmatrix} + r\begin{pmatrix} 0 \\ 1 \\ 4 \end{pmatrix} + s\begin{pmatrix} 0 \\ -2 \\ 1 \end{pmatrix}$

c) $\varepsilon_3\colon \vec{x} = \begin{pmatrix} 2 \\ 3 \\ 2 \end{pmatrix} + r\begin{pmatrix} 2 \\ 0 \\ 2 \end{pmatrix} + s\begin{pmatrix} 1 \\ 3 \\ 1 \end{pmatrix}$

d) $\varepsilon_4\colon \vec{x} = \begin{pmatrix} 0 \\ 0 \\ 0 \end{pmatrix} + r\begin{pmatrix} 1 \\ 1 \\ 1 \end{pmatrix} + s\begin{pmatrix} 1 \\ -1 \\ 1 \end{pmatrix}$

e) $\varepsilon_5\colon \vec{x} = \begin{pmatrix} -3 \\ -2 \\ 1 \end{pmatrix} + r\begin{pmatrix} 0 \\ 0 \\ 1 \end{pmatrix} + s\begin{pmatrix} 1 \\ 0 \\ 0 \end{pmatrix}$

Bestimmen Sie zu jeder Ebene eine parameterfreie Form der Ebenengleichung!

*GA 80*

Bestimmen Sie zu den folgenden parameterfreien Gleichungen von Ebenen im Raum jeweils eine vektorielle Gleichung!

a) $2x - 3y + 4z + 2 = 0$

b) $3x + 4z - 5 = 0$

c) $-4x - 3y + 2z - 1 = 0$

d) $4x - 5 = 0$

e) $z = 0$

f) $1x - 2y + 3z = 4$

***GA 81***

Welcher der vier Punkte T(2; 5; 3), U(16; 12; –5), V(–6; –4; 3), W(–6; 3; 4) liegt auf der Ebene

$\varepsilon\colon \vec{x} = \begin{pmatrix} -2 \\ -2 \\ 1 \end{pmatrix} + r\begin{pmatrix} 1 \\ 3 \\ 2 \end{pmatrix} + s\begin{pmatrix} 3 \\ 4 \\ 1 \end{pmatrix}$?

***GA 82***

Untersuchen Sie die Lagebeziehungen der Punkte U(1; 1; 1), V(3; 4; 5) und W(–2; 3; –1) bezüglich der beiden Ebenen

$\eta\colon 2x + 4y - 4z - 2 = 0,$ $\qquad \varepsilon\colon \vec{x} = \begin{pmatrix} -2 \\ -2 \\ 1 \end{pmatrix} + r\begin{pmatrix} 1 \\ 3 \\ 2 \end{pmatrix} + s\begin{pmatrix} 3 \\ 4 \\ 1 \end{pmatrix}$!

***GA 83***

Gegeben sind die beiden Geraden $g\colon \vec{x} = \begin{pmatrix} 1 \\ 4 \\ -1 \end{pmatrix} + t\begin{pmatrix} 1 \\ -2 \\ 3 \end{pmatrix}$ und $h\colon \vec{x} = \begin{pmatrix} 1 \\ 4 \\ 5 \end{pmatrix} + t\begin{pmatrix} -1 \\ 2 \\ 3 \end{pmatrix}$, die einander im Punkt S(2; 2; 2) schneiden. Bestimmen Sie eine Gleichung der durch g und h eindeutig bestimmten Ebene!

***GA 84***

Gegeben seien eine Gerade $g\colon \vec{x} = \begin{pmatrix} 1 \\ 1 \\ -2 \end{pmatrix} + r\begin{pmatrix} -2 \\ 1 \\ 3 \end{pmatrix}$ und ein Punkt P(–4; 3; –2). Bestimmen Sie eine Gleichung der durch g und P eindeutig bestimmten Ebene!

***GA 85***

Sind $P_0$, $P_1$ und $P_2$ drei Punkte, die eine Ebene bestimmen, so ist $\vec{x} = \vec{p}_0 + r(\vec{p}_1 - \vec{p}_0) + s(\vec{p}_2 - \vec{p}_0)$ eine Gleichung dieser Ebene. Bestimmen Sie die Parameter r und s jeweils so, dass die Punkte $P_0$, $P_1$ und $P_2$ beschrieben werden!

***GA 86***

Gegeben sei eine Ebene ε durch ihre Gleichung $\vec{x} = \begin{pmatrix} 0 \\ 1 \\ 2 \end{pmatrix} + r\begin{pmatrix} -1{,}5 \\ 0 \\ 2 \end{pmatrix} + s\begin{pmatrix} 1{,}5 \\ -1 \\ 0 \end{pmatrix}$. Geben Sie eine Achsenabschnittsgleichung dieser Ebene an und veranschaulichen Sie diese Ebene in einem Koordinatensystem!

***GA 87***

Gegeben seien eine Ebene ε durch die Gleichung $\varepsilon\colon \frac{x}{3} - \frac{y}{2} + \frac{z}{3} = 1$ und eine Gerade g durch die Gleichung $g\colon \vec{x} = \begin{pmatrix} 4 \\ 1 \\ 0{,}5 \end{pmatrix} + t\begin{pmatrix} 4 \\ 2 \\ -1 \end{pmatrix}$. Zeigen Sie, dass g in ε liegt! (*Hinweis:* Zeigen Sie, dass zwei Punkte von g in ε liegen!)

***GA 88***

Gegeben sei eine Ebene ε durch die Gleichung $\varepsilon\colon \vec{x} = \begin{pmatrix} -2 \\ 1 \\ 2 \end{pmatrix} + r\begin{pmatrix} 4 \\ -1 \\ 2 \end{pmatrix} + s\begin{pmatrix} 1 \\ 2 \\ 3 \end{pmatrix}$. Bestimmen Sie die Punktmengen, die durch die folgenden Einschränkungen der Parameter bestimmt sind:

a) $r = 2,\ s = -1$ b) $r = 1,\ s \in \mathbb{R}$ c) $r = 1,\ -2 \le s \le 2$ d) $1 \le r \le 3,\ -2 \le s \le 2$

***GA 89***

Gegeben sei eine Ebene $\varepsilon_i$. Bestimmen Sie die Gleichungen der Schnittgeraden (falls vorhanden) von $\varepsilon_i$ mit den Koordinatenebenen!

a) $\varepsilon_1\colon \vec{x} = \begin{pmatrix} 4 \\ 2 \\ 2 \end{pmatrix} + r\begin{pmatrix} 8 \\ -4 \\ 0 \end{pmatrix} + s\begin{pmatrix} 8 \\ -4 \\ 6 \end{pmatrix}$ b) $\varepsilon_2\colon 3x + 6y + 4z = 24$ c) $\varepsilon_3\colon \vec{x} = \begin{pmatrix} 2 \\ 2 \\ 2 \end{pmatrix} + r\begin{pmatrix} 1 \\ 2 \\ 3 \end{pmatrix} + s\begin{pmatrix} -2 \\ 2 \\ 1 \end{pmatrix}$

## G 3.4 Lagebeziehungen von Gerade und Ebene

*GA 90* *(↗ Beispiel G 24, S. 300)*

Gegeben seien eine Ebene $\varepsilon: \vec{x} = \begin{pmatrix} 2 \\ 1 \\ 6 \end{pmatrix} + r\begin{pmatrix} -3 \\ 0 \\ 4 \end{pmatrix} + s\begin{pmatrix} -2 \\ 1 \\ 3 \end{pmatrix}$ und die Gerade $g: \vec{x} = \begin{pmatrix} 1 \\ 0 \\ 2 \end{pmatrix} + r\begin{pmatrix} -1 \\ -1 \\ -1 \end{pmatrix}$.

Bestimmen Sie den Schnittpunkt von g und ε!

*GA 91*

Bestimmen Sie die Schnittpunkte der Geraden $g: \vec{x} = \begin{pmatrix} 2 \\ -1 \\ 3 \end{pmatrix} + t\begin{pmatrix} -1 \\ 0 \\ 3 \end{pmatrix}$ mit den Koordinatenebenen!

*GA 92*

Bestimmen Sie die Gleichung der Ebene, die die Koordinatenachsen in den Punkten $P_x(-3; 0; 0)$, $P_y(0; -1; 0)$, $P_z(0; 0; -2)$ schneidet!

*GA 93*

Wie liegen die Geraden g, h, *l* und m bezüglich der Ebene $\varepsilon: \frac{x}{2} + \frac{y}{3} + \frac{z}{4} = 1$?

$g: \vec{x} = \begin{pmatrix} -1 \\ -1 \\ 2 \end{pmatrix} + t\begin{pmatrix} 1 \\ -3 \\ 2 \end{pmatrix}$ $h: \vec{x} = \begin{pmatrix} 3 \\ 4 \\ -2 \end{pmatrix} + t\begin{pmatrix} 1 \\ 1 \\ 2 \end{pmatrix}$ $l: \vec{x} = \begin{pmatrix} 0 \\ 4 \\ -5 \end{pmatrix} + t\begin{pmatrix} 2 \\ -1 \\ 1 \end{pmatrix}$ $m: \vec{x} = \begin{pmatrix} 2 \\ 1{,}5 \\ -2 \end{pmatrix} + t\begin{pmatrix} 1 \\ 1{,}5 \\ -4 \end{pmatrix}$

Bestimmen Sie gegebenenfalls die Durchstoßpunkte!

*GA 94*

Untersuchen Sie die Lagebeziehungen der Geraden $g_1, g_2, g_3$ bezüglich der Ebene ε mit der Gleichung $\varepsilon: 2x + 3y - z + 2 = 0$:

a) $g_1: \vec{x} = \begin{pmatrix} 1 \\ -2 \\ -2 \end{pmatrix} + t\begin{pmatrix} 1 \\ 2 \\ 3 \end{pmatrix}$ b) $g_2: \vec{x} = \begin{pmatrix} 0 \\ 0 \\ 2 \end{pmatrix} + t\begin{pmatrix} -1 \\ 0 \\ -2 \end{pmatrix}$ c) $g_3: \vec{x} = \begin{pmatrix} 1 \\ -2 \\ 2 \end{pmatrix} + t\begin{pmatrix} -1 \\ -1 \\ -5 \end{pmatrix}$

Bestimmen Sie gegebenenfalls die Durchstoßpunkte!

*GA 95*

a) Geben Sie eine Gleichung einer Ebene ε an, die zur Geraden $g: \vec{x} = \begin{pmatrix} 1 \\ 4 \\ 1 \end{pmatrix} + t\begin{pmatrix} 1 \\ 1 \\ 2 \end{pmatrix}$ echt parallel ist!

b) Geben Sie eine Gleichung einer Geraden g an, die zur Ebene $\varepsilon: 2x - 3y + z - 4 = 0$ echt parallel ist!

*GA 96*

Welche spezielle Lage zu den Koordinatenebenen und Koordinatenachsen besitzen die Geraden mit den folgenden Gleichungen:

a) $g_1: \vec{x} = \begin{pmatrix} 1 \\ 2 \\ -3 \end{pmatrix} + t\begin{pmatrix} 0 \\ 2 \\ 1 \end{pmatrix}$ b) $g_2: \vec{x} = \begin{pmatrix} 2 \\ 0 \\ -5 \end{pmatrix} + t\begin{pmatrix} 3 \\ 0 \\ 2 \end{pmatrix}$ c) $g_3: \vec{x} = \begin{pmatrix} 1 \\ 2 \\ -1 \end{pmatrix} + t\begin{pmatrix} 0 \\ 0 \\ 1 \end{pmatrix}$

*GA 97*

Ein Würfel der Kantenlänge 2 liegt so in einem kartesischen Koordinatensystem, wie es in der nebenstehenden Abbildung gezeigt ist. Berechnen Sie den Durchstoßpunkt der Strecke $\overline{BH}$ durch die Ebene, die durch die Punkte D, E und G geht!

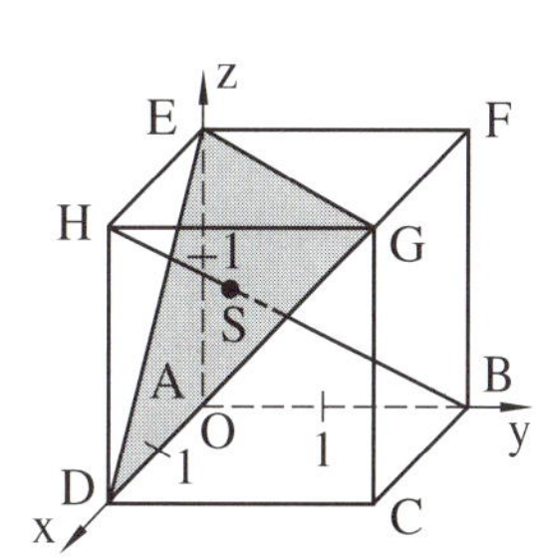

*GA 98*

Durch die drei linear unabhängigen Vektoren $\vec{a}, \vec{b}, \vec{c}$ wird ein Parallelepiped bestimmt. Berechnen Sie den Schnittpunkt S der Raumdiagonalen $\overline{OD}$ mit der Ebene durch A, B, C! In welchem Verhältnis teilt S die Raumdiagonale?

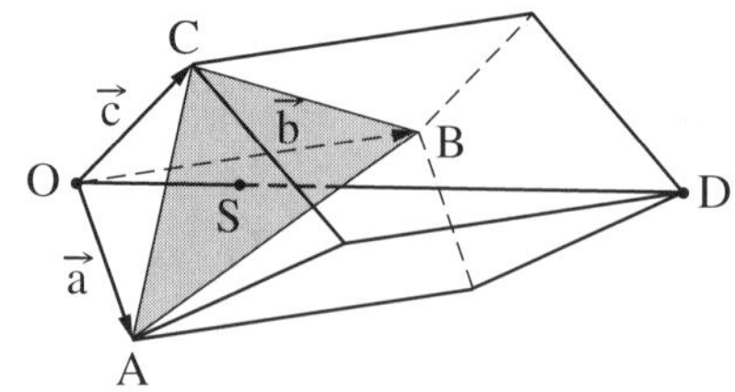


## G 3.5 Lagebeziehungen von zwei Ebenen

***GA 99*** *(↗ Beispiele G 25/26, S. 301f.)*

Gegeben seien im Raum vier Ebenen $\varepsilon, \eta_1, \eta_2$ und $\eta_3$.

$$\varepsilon: \vec{x} = \begin{pmatrix} 3 \\ 0 \\ 1 \end{pmatrix} + r\begin{pmatrix} -1 \\ 3 \\ 3 \end{pmatrix} + s\begin{pmatrix} 2 \\ -1 \\ 0 \end{pmatrix}, \qquad \eta_1: \vec{x} = \begin{pmatrix} 0 \\ 2 \\ 3 \end{pmatrix} + r\begin{pmatrix} -1 \\ 1 \\ 2 \end{pmatrix} + s\begin{pmatrix} -2 \\ -1 \\ -1 \end{pmatrix},$$

$\eta_2$: $6x + 12y - 10z - 8 = 0$ $\qquad$ $\eta_3$: $P_1(2; 2; 2), P_2(4; 6; 8), P_3(6; 0; 2)$

Untersuchen Sie das Schnittverhalten der drei Ebenen $\eta_1, \eta_2$ und $\eta_3$ bezüglich der Ebene $\varepsilon$!

***GA 100***

Untersuchen Sie die gegenseitige Lage der Ebenen $\varepsilon_1, \varepsilon_2$ und $\varepsilon_3$ und berechnen Sie eventuelle Schnittgeraden zweier Ebenen! Besitzen die drei Ebenen einen gemeinsamen Schnittpunkt?

$$\varepsilon_1: 4x - 5y - z - 14 = 0 \qquad \varepsilon_2: \vec{x} = \begin{pmatrix} 5 \\ 3 \\ 2 \end{pmatrix} + r\begin{pmatrix} 2 \\ 1 \\ 3 \end{pmatrix} + s\begin{pmatrix} 5 \\ 4 \\ 0 \end{pmatrix} \qquad \varepsilon_3: \vec{x} = \begin{pmatrix} 2 \\ 0 \\ 3 \end{pmatrix} + r\begin{pmatrix} 4 \\ -5 \\ -4 \end{pmatrix} + s\begin{pmatrix} 1 \\ 1 \\ -1 \end{pmatrix}$$

***GA 101***

Geben Sie eine Gleichung einer Ebene $\eta_1$ an, welche die Ebene $\varepsilon$: $x + 2y - z + 4 = 0$ schneidet, sowie die Gleichung einer Ebene $\eta_2$, die zu $\varepsilon$ echt parallel ist! Geben Sie für den ersten Fall eine Gleichung der Schnittgeraden an!

***GA 102***

Bestimmen Sie die Lagebeziehung der beiden Ebenen $\varepsilon$: $x + y + 3z = 0$ und $\eta$: $x + z = 0$!

Vergleichen Sie das Ergebnis mit der Aufgabenstellung ***GA 56*** und ziehen Sie eine Folgerung bezüglich der parameterfreien Darstellung der Gleichung einer Geraden im Raum!

# G 4 Lineare Gleichungssysteme II

## G 4.1 Geometrische Interpretation von linearen Gleichungssystemen

***GA 103*** *(↗ Beispiele G 27–29, S. 302–305)*

Gegeben ist ein lineares Gleichungssystem mit 2 Gleichungen und 3 Variablen:

(I) $x + 2y + z = 6$
(II) $2x + y + z = 6$

a) Lösen Sie das Gleichungssystem mit Hilfe des GAUSSschen Eliminierungsverfahrens!
b) Geben Sie für beide Gleichungen des Systems eine geometrische Interpretation:
- Notieren Sie die Achsenabschnittsgleichungen, die den gegebenen Gleichungen entsprechen!
- Veranschaulichen Sie die zu den Gleichungen gehörenden Ebenen in einem Schrägrissbild eines Koordinatensystems!
- Geben Sie eine Gleichung der Schnittgeraden beider Ebenen an und vergleichen Sie diese mit der Lösungsmenge des Gleichungssystems!

### *GA 104*

Lösen Sie mit dem GAUSSschen Eliminierungsverfahren folgende lineare Gleichungssysteme:

a) $\begin{aligned} x + 2y + 2z &= 8 \\ 3y + z &= 6 \end{aligned}$ b) $\begin{aligned} x + 5z &= 5 \\ y + 2z &= 6 \end{aligned}$

Geben Sie jeweils eine geometrische Interpretation und veranschaulichen Sie die Zusammenhänge in je einem Schrägrissbild eines Koordinatensystems!

### *GA 105*

Lösen Sie folgende lineare Gleichungssysteme: a) $\begin{aligned} 2x + 3y - 2z &= 12 \\ 2x + 3z &= 6 \\ x &= 0 \end{aligned}$ b) $\begin{aligned} \tfrac{3}{4}x + 3y - z &= 6 \\ \tfrac{3}{4}x - z &= 3 \\ z &= -3 \end{aligned}$

Geben Sie jeweils eine geometrische Interpretation und veranschaulichen Sie die Zusammenhänge in je einem Schrägrissbild eines Koordinatensystems!

## G 4.2 Die Lösungsmenge eines inhomogenen linearen Gleichungssystems

### *GA 106* *(↗ Beispiel G 30, S. 306)*

Gegeben sei das nebenstehende homogene lineare Gleichungssystem:

$$\begin{aligned} 10x_1 + 2x_2 + 9x_3 &= 0 \\ -2x_1 + 2x_2 + 3x_3 &= 0 \\ 2x_1 - x_2 - x_3 &= 0 \end{aligned}$$

a) Lösen Sie das Gleichungssystem!
b) Das obige homogene Gleichungssystem gehört zu einem inhomogenen Gleichungssystem mit $x_1 = x_2 = x_3 = 1$ als einer Lösung. Geben Sie das inhomogene System und seine Lösungsmenge an!

### *GA 107*

Gegeben sei das lineare Gleichungssystem mit 4 Variablen und 4 Gleichungen:

$$\begin{aligned} x_1 + x_2 + x_3 + x_4 &= 4 \\ -x_1 + 2x_2 - 10x_3 - 4x_4 &= -13 \\ -3x_1 - 5x_2 + 3x_3 - x_4 &= -6 \\ 2x_1 + 3x_2 - x_3 + x_4 &= 5 \end{aligned}$$

a) Überprüfen Sie, ob $(x_1; x_2; x_3; x_4) = (1; 1; 1; 1)$ eine Lösung des Gleichungssystems ist!
b) Ermitteln Sie alle Lösungen des zum gegebenen System gehörenden homogenen linearen Gleichungssystems!
c) Geben Sie alle Lösungen des gegebenen inhomogenen linearen Gleichungssystems an!

## G 4.3 Koeffizientenmatrix; Matrizen und Vektoren

### *GA 108* *(↗ Beispiel G 31, S. 308)*

Für das folgende lineare Gleichungssystem kann die Lösungsmenge durch eine Vektorgleichung angegeben werden.

Gleichungssystem:

$$\begin{aligned} x - y + 2z &= -1 \\ -x + 2y - 3z &= 3 \\ x + z &= 1 \end{aligned}$$

Lösungsmenge:

$$\begin{pmatrix} x \\ y \\ z \end{pmatrix} = \begin{pmatrix} 1 \\ 2 \\ 0 \end{pmatrix} + t \begin{pmatrix} -1 \\ 1 \\ 1 \end{pmatrix}$$

a) Überprüfen Sie die Lösungsangabe!

b) Schreiben Sie das obige Gleichungssystem in Matrizendarstellung!

c) (x; y; z) = (0; 3; 1) und (x; y; z) = (2; 1; –1) sind spezielle Lösungen des Gleichungssystems (t = 1 bzw. t = –1).
Multiplizieren Sie die Koeffizientenmatrix des Gleichungssystems mit dem Spaltenvektor $\begin{pmatrix} 0 \\ 3 \\ 1 \end{pmatrix}$ bzw. $\begin{pmatrix} 2 \\ 1 \\ -1 \end{pmatrix}$!

***GA 109***

Schreiben Sie die folgenden Gleichungssysteme jeweils in Matrizendarstellung:

a)
$$\begin{aligned} 3x + y - 5z &= 1 \\ -2x - 2y + 3z &= -1 \\ 5x + 3y - 7z &= 3 \end{aligned}$$

b)
$$\begin{aligned} 2x - 3y + z &= 1 \\ -5x + 2y - 8z &= 2 \\ -x + 3y + z &= 1 \end{aligned}$$

c)
$$\begin{aligned} 5x + y + 8z &= 7 \\ 4x - 3y - 5z &= 17 \\ -x + 2y + 5z &= -8 \end{aligned}$$

d)
$$\begin{aligned} 2x + 3y - z &= 3 \\ x \qquad + 2z &= 4 \\ x - y \qquad &= 2 \end{aligned}$$

***GA 110***

Ermitteln Sie die Spaltenvektoren, die aus der nachfolgenden Multiplikation einer Matrix mit einem Vektor hervorgehen!

a) $\begin{pmatrix} 2 & 0 & -1 \\ 3 & 1 & 2 \\ 1 & 2 & 1 \end{pmatrix} \cdot \begin{pmatrix} 1 \\ 4 \\ -1 \end{pmatrix}$
b) $\begin{pmatrix} 1 & 2 & 3 \\ -1 & 0 & 1 \end{pmatrix} \cdot \begin{pmatrix} 3 \\ 2 \\ 1 \end{pmatrix}$
c) $\begin{pmatrix} 5 & 3 \\ 2 & 1 \end{pmatrix} \cdot \begin{pmatrix} 2 \\ 1 \end{pmatrix}$

d) $\begin{pmatrix} 3 & 4 \\ 2 & -1 \\ -2 & 5 \end{pmatrix} \cdot \begin{pmatrix} 3 \\ -1 \end{pmatrix}$
e) $\begin{pmatrix} 3 & 8 & -1 \\ 0 & 5 & 3 \\ -1 & -1 & 2 \end{pmatrix} \cdot \begin{pmatrix} 1 \\ 2 \\ -1 \end{pmatrix}$
f) $\begin{pmatrix} 1 & 0 \\ 0 & 1 \end{pmatrix} \cdot \begin{pmatrix} 7 \\ 4 \end{pmatrix}$

***GA 111***

Multiplizieren Sie die Matrix $\begin{pmatrix} 0 & -5 \\ -2 & 3 \\ 4 & -1 \\ -6 & 0 \end{pmatrix}$ mit den Vektoren $\vec{x}_1 = \begin{pmatrix} 1 \\ 0 \end{pmatrix}, \vec{x}_2 = \begin{pmatrix} 0 \\ 1 \end{pmatrix}, \vec{x}_3 = \begin{pmatrix} 7 \\ 1 \end{pmatrix},$
$\vec{x}_4 = \begin{pmatrix} 2 \\ -1 \end{pmatrix}, \vec{x}_5 = \begin{pmatrix} -1 \\ -1 \end{pmatrix}, \vec{x}_6 = \begin{pmatrix} 10 \\ -2 \end{pmatrix}$!

***GA 112***

Es sei $\begin{pmatrix} 2 & -1 & -2 & -1 \\ 3 & -4 & 1 & 4 \\ 1 & 1 & -1 & 1 \end{pmatrix}$ die erweiterte Koeffizientenmatrix eines linearen Gleichungssystems. Das Gleichungssystem ist genau dann lösbar, wenn der Vektor $\vec{b} = \begin{pmatrix} -1 \\ 4 \\ 1 \end{pmatrix}$ der Absolutglieder eine Linearkombination der „Spaltenvektoren“ $\begin{pmatrix} 2 \\ 3 \\ 1 \end{pmatrix}$, $\begin{pmatrix} -1 \\ -4 \\ 1 \end{pmatrix}$ und $\begin{pmatrix} -2 \\ 1 \\ -1 \end{pmatrix}$ der Koeffizientenmatrix ist. Lösen Sie das Gleichungssystem und geben Sie (falls möglich) eine solche Linearkombination von $\vec{b}$ an!

***GA 113***

In einer Firma werden vier Legierungen $L_1$, $L_2$, $L_3$ und $L_4$ in 40, 25, 30 bzw. 50 Mengeneinheiten (ME) benötigt. Eine Tabelle weist die Materialkosten pro ME in Geldeinheiten von drei Anbietern (Ab) aus. Ermitteln Sie den/die Anbieter, der/die für den gesamten Bedarf an Legierungen das kostengünstigste Angebot machte/ten.

| | $L_1$ | $L_2$ | $L_3$ | $L_4$ |
|---|---|---|---|---|
| Ab 1 | 6 | 7 | 5 | 4 |
| Ab 2 | 7 | 5 | 6 | 4 |
| Ab 3 | 5 | 6 | 7 | 5 |

*GA 114*

Für die Sanierung eines Hauses benötigt eine Baufirma Fenster in 3 verschiedenen Größen und Türen in 2 verschiedenen Größen. Die Anzahl der Fenster $F_1$, $F_2$, $F_3$ ist 30, 22 bzw. 12 und die Anzahl der Türen $T_1$, $T_2$ ist 15 bzw. 8. Die Baufirma lässt von 3 Herstellern (Hst) Kostenvoranschläge anfertigen. Die Tabelle gibt die Kosten pro Stück in Euro an. Welcher Hersteller unterbreitet das günstigste Angebot?

| | $F_1$ | $F_2$ | $F_3$ | $T_1$ | $T_2$ |
|---|---|---|---|---|---|
| Hst 1 | 120 | 150 | 180 | 320 | 500 |
| Hst 2 | 100 | 150 | 200 | 430 | 630 |
| Hst 3 | 90 | 120 | 170 | 820 | 940 |

## G 4.4 Matrizen in Anwendungsbereichen; Rechnen mit Matrizen

*GA 115* (↗ *Beispiele G 33/34, S. 309–311*)

Die beiden Tabellen geben an, mit welchen Mengeneinheiten dreier Rohstoffe zwei Zwischenprodukte erzeugt werden, aus denen zwei Endprodukte entstehen.
Ermitteln Sie, wie viel Rohstoffeinheiten zur Herstellung von je einer Einheit der Endprodukte $E_1$ bzw. $E_2$ benötigt werden!

| | $R_1$ | $R_2$ | $R_3$ |
|---|---|---|---|
| $Z_1$ | 2 | 1 | 2 |
| $Z_2$ | 1 | 3 | 1 |

| | $Z_1$ | $Z_2$ |
|---|---|---|
| $E_1$ | 6 | 4 |
| $E_2$ | 3 | 7 |

*GA 116*

Berechnen Sie $\begin{pmatrix} 1 & 1 \\ 0 & 1 \end{pmatrix}^n = \underbrace{\begin{pmatrix} 1 & 1 \\ 0 & 1 \end{pmatrix} \cdot \ldots \cdot \begin{pmatrix} 1 & 1 \\ 0 & 1 \end{pmatrix}}_{\text{n-fach}}$ für alle von 0 verschiedenen natürlichen Zahlen n!

*GA 117*

In einem Produktionsprozess werden aus drei Rohstoffen $R_1$, $R_2$ und $R_3$ zwei Zwischenprodukte $Z_1$ und $Z_2$ mit nebenstehender Zusammensetzung hergestellt.

| | $R_1$ | $R_2$ | $R_3$ |
|---|---|---|---|
| $Z_1$ | 2 | 1 | 2 |
| $Z_2$ | 1 | 3 | 1 |

| | $R_1$ | $R_2$ | $Z_1$ | $Z_2$ |
|---|---|---|---|---|
| $E_1$ | 1 | 2 | 4 | 3 |
| $E_2$ | 3 | 1 | 1 | 5 |

Anschließend entstehen aus den beiden Rohstoffen mit den zwei Zwischenprodukten $Z_1$ und $Z_2$ in der angegebenen Zusammensetzung zwei verschiedene Endprodukte. Ermitteln Sie, wie viel Rohstoffeinheiten zur Herstellung von je einer Einheit der Endprodukte $E_1$ bzw. $E_2$ benötigt werden!

# G 5 Skalarprodukt von Vektoren

## G 5.1 Definition und Eigenschaften

*GA 118* (↗ *Definition G 15, S. 312*)

Zwei Vektoren $\vec{a}$ und $\vec{b}$ besitzen die Beträge $|\vec{a}| = 4$ bzw. $|\vec{b}| = \sqrt{3}$ und schließen einen Winkel von 60° ein. Berechnen Sie das Skalarprodukt dieser beiden Vektoren!

*GA 119*

Berechnen Sie das Skalarprodukt der folgenden Vektoren:

a) $\vec{a} = \begin{pmatrix} 1 \\ 2 \end{pmatrix}$, $\vec{b} = \begin{pmatrix} 3 \\ 2 \end{pmatrix}$  b) $\vec{u} = \begin{pmatrix} -2 \\ 3 \end{pmatrix}$, $\vec{v} = \begin{pmatrix} -1 \\ 4 \end{pmatrix}$  c) $\vec{p} = \begin{pmatrix} 1 \\ 3 \\ 2 \end{pmatrix}$, $\vec{l} = \begin{pmatrix} -2 \\ 1 \\ 0 \end{pmatrix}$

d) $\vec{f} = \begin{pmatrix} 2 \\ -3 \\ -1 \end{pmatrix}$, $\vec{v} = \begin{pmatrix} -3 \\ 2 \\ 0 \end{pmatrix}$  e) $\vec{f} = \begin{pmatrix} 7 \\ -3 \\ 5 \end{pmatrix}$, $\vec{k} = \begin{pmatrix} 0 \\ 0 \\ -2 \end{pmatrix}$  f) $\vec{u} = \begin{pmatrix} -4 \\ 9 \end{pmatrix}$, $\vec{v} = \begin{pmatrix} 3 \\ 1 \end{pmatrix}$

*GA 120*

Gegeben seien die Punkte A(2; –1; 4), B(2; 2; –3), C(0; 1; 2) und D(2; –3; 1). Berechnen Sie:

a) $\overrightarrow{AB} \cdot \overrightarrow{BC}$  b) $\overrightarrow{AC} \cdot \overrightarrow{BD}$  c) $\overrightarrow{DA} \cdot \overrightarrow{BD}$  d) $\overrightarrow{BC} \cdot \overrightarrow{BD}$  e) $\overrightarrow{CD} \cdot \overrightarrow{DB}$  f) $\overrightarrow{CD} \cdot \overrightarrow{AD}$

### *GA 121*
Von zwei Vektoren $\vec{a}$ und $\vec{b}$ ist $\vec{a}^2 = 9$, $\vec{b}^2 = 16$ und $\vec{a} \cdot \vec{b} = -6$ bekannt. Berechnen Sie den Winkel $\alpha$, den $\vec{a}$ und $\vec{b}$ einschließen!

### *GA 122*
Gegeben sind zwei Vektoren $\vec{a}$ und $\vec{b}$ mit $|\vec{a}| = 3$ und $\vec{a} \cdot \vec{b} = 6$. Was können Sie über den Vektor $\vec{b}$ aussagen?

### *GA 123*
Von zwei Vektoren $\vec{a}$ und $\vec{b}$ ist Folgendes bekannt:

a) $|\vec{a}| = 4$ b) $\vec{a} - 2\vec{b} \perp \vec{a} + \vec{b}$ c) $|\vec{a} - 2\vec{b}| = 2 \cdot |\vec{a} + \vec{b}|$.

Berechnen Sie $|\vec{b}|$, $\vec{a} \cdot \vec{b}$ und den Winkel $\alpha$, den $\vec{a}$ und $\vec{b}$ einschließen!

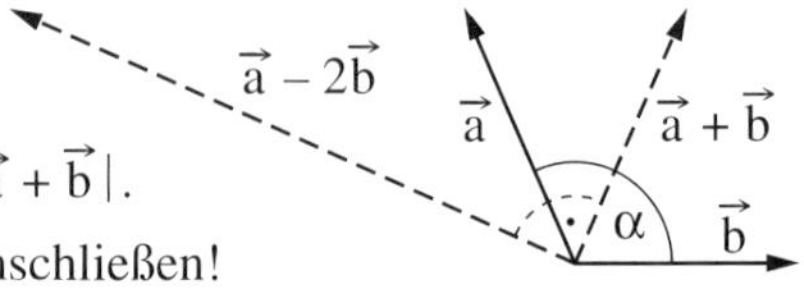


### *GA 124*
Zeigen Sie an einem Beispiel, dass bei der Skalarmultiplikation im Allgemeinen $(\vec{a} \cdot \vec{b})^2 \neq \vec{a}^2 \cdot \vec{b}^2$ ist, d.h., dass das Assoziativgesetz im Allgemeinen nicht gilt. In welchem speziellen Fall trifft das Assoziativgesetz zu?

### *GA 125*
Ein Segelboot wird so gesteuert, dass der Wind in einem Winkel von 20° zur Fahrtrichtung einfällt. Der Wind übt auf das Segel eine Kraft von 2,1 kN aus. Wie groß ist die nach einer Fahrstrecke von 10 km am Boot verrichtete Arbeit?

### *GA 126*
Berechnen Sie den Winkel, den die folgenden Vektoren einschließen:

a) $\vec{a} = \begin{pmatrix} 4 \\ 0 \end{pmatrix}$, $\vec{b} = \begin{pmatrix} 4 \\ 4\sqrt{3} \end{pmatrix}$ b) $\vec{u} = \begin{pmatrix} 2 \\ 2\sqrt{3} \end{pmatrix}$, $\vec{v} = \begin{pmatrix} 4 \\ -4\sqrt{3} \end{pmatrix}$ c) $\vec{l} = \begin{pmatrix} \sqrt{5} \\ -2 \\ 4 \end{pmatrix}$, $\vec{m} = \begin{pmatrix} \sqrt{6} \\ 3 \\ 1 \end{pmatrix}$

d) $\vec{f} = \begin{pmatrix} 1 \\ 3 \\ -2 \end{pmatrix}$, $\vec{s} = \begin{pmatrix} -2\sqrt{2} \\ -6\sqrt{2} \\ 4\sqrt{2} \end{pmatrix}$ e) $\vec{g} = \begin{pmatrix} 2 \\ 2\sqrt{3} \end{pmatrix}$, $\vec{w} = \begin{pmatrix} -4\sqrt{3} \\ -4 \end{pmatrix}$ f) $\vec{u} = \begin{pmatrix} 7 \\ 1 \\ -3 \end{pmatrix}$, $\vec{v} = \begin{pmatrix} 3 \\ -1 \\ 5 \end{pmatrix}$

### *GA 127* *(↗ Beispiel G 38, S. 315f.)*
Berechnen Sie die Innenwinkel des Dreiecks mit den Eckpunkten:

a) $A_1(2; 3)$, $B_1(6; 1)$, $C_1(3; 6)$ b) $A_2(1; 0; 1)$, $B_2(7; 4; 3)$, $C_2(-3; 2; 3)$

c) $A_3(1; 1; 0)$, $B_3(5; 8; 2)$, $C_3(2; 6; 4)$

### *GA 128*
Berechnen Sie die Innenwinkel der Flächen des Tetraeders ABCD mit A(0; 0; 0), B(4; 3; 0), C(0; 5; 0) und D(4; 3; 5)!

### *GA 129*
Wie muss t jeweils gewählt werden, damit die angegebene Gleichung erfüllt ist?

a) $\begin{pmatrix} t \\ 2 \\ 4 \end{pmatrix} \cdot \begin{pmatrix} 2t \\ 1 \\ t \end{pmatrix} = 0$ b) $\begin{pmatrix} 1 \\ 2 \\ 1 \end{pmatrix} \cdot \begin{pmatrix} -t \\ 2t \\ t \end{pmatrix} = 1$ c) $\begin{pmatrix} 2 \\ 1 \\ t \end{pmatrix} \cdot \begin{pmatrix} t \\ -2 \\ 1 \end{pmatrix} = 7$

d) $\begin{pmatrix} 3 \\ -t \\ 1 \end{pmatrix} \cdot \begin{pmatrix} t \\ -2t \\ 1 \end{pmatrix} = 0$ e) $\begin{pmatrix} t \\ 3 \\ 3t \end{pmatrix}^2 = 1$ f) $\begin{pmatrix} 3 \\ t \\ t \end{pmatrix}^2 = \begin{pmatrix} -1 \\ t-2 \\ 2t \end{pmatrix}^2$

*GA 130*

Beschreiben Sie jeweils die Menge der Punkte X mit dem Ortsvektor $\vec{x}$, für die gilt:

a) $\vec{x} \cdot \begin{pmatrix} 3 \\ 2 \end{pmatrix} = 0$ b) $\begin{pmatrix} 1 \\ 1 \end{pmatrix} \cdot \vec{x} = 4$ c) $\begin{pmatrix} 1 \\ 1 \\ 1 \end{pmatrix} \cdot \vec{x} = 0$

d) $\begin{pmatrix} 1 \\ 0 \end{pmatrix} \cdot \vec{x} = -2$ e) $\begin{pmatrix} 4 \\ 0 \\ 0 \end{pmatrix} \cdot \vec{x} = -4$ f) $\begin{pmatrix} 5 \\ 1 \\ 3 \end{pmatrix} \cdot \vec{x} = 0$

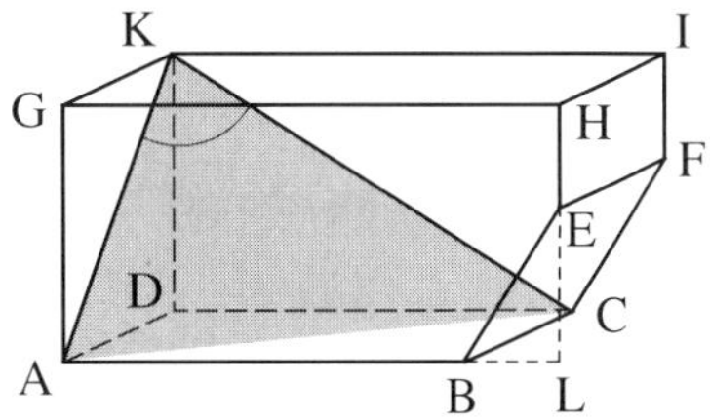


*GA 131*

Berechnen Sie den Winkel zwischen den Strecken $\overline{AK}$ und $\overline{KC}$ in dem nebenstehend skizzierten Behälter!

$|\overline{AG}| = 250$ mm, $|\overline{GK}| = 300$ mm, $|\overline{KI}| = 520$ mm, $|\overline{BL}| = 70$ mm, $|\overline{LE}| = 150$ mm

*GA 132*

Bestimmen Sie zu dem Vektor $\vec{a}_i$ einen Vektor $\vec{b}_i$, der senkrecht zu $\vec{a}_i$ verläuft!

a) $\vec{a}_1 = \begin{pmatrix} 1 \\ 2 \end{pmatrix}$ b) $\vec{a}_2 = \begin{pmatrix} 0 \\ -1 \end{pmatrix}$ c) $\vec{a}_3 = \begin{pmatrix} 1 \\ -2 \\ 3 \end{pmatrix}$ d) $\vec{a}_4 = \begin{pmatrix} 3 \\ -\sqrt{5} \\ 1 \end{pmatrix}$ e) $\vec{a}_5 = \begin{pmatrix} \sqrt{3} \\ 2 \\ \sqrt{3} \end{pmatrix}$

*GA 133*

Bestimmen Sie jeweils die Koordinaten eines Punktes C so, dass $\overrightarrow{AB}$ und $\overrightarrow{AC}$ zueinander orthogonal sind!

a) A(2; 2; 1), B(3; 3; 2) b) A(–3; 2; 5), B(8; 2; –5) c) A(7; –4; 1), B(9; –1; 3)

*GA 134*

Bestimmen Sie jeweils die Koordinaten eines Punktes C so, dass das Dreieck ABC bei C rechtwinklig ist!

a) A(0; 0; 1), B(3; 3; –1) b) A(–2; 3; 1), B(2; –1; 0) c) A(2; 2; 0), B(–1; –3; 2)

*GA 135*

Bestimmen Sie jeweils den Schnittwinkel der beiden angegebenen Geraden:

a) g: $x - 3y + 2 = 0$, h: $4x + 2y - 1 = 0$

b) g: $\vec{x} = \begin{pmatrix} -1 \\ -1 \\ -1 \end{pmatrix} + t\begin{pmatrix} 2 \\ 2 \\ 2 \end{pmatrix}$, h: $\vec{x} = \begin{pmatrix} -2 \\ -2 \\ 0 \end{pmatrix} + t\begin{pmatrix} 3 \\ 3 \\ 0 \end{pmatrix}$

c) g: $5x + 2y + 3 = 0$, h: $-2x + 8y + 3 = 0$

d) g: $\vec{x} = \begin{pmatrix} 2 \\ -1 \end{pmatrix} + t\begin{pmatrix} 8 \\ 4 \end{pmatrix}$, h: $\vec{x} = \begin{pmatrix} 1 \\ -1 \end{pmatrix} + t\begin{pmatrix} -1 \\ 0 \end{pmatrix}$

*GA 136*

Bestimmen Sie jeweils Schnittpunkt und Schnittwinkel der Geraden durch A und B bzw. C und D!

a) A(2; 1; 1), B(3; 2; 2), C(2; 7; –2), D(4; 5; 2)

b) A(3; 2; 5), B(5; 6; 3), C(4; 3; 7), D(–2; –6; 4)

c) A(3; 4; 0), B(6; –2; 3), C(4; 5; 4), D(6; 3; 8)

*GA 137*

Welche Winkel schließt jeweils die Gerade $g_i$ durch den Ursprung und den Punkt $P_i$ mit den Koordinatenachsen ein?

a) $P_1(3; 3; 1)$ b) $P_2(-4; 5; -2)$ c) $P_3(4; -1; 5)$

*GA 138*

Bestimmen Sie den Schnittwinkel zweier Raumdiagonalen eines Würfels!

### *GA 139*

Gegeben sei der achsenparallele Quader ABCDEFGH mit der Ecke D im Koordinatenursprung und der gegenüberliegenden Ecke im Punkt F(4; 5; 3). Berechnen Sie die Größe der im Bild angegebenen Winkel $\alpha$, $\beta$ und $\gamma$!

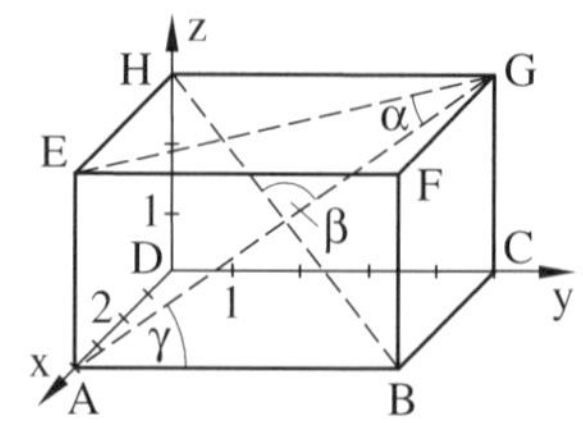


## G 5.2 Kreis und Kugel in vektorieller Betrachtungsweise

### *GA 140* (↗ *Satz G 16, S. 317)*

Geben Sie die Gleichung eines Kreises mit dem Mittelpunkt M(3; 4) und dem Radius $r = 2$ in der Ebene in vektorieller Form und in Koordinatenschreibweise an!

### *GA 141*

Geben Sie die Gleichung einer Kugel $k_i$ mit dem Mittelpunkt $M_i$ und dem Radius $r_i$ in vektorieller Form und in Koordinatenschreibweise an!

a) $M_1(-2;\ 3;\ 1)$, $r_1 = 2$  b) $M_2(0;\ 0;\ 0)$, $r_2 = 2$

c) $M_3(0;\ 0;\ 0)$, $r_3 = \frac{1}{2}\sqrt{3}$  d) $M_4(1{,}2;\ -0{,}3;\ 0{,}1)$, $r_4 = 0{,}25$

### *GA 142*

Gegeben seien der Mittelpunkt $M_i$ und ein Punkt $P_i$ einer Kugel. Geben Sie jeweils die Gleichung der Kugel $k_i$ in vektorieller Form und in Koordinatenschreibweise an!

a) $M_1(2;\ 1;\ -3)$, $P_1(5;\ -8;\ 3)$  b) $M_2(-1;\ -1;\ -1)$, $P_2(-2;\ -2;\ -2)$

c) $M_3(5;\ 8;\ -1)$, $P_3(0;\ 0;\ 0)$

### *GA 143*

Geben Sie die vektorielle Gleichung jeweils einer Kugel an, die folgender Bedingung genügt:

| | $P_i$ ist Punkt der Kugel … | $P_i$ ist innerer Punkt der Kugel … | $P_i$ ist äußerer Punkt der Kugel … |
|---|---|---|---|
| a) $P_1(1;\ -1;\ 2)$ | | | |
| b) $P_2(-1;\ 0;\ 3)$ | | | |
| c) $P_3(\sqrt{2};\ 1;\ 1)$ | | | |

### *GA 144*

Beschreiben Sie die Menge der Punkte X (mit dem Ortsvektor $\vec{x}$), für die gilt:

– in der Ebene: a) $\vec{x}^2 = 2$  b) $[\vec{x} - \begin{pmatrix}1\\2\end{pmatrix}]^2 = 2$  c) $\vec{x}^2 = -1$

– im Raum: d) $\vec{x}^2 = 3$  e) $[\vec{x} - \begin{pmatrix}1\\2\\3\end{pmatrix}]^2 = 1$  f) $\vec{x}^2 = -1$

### *GA 145* (↗ *Beispiel G 40, S. 319)*

Gegeben sei eine Kugel k durch ihren Mittelpunkt M(2; 3; 0) und einen Punkt $P_0(3;\ 0;\ 0)$.

a) Bestimmen Sie eine Gleichung der Tangentialebene $\varepsilon$ an k in $P_0$!

b) Beschreiben Sie die Lage dieser Ebene bezüglich der Koordinatenebenen und geben Sie eine Gleichung der Schnittgeraden von $\varepsilon$ mit der xy-Ebene an!

### *GA 146*

Gegeben sei ein Punkt $P_0(3;\ 2;\ 2)$. Bestimmen Sie die Gleichungen aller derjenigen Kugeln mit $r = 4$, für welche die Tangentialebene in $P_0$ an diese Kugeln parallel zur xy-Ebene verläuft!

*GA 147*

Durch die vier Punkte O(0; 0; 0), $P_x(x_0; 0; 0)$, $P_y(0; y_0; 0)$ und $P_z(0; 0; z_0)$ ist genau eine Kugel k bestimmt.

a) Zeigen Sie, dass $M(\frac{x_0}{2}; \frac{y_0}{2}; \frac{z_0}{2})$ der Mittelpunkt dieser Kugel ist!

b) Geben Sie die Gleichung dieser Kugel an!

c) Bestimmen Sie auf k den diametralen Punkt O* zu O!

d) Geben Sie eine Gleichung der Tangentialebene ε an k in O* an!

e) Bestimmen Sie die Schnittpunkte von ε mit den Achsen des Koordinatensystems!

*GA 148*

Gegeben seien ein Punkt M(–2; 2; 1) und eine Ebene $\varepsilon\colon \vec{x} = \begin{pmatrix} 3 \\ 0 \\ 0 \end{pmatrix} + r\begin{pmatrix} 3 \\ 3 \\ 0 \end{pmatrix} + s\begin{pmatrix} 3 \\ 0 \\ -3 \end{pmatrix}$.

a) Bestimmen Sie die Gleichung einer Kugel k, die M als Mittelpunkt hat und aus ε einen Kreis mit dem Radius $r' = 1$ ausschneidet!

b) Geben Sie die Gleichung einer Geraden g an, die parallel zu ε und Tangente an die Kugel ist!

## G 5.3 Abstand eines Punktes von einer Geraden bzw. Ebene

*GA 149* *(↗ Lehrbuch S. 320ff.)*

Gegeben sei eine Gerade $g_i$ in der Ebene durch den Punkt $P_i$ und den Richtungsvektor $\vec{a}_i$:

a) $P_1(1; -2)$, $\vec{a}_1 = \begin{pmatrix} 4 \\ 5 \end{pmatrix}$ b) $P_2(0; 0)$, $\vec{a}_2 = \begin{pmatrix} -2 \\ 1 \end{pmatrix}$ c) $P_3(-2; 3)$, $\vec{a}_3 = \begin{pmatrix} 1 \\ 2 \end{pmatrix}$

Geben Sie die HESSEsche Normalform von $g_i$ in Koordinaten- und Vektorschreibweise an!

*GA 150*

Gegeben sei eine Ebene $\varepsilon_i$ im Raum durch den Punkt $P_i$ und die Richtungsvektoren $\vec{a}_i$ und $\vec{b}_i$:

a) $P_1(2; 2; 2)$, $\vec{a}_1 = \begin{pmatrix} 2 \\ 1 \\ 0 \end{pmatrix}$, $\vec{b}_1 = \begin{pmatrix} -2 \\ 2 \\ 2 \end{pmatrix}$ b) $P_2(-1; -1; 2)$, $\vec{a}_2 = \begin{pmatrix} -6 \\ -4 \\ 0 \end{pmatrix}$, $\vec{b}_2 = \begin{pmatrix} -3 \\ 0 \\ -2 \end{pmatrix}$

c) $P_3(0; 0; 0)$, $\vec{a}_3 = \begin{pmatrix} 1 \\ 0 \\ 2 \end{pmatrix}$, $\vec{b}_1 = \begin{pmatrix} 2 \\ 2 \\ 2 \end{pmatrix}$

Geben Sie die HESSEsche Normalform der Gleichung von $\varepsilon_i$ in Koordinaten- und Vektorschreibweise an!

*GA 151* *(↗ Beispiele G 41/42, S. 322f.)*

Gegeben sind in der Ebene die Gerade g mit der Gleichung $y = 2x + 3$ und der Punkt P(2; –1). Berechnen Sie den Abstand des Punktes P von der Geraden g!

*GA 152*

Bestimmen Sie zu jeder der angegebenen Geraden in der Ebene einen Normalenvektor:

a) $g_1\colon 5x - 2y + 3 = 0$ b) $g_2\colon -x + \frac{1}{2}y - 1 = 0$ c) $g_3\colon y = -2x - 6$

d) $g_4\colon y = -\frac{1}{3}x - 2$ e) $g_5\colon y = 7$ f) $g_6\colon x = -3$

g) $g_7\colon \vec{x} = \begin{pmatrix} 2 \\ 1 \end{pmatrix} + t\begin{pmatrix} 5 \\ -1 \end{pmatrix}$ h) $g_8\colon \vec{x} = \begin{pmatrix} 2 \\ 0{,}5 \end{pmatrix} + t\begin{pmatrix} -1 \\ -3 \end{pmatrix}$ i) $g_9\colon \vec{x} = \begin{pmatrix} 0 \\ 1 \end{pmatrix} + t\begin{pmatrix} -1 \\ 0 \end{pmatrix}$

k) $g_{10}\colon \vec{x} = \begin{pmatrix} 0{,}2 \\ 0{,}3 \end{pmatrix} + t\begin{pmatrix} 0{,}4 \\ 1{,}2 \end{pmatrix}$

*GA 153*

Berechnen Sie jeweils den Abstand des Punktes $P_i$ von der Geraden $g_i$:

a) $P_1(1; 2)$, $g_1\colon 2x - 3y + 1 = 0$ b) $P_2(-1; 6)$, $g_2\colon y = 4x - 1$

c) $P_3(2; -4)$, $g_3$: $y = -3x + 2$

d) $P_4(0; 0)$, $g_4$: $\vec{x} = \begin{pmatrix} 5 \\ 1 \end{pmatrix} + t\begin{pmatrix} 1 \\ 2 \end{pmatrix}$

e) $P_5(-2; 1)$, $g_5$: $\vec{x} = \begin{pmatrix} -1 \\ -2 \end{pmatrix} + t\begin{pmatrix} -3 \\ 2 \end{pmatrix}$

f) $P_6(1; -1)$, $g_6$: $\vec{x} = \begin{pmatrix} 3 \\ -2 \end{pmatrix} + t\begin{pmatrix} 6 \\ 2 \end{pmatrix}$

***GA 154***

Berechnen Sie jeweils die Längen der Höhen der folgenden Dreiecke ABC:

a) A(–4; 1), B(5; 4), C(1; 1) b) A(–2; –1), B(5; –2), C(1; –5) c) A(–2; –3), B(2; 3), C(–2; 3)

***GA 155***

Berechnen Sie jeweils den Abstand der nachfolgenden zueinander parallelen Geraden $g_i$ und $h_i$ in der Ebene:

a) $g_1$: $5x + 2y - 3 = 0$, $h_1$: $5x + 2y + 1 = 0$

b) $g_2$: $2x - y - 6 = 0$, $h_2$: $y = 2x$

c) $g_3$: $\vec{x} = \begin{pmatrix} 1 \\ 0 \end{pmatrix} + t\begin{pmatrix} 2 \\ 1 \end{pmatrix}$, $h_3$: $x - 2y + 4 = 0$

d) $g_4$: $\vec{x} = \begin{pmatrix} 0 \\ 1 \end{pmatrix} + t\begin{pmatrix} 3 \\ 1 \end{pmatrix}$, $h_4$: $y = \frac{1}{3}x - 1$

e) $g_5$: $\vec{x} = \begin{pmatrix} 2 \\ 1 \end{pmatrix} + s\begin{pmatrix} 1 \\ 2 \end{pmatrix}$, $h_5$: $\vec{x} = \begin{pmatrix} 3 \\ 5 \end{pmatrix} + t\begin{pmatrix} 1 \\ 2 \end{pmatrix}$

f) $g_6$: $\vec{x} = \begin{pmatrix} 0 \\ 1 \end{pmatrix} + s\begin{pmatrix} -3 \\ 2 \end{pmatrix}$, $h_6$: $\vec{x} = \begin{pmatrix} 6 \\ 5 \end{pmatrix} + t\begin{pmatrix} 6 \\ -4 \end{pmatrix}$

***GA 156***

Bestimmen Sie in der Ebene jeweils den Punkt $D_i$ so, dass die Punkte $A_i$, $B_i$, $C_i$ und $D_i$ ein Parallelogramm bilden! Berechnen Sie die Abstände der gegenüberliegenden Seiten (die Längen der Höhen) des Parallelogramms!

a) $A_1(2; 4)$, $B_1(8; 2)$, $C_1(11; 5)$

b) $A_2(-2; 1)$, $B_2(1; -3)$, $C_2(6; 0)$

***GA 157***

Gegeben sei in der Ebene ein Dreieck mit den Eckpunkten A(0; 8), B(3; –1) und C(7; 7).

a) Berechnen Sie den Schnittpunkt M zweier Mittelsenkrechten des Dreiecks!
b) Zeigen Sie, dass $|\overline{MA}| = |\overline{MB}| = |\overline{MC}|$ ist und geben Sie die Gleichung des Umkreises des Dreiecks an!
c) Zeigen Sie, dass der Koordinatenursprung auf diesem Umkreis liegt!
d) Bestimmen Sie die Fußpunkte der Lote von O auf die durch die Seiten des Dreiecks bestimmten Geraden!
e) Zeigen Sie, dass die Lotfußpunkte aus d) auf einer Geraden liegen!

***GA 158*** *(↗ Beispiel G 42, S. 323)*

Gegeben sei eine Ebene $\varepsilon$: $3x + 6y - 2z - 14 = 0$. Bestimmen Sie die Abstände der Punkte A(–2; 9; 3), B(1; 2; 4), C(2; 3; 5) und D(0; 0; 0) von $\varepsilon$!

***GA 159***

Gegeben sei die Ebene $\varepsilon$: $x = \begin{pmatrix} 3 \\ 0 \\ 0 \end{pmatrix} + r\begin{pmatrix} 3 \\ 3 \\ 0 \end{pmatrix} + s\begin{pmatrix} 3 \\ 0 \\ -3 \end{pmatrix}$. Bestimmen Sie die Abstände der Punkte U(1; 3; 5); V(–2; 3; 5); W(0; 0; 0); $R(3; 2\sqrt{3}; 4\sqrt{3})$ und S(6; 2; 2) von $\varepsilon$!

***GA 160***

Gegeben seien eine Ebene $\varepsilon$: $\vec{x} = \begin{pmatrix} 1 \\ 1 \\ 2 \end{pmatrix} + r\begin{pmatrix} 2 \\ 1 \\ 5 \end{pmatrix} + s\begin{pmatrix} -4 \\ 0 \\ -6 \end{pmatrix}$ und zwei Punkte $P_1(-3; -6; 11)$ und $P_2(15; 18; -1)$. Bestimmen Sie die Abstände der Punkte $P_1$, $P_2$ von $\varepsilon$ sowie deren Entfernung $|\overline{P_1P_2}|$! Welche Schlussfolgerung lässt sich aus diesen drei Ergebnissen ziehen?

***GA 161***

Gegeben seien eine Ebene $\varepsilon\colon \vec{x} = \begin{pmatrix} 2 \\ -3 \\ 1 \end{pmatrix} + r\begin{pmatrix} -1 \\ -2 \\ 5 \end{pmatrix} + s\begin{pmatrix} 2 \\ 2 \\ 1 \end{pmatrix}$ und ein Punkt $P_0(12; 9; -4)$. Bestimmen Sie die Gleichung der Ebene $\eta$, die $P_0$ enthält und zu $\varepsilon$ parallel ist! Ermitteln Sie den Abstand der Ebenen $\varepsilon$ und $\eta$!

***GA 162***

Gegeben seien die Ebene $\varepsilon\colon 3x + 4y - 2z - 3 = 0$ und der Punkt $P(-3; -6; 11)$.

a) Bestimmen Sie die Gleichung einer Geraden g durch P, die zu $\varepsilon$ parallel ist!
b) Bestimmen Sie die Gleichung einer Geraden h durch P, die zu $\varepsilon$ senkrecht ist!

***GA 163***

Gegeben seien eine Ebene $\varepsilon\colon \vec{x} = \begin{pmatrix} 1 \\ 0 \\ 0 \end{pmatrix} + 2\begin{pmatrix} 0 \\ 1 \\ 0 \end{pmatrix} + 2\begin{pmatrix} 0 \\ 0 \\ 1 \end{pmatrix}$ sowie ein Punkt $P_i$. Bestimmen Sie den Abstand von $P_i$ zu $\varepsilon$ und den jeweiligen Lotfußpunkt $L_i$! a) $P_1(1; 3; 4)$ b) $P_2(3; 7; 5)$

***GA 164***

Gegeben sei eine Ebene $\varepsilon\colon 10x + 14y - z = 34$. Bestimmen Sie die Abstände der Punkte $P(9; 17; -3)$, $Q(-9; -12; 5)$ und $R(\frac{16}{3}; \frac{17}{3}; -\frac{1}{3})$ von $\varepsilon$ sowie die zugehörigen Lotfußpunkte!

***GA 165***

Gegeben seien eine Ebene $\varepsilon\colon \vec{x} = \begin{pmatrix} 1 \\ 3 \\ 1 \end{pmatrix} + r\begin{pmatrix} 1 \\ 2 \\ 0 \end{pmatrix} + s\begin{pmatrix} 1 \\ -1 \\ -1 \end{pmatrix}$ und eine Gerade $g_i$. Bestimmen Sie den Durchstoßpunkt von $g_i$ durch $\varepsilon$, falls dieser vorhanden ist!

a) $g_1\colon \vec{x} = \begin{pmatrix} 2 \\ 4 \\ 2 \end{pmatrix} + t\begin{pmatrix} 3 \\ 0 \\ -2 \end{pmatrix}$ b) $g_2\colon \vec{x} = \begin{pmatrix} 2 \\ 4 \\ 2 \end{pmatrix} + t\begin{pmatrix} 0 \\ 4 \\ 4 \end{pmatrix}$ c) $g_3\colon \vec{x} = \begin{pmatrix} 0 \\ 1 \\ 1 \end{pmatrix} + t\begin{pmatrix} 2 \\ 1 \\ -1 \end{pmatrix}$

***GA 166***

Gegeben seien ein Vektor $\vec{a} = \begin{pmatrix} 2 \\ 3 \\ 6 \end{pmatrix}$ und ein Punkt $P_1(2; 3; 1)$.

a) Geben Sie eine Gleichung der Ebene $\varepsilon_1$ an, die durch $P_0$ geht und senkrecht zu $\vec{a}$ ist!
b) Bestimmen Sie den Abstand von $O(0; 0; 0)$ zu dieser Ebene $\varepsilon_1$ und den zugehörigen Lotfußpunkt $L_1$!
c) Bestimmen Sie eine Gleichung der Ebene $\varepsilon_2$, die parallel zu $\varepsilon_1$ ist und den Abstand 7 von O hat!
d) Bestimmen Sie die Koordinaten des Punktes Q so, dass Q Spiegelbild von O an $\varepsilon_2$ ist!

***GA 167***

a) Gegeben seien ein Punkt $M(4; 5; 1)$ und eine Ebene $\varepsilon\colon \vec{x} = \begin{pmatrix} -2 \\ 0 \\ 2 \end{pmatrix} + r\begin{pmatrix} -2 \\ -1 \\ -2 \end{pmatrix} + s\begin{pmatrix} 0 \\ 1 \\ 1 \end{pmatrix}$.

Bestimmen Sie eine Gleichung der Kugel k, die M als Mittelpunkt und $\varepsilon$ als Tangentialebene hat!

b) Zeigen Sie, dass die Gerade $g\colon \vec{x} = \begin{pmatrix} 9 \\ 3 \\ 1 \end{pmatrix} + t\begin{pmatrix} -1 \\ 4 \\ 4 \end{pmatrix}$ mit der Kugel k genau zwei Punkte gemeinsam hat!

***GA 168***

Gegeben seien eine Gerade $g\colon \vec{x} = \begin{pmatrix} 7 \\ 0 \\ -1 \end{pmatrix} + t\begin{pmatrix} 2 \\ -1 \\ -2 \end{pmatrix}$ und ein Punkt $P_1(6; 4; 5)$ im Raum.

a) Bestimmen Sie den Abstand des Punktes $P_1$ von g, indem Sie entsprechend den Erläuterungen im Lehrbuch, S. 323, vorgehen!
b) Bestimmen Sie den Abstand von $P_1$ zu g, indem Sie den Abstand $|\overline{XP_1}|$ für einen beliebigen Punkt X von g bestimmen und dann unter diesen Streckenlängen die kleinste ermitteln!

## G 5.4 Schnittwinkel zweier Ebenen

***GA 169*** *(↗ Beispiel G 43, S. 324f.)*
Gegeben seien zwei Ebenen $\varepsilon_1$ und $\varepsilon_2$. Bestimmen Sie jeweils ihren Schnittwinkel!

a) $\varepsilon_1$: $2x + y + 2z - 8 = 0$, $\varepsilon_2$: $6x - 3y + 2z - 12 = 0$

b) $\varepsilon_1$: $x + y + z = 0$, $\varepsilon_2$: $x = \begin{pmatrix} -2 \\ 0 \\ -3 \end{pmatrix} + r\begin{pmatrix} 2 \\ 0 \\ -2 \end{pmatrix} + s\begin{pmatrix} 2 \\ 1 \\ 3 \end{pmatrix}$

***GA 170***
Durch A(6; 0; 0), B(0; 8; 0) und C(0; 0; 2) ist eine Ebene $\varepsilon$ gegeben. Bestimmen Sie die Schnittwinkel dieser Ebene $\varepsilon$ mit den Koordinatenebenen!

## G 5.5 Beweis durch Anwendung des Skalarprodukts

***GA 171*** *(↗ Beispiel G 44, S. 325)*
Beweisen Sie, dass im Rhombus (einem Parallelogramm mit vier gleich langen Seiten) die Diagonalen senkrecht aufeinander stehen!

***GA 172***
Beweisen Sie, dass die Höhen eines Dreiecks einander in einem Punkt schneiden!

***GA 173***
a) Beweisen Sie den Satz des PYTHAGORAS!
b) Beweisen Sie die Umkehrung des Satzes des PYTHAGORAS!

***GA 174***
Beweisen Sie den Satz des THALES vektoriell! Verwenden Sie dazu die Bezeichnungen aus nebenstehender Figur!

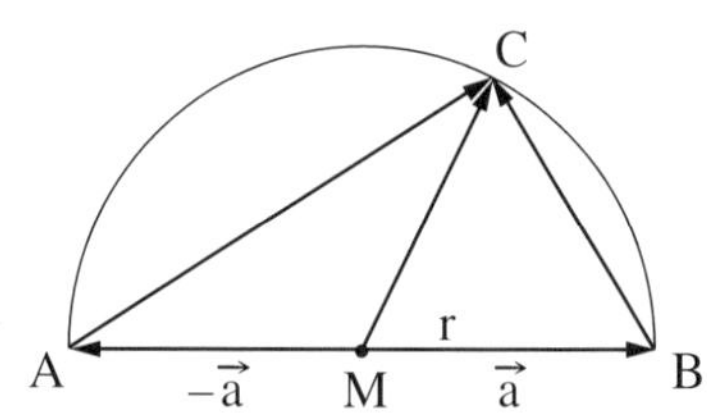


***GA 175***
Beweisen Sie, dass ein Parallelogramm genau dann ein Rechteck ist, wenn die Diagonalen gleich lang sind!

***GA 176***
Beweisen Sie für ein rechtwinkliges Dreieck a) den Höhensatz; b) den Kathetensatz!

***GA 177***
In einem Tetraeder ABCD (s. Fig.) sind $\overrightarrow{DA}$, $\overrightarrow{DB}$, $\overrightarrow{DC}$ Repräsentanten der Vektoren $\vec{a}, \vec{b}, \vec{c}$. Die Vektoren $\vec{u}, \vec{v}, \vec{w}$ werden durch $\overrightarrow{AB}$, $\overrightarrow{BC}$, $\overrightarrow{CA}$ repräsentiert. Beweisen Sie, dass $\vec{a}\cdot\vec{v} + \vec{b}\cdot\vec{w} + \vec{c}\cdot\vec{u} = 0$ gilt!

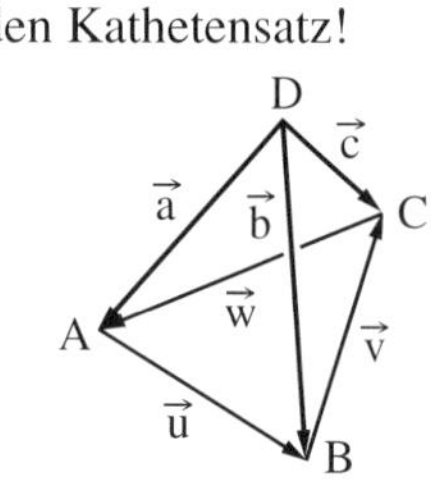


***GA 178***
In einem Tetraeder ABCD werden durch die Kanten Vektoren so repräsentiert, wie die Figur auf S. 155, links, darstellt. Beweisen Sie: Ist $\vec{a} \perp \vec{v}$ und $\vec{b} \perp \vec{w}$, dann ist auch $\vec{c} \perp \vec{u}$. Sind also in einem Tetraeder zwei Gegenkantenpaare orthogonal, dann gilt dies auch für das dritte Gegenkantenpaar.

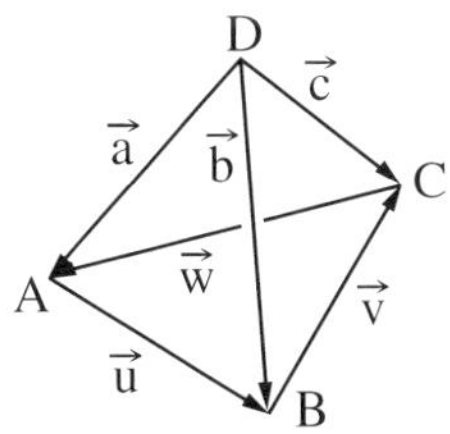


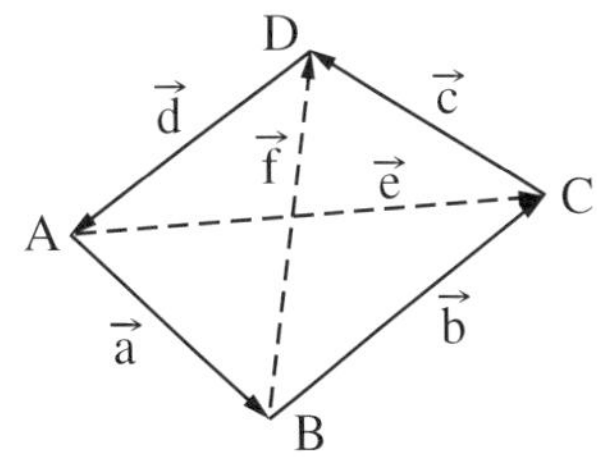


*GA 179*

ABCD sei ein Viereck in der Ebene oder im Raum und $\vec{a}, \vec{b}, \vec{c}, \vec{d}$ seien Vektoren, die durch die Viereckseiten repräsentiert werden (s. oben rechts stehende Fig.). Die Diagonalen des Vierecks mögen die Vektoren $\vec{e}$ und $\vec{f}$ repräsentieren. Beweisen Sie, dass dann gilt: $\vec{e} \cdot \vec{f} = \frac{1}{2}(\vec{b}^2 + \vec{d}^2 - \vec{a}^2 - \vec{c}^2)$

*GA 180*

a) Beweisen Sie, dass im Parallelogramm stets $e^2 + f^2 = 2(a^2 + b^2)$ gilt (s. Fig.)!

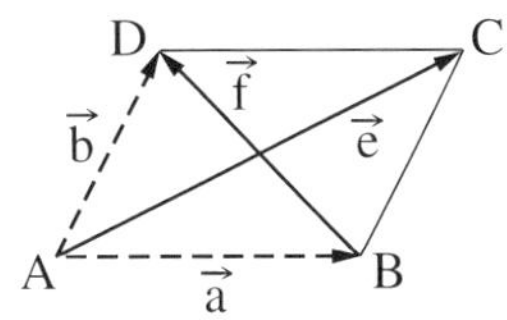


b) Beweisen Sie, dass im Parallelepiped stets $d^2 + e^2 + f^2 + g^2 = 4(a^2 + b^2 + c^2)$ gilt (s. Fig.)!

(Wir bezeichnen in dieser Aufgabe den Betrag des Vektors $\vec{x}$ mit x.)

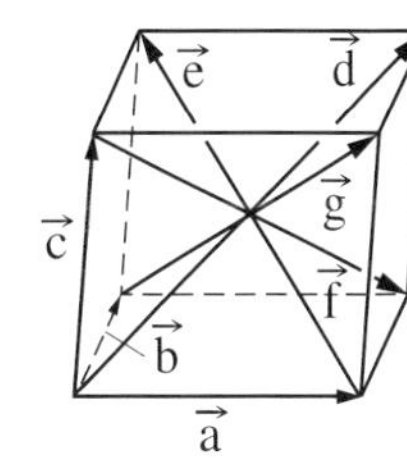


# G 6 Vektorprodukt für Vektoren im Raum

## G 6.1 Definition und Eigenschaften

*GA 181* *(↗ Satz G 20, S. 327)*

Berechnen Sie jeweils das Vektorprodukt der beiden Vektoren $\vec{a}_i$ und $\vec{b}_i$:

a) $\vec{a}_1 = \begin{pmatrix} 1 \\ -7 \\ 3 \end{pmatrix}, \vec{b}_1 = \begin{pmatrix} 2 \\ 2 \\ -1 \end{pmatrix}$ b) $\vec{a}_2 = \begin{pmatrix} 2 \\ 1 \\ 0 \end{pmatrix}, \vec{b}_2 = \begin{pmatrix} -3 \\ 1 \\ 0 \end{pmatrix}$

c) $\vec{a}_3 = \begin{pmatrix} -3 \\ 1 \\ 0 \end{pmatrix}, \vec{b}_3 = \begin{pmatrix} 2 \\ 1 \\ 0 \end{pmatrix}$ d) $\vec{a}_4 = \begin{pmatrix} -3 \\ -2 \\ 1 \end{pmatrix}, \vec{b}_4 = \begin{pmatrix} 6 \\ 4 \\ -2 \end{pmatrix}$

*GA 182*

Berechnen Sie jeweils den Flächeninhalt des durch $P_i$, $\vec{a}_i$ und $\vec{b}_i$ bestimmten Parallelogramms:

a) $P_1(1; 3; -2)$, $\vec{a}_1 = \begin{pmatrix} -2 \\ 1 \\ 0 \end{pmatrix}, \vec{b}_1 = \begin{pmatrix} 2 \\ 3 \\ -2 \end{pmatrix}$ b) $P_2(4; -2; 3)$, $\vec{a}_2 = \begin{pmatrix} 2 \\ 1 \\ -3 \end{pmatrix}, \vec{b}_2 = \begin{pmatrix} -4 \\ -2 \\ 6 \end{pmatrix}$

c) $P_3(0; 0; 0)$, $\vec{a}_3 = \begin{pmatrix} 0 \\ 1 \\ -2 \end{pmatrix}, \vec{b}_3 = \begin{pmatrix} 0 \\ 2 \\ -1 \end{pmatrix}$

*GA 183*

Berechnen Sie das Volumen eines Parallelepipeds ABCDEFGH (s. Fig.), wenn gegeben ist:

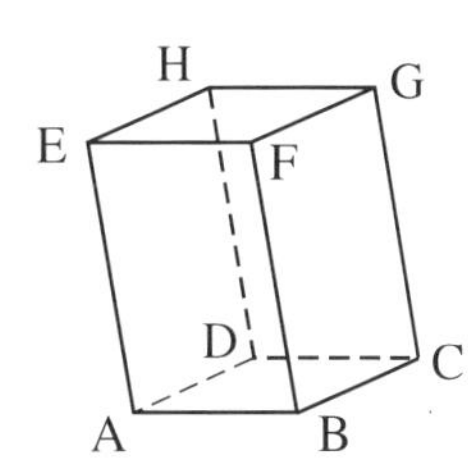


a) $\overrightarrow{A_1B_1} = \begin{pmatrix} 1 \\ 0 \\ 1 \end{pmatrix}$ $\overrightarrow{A_1D_1} = \begin{pmatrix} -1 \\ 1 \\ 2 \end{pmatrix}$ $\overrightarrow{A_1E_1} = \begin{pmatrix} 0 \\ -1 \\ 4 \end{pmatrix}$

b) $A_2(1; 2; 3)$, $B_2(4; 4; 3)$, $C_2(5; 8; 4)$, $E_2(1; 4; 6)$

c) $B_3(4; 3; 2)$, $C_3(3; 5; 2)$, $\overrightarrow{A_3B_3} = \begin{pmatrix} -1 \\ 0 \\ -1 \end{pmatrix}$ $\overrightarrow{D_3H_3} = \begin{pmatrix} -3 \\ 2 \\ 6 \end{pmatrix}$

***GA 184***

Gegeben sind die drei Vektoren $\vec{a} = \begin{pmatrix} 2 \\ -3 \\ 0 \end{pmatrix}$, $\vec{b} = \begin{pmatrix} 1 \\ y_0 \\ 0 \end{pmatrix}$ und $\vec{c} = \begin{pmatrix} 1 \\ 1 \\ -3 \end{pmatrix}$.

Bestimmen Sie $y_0$ so, dass das Volumen $V(\vec{a}, \vec{b}, \vec{c})$ des Parallelepipeds, das von $\vec{a}, \vec{b}, \vec{c}$ gebildet wird, positiv, 0 bzw. negativ ist. Erläutern Sie in jedem Fall die Lage der Vektoren!

***GA 185***

Bestimmen Sie den Abstand des Punktes $P(2; 3; 5)$ von der Ebene $\varepsilon$: $\vec{x} = \begin{pmatrix} 1 \\ -2 \\ 2 \end{pmatrix} + u\begin{pmatrix} 1 \\ 1 \\ 2 \end{pmatrix} + v\begin{pmatrix} -1 \\ 2 \\ 2 \end{pmatrix}$!

(*Hinweis:* Benutzen Sie dazu das Volumen eines Parallelepipeds!)

***GA 186***

Gegeben seien eine Ebene $\varepsilon$: $\vec{x} = \begin{pmatrix} 1 \\ -2 \\ 2 \end{pmatrix} + u\begin{pmatrix} 1 \\ 1 \\ 2 \end{pmatrix} + v\begin{pmatrix} -1 \\ 2 \\ 2 \end{pmatrix}$ und ein Punkt $P(2; 3; 5)$.

Bestimmen sie den Fußpunkt L des Lotes von P auf $\varepsilon$! (Nutzen sie dazu einen Normalvektor (↗ Beispiel G 45, S. 327f.) der Ebene.)

***GA 187*** *(↗ Beispiel G 46, S. 328)*

$\varepsilon_1$ und $\varepsilon_2$ sind zwei Ebenen, die durch ihre Gleichungen gegeben sind:

$\varepsilon_1$: $\vec{x} = \begin{pmatrix} 1 \\ -2 \\ 2 \end{pmatrix} + u\begin{pmatrix} 1 \\ 1 \\ 2 \end{pmatrix} + v\begin{pmatrix} -1 \\ 1 \\ 2 \end{pmatrix}$ $\varepsilon_2$: $3x - 2y + z - 8 = 0$

Bestimmen Sie den Schnittwinkel $\varphi$ beider Ebenen!

***GA 188***

Lösen Sie Aufgabe ***GA 168*** unter Verwendung des Vektorprodukts!

## G 6.2 Abstand zweier Geraden

***GA 189***

Eine Gerade $g_1$ ist durch die Punkte $A(0; 0; 2)$ und $B(0; 4; 0)$ und eine Gerade $g_2$ ist durch die Punkte $C(3; 0; 0)$ und $D(3; 4; 2)$ gegeben. Berechnen Sie den Abstand dieser beiden Geraden!

***GA 190*** *(↗ Beispiel G 49, S. 332)*

Untersuchen Sie jeweils, ob die Geraden $g_1$, $g_2$ windschief zueinander sind und berechnen Sie den Abstand:

a) $g_1$: $\vec{x} = \begin{pmatrix} 3 \\ -8 \\ 13 \end{pmatrix} + r\begin{pmatrix} 2 \\ -2 \\ 3 \end{pmatrix}$
$g_2$: $\vec{x} = \begin{pmatrix} 1 \\ -6 \\ 6 \end{pmatrix} + s\begin{pmatrix} -2 \\ 2 \\ -1 \end{pmatrix}$

b) $g_1$: $\vec{x} = \begin{pmatrix} -2 \\ 4 \\ 2 \end{pmatrix} + r\begin{pmatrix} 3 \\ -1 \\ 2 \end{pmatrix}$
$g_2$: $\vec{x} = \begin{pmatrix} 4 \\ 1 \\ 1 \end{pmatrix} + s\begin{pmatrix} -1{,}5 \\ 0{,}5 \\ -1 \end{pmatrix}$

c) $g_1$: $\vec{x} = \begin{pmatrix} 3 \\ 0 \\ 0 \end{pmatrix} + r\begin{pmatrix} 4 \\ 3 \\ -1 \end{pmatrix}$
$g_2$: $\vec{x} = \begin{pmatrix} 3 \\ 1 \\ 5 \end{pmatrix} + s\begin{pmatrix} -2 \\ 4 \\ 2 \end{pmatrix}$

*Komplexe Anwendungsaufgaben*

***GA 191***

Von einem Punkt A auf einem Berg soll durch Richtfunk der Kontakt zu Stationen unterhalten werden, die sich im Gelände in den Punkten der Punktmenge $P_a$ befinden. Die Lage der Punkte wird in einem kartesischen Koordinatensystem beschrieben (1 LE ≙ 1000 m im Gelände).

$A(0; 0; 1{,}5)$; $P_a(2a; a^2 - 3; 0{,}5)$, $(a \in \mathbb{N})$

Der Richtfunk wird so installiert, dass nur Stationen erreicht werden können, die sich auf den Geraden $AP_a$ befinden.

a) Berechnen Sie den Winkel zwischen den Geraden durch A und $P_1$ bzw. durch A und $P_2$!

b) Geben Sie eine Gleichung der Geradenschar an, die die Geraden durch A und $P_a$ enthält! Prüfen Sie, ob durch den Richtfunk eine Station erreicht würde, die sich im Mittelpunkt der Strecke $\overline{P_1P_3}$ befindet!

c) Der Punkt $P_4$ ist durch den Richtfunk wegen eines Geländehindernisses vom Punkt A nicht direkt erreichbar. Für die Aufstellung eines Reflektors kommen zwei Standorte in Frage, für die jeweils die Koordinaten zu ermitteln sind.

Standort 1:
Schnittpunkt der Geraden durch A und $P_3$ und der Geraden, die durch den Punkt $P_4$ und den Richtungsvektor $v = \begin{pmatrix} -2 \\ 8 \\ 1 \end{pmatrix}$ gegeben ist.

Standort 2:
Punkt auf der Geraden $AP_1$ durch A und $P_1$, der sich 1,5 km von A in Richtung $P_1$ entfernt befindet.

***GA 192***

Eine unterirdische geschlossene Sondermülldeponie hat die Form eines ebenflächig begrenzten Körpers mit den Eckpunkten A, B, C, D, E, F, G und H, deren Koordinaten in einem kartesischen Koordinatensystem (1 LE ≙ 10 m) gegeben seien (s. Abbildung). Zu Überwachungszwecken sollen folgende geradlinige Bohrungen durchgeführt werden:

- Vom Punkt A in Richtung des Punktes $M_1$ (Punkt $M_1$ sei der Mittelpunkt der Diagonale $\overline{BG}$ des Vierecks BCGF);
- vom Punkt B in Richtung des Punktes H.

a) Berechnen Sie die Koordinaten des Punktes $M_1$ und stellen Sie je eine Gleichung der Geraden durch A und $M_1$ sowie durch B und H auf!
Zeigen Sie, dass diese Geraden einander schneiden, und berechnen Sie die Koordinaten des Schnittpunktes S!
Zum Schnittpunkt S der Bohrungen sollen entweder vom Punkt A oder vom Punkt B Versorgungsleitungen für eine Sonde installiert werden. Die Kosten vom Punkt A betragen 300 €/m und vom Punkt B 500 €/m. Ermitteln Sie durch eine Kostenrechnung die billigere Variante!
Untersuchen Sie, ob die Gerade durch D und F auch die Gerade durch A und $M_1$ schneidet!

b) Für Vermessungsarbeiten sind Markierungspunkte auf der Oberfläche der Deponie so angebracht, dass ihre Lage durch eine Geradenschar $g_a$ charakterisiert werden kann, deren Geraden durch diese Markierungspunkte und den Punkt P (s. Abbildung) verlaufen:

$$g_a: \vec{x} = \overrightarrow{AP} + k\begin{pmatrix} -3 \\ a \\ 1 \end{pmatrix}, \quad (k \in \mathbb{R},\ a \in \mathbb{R})$$

Weisen Sie nach, dass die Gerade durch B und H zur Geradenschar $g_a$ gehört, und geben Sie für diesen Fall den Wert des Parameters a an! Berechnen Sie den Wert des Parameters a für die Gerade der Schar $g_a$, die durch den Mittelpunkt $M_2$ der Strecke $\overline{AB}$ geht!

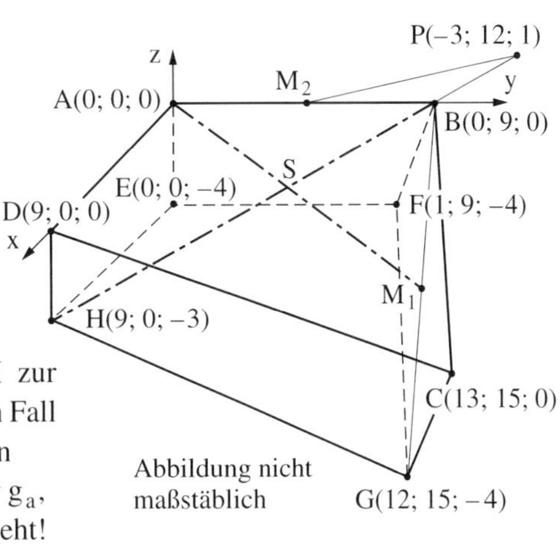

Abbildung nicht maßstäblich

c) Für eine neue Versiegelung der Fläche des Vierecks ADHE muss deren Inhalt berechnet werden. Zeigen Sie, dass das Viereck ADHE kein Parallelogramm, aber ein Trapez ist, und berechnen Sie die Maßzahl des Flächeninhaltes!

### *GA 193*

Ein Laserstrahl trifft vom Punkt P(– 6; 5; 4) in Richtung des Vektors $\vec{v} = \begin{pmatrix} 3 \\ -1 \\ -1 \end{pmatrix}$ auf einen Spiegel. Der Spiegel hat die Form eines Parallelogramms ABCD, das durch folgende Eckpunkte gegeben ist: A(6; –2; 0), B(4; 5; 5), und C(0; 6; 2)

a) Stellen sie eine Koordinatengleichung der Ebene auf, in der der Spiegel liegt, und zeigen Sie, dass der Laserstrahl den Spiegel im Schnittpunkt der Diagonalen trifft!
Welche Richtung hätte der Laserstrahl, wenn er im Punkt D den Spiegel trifft?

b) Der Laserstrahl mit der Richtung $\vec{v}$ wird durch den Spiegel reflektiert. Untersuchen Sie, welche der Punkte $P_1$(8; –13; 6), $P_2$(2; 5; 0), $P_3$(6; –1; 10) und $P_4$(5; – 4; 3) durch den reflektierten Strahl getroffen werden! Geben Sie eine Gleichung an, welche die Lage aller Punkte beschreibt, die durch den reflektierenden Strahl getroffen werden!

### *GA 194*

Zwei Flugzeuge $F_1$ und $F_2$ befinden sich auf geradlinigen Kursen. Ihre Positionen werden durch Punkte in einem kartesischen Koordinatensystem (1 LE ≘ 1000 m) beschrieben, wobei die Erdoberfläche in dem zu betrachtenden Bereich als xy-Ebene anzusehen ist. Das Flugzeug $F_1$ ist auf dem Landeanflug vom Punkt $A_1$(36; 56; 7) zum Punkt $B_1$(1; 0; 0). Das Flugzeug $F_2$ ist im Steigflug vom Punkt $A_2$(–1; 3; 1) zum Punkt $B_2$(23; 39; 7).

a) Zeigen Sie, dass die Geraden durch $A_1$ und $B_1$ sowie durch $A_2$ und $B_2$ (Geraden, auf denen die Flugstrecken liegen) windschief zueinander sind! Berechnen Sie den Abstand dieser Geraden!
Ermitteln Sie das Verhältnis der Geschwindigkeiten beider Flugzeuge, wenn sich diese zum gleichen Zeitpunkt in den Punkten $A_1$ bzw. $A_2$ befinden und auf ihren Flugstrecken $\overline{A_1B_1}$ und $\overline{A_2B_2}$ gleichzeitig den Punkt erreichen, wo ihr Abstand minimal ist!

b) Das Flugzeug $F_2$ soll den Steigflug bis in 1000 m Höhe fortsetzen und anschließend den Kurs so ändern, dass in konstanter Höhe eine Richtfunkstation überflogen wird, die sich im Punkt C(70; 50; 0) befindet.
Ermitteln Sie die Koordinaten des Punktes, ab dem der neue Kurs zu fliegen ist, und das Gradmaß des Winkels für die Kursänderung!

### *GA 195*

Die Lage einer aus zwei Seitenteilen bestehenden Rinne wird in einem kartesischen Koordinatensystem durch die folgenden Gleichungen zweier Ebenen beschrieben:

$\varepsilon_1$: 6x – 2y – 3z – 55 = 0 $\qquad$ $\varepsilon_2$: 2x – 6y – 3z – 39 = 0

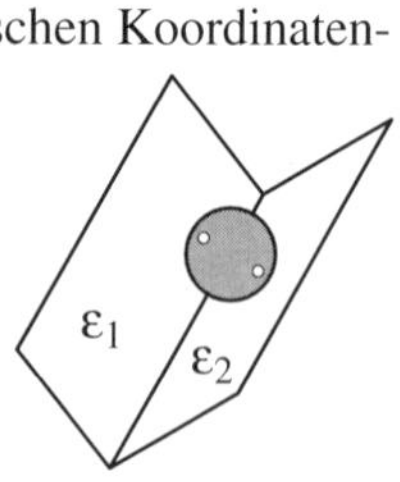


In dieser Rinne soll eine Kugel rollen (s. Abbildung). Sie berührt in der Ausgangslage die Ebene $\varepsilon_1$ im Punkt $B_1$(7; 1; –5) und die Ebene $\varepsilon_2$ im Punkt $B_2$(3; –3; –5).

a) Stellen Sie eine Gleichung der Kugel auf!

b) Geben Sie je eine Gleichung der Geraden an, auf der beim Rollen die Berührungspunkte der Kugel mit den Seitenflächen liegen! Berechnen Sie das Gefälle (Neigungswinkel) der Rinne bzw. der xy-Ebene!

c) Berechnen Sie den Abstand der Kugel von der Schnittlinie der Seitenflächen!

# H Wahrscheinlichkeitstheorie und Statistik

## H 1 Zufallsexperimente

### H 1.1 Absolute und relative Häufigkeiten

*HA 1* *(↗ Definitionen H 1/H 2, S. 334)*

Katrin „würfelte“ mit einem Kronenverschluss 100-mal. In ihrem Protokoll kennzeichnete sie mit 1, dass der Kronenverschluss nach oben geöffnet, mit 0, dass der Kronenverschluss nach unten geöffnet auffällt.

10111 01110 11110 11011
10111 01101 11110 10111
01111 00011 11010 11111
01001 01111 11111 10111
11111 11110 11111 11101

Ermitteln Sie die relativen Häufigkeiten folgender Ereignisse A, B und C:

A = {der Kronenverschluss fällt nach oben geöffnet auf}
B = {der Kronenverschluss fällt bei fünfmaligem Würfeln mindestens zweimal nacheinander nach oben geöffnet auf}
C = {der Kronenverschluss fällt bei fünfmaligem Würfeln dreimal und nicht öfter nacheinander nach oben geöffnet auf}

*HA 2*

Monika und Thomas würfeln mit RIEMER-Würfeln, und zwar mit einem L-Würfel, einem U-Würfel und einem S-Würfel.

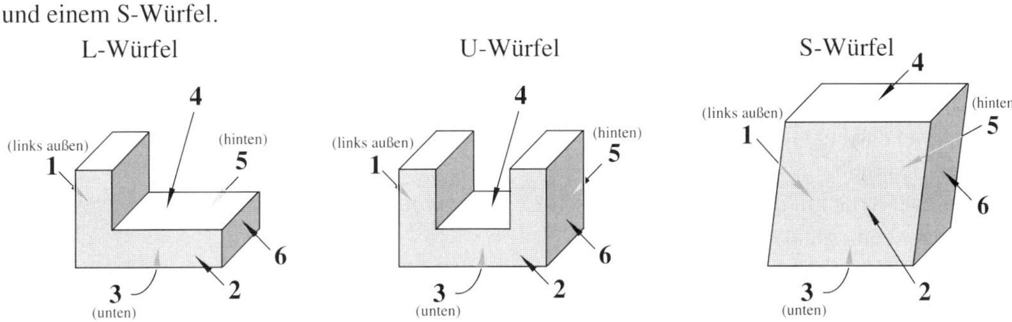


Thomas protokolliert die von ihm erzielten relativen Häufigkeiten der Augenzahlen:

| Würfel | 1 | 2 | 3 | 4 | 5 | 6 |
|---|---|---|---|---|---|---|
| L-Würfel | 0,002 | 0,140 | 0,215 | 0,397 | 0,142 | 0,102 |
| U-Würfel | 0,067 | 0,183 | 0,179 | 0,306 | 0,205 | 0,060 |
| S-Würfel | 0,214 | 0,206 | 0,073 | 0,071 | 0,222 | 0,212 |

Ergänzen Sie aufgrund dieses Protokolls die erste Spalte in Monikas Protokoll, in dem sie die absoluten Häufigkeiten der Augenzahlen aus ihren Wurfserien eingetragen hat, und zeichnen Sie jeweils ein Histogramm der zugehörigen relativen Häufigkeiten!

| Würfel | 1 | 2 | 3 | 4 | 5 | 6 |
|---|---|---|---|---|---|---|
| …-Würfel | 7 | 29 | 27 | 49 | 35 | 9 |
| …-Würfel | 1 | 49 | 37 | 63 | 27 | 23 |
| …-Würfel | 105 | 101 | 36 | 35 | 109 | 104 |

*HA 3*

Einem Protokoll über 7000 Würfe eines bestimmten, mit den Augenzahlen 1 bis 6 durchnummerierten Würfels ist zu entnehmen, dass die „1“ 1034-mal, die „3“ 998-mal, die „4“ 715-mal sowie die „5“ und die „6“ jeweils 1641-mal geworfen worden sind. Würden Sie sich auf das folgende Spielangebot mit diesem Würfel einlassen: *Fällt eine Primzahl, so erhalten Sie 10 €. Ansonsten zahlen Sie 10 €.* Begründen Sie Ihre Entscheidung!

## H 1.2 Empirisches Gesetz der großen Zahlen
## H 1.3 Zufallsexperimente und Ergebnismengen; Baumdiagramme

*HA 4* *(↗ Beispiel H 1, S. 337)*

Entscheiden Sie, welche der nachfolgend genannten Mengen als Ergebnismengen Ω ungeeignet sind! (Begründen Sie kurz Ihre Entscheidung!)
Zufallsexperiment: Einmaliges Werfen eines Tetraeders

$\Omega_1 = \{1; 2; 3; 4\}$; $\Omega_2 = \{1; 3; \text{keine } 1\}$; $\Omega_3 = \{\text{Primzahl}; 4\}$

$\Omega_4 = \{\text{Primzahl}; 4; \text{Zahl, die weder prim noch gerade ist}\}$; $\Omega_5 = \{1; 4; \text{weder 1 noch 4}\}$

*HA 5*

Geben Sie jeweils eine geeignete Ergebnismenge an!

a) Aus den Ziffern 1, 3 und 5 werden zweistellige Zahlen gebildet.
b) Aus den Ziffern 0, 2 und 4 werden dreistellige Zahlen gebildet.
c) Aus den Ziffern 0, 2 und 4 werden natürliche Zahlen gebildet, in denen keine Ziffer mehrfach auftritt.
d) Eine Münze mit *Wappen* (W) und *Zahl* (Z) wird zweimal geworfen.
e) Zwei (nicht unterscheidbare) Münzen mit jeweils *Wappen* und *Zahl* werden gleichzeitig geworfen.
f) Eine rote und eine schwarze Kugel werden nacheinander auf drei Kästchen mit den Nummern 1, 2 und 3 verteilt.
g) Aus einer Urne mit 5 weißen und 2 grünen Kugeln werden drei Kugeln ohne Zurücklegen nacheinander entnommen.
h) Aus einer Urne mit 5 weißen und 2 grünen Kugeln werden drei Kugeln mit Zurücklegen nacheinander entnommen.
i) Vier Personen $p_1$, $p_2$, $p_3$, $p_4$ stehen zur Wahl von zwei Sprechern.
*Hinweis:* Beachten Sie, ob ggf. ein „1. Sprecher“ und ein „2. Sprecher“ gewählt wird.
k) Ein Würfel wird so lange geworfen, bis zum ersten Mal eine 1 erscheint.

*HA 6*

Zufälliger Vorgang: Einmaliges Werfen eines normal mit den Augenzahlen 1, 2, 3, 4, 5 und 6 beschrifteten Würfels.
Geben Sie für jedes $i \in \{1; 2; 3; 4; 5; 6\}$ jeweils eine (genau) i-elementige Ergebnismenge $\Omega_i$ an!

*HA 7*

Ermitteln Sie mit einem Baumdiagramm je eine geeignete Ergebnismenge Ω für folgende Zufallsexperimente:

a) Zuerst wird ein Tetraeder mit den Begrenzungsflächen 1, 2, 3 und 4, dann eine Münze (mit *Wappen* W und *Zahl* Z) und anschließend noch eine Münze geworfen.

b) Es wird eine Münze mit *Wappen* und *Zahl* einmal geworfen. Genau dann, wenn bei ihr *Wappen* fällt, wird ein Tetraeder mit den Augenzahlen 1, 2, 3 und 4 geworfen. Genau dann, wenn hierbei eine Primzahl fällt, wird nochmals eine Münze geworfen.
c) Ein Tetraeder mit den Begrenzungsflächen 1, 2, 3 und 4 wird geworfen. Das „Tetraedern" ist beendet, wenn eine gerade Zahl geworfen oder wenn die Gesamtaugenzahl (Summe der geworfenen Augenzahlen) 6 erreicht bzw. überschritten oder wenn viermal gewürfelt ist.
d) Spieler *Vorsicht* geht mit 1 € an einen Spielautomaten, bei dem er je Spiel entweder 1 € hinzugewinnen oder 1 € verlieren kann. Spieler *Vorsicht* hört auf zu spielen, wenn er kein Geld mehr hat oder 4 € besitzt oder fünfmal gespielt hat.

*HA 8*

Eine Urne enthalte genau 4 Kugeln (1 rote (r), 2 weiße (w) und 1 grüne (g)).
Beschreiben Sie ein Zufallsexperiment, das durch die Ergebnismenge
$\Omega = \{r, (w; r), (g; r), (w; w; r), (w; g; r), (g; w; r), (w; w; g; r), (w; g; w; r), (g; w; w; r)\}$ charakterisiert wird!

*HA 9*

In einem Gymnasium soll die „beliebteste Lehrerin" bzw. der „beliebteste Lehrer" gewählt werden. In Vorbereitung dieser Wahl führt der Schülersprecherrat eine Vorabumfrage durch: *„Welchen der Lehrer I, K, L, M würdest du wählen?"*
Entscheiden Sie, welche der nachfolgenden Mengen als Ergebnismengen dieser Vorabumfrage nicht geeignet sind! Begründen Sie jeweils Ihr Urteil!

$\Omega_1$ = {I; K; L; M; keinen dieser Lehrer}  $\Omega_2$ = {I; K oder L; keinen dieser Lehrer}
$\Omega_3$ = {I; K; weder I noch K}  $\Omega_4$ = {I oder L; weder I noch K; keinen dieser Lehrer}
$\Omega_5$ = {I; K; L; M; einen anderen Lehrer; keinen Lehrer}

## H 1.4 Zufällige Ereignisse; Verknüpfen von Ereignissen

***HA 10*** *(↗ Beispiel H 5, S. 339 f.)*

Ergebnismenge: $\Omega = \{0; 1\}$  Ereignisraum: $2^\Omega =$
Anzahl der Ergebnisse: $|\Omega| =$  Anzahl der Ereignisse: $|2^\Omega| =$

*HA 11*

Ergänzen Sie!

a) Ergebnismenge: $\Omega = \{1; 2; 3\}$
Ereignisraum:  Anzahl der Ergebnisse:  Anzahl der Ereignisse:
b) Zufallsexperiment: Einmaliges Werfen eines Würfels
Ergebnismenge: $\Omega =$  Anzahl der Ergebnisse: $|\Omega| =$
Schreiben Sie die nachfolgenden Ereignisse als Teilmengen von $\Omega$:
A = {Augenzahl ist nicht 3};  B = {Augenzahl ist prim};
C = {Augenzahl ist ungerade};  D = {Augenzahl ist größer als 7};
E = {Augenzahl ist kleiner als 9};
Geben Sie den Ereignisraum $2^\Omega$ und $|2^\Omega|$ an!

*HA 12*

Ein Ereignisraum enthalte genau fünf atomare Ereignisse. Wie viele Elemente dieses Ereignisraumes sind keine atomaren Ereignisse?

*HA 13*

Zufallsexperiment: Einmaliges Werfen einer Münze mit *Wappen* (W) und *Zahl* (Z) sowie eines grünen und eines roten jeweils mit den Augenzahlen 1, 2, 3, 4 beschrifteten Tetraeders

a) Geben Sie eine möglichst „feine" (eine dieses Zufallsexperiment möglichst genau beschreibende) Ergebnismenge Ω an!

b) Nennen Sie alle Ergebnisse aus Ω, die eintreten können, wenn jeweils eines der folgenden Ereignisse eintritt:

A = {die Münze zeigt *Wappen*, ein Tetraeder zeigt 2, das andere 4}

B = {beide Tetraeder zeigen die Augenzahl 3}

C = {die Münze zeigt kein *Wappen* und beide Tetraeder zeigen keine Primzahl}

$D = B \cap C$

*HA 14*

Anja entnimmt einer Lostrommel nacheinander drei Lose. Dabei kann sie jeweils entweder einen Gewinn (g) oder eine Niete (n) ziehen.

a) Ermitteln Sie mit Hilfe eines Baumdiagramms eine möglichst „feine", dieses Zufallsexperiment möglichst genau beschreibende Ergebnismenge Ω!

b) Nennen Sie alle Ergebnisse aus Ω, die eintreten können, wenn jeweils eines der nachfolgenden Ereignisse eintritt:

A = {mindestens ein Los ist ein Gewinn} B = {genau ein Los ist ein Gewinn}

C = {höchstens ein Los ist ein Gewinn} D = {das erste Los ist ein Gewinn}

E = {nur das erste Los ist ein Gewinn} F = {ein Los ist eine Niete}

c) Geben Sie die nachfolgenden Ereignisse als Teilmengen von Ω an und formulieren Sie diese Ereignisse in Worten:

$G = A \cap C$ $H = \overline{A} \cap \overline{B}$ $I = D \cap F$ $L = \overline{F}$

*HA 15*

Aus einer großen Produktionsserie von Transistoren werden nacheinander „auf gut Glück" drei Stück entnommen, wobei jeweils nur registriert wird, ob der entnommene Transistor defekt oder nicht defekt ist.

a) Ermitteln Sie mittels Baumdiagramm eine (für die Untersuchung nachfolgender Ereignisse geeignete) Ergebnismenge Ω!

b) Geben Sie die Ereignisse A bis L als Teilmengen von Ω an!

A = {der zuerst entnommene Transistor ist defekt}

B = {der zuerst entnommene Transistor und nur dieser ist defekt}

C = {alle entnommenen Transistoren sind defekt}

D = {nicht alle entnommenen Transistoren sind defekt}

E = {genau zwei entnommene Transistoren sind defekt}

F = {mindestens zwei der entnommenen Transistoren sind in Ordnung}

G = {höchstens zwei der entnommenen Transistoren sind in Ordnung}

H = {der erste oder der dritte entnommene Transistor ist defekt}

I = {nur der zweite Transistor ist intakt}

K = {weder der erste noch der dritte entnommene Transistor ist defekt}

L = {es sind weder alle entnommenen Transistoren in Ordnung noch alle defekt}

c) Geben Sie die Ereignisse $A \cap F$, $L \setminus F$, $C \cup D$ als Teilmengen von Ω an!
Beschreiben Sie diese drei Ereignisse möglichst kurz mit Worten!

d) Untersuchen Sie die Ereignisse C und F auf Unvereinbarkeit!
e) Wie viele Elemente hätte eine möglichst „feine“ Ergebnismenge $\Omega_n$, wenn anstatt der drei jeweils n Transistoren entnommen werden?

*HA 16*

Ein Würfel wird zweimal hintereinander geworfen und das zugehörige Augenzahlpaar notiert. Folgende Ereignisse werden betrachtet:

A = {Pasch} (d.h. zweimal dieselbe Augenzahl) B = {Doppelsechs wird geworfen}
C = {beide Male wird eine gerade Zahl gewürfelt} D = {Augensumme ist mindestens 10}
E = {Augensumme ist (genau) 7}

a) Wie viele Elemente enthält die zugehörige Ergebnismenge $\Omega$?
b) Schreiben Sie die obigen Ereignisse A bis E als Teilmengen von $\Omega$!
c) Zeichnen Sie den zum Ereignis D gehörigen Teil des Baumdiagramms!
d) Geben Sie die Ereignisse $\overline{C}$, $B \cup E$, $C \cap D$ und $E \setminus A$ als Teilmengen von $\Omega$ sowie in Worten an!
e) Geben Sie eine „gröbere“ Ergebnismenge $\Omega'$ an, die für die Ereignisse B, D und E geeignet wäre! Schreiben Sie diese drei Ereignisse als Teilmengen von $\Omega'$!

*HA 17*

Brunhilde, Gunhilde und Ruthilde „würfelten“ mit einem Ikosaeder, dessen zwanzig kongruente Dreiecksflächen so mit den Augenzahlen 1 bis 10 beschriftet sind, dass genau zwei dieser Begrenzungsflächen jeweils dieselbe Zahl tragen. Bezüglich der Ergebnismenge $\Omega = \{1; 2; 3; \ldots; 9; 10\}$ seien die Ereignisse $X = \{1; 2; 3; 4\}$, $Y = \{8; 9; 10\}$ und $Z = \{3; 4; 5\}$ definiert.
Beim ersten Spiel setzte Brunhilde auf das Ereignis $B_1 = X \cup Y$, Gunhilde auf $G_1 = Y \cup Z$ und Ruthilde auf $R_1 = (X \cap \overline{Z}) \cup \overline{Z}$

a) Welche Ergebnisse bringen allen drei Spielerinnen gleichzeitig einen Gewinn?
b) Beim zweiten Spiel hatte Brunhilde auf das Ereignis $B_2 = (X \cap \overline{Z}) \cup Y$ und Gunhilde auf das Ereignis $G_2 = \overline{(\overline{X} \cap \overline{Y})} \cup Z$ gesetzt, da behauptete Ruthilde, dass sie bei diesem Spiel entweder beide gewinnen oder beide verlieren werden.
Werten Sie diese Behauptung, begründen Sie dabei Ihre Meinung!
c) Hinsichtlich der weiteren Abendgestaltung haben die drei Spielerinnen unterschiedliche Auffassungen:
Brunhilde vertritt die Ansicht: „Entweder wir gehen ins Theater und essen zu Hause oder wir gehen zum Essen aus“. Gunhilde ist der Meinung: „Entweder wir gehen ins Theater und essen auswärts oder wir gehen nicht ins Theater und essen zu Hause“. Ruthilde meint: „Ich bin dagegen, dass wir weder ins Theater gehen noch auswärts essen“.
Existiert ein Kompromiss, der allen drei Auffassungen gerecht wird? Begründen Sie Ihre Meinung!

*HA 18*

Eine Anlage, die aus zwei Kesseln und einer Maschine besteht, ist nur dann arbeitsfähig, wenn die Maschine und mindestens einer der beiden Kessel intakt sind. Wir betrachten die Ereignisse:

M = {die Maschine ist intakt}, $K_i$ = {der i-te Kessel ist intakt} (mit i = 1, 2),
A = {die Anlage ist arbeitsfähig}

Drücken Sie die Ereignisse A und $\overline{A}$ durch die Ereignisse M, $K_1$ und $K_2$ aus!

*HA 19*

An einem Wettbewerb nehmen zehn Sportler teil.

$A_i$ = {der Sportler mit der Startnummer i erreicht den i-ten Platz} (i = 1, 2, …, 10)

Interpretieren Sie die folgenden Ereignisse:

a) $A_1 \cap A_2 \cap \ldots \cap A_{10}$

b) $A_1 \cup A_2 \cup \ldots \cup A_{10}$

c) $\overline{A}_1 \cap \overline{A}_2 \cap \ldots \cap \overline{A}_{10}$

d) $\overline{A}_1 \cup \overline{A}_2 \cup \ldots \cup \overline{A}_{10}$

*HA 20*

Es seien die zwei Ereignisse B = {die Maschine b arbeitet} und C = {die Maschine c arbeitet} definiert.

Interpretieren Sie das zusammengesetzte Ereignis $M = (B \cup C) \cap (B \cup \overline{C}) \cap (\overline{B} \cup C)$!

*Hinweis:* Ein Vereinfachen von M mit Hilfe einer Vierfeldertafel oder eines anderen Mengenbildes könnte dabei nützlich sein.

## H 1.5 KOLMOGOROWsches Axiomensystem; Additionssatz

*HA 21*

Untersuchen Sie, ob für die Mengenoperationen „Durchschnitt ∩" und „Vereinigung ∪" (in Analogie zu „·" und „+") das Distributivgesetz gilt!

## H 1.6 Vier- und Mehrfeldertafeln; Zerlegung der Ergebnismenge

*HA 22* (↗ *Sätze H 3 bis H 8, S. 342 ff.*)

Für ein Würfelexperiment gelte folgende Wertetabelle:

| Augenzahl i | 1 | 2 | 3 | 4 | 5 | 6 |
|---|---|---|---|---|---|---|
| P({i}) | $\frac{1}{5}$ | $\frac{1}{6}$ | $\frac{2}{15}$ | $\frac{2}{15}$ | $\frac{1}{6}$ | $p_6$ |

Berechnen Sie die Wahrscheinlichkeiten folgender Ereignisse:

A = {Augenzahl größer als 4}

B = {keine gerade Augenzahl}

C = {Augenzahl, deren Quadrat kleiner als 20 und nicht durch 3 teilbar ist}

*HA 23*

Überprüfen Sie, ob P eine Wahrscheinlichkeitsverteilung eines zufälligen Vorgangs mit der dreielementigen Ergebnismenge Ω = {a; b; c} ist!

a) $P(\{a\}) = 0{,}8;\ P(\{b\}) = -0{,}2;\ P(\{c\}) = \frac{2}{5}$

b) $P(\{a\}) = 0{,}3;\ P(\{b\}) = 0{,}4;\ P(\{c\}) = 0{,}03$

c) $P(\{a\}) = \frac{2}{3};\ P(\{b\}) = \frac{1}{12};\ P(\{c\}) = \frac{1}{4}$

*HA 24*

Ein zufälliger Vorgang sei beschrieben durch die Ergebnismenge Ω = {1; 2; 3; 4} und seine Wahrscheinlichkeitsverteilung P. Berechnen Sie jeweils P({1})!

a) $P(\{2\}) = 0{,}50;\ P(\{3\}) = 0{,}25;\ P(\{4\}) = 0{,}08\overline{3}$

b) $P(\{3\}) = 0{,}1\overline{6};\ P(\{4\}) = 0{,}125;\ P(\{1\}) = 3 \cdot P(\{2\})$

c) $P(\{2; 3\}) = 0{,}50;\ P(\{4\}) = 0{,}1\overline{6}$

d) $P(\{2; 3\}) = 0{,}60;\ P(\{3; 4\}) = 0{,}75;\ P(\{2\}) = 0{,}1\overline{6}$

### *HA 25*

Zufallsexperiment: Einmaliges Werfen eines „gezinkten“ Tetraeders

Ergebnismenge: $\Omega = \{1; 2; 3; 4\}$

Wahrscheinlichkeitsverteilung: $P(\{1; 2\}) = 0{,}40$; $P(\{1; 4\}) = 0{,}55$; $P(\{2\}) = 0{,}10$

Berechnen Sie die Wahrscheinlichkeit dafür, dass mit diesem Tetraeder

a) die Augenzahl 3, b) eine ungerade Augenzahl gewürfelt wird!

### *HA 26*

Bei einem Glücksrad stellen sich die Zahlen 1, 2, …, 9 mit folgenden Wahrscheinlichkeiten ein:

| Zahl k | 1 | 2 | 3 | 4 | 5 | 6 | 7 | 8 | 9 |
|---|---|---|---|---|---|---|---|---|---|
| P({k}) | 0,10 | 0,20 | 0,15 | 0,05 | 0,12 | 0,10 | 0,03 | 0,10 | 0,10 |

Berechnen Sie die Wahrscheinlichkeiten folgender Ereignisse:

a) G = {die eingestellte Zahl ist gerade} b) U = {die eingestellte Zahl ist ungerade}

c) Z = {die eingestellte Zahl ist nicht kleiner als 2}

### *HA 27* *(↗ Beispiel H 8, S. 344 f.)*

a) Vervollständigen Sie die nebenstehende Vierfeldertafel!

b) Berechnen Sie:
$P(\bar{A})$, $P(\bar{B})$, $P(A \cup B)$, $P(A \cap B)$, $P(A \cap \bar{B})$,
$P(A \cup \bar{B})$, $P(\bar{A} \cup \bar{B})$, $P(\overline{A \cap B})$

| | B | $\bar{B}$ | |
|---|---|---|---|
| A | | | 0,75 |
| $\bar{A}$ | | 0,20 | |
| | 0,60 | | |

### *HA 28*

Von einem Zufallsexperiment seien die folgenden Wahrscheinlichkeiten gegeben:

$P(A) = 0{,}4$ $P(B) = 0{,}5$ $P(\bar{A} \cap \bar{B}) = 0{,}2$

Berechnen Sie folgende Wahrscheinlichkeiten!

$P(\bar{A})$ $P(\bar{B})$ $P(A \cup B)$ $P(A \cap B)$ $P(\bar{A} \cup \bar{B})$

$P(\bar{A} \cap B)$ $P(\bar{A} \cup B)$ $P(A \cap \bar{B})$ $P((\overline{\bar{A} \cap B}) \cup B)$ $P(\overline{(A \cap B) \cup \bar{A}})$

### *HA 29*

Gegeben: $P(A) = 0{,}3$ $P(\bar{B}) = 0{,}6$ $P(\bar{A} \cap B) = 0{,}1$

Gesucht: $P(\bar{A})$; $P(B)$; $P(A \cap \bar{B})$; $P(A \cap B)$; $P(A \cup B)$; $P(A \cup \bar{B})$

### *HA 30*

Gegeben: $P(A) = 0{,}8$ $P((A \cup B) \setminus A) = 0{,}3$ Gesucht: $P(B)$

### *HA 31*

Es seien $A, B \in 2^{\Omega}$ mit $P(A) = 0{,}4$, $P(B) = 0{,}3$, $P(A \cap B) = 0{,}5$.
Berechnen Sie die Wahrscheinlichkeiten weiterer Ereignisse aus $2^{\Omega}$!

### *HA 32*

a) Vervollständigen Sie die nebenstehende Vierfeldertafel!

b) Geben Sie die Wahrscheinlichkeiten folgender Ereignisse an!

E = {von A und B tritt nur A ein} F = {weder A noch $\bar{B}$ treten ein}

G = {sowohl $\bar{A}$ als auch $\bar{B}$ treten ein} H = {$\bar{A}$ oder $\bar{B}$ tritt ein}

I = {entweder A oder B tritt ein}

| | A | $\bar{A}$ |
|---|---|---|
| B | 0,05 | 0,01 |
| $\bar{B}$ | | |
| | | 0,20 |

*HA 33*

Bei der Einwahl ins Kurssystem müssen sich die Schüler des Ernst-Abbe-Gymnasiums ihre beiden Leistungskurse (LK) so auswählen, dass sie aus jedem der beiden Fächerbänder genau einen Kurs belegen. Dabei bilden Deutsch (D), Mathematik (M) das erste Fächerband und die erste bzw. zweite Fremdsprache, Physik, Chemie, Biologie, Geschichte (G) das zweite. Von den jetzigen 226 Oberstufenschülern entschieden sich dabei 118 für Mathematik, 95 für eine Naturwissenschaft (N), 82 für eine Fremdsprache (F), 86 wählten sowohl Mathematik als auch eine Naturwissenschaft, 35 besuchen einen Deutsch- und einen Geschichtsleistungskurs.

Berechnen Sie die Wahrscheinlichkeiten der Ereignisse A, B und C, wenn es sich bei dem Schüler jeweils um einen „rein zufällig" aus den oben betrachteten 226 Oberstufenschülern ausgewählten Schüler handelt!

A = {Schüler wählt Mathematik und nicht Geschichte}
B = {Schüler wählt keinen mathematisch-naturwissenschaftlichen LK}
C = {Schüler wählt einen naturwissenschaftlichen LK und nicht Mathematik}

*HA 34*

Eine Zuverlässigkeitsuntersuchung der Zahnräder und Wellen von Getrieben ergibt: 95% der Getriebe haben fehlerfreie Zahnräder oder fehlerfreie Wellen (oder beides), 10% der Getriebe haben fehlerfreie Wellen, aber fehlerhafte Zahnräder.

Wie groß ist die Wahrscheinlichkeit dafür, dass ein „auf gut Glück" entnommenes Getriebe ein fehlerhaftes Zahnrad besitzt?

*Interpretation:* W = {Welle ist fehlerfrei} Z = {Zahnrad ist fehlerfrei}

*HA 35*

Bei einer Maschine, die Teile in zwei Arbeitsgängen produziert, werden in einer relativ großen Anzahl von Durchläufen die Defekte registriert (s. Tabelle): Berechnen Sie die Wahrscheinlichkeit dafür, dass diese Maschine ein „auf gut Glück" ausgewähltes Teil einwandfrei bearbeitet!

| | | 2. Arbeitsgang | |
|---|---|---|---|
| | | intakt | defekt |
| 1. Arbeitsgang | intakt | 323 | 17 |
| | defekt | 57 | 3 |

*HA 36*

Mit der Technik der Schulfunkanlage kennen sich die Schüler Arnd, Birk und Cord aus. Für ihren Einsatz gibt es folgende Festlegung:

(1) Es werden höchstens zwei dieser Schüler gleichzeitig eingesetzt.
(2) Arnd darf noch nicht allein die Anlage bedienen.
(3) Wenn Arnd nicht eingesetzt wird, muss Birk eingesetzt werden.

Den Bedienungsplänen ist zu entnehmen, dass bei den bisherigen 400 Einsätzen, die entsprechend dieser Festlegung durchgeführt worden sind, Arnd 200-mal, Birk 280-mal und Cord 180-mal beteiligt waren.

Geben Sie eine möglichst „feine" Ergebnismenge Ω an!

Stellen Sie eine entsprechende Mehrfeldertafel für die Wahrscheinlichkeitsverteilung auf!

# H 2 Gleichverteilung (LAPLACE-Experimente)

## H 2.1 Der Begriff *Gleichverteilung*

***HA 37*** *(↗ Definition H 11, Beispiel H 12, S. 347f.)*
*Zufallsexperiment:* Einmaliges Werfen eines ungezinkten Würfels.
Entscheiden Sie, welche der angegebenen Mengen Ergebnismengen sind, für die die LAPLACE-Annahme gerechtfertigt ist!

$\Omega_1 = \{1; 2; 3; 4; 5; 6\}$ $\Omega_2 = \{\text{gerade Augenzahl}; 1; 3; 5\}$
$\Omega_3 = \{1; \text{Augenzahl kleiner als } 3; 3; 4; 5; 6\}$ $\Omega_4 = \{\text{gerade Augenzahl}; \text{ungerade Augenzahl}\}$
$\Omega_5 = \{1; 3; \text{keine ungerade Augenzahl}\}$ $\Omega_6 = \{6; \text{keine } 6\}$

***HA 38***
Ein Glücksrad sei in vier gleich große Sektoren geteilt, von denen einer nur mit 2, einer nur mit 4 und zwei jeweils nur mit 5 beschriftet sind. Bei jeder Drehung des Glücksrades wird genau einer dieser Sektoren markiert. Entscheiden Sie, welche der jeweils angegebenen Mengen Ergebnismengen sind, für die die LAPLACE-Annahme gerechtfertigt ist!

a) *Zufallsexperiment:* Einmaliges Drehen des Glücksrades
$\Omega_1 = \{2; 4; 5\}$ $\Omega_2 = \{2 \text{ oder } 4; 5\}$
$\Omega_3 = \{\text{ungerade Augenzahl}; \text{gerade Augenzahl}\}$ $\Omega_4 = \{\text{Primzahl}; \text{keine Primzahl}\}$
$\Omega_5 = \{\text{Augenzahl größer } 4; \text{Augenzahl kleiner } 4\}$ $\Omega_6 = \{5; \text{keine } 5\}$
b) *Zufallsexperiment:* Zweimaliges Drehen des Glücksrades und Registrieren der Augensumme
$\Omega_1 = \{4; 6; 7; 8; 9; 10\}$ $\Omega_2 = \{\text{Quadratzahl}; \text{Kubik- oder Primzahl}; \text{Zahl mit genau zwei Primteilern}\}$

***HA 39***
*Zufallsexperiment:* Einmaliges Werfen eines fairen Tetraeders, das einmal mit der Augenzahl 1, zweimal mit 2 und einmal mit 3 beschriftet ist.
Entscheiden Sie, welche der beiden Ergebnismengen die LAPLACE-Annahme rechtfertigt!
$\Omega_1 = \{1; 2; 3\}$ $\Omega_2 = \{1; 2_1; 2_2; 3\}$

***HA 40***
*Zufallsexperiment:* Einmaliges Werfen eines fairen Würfels, der einmal mit der Augenzahl 1, zweimal mit der Augenzahl 2, dreimal mit der Augenzahl 3 beschriftet ist.

a) Geben Sie für dieses Zufallsexperiment eine Ergebnismenge $\Omega$ an, die die LAPLACE-Annahme rechtfertigt!
b) Geben Sie die Wahrscheinlichkeiten aller bezüglich $\Omega$ atomaren Ereignisse an!

## H 2.2 Rechenregel für Gleichverteilung (LAPLACE-Regel)

***HA 41*** *(↗ Beispiel H 13, S. 349)*
Ein zufälliger Vorgang bestehe im einmaligen Werfen eines LAPLACE-Würfels. Es seien folgende Ereignisse definiert:

$A = \{\text{Augenzahl ist } 5\}$ $B = \{\text{Augenzahl ist gerade}\}$
$C = \{\text{Augenzahl ist größer als } 2\}$ $D = \{\text{Augenzahl ist Teiler von } 60\}$
$E = \{\text{Augenzahl ist weder gerade noch prim}\}$

Berechnen Sie die nachfolgend genannten Wahrscheinlichkeiten:
$P(A) = P(\{\ \ \})$, $P(B) = P(\{\ \ ;\ \ ;\ \ \})$, $P(C)$, $P(D)$, $P(E)$, $P(A \cup B)$, $P(A \cap B)$, $P(B \cup C)$, $P(B \cap C)$, $P(\overline{B} \cup C)$, $P(\overline{B} \cap C)$, $P(\overline{A} \cap B \cap \overline{C})$, $P(A \cup \overline{B} \cup C)$.

*HA 42*

Bei einem Ikosaeder (regelmäßiges Zwanzigflach) sind von den 20 gleichseitigen Dreiecken seiner Oberfläche zwei nur mit 1, vier nur mit 2, sechs nur mit 3 und acht nur mit 4 beschriftet. Beim einmaligen Werfen dieses Ikosaeders gilt die Augenzahl als geworfen, die die waagerecht oben liegende Dreiecksfläche trägt.

a) Geben Sie die Wahrscheinlichkeiten der Ereignisse {es fällt die Augenzahl i} für alle $i \in \{1; 2; 3; 4\}$ für den Fall an, dass das Ikosaeder nicht gezinkt ist!
b) Erscheint Ihnen die Wette „Augenzahl prim“ gegen „Augenzahl nicht prim“ fair zu sein, wenn Sie davon ausgehen können, dass es ein LAPLACE-Ikosaeder ist? Begründen Sie Ihre Entscheidung!
c) Das Ikosaeder wurde gezinkt und bei einer langen Wurfserie wurde beobachtet, dass die Augenzahlen 2, 3 und 4 gleich oft, und zwar jeweils dreimal so oft wie die Augenzahl 1 erscheinen. Berechnen Sie in diesem Fall die Wahrscheinlichkeiten der Ereignisse {es fällt die Augenzahl i} für alle $i \in \{1; 2; 3; 4\}$!

*HA 43* (↗ *Beispiel H 16, S. 351 f.*)

Im Halbfinale einer im K.-o.-System ausgetragenen Schulmeisterschaft im Schachspiel stehen zwei Schülerinnen und zwei Schüler. Die Aufteilung dieser vier Personen auf die beiden zu bildenden Besetzungen am Schachbrett soll „auf gut Glück“ erfolgen. Dazu mischt man vier Zettel mit den Namen der vier Teilnehmer und zieht nacheinander „blind“ zwei Zettel. Die Personen, deren Namen die beiden gezogenen Zettel tragen, bilden die eine Besetzung, die beiden übrigen die andere.
Wie groß ist die Wahrscheinlichkeit dafür, dass das Halbfinale in einer Mädchen- und einer Jungenbesetzung ausgetragen wird, dass also die beiden Schülerinnen gegeneinander und die beiden Schüler gegeneinander zu spielen haben?

## H 2.3 Verschiedene Modelle für ein und dasselbe Zufallsexperiment
## H 2.4 Pfadregeln

*HA 44* (↗ *Beispiel H 17, S. 354*)

*Zufallsexperiment:* Einmaliges Werfen einer LAPLACE-Münze mit *Wappen* (W) und *Zahl* (Z) sowie eines mit den Augenzahlen 1, 2, 3, 4 beschrifteten LAPLACE-Tetraeders
Berechnen Sie mit Hilfe der ersten bzw. der zweiten Pfadregel die Wahrscheinlichkeiten folgender Ereignisse:

A = {die Münze zeigt *Zahl*, das Tetraeder zeigt 1},
C = {die Münze zeigt kein *Wappen* und das Tetraeder keine Primzahl},
B = {das Tetraeder zeigt 3},
$D = B \cup C$

*HA 45*

Es sei das folgende Einbahnstraßensystem gegeben.

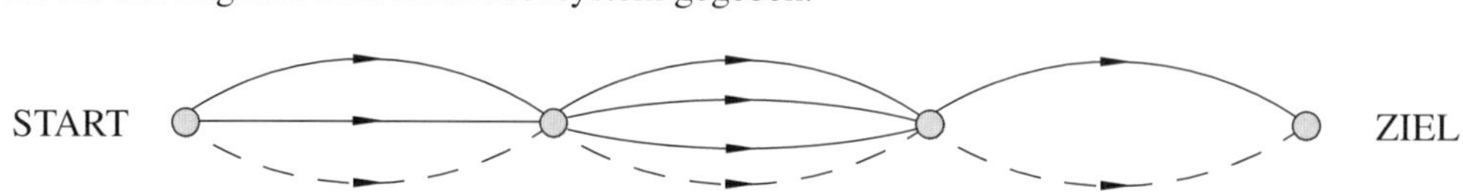

An jeder Wegegabelung wird „auf gut Glück" das nächste Wegestück ausgewählt. Wie groß ist dann die Wahrscheinlichkeit, dass der gestrichelt markierte Gesamtweg gewählt wird? (Fertigen Sie ein Baumdiagramm an!)

***HA 46***

*Zufallsexperiment:* Gleichzeitiges Werfen von n ($n \in \mathbb{N} \setminus \{0\}$) fairen Münzen mit jeweils den Seiten *Wappen* und *Zahl*

Ermitteln Sie die Wahrscheinlichkeit p dafür, dass alle n Münzen die gleiche Seite zeigen!

***HA 47***

Aus einer großen Urne mit genau 30 Kugeln (18 roten, 12 weißen), einer mittleren mit genau 20 Kugeln (10 roten, 10 weißen) sowie einer kleinen Urne mit genau 10 Kugeln (4 roten, 3 weißen, 3 blauen) werde jeweils eine Kugel „auf gut Glück" entnommen. Berechnen Sie die Wahrscheinlichkeiten der folgenden Ereignisse A bis F:

A = {drei weiße Kugeln entnommen}
B = {drei gleichfarbige Kugeln entnommen}
C = {genau eine weiße Kugel entnommen}
D = {höchstens eine weiße Kugel entnommen}
E = {mindestens eine weiße Kugel entnommen}
F = {eine weiße Kugel nur aus der mittleren Urne entnommen}

## H 2.5 Zählprinzip bei k-Tupeln

***HA 48*** (↗ *Beispiel H 18, S. 356*)

Wie viele Ergebnisse sind möglich?

a) Gleichzeitiges Werfen von drei unterscheidbaren LAPLACE-Würfeln.
b) Gleichzeitiges Werfen von fünf paarweise verschiedenfarbigen, ungezinkten Tetraedern.
c) Erzeugen einer vierstelligen natürlichen Zufallszahl mit dem Taschenrechner.
d) Erstellen eines fünfbuchstabigen „Wortes" aus den 26 Buchstaben des Alphabets.

***HA 49***

Aus dem Wort STOCHASTIK lassen sich durch Umstellen der Buchstaben neue „Wörter" bilden. Die Zuordnung der Buchstaben zu den entsprechenden Plätzen erfolge jeweils „auf gut Glück". Eine geeignete Ergebnismenge wäre

$\Omega = \{(b_1; \ldots; b_{10}) \mid b_1, \ldots, b_{10} \in \{S_1; T_1; O; C; H; A; S_2; T_2; I; K\}$ und $|\{b_1; \ldots; b_{10}\}| = 10\}$.

Mit welcher Wahrscheinlichkeit p

a) beginnt ein solches „Wort" mit T,
b) beginnt ein solches „Wort" mit I,
c) beginnt und endet ein solches „Wort" mit T,
d) stehen in einem solchen „Wort" die beiden T nebeneinander?

***HA 50***

Von den zehn Buchstaben des Wortes STOCHASTIK werden „auf gut Glück" genau drei nacheinander (ohne Zurücklegen) ausgewählt und in dieser Reihenfolge wieder zu einem „Wort" von links nach rechts gelegt.

Geben Sie eine geeignete Ergebnismenge an! Mit welcher Wahrscheinlichkeit p

a) wird OST gelegt,
b) beginnt das „Wort" mit O und endet mit T,
c) enthält das „Wort" nur Vokale,
d) beginnt das „Wort" mit einem Konsonanten,
e) beginnt und endet das „Wort" mit gleich lautenden Buchstaben,
f) enthält das „Wort" ein O,
g) enthält das „Wort" ein T?

*HA 51*

Bei einer Modelleisenbahn sollen Züge „auf gut Glück“ aus genau vier Wagen 2. Klasse, zwei Wagen 1. Klasse, zwei Schlafwagen und einem Speisewagen zusammengestellt werden.
Wie groß ist die Wahrscheinlichkeit p dafür, dass dabei ein Zug mit der Wagenreihung

1. Klasse – Speisewagen – 1. Klasse – 2. Klasse – 2. Klasse – 2. Klasse – 2. Klasse – Schlafwagen – Schlafwagen

entsteht?

*HA 52*

Man erzählt sich, dass zu Beginn unseres Jahrhunderts zehn Schüler, die gerade das Gymnasium in Sankt Petersburg absolviert hatten, beschlossen, dieses Ereignis in einem der besten Restaurants auf dem Newski Prospekt zu feiern. In diesem Restaurant bestellten sie ein vorzügliches Abendessen. Sie stritten sich aber plötzlich darum, wo jeder sitzen sollte. Einer wollte unbedingt mit dem Gesicht zur Bühne sitzen, auf der eine bekannte Sängerin auftrat, ein anderer wollte nicht am Durchgang sitzen, dem dritten gefiel der Platz in der Ecke nicht. Außerdem wollte jeder einen bestimmten linken und rechten Nachbarn haben.
„Was ist los, Herrschaften?“, wollte der auf diesem Lärm herbeikommende Wirt wissen. Die jungen Leute erklärten es ihm. „Sie können sich also nicht einigen, wie Sie sitzen wollen“, lachte der Wirt, „nehmen Sie doch jeweils diejenigen Plätze ein, an denen Sie sich gerade befinden. Morgen nehmen Sie dann dieselben zehn Plätze in einer anderen Reihenfolge ein, übermorgen wieder in einer anderen usw. Wenn Sie alle Möglichkeiten der Sitzreihenfolge ausprobiert haben, dann erhält jeder von Ihnen für sein ganzes Leben eine Blanco-Karte für mein Restaurant.“ Es war für die jungen Leute natürlich verlockend, ihre Eltern nicht um Geld bitten zu müssen und trotzdem täglich in einem der besten Petersburger Restaurants unentgeltlich essen zu können. Von nun an trafen sie sich regelmäßig jeden Tag auf dem Newski. Manchmal kamen sie auch zum Mittagessen. Eine kostenlose Bewirtung ergab sich jedoch nicht. Das lag aber nicht daran, dass der Wirt sein Versprechen nicht einhielt. Klären Sie die Sachlage!

*HA 53*

In einer Urne befinden sich genau zehn Kugeln, sechs weiße und vier schwarze. Der Urne werden (genau) zwei Kugeln entnommen. Bestimmen Sie die Wahrscheinlichkeit, dabei mindestens eine weiße Kugel zu erhalten!

*HA 54*

Neun Karten werden paarweise verschieden beschriftet, und zwar jeweils mit genau einer der Ziffern 0, 1, …, 8. Aus der Menge dieser Karten werden nacheinander zwei Karten willkürlich gezogen, in der Reihenfolge der Entnahme nebeneinander gelegt (von links nach rechts) und die sich daraus ergebende Zahl festgestellt (z. B. 07 = sieben, 14 = vierzehn).
Bestimmen Sie die Wahrscheinlichkeit dafür, dass diese Zahl folgende Bedingung erfüllt:

a) Es ist die 23. b) Es ist die 44. c) Die Zahl ist gerade.

*HA 55*

Thomas und Peter planen Radtouren. Die möglichen Etappenorte sind A, B, C und D, die möglichen, jeweils „auf gut Glück“ auszuwählenden Verbindungsstraßen wurden in der Skizze eingetragen.

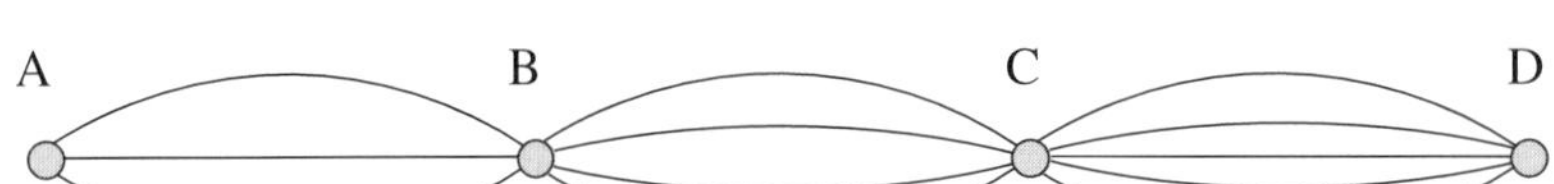

a) Wie groß ist die Wahrscheinlichkeit p, dass Thomas denselben Weg von A nach D auswählt, den bereits Peter wählte?
b) Wie groß ist die Wahrscheinlichkeit p, dass Peter und Thomas denselben Weg für die Route A – B – C – D – C – B – A wählen?
c) Peter unternimmt eine Rundreise von A über D zurück nach A. Mit welcher Wahrscheinlichkeit p befährt er kein Wegstück zweimal?

*HA 56*

Lohnt es sich zu wetten, dass bei viermaligem Werfen eines (ungezinkten) Würfels mindestens eine „6" fällt?

## H 2.6 Zählprinzip bei n-elementigen Mengen

*HA 57* *(↗ Beispiele H 20/H 21, S. 359f.)*

Eine aus (genau) 16 Teilen bestehende Warenpartie enthält genau 6 defekte Teile. Dieser Partie wird „auf gut Glück" eine Stichprobe von genau 7 Teilen entnommen, ohne dass dabei ein Teil wieder zurückgelegt wird. Bestimmen Sie die Wahrscheinlichkeit p dafür, dass

a) genau 4 Teile b) höchstens 2 Teile c) mindestens 2 Teile

in der Stichprobe defekt sind!

*HA 58*

In einer Urne befinden sich genau 30 Kugeln, und zwar 15 rote, 9 weiße und 6 grüne. Dieser Urne werden „auf gut Glück" genau 6 Kugeln gleichzeitig entnommen. Mit welcher Wahrscheinlichkeit p erfasst man dabei

a) nur rote b) nur weiße c) nur grüne d) 2 grüne und 4 weiße
e) von den roten genau 3 und von den weißen genau 2

Kugeln?

*HA 59*

An einem Handballturnier nehmen (genau) 18 Mannschaften teil, aus denen durch Los zwei Gruppen zu je 9 Mannschaften gebildet werden. Unter den teilnehmenden Mannschaften befinden sich (genau) 5 Mannschaften der höchsten Spielklasse. Bestimmen Sie die Wahrscheinlichkeiten der folgenden Ereignisse:

A = {alle Mannschaften der höchsten Spielklasse befinden sich in derselben Gruppe}
B = {in einer Gruppe befinden sich 2 Mannschaften der höchsten Spielklasse, in der anderen 3}

*HA 60*

In einer Lieferung von 50 Teilen befinden sich genau 5 Ausschussteile. Zwischen Hersteller und Käufer wurde vereinbart, dass die Sendung nur dann angenommen wird, wenn sich in einer (ohne Zurücklegen entnommenen) Stichprobe von 4 Teilen nicht mehr als 1 Ausschussteil befindet. Mit welcher Wahrscheinlichkeit p wird diese Sendung angenommen?

*HA 61*

Einer Lostrommel, die genau zehn Lose (zwei Gewinnlose und acht Nieten) enthält, werden „auf gut Glück" zwei Lose gleichzeitig entnommen. Geben Sie eine geeignete Ergebnismenge an! Berechnen Sie die Wahrscheinlichkeit der folgenden Ereignisse:

A = {es wird kein Gewinnlos gezogen}; B = {es wird genau ein Gewinnlos gezogen};
C = {es wird ein Gewinnlos gezogen}

*HA 62*

Bei den acht Teilnehmern eines Informatikkurses hat sich ein Vertreter der Softwarefirma *All Right* angesagt, der Raubkopien aufspüren soll. Genau zwei der Teilnehmer besitzen Raubkopien von *All Right.* Als sie vom Vertreter befragt werden, sind natürlich alle acht Teilnehmer ohne eine solche Raubkopie. Daraufhin wählt der Vertreter „auf gut Glück" – alle hinterlassen bei ihm denselben ehrlichen Eindruck – (genau) drei von ihnen aus, um ihre Software zu kontrollieren.
Wie groß ist die Wahrscheinlichkeit dafür, dass der Vertreter (vorausgesetzt, er übersieht keine Raubkopie) bei dieser Vorgehensweise mindestens einen der „Räuber" erwischt?

*HA 63*

Die Seitenflächen eines „ungezinkten" Tetraeders sind (paarweise verschieden) mit den Ziffern 1, 2, 3 und 4 beschriftet. Als Ergebnis eines Wurfes zählt die Ziffer auf der Fläche, auf der das Tetraeder liegt. Das Tetraeder wird viermal geworfen. Aus den geworfenen Ziffern wird unter Beachtung der Wurfreihenfolge eine vierstellige Zahl gebildet.

a) Bestimmen Sie die Anzahl $n$ der verschiedenen Zahlen, die auftreten können!
b) Bestimmen Sie die Anzahl $m$ der möglichen Zahlen, die genau drei gleiche Ziffern aufweisen!
c) Mit welcher Wahrscheinlichkeit $p$ tritt eine Zahl mit vier verschiedenen Ziffern auf?
d) Mit welcher Wahrscheinlichkeit $p$ wird eine Zahl mit genau zwei Dreien gebildet?

# H 3 Bedingte Wahrscheinlichkeiten

## H 3.1 Der Begriff *bedingte Wahrscheinlichkeit;* allgemeiner Multiplikationssatz

*HA 64*

Einer Urne mit genau 20 weißen und 5 roten Kugeln werden nacheinander genau zwei Kugeln ohne Zurücklegen entnommen.

a) Bestimmen Sie die Wahrscheinlichkeit dafür, dass zuerst eine rote und anschließend eine weiße Kugel gezogen wird!
b) Bestimmen Sie die Wahrscheinlichkeit dafür, dass die zweite gezogene Kugel rot ist, wenn bereits bekannt ist, dass nicht zwei weiße Kugeln gezogen werden!
c) Bestimmen Sie die Wahrscheinlichkeit dafür, dass zwei rote Kugeln gezogen wurden, wenn bekannt ist, dass zwei gleichfarbige Kugeln gezogen worden sind!

*HA 65*

Was können Sie über eine auf $2^{\Omega}$ definierte Wahrscheinlichkeitsverteilung $P_B$ aussagen, wenn $B = \emptyset$ bzw. $B = \Omega$ gewählt wird?

*HA 66*

Einer Urne mit genau n grünen (g) und genau m weißen (w) Kugeln werden nacheinander genau zwei Kugeln ohne Zurücklegen entnommen.

a) Vergleichen Sie die Wahrscheinlichkeiten der Ereignisse
   A = {zuerst wird eine grüne und dann eine weiße Kugel entnommen} und
   B = {zuerst wird eine weiße und dann eine grüne Kugel entnommen}
   miteinander!
b) Bestimmen Sie die Wahrscheinlichkeit dafür, dass eine grüne und eine weiße Kugel gezogen wird!
c) Bestimmen Sie die Wahrscheinlichkeit dafür, dass zwei grüne Kugeln gezogen werden, wenn bekannt ist, dass zwei gleichfarbige Kugeln gezogen worden sind!

*HA 67*

Eine statistische Kontrolle in einem Betrieb erbrachte die folgenden Angaben:

- 1,6% der Arbeiter trugen Sicherheitshandschuhe und verletzten sich trotzdem an der Hand.
- 2,0% der Arbeiter, die Sicherheitshandschuhe trugen, erlitten eine Handverletzung.
- 10% der Arbeiter, die keine Sicherheitshandschuhe trugen, erlitten eine Handverletzung.

Wie groß ist die Wahrscheinlichkeit p, dass ein „rein zufällig" ausgewählter Arbeiter dieses Betriebes keine Sicherheitshandschuhe trägt und sich eine Handverletzung zuzieht?

*HA 68*

Ein Ergebnis von langjährigen Beobachtungen über die Sterberate besagte: Von 100 000 Kindern, die das zehnte Lebensjahr erreichten, wurden 82 277 älter als 40 Jahre und 37 977 älter als 70 Jahre. Berechnen Sie auf Grund dieser Angaben die Wahrscheinlichkeit dafür, dass man das 70. Lebensjahr erreicht, wenn man 40 geworden ist!

## H 3.2 Satz von der totalen Wahrscheinlichkeit

*HA 69* (↗ Beispiel H 23, S. 364)

Das Werk Jenchip produziert elektronische Bauelemente mit den drei Maschinen $M_1$, $M_2$, $M_3$ und nur mit diesen. $M_1$ hat an dieser Gesamtproduktion einen Anteil von 35%, $M_2$ von 42%. Die Ausschussquoten betragen 10% bei $M_1$, 25% bei $M_2$ und 20% bei $M_3$. Berechnen Sie die Wahrscheinlichkeit dafür, dass ein von Jenchip produziertes Teil ein Ausschussteil ist!

*HA 70*

Ein Elektrogeschäft werde von den drei verschiedenen Herstellern $H_1$, $H_2$ und $H_3$ und nur von ihnen mit Glühlampen beliefert. Erfahrungsgemäß sind 7% derjenigen Glühlampen von $H_1$, 5% derjenigen von $H_2$ und 12% derjenigen von $H_3$ „Montagsbirnen", d.h. Glühlampen mit deutlich kürzerer als der ausgewiesenen Lebensdauer. Dieses Elektrogeschäft deckt seinen Glühlampenbedarf zu einem Drittel durch den Hersteller $H_1$ und zur Hälfte durch $H_2$.
Berechnen Sie die Wahrscheinlichkeit dafür, dass in diesem Geschäft ein Käufer von einer „auf gut Glück" herausgegriffenen Glühlampe eine „Montagsbirne" kauft?

## H 3.3 BAYESsche Formel

*HA 71* (↗ Beispiel H 24, S. 365)

Patienten, die an einer bestimmten Krankheit leiden, werden durch das Medikament M mit der Wahrscheinlichkeit 0,7 geheilt. Die Einnahme dieses Medikaments verursacht mit der Wahrscheinlichkeit 0,2 Nebenwirkungen. Mit welcher Wahrscheinlichkeit wird ein Patient, bei dem sich Nebenwirkungen zeigen, nicht geheilt?

*HA 72*

Eine Nachricht besteht aus den Signalen „Punkt" und „Strich". Die statistischen Eigenschaften einer Störung sind solcherart, dass im Mittel $\frac{2}{5}$ der gesendeten Punkte als Striche und $\frac{1}{3}$ der gesendeten Striche als Punkte empfangen werden. Es ist bekannt, dass die Signale „Punkt" und „Strich" im Verhältnis 5:3 gesendet werden.
Berechnen Sie die Wahrscheinlichkeit dafür, dass ein gesendetes Signal richtig verstanden werden kann, wenn

a) das Signal „Punkt" empfangen wird, b) das Signal „Strich" empfangen wird!

*HA 73*

Bei einer bestimmten Patientengruppe kommen drei Krankheitsursachen $U_1$, $U_2$, $U_3$ infrage, die mit unterschiedlicher Wahrscheinlichkeit auftreten. Diese Wahrscheinlichkeiten betragen $P(U_1) = 0{,}05$, $P(U_2) = 0{,}35$ und $P(U_3) = 0{,}60$. Bei einem neu hinzukommenden Patienten beobachtet man ein Symptom S, welches bei der Krankheitsursache $U_1$ zu 25%, bei $U_2$ zu 20% und $U_3$ zu 10% aller Fälle vorkommt. Welche Krankheitsursache ist bei Vorliegen dieses Symptoms die wahrscheinlichste?

*HA 74*

Imke soll aus einer Lostrommel mit genau n Losen, unter denen sich der Hauptgewinn befindet, ein Los ziehen. Fälschlicherweise zieht sie drei Lose, von denen sie nun eines „auf gut Glück“ auswählt. Wie erhöht sich damit Imkes Chance, den Hauptgewinn zu ziehen?

*HA 75*

Einer Urne mit genau zehn Kugeln, die mit den zehn Zahlen $\pm 1; \pm 2; \pm 3; \pm 4; \pm 5$ durchnummeriert sind, werden nacheinander zwei Kugeln entnommen und es wird das Produkt der Kugelnummern gebildet.

Würden Sie auf ein positives oder auf ein negatives Produkt setzen?

*HA 76*

In einem Werk werden Disketten mit einem Anteil fehlerhafter Disketten von 5% produziert. Ein vom Hersteller eingesetztes Prüfverfahren stuft 6% aller produzierten Disketten als fehlerhaft ein. Dabei werden (irrtümlicherweise) von den fehlerfrei produzierten Disketten 2% als fehlerhaft eingestuft. Berechnen Sie die Wahrscheinlichkeit dafür, dass bei diesem Prüfverfahren eine fehlerhaft produzierte Diskette auch als solche erkannt wird!

*HA 77* *(↗ Beispiel H 24, S. 365)*

Ein elektronisches Gerätebauteil, bestehend aus zwei parallel geschalteten Elementen $E_1$ und $E_2$, funktioniert nur, wenn mindestens eines dieser beiden Elemente intakt ist, und es arbeitet mit einer Zuverlässigkeit von 99,5%. Fällt das Element $E_1$ aus, so ist die Wahrscheinlichkeit gleich 0,90, dass $E_2$ arbeitet. Die Wahrscheinlichkeit, dass beide Elemente arbeitsfähig sind, beträgt 0,95.

a) Mit welchen Wahrscheinlichkeiten $p_1$, $p_2$ arbeiten die Elemente $E_1$, $E_2$ jeweils zu einem „rein zufälligen“ Zeitpunkt?
b) Wie groß ist die Wahrscheinlichkeit $p_3$, dass zu einem „rein zufälligen“ Zeitpunkt genau eines der Elemente $E_1$, $E_2$ arbeitet?
c) Das Element $E_2$ ist defekt. Mit welcher Wahrscheinlichkeit $p_4$ arbeitet das Gerätebauteil noch?
d) Das Gerätebauteil arbeitet, obwohl ein Element ausgefallen ist. Mit welcher Wahrscheinlichkeit $p_5$ ist $E_1$ defekt?

*HA 78*

Ein Brief wird gesucht, der sich mit der Wahrscheinlichkeit p in einem Schreibtisch befindet. Falls sich der Brief im Schreibtisch befindet, so liegt er in genau einem der acht Fächer, und zwar besitzen alle Fächer dafür dieselbe Chance. In sieben Fächern wurde bereits vergebens gesucht. Bestimmen Sie die Wahrscheinlichkeit q(p) dafür, dass sich der Brief trotzdem im Schreibtisch befindet!

Betrachten Sie zur Kontrolle Ihres Ergebnisses einige Spezialfälle, z. B. $\lim\limits_{p \to 0} q(p)$, $\lim\limits_{p \to 1} q(p)$, $q(p) = 0{,}5$!

## H 3.4 Unabhängigkeit von Ereignissen; spezieller Multiplikationssatz

***HA 79*** *(↗ Definition H 13/Beispiel H 25, S. 366ff.)*

*Zufallsexperiment:* Dreimaliges Werfen eines LAPLACE-Würfels.

Ereignisse: A = {beim ersten Wurf eine 3 gewürfelt}; B = {beim zweiten Wurf eine gerade Zahl gewürfelt};
C = {beim ersten Wurf eine Zahl kleiner als 5 gewürfelt}

Begründen Sie, dass

a) A und B voneinander (stochastisch) unabhängig sind,

b) A und C nicht voneinander unabhängig sind!

c) Geben Sie ein Ereignis D an, für das $P(D) = \frac{1}{36}$ gilt und das von A unabhängig ist!

***HA 80***

*Zufallsexperiment:* „Auf gut Glück" wird einer Urne mit genau zwölf von 1 bis 12 nummerierten Kugeln eine Kugel entnommen.

Ergebnismenge: $\Omega = \{1; 2; 3; \ldots; 11; 12\}$

Ereignisse: $A = \{1; 2; 3; 4; 5; 6\}$ $B = \{2; 4; 10; 12\}$

a) Zeigen Sie, dass A und B voneinander unabhängig sind!

b) Geben Sie ein Ereignis C an, für das $P(C) = \frac{1}{2}$ gilt und das von A unabhängig ist!

***HA 81***

Vervollständigen Sie nebenstehende Vierfeldertafel für den Fall, dass die Ereignisse A und B voneinander unabhängig sind!

(1) $P(B)$ (2) $P(\overline{A} \cap B)$ (3) $P(A \cap B)$

(4) $P(A \cap \overline{B})$ (5) $P(\overline{A} \cap \overline{B})$ (6) $P(\overline{A})$

| | $B$ | $\overline{B}$ |
|---|---|---|
| $A$ | 0,20 | |
| $\overline{A}$ | | |
| | | 0,40 |

***HA 82***

Vervollständigen Sie nebenstehende Vierfeldertafel für den Fall, dass die Ereignisse A und B voneinander unabhängig sind!

| | $B$ | $\overline{B}$ | |
|---|---|---|---|
| $A$ | | | 0,80 |
| $\overline{A}$ | | | |
| | 0,30 | | |

***HA 83***

Linsensenkblechschrauben werden in zwei unabhängig voneinander arbeitenden Aufspannungen hergestellt. Im ersten Arbeitsgang werden die Schrauben in der Länge vom Stangenmaterial abgeschnitten, der Kopf mit Kreuzschlitz und am anderen Ende die Spitze geformt. Im zweiten Arbeitsgang werden die Schraubenbolzen mit Gewinde versehen. In der ersten Aufspannung fallen durchschnittlich 3% fehlerhafte Schraubenbolzen an, in der zweiten Aufspannung durchschnittlich 2%.

a) Ermitteln Sie eine diesem Zufallsexperiment entsprechende Vierfeldertafel!

b) Mit welcher Wahrscheinlichkeit wurde eine defekte Schraube im ersten Arbeitsgang fehlerhaft hergestellt?

c) Mit welcher Wahrscheinlichkeit wurde eine defekte Schraube sowohl im ersten als auch im zweiten Arbeitsgang fehlerhaft hergestellt?

d) Der laufenden Produktion werden 5 Schrauben „auf gut Glück" entnommen und geprüft. Berechnen Sie für $k \in \{0; 1; 2; 3; 4; 5\}$ die Wahrscheinlichkeiten

$d_1$) $p_k$, dass genau k Schrauben im ersten Arbeitsgang fehlerhaft hergestellt wurden,

$d_2$) $q_k$, dass genau k Schrauben fehlerhaft sind!

### *HA 84*

Bei einer Wahl eines Landesparlamentes erhielten vier Parteien A, B, C und D folgenden Stimmenanteil:

A: 39% der Stimmen B: 34% der Stimmen C: 6,9% der Stimmen D: 5,1% der Stimmen

Andere, im Parlament nicht vertretene Parteien bekamen 15% der Stimmen. Die Wahlbeteiligung betrug 86%.

Mit welcher Wahrscheinlichkeit p hat ein „auf gut Glück" ausgewählter Wahlberechtigter

a) die Partei A gewählt,

b) eine Partei gewählt, die weniger als $\frac{1}{5}$ der Stimmen erhielt,

c) keinen „Vertreter" für sich im Parlament gewählt?

### *HA 85*

Karin wählte zwischen den folgenden „Würfeln" einen „auf gut Glück" aus, würfelte fünfmal mit diesem „Würfel" und teilte uns ihr Wurfergebnis 4; 1; 3; 1; 3 mit.

| | 1 | 2 | 3 | 4 | 5 | 6 |
|---|---|---|---|---|---|---|
| N: LAPLACE | 16,6% | 16,6% | 16,6% | 16,6% | 16,6% | 16,6% |
| L: kurzes L | 0,50% | 14,0% | 21,5% | 40,0% | 14,0% | 10,0% |
| S: Spat | 22,0% | 22,0% | 6,00% | 6,00% | 22,0% | 22,0% |

Berechnen Sie die Wahrscheinlichkeit dafür, dass dann Karin mit dem

a) N-Würfel b) L -Würfel c) S-Würfel

geworfen hat! Schätzen Sie zuerst, welches die größte/kleinste Wahrscheinlichkeit ist!

### *HA 86*

In der neu errichteten Produktionshalle von Jenchip darf nur bei Luftfeuchtigkeitsverhältnissen der (disjunkten) Toleranzstufen A und B produziert werden. Der für die Qualität der hier hergestellten Produkte verantwortliche Ingenieur vermutet, dass sich Luftfeuchtigkeitsverhältnisse des Bereiches B auf die Qualität der Produkte auswirken. Um diesen intuitiven Verdacht zu überprüfen, kann er auf folgende statistische Daten zurückgreifen:

- 47% der unter B-Verhältnissen gefertigten Produkte haben gute Qualität.
- 30% der Produkte wurden unter B-Verhältnissen erzeugt und hatten schlechte Qualität.
- 30% der Produkte wurden unter A-Verhältnissen erzeugt und wiesen schlechte Qualität auf.

Stimmt die Vermutung des Ingenieurs?

### *HA 87*

Es werden Glühlampen mit einer Zuverlässigkeit von 0,95 für einen bestimmten Zeitraum T (d.h.: Sie fallen unabhängig voneinander mit einer Wahrscheinlichkeit von 0,95 in T nicht aus) in Reihe geschaltet.

a) Mit welcher Wahrscheinlichkeit p fällt eine Reihenschaltung von drei solchen Glühlampen in T nicht aus?

b) Mit welcher Wahrscheinlichkeit p fällt eine Reihenschaltung von fünf solchen Glühlampen in T aus?

c) Mit welcher Wahrscheinlichkeit p fällt eine Reihenschaltung von vier solchen Glühlampen in T aus?

d) Mit welcher Wahrscheinlichkeit p fällt in T genau eine der vier in Reihe geschalteten Glühlampen aus?

e) Wie viele derartige Glühlampen können höchstens in Reihe geschaltet werden, damit die Schaltung mit einer Wahrscheinlichkeit von höchstens 0,1 in T ausfällt?

*HA 88*

Gegeben sei eine Anlage aus sechs (in einem bestimmten Zeitintervall T) unabhängig voneinander ausfallenden Maschinen. Für die erste betrage die Wahrscheinlichkeit ihres Ausfalls 0,60, für die zweite 0,20 und für die restlichen jeweils 0,30. Bestimmen Sie die Wahrscheinlichkeiten der Ereignisse A, B, C und D!

A = {keine der Maschinen fällt aus} B = {mindestens eine Maschine fällt aus}
C = {genau eine Maschine fällt aus} D = {höchstens eine Maschine fällt aus}

Berechnen Sie die Wahrscheinlichkeit p dafür, dass die gesamte Anlage ausfällt!

Fall 1: Die Anlage arbeitet nach dem Prinzip einer Reihenschaltung, d.h., sie arbeitet dann und nur dann, wenn alle Maschinen arbeiten.

Fall 2: Die Anlage arbeitet nach der nebenstehenden kombinierten Parallel-Reihen-Schaltung:

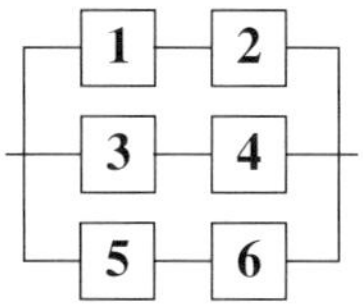


*HA 89*

Eine technische Anlage bestehe aus drei gleichartigen Blöcken, deren Zuverlässigkeit jeweils 0,75 betrage. Da der Ausfall eines Blocks bereits zum Ausfall der Anlage führt, hat man drei Reserveblöcke mit einer Zuverlässigkeit von ebenfalls 0,75 zur Verfügung gestellt. (Die Umschaltung auf den Reserveblock erfolge noch vor Ausfall der Anlage, und zwar über Schalter, die als absolut zuverlässig angenommen werden.)
Untersuchen Sie, welche Art der Reserveschaltung zur größeren Zuverlässigkeit p der Anlage führt!

a) Jeder Block wird dupliert.

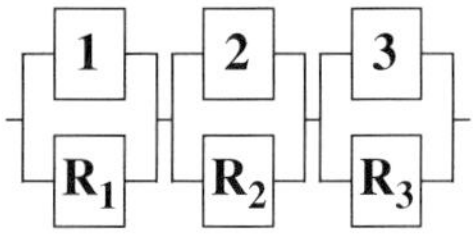


b) Die gesamte Anlage wird dupliert.

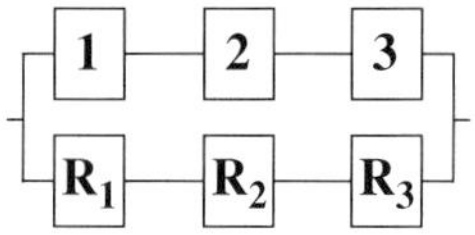


# H 4 Erwartung-mal-Wert-Rechnung

## H 4.5 Endliche Zufallsgrößen
## H 4.6 Erwartungswert
## H 4.7 Streuung (Varianz)

***HA 90*** *(↗ Beispiel H 30, S. 372)*

Eine Zufallsgröße X habe folgende Wahrscheinlichkeitsverteilung: $X \mathrel{\hat{=}} \begin{pmatrix} 1 & 2 & 3 \\ 0{,}5 & 0{,}4 & 0{,}1 \end{pmatrix}$
Berechnen Sie den Erwartungswert EX und die Streuung $D^2X$!

*HA 91*

*Zufallsexperiment*: Einmaliges Werfen eines fairen Würfels mit den Augenzahlen 1, 2, 3, 4, 5, 6
*Zufallsgröße X*: geworfene Augenzahl
*Erwartungswert*: EX = *Standardabweichung*: DX =

*HA 92*

*Zufallsexperiment*: Einmaliges Werfen eines ungezinkten Tetraeders mit den Augenzahlen 1, 2, 3, 4
*Zufallsgröße X*: Augenzahl auf der Standfläche
*Erwartungswert*: EX = *Standardabweichung*: DX =

*HA 93*

*Zufallsexperiment:* Zweimaliges Werfen eines LAPLACE-Tetraeders mit den Augenzahlen 1, 2, 3, 4
*Zufallsgröße Y:* Summe der Augenzahlen
*Erwartungswert:* EY =
*Zufallsgröße Z:* Anzahl der gewürfelten Zweien $P(Z = 0) =$ $P(Z = 1) =$ $P(Z = 2) =$
*Erwartungswert:* EZ =

*HA 94*

Es werde mit einem gezinkten Tetraeder gewürfelt, dessen vier verschiedene Augenzahlen $i \in \{1; 2; 3; 4\}$ mit den zugehörigen Wahrscheinlichkeiten $p_i = \frac{2^i}{i!} \cdot q$ auftreten. Welcher Mittelwert der gewürfelten Augenzahlen ist zu erwarten? Wie stark streuen die Augenzahlen?

*HA 95*

Ein ideales Tetraeder mit den Augenzahlen 1, 2, 3, 4 wird so oft geworfen, bis es erstmalig auf der Augenzahl 3 liegt, jedoch höchstens viermal. Die Zufallsgröße X gebe die Anzahl der Würfe an. Bestimmen Sie die Wahrscheinlichkeitsverteilung, den Erwartungswert, die Streuung sowie die Standardabweichung von X!

*HA 96*

Andreas lädt zu einem Würfelspiel zu zweit ein. Dazu hat er zwei ungezinkte Würfel, von denen der eine die sechs Augenzahlen 1, 4, 4, 4, 4, 6 trägt und der andere die sechs Augenzahlen 2, 2, 3, 5, 5, 5. Wer beim Würfeln jeweils die niedrigere Augenzahl hat, zahlt an seinen Spielpartner die (positive) Differenz der Augenzahlen in Cent. Als Gast dürfen Sie sich Ihren Spielwürfel aussuchen. Begründen Sie Ihre Wahl!

*HA 97*

Für einen Einsatz von 0,50 € an den Spielleiter darf der Spieler aus einer Urne mit genau 15 (10 weißen und 5 grünen) Kugeln mit einem Griff genau 2 Kugeln entnehmen. Der Spielleiter geht nach folgendem Modus vor:

| *Ereignis*: | *Auszahlungsbetrag in Euro*: |
|---|---|
| A = {2 grüne Kugeln gezogen} | + 2 |
| B = {2 weiße Kugeln gezogen} | 0 |
| C = {weder A noch B eingetreten} | + 0,50 |

Ist dieses Spiel fair? Nutzen Sie für Ihre Entscheidung den Vergleich des Erwartungswertes EX des Auszahlungsbetrages X mit dem Einsatz!

*HA 98*

Nach Einzahlen eines bestimmten Geldbetrages an den Spielleiter darf der Spieler genau einmal folgendes Spiel durchführen: Ein LAPLACE-Tetraeder mit den Augenzahlen 1, 2, 3, 4 wird einmal geworfen. Der Spielleiter geht nach folgendem Modus vor:

| *Ergebnis* | 1 | 2 | 3 | 4 |
|---|---|---|---|---|
| *Auszahlungsbetrag in Euro* | 0 | 1 | 2 | 5 |

Berechnen Sie (unter Beachtung des Erwartungswertes des Auszahlungsbetrages X durch den Spielleiter) die Höhe des durch den Spieler einzuzahlenden Geldbetrages, der ein faires Spiel ermöglicht!

*HA 99* (↗ *Definition H 13, S. 366; Satz H 23, S. 373*)

Die voneinander (stochastisch) unabhängigen Zufallsgrößen X und Y (d.h. $P(\{X = x \text{ und } Y = y\}) = P(X = x) \cdot P(Y = y)$) haben folgende Wahrscheinlichkeitsverteilungen:

$$X \mathrel{\hat=} \begin{pmatrix} 1 & 2 & 3 \\ 0{,}50 & 0{,}40 & 0{,}10 \end{pmatrix} \qquad Y \mathrel{\hat=} \begin{pmatrix} 0 & 1 \\ 0{,}60 & 0{,}40 \end{pmatrix}$$

a) Bestimmen Sie die Erwartungswerte EX und EY!

b) Bestimmen Sie die Wahrscheinlichkeitsverteilung der Zufallsgröße $Z = X + Y$ und deren Erwartungswert!

*HA 100*

Berechnen Sie den Erwartungswert einer „hypergeometrisch" verteilten Zufallsgröße X!

$$X \mathrel{\hat=} \begin{pmatrix} 0 & 1 & 2 & \dots & n \\ p_0 & p_1 & p_2 & \dots & p_n \end{pmatrix} \quad \text{mit} \quad p_i = \frac{\binom{M}{i}\binom{N-M}{n-i}}{\binom{N}{n}} \quad \text{für} \quad i \in \{0, 1, 2, \dots, M\}!$$

*HA 101*

Einem Teehaus werden zur automatischen Abfüllung von Tee die beiden Maschinen $M_1$ und $M_2$ angeboten. Ein Test, bei dem $M_1$ und $M_2$ auf den Sollwert 100g eingestellt waren, erbrachte folgende Daten:

| Füllgewicht | 94 g | 96 g | 98 g | 100 g | 102 g | 104 g | 106 g |
|---|---|---|---|---|---|---|---|
| absolute Häufigkeit bei $M_1$ | 10 | 25 | 95 | 250 | 80 | 25 | 15 |
| absolute Häufigkeit bei $M_2$ | 12 | 42 | 78 | 330 | 90 | 36 | 12 |

Beurteilen Sie auf Grund dieser Daten die Qualität beider Maschinen!

# H 5 Binomialverteilung

## H 5.1 BERNOULLI-Experimente

*HA 102* (↗ *Definition H 18; Beispiele H 33/34, S. 378*)

*Zufallsexperiment*: Einmaliges Werfen eines fairen, mit den Augenzahlen 1, 2, 3, 4, 5 und 6 beschrifteten Würfels.

Interpretieren Sie dieses Zufallsexperiment auf drei Arten als BERNOULLI-Experiment!

*HA 103*

Begründen Sie, dass die nachfolgend genannten drei BERNOULLI-Experimente jeweils als eine Interpretation der BERNOULLI-Größe X geeignet sind! $X \mathrel{\hat=} \begin{pmatrix} 1 & 0 \\ 0{,}25 & 0{,}75 \end{pmatrix}$

a) *Zufallsexperiment:*
Einmaliges Werfen eines LAPLACE-Tetraeders mit den Augenzahlen 1, 2, 3, 4
Erfolg (1): Augenzahl 4 — Misserfolg (0): Augenzahl ungleich 4

b) *Zufallsexperiment:*
Zweimaliges Werfen eines LAPLACE-Würfels mit den Augenzahlen 1, 2, 3, 4, 5, 6
Erfolg (1): 4 oder 7 als Summe der Augenzahlen — Misserfolg (0): weder 4 noch 7 als Summe der Augenzahlen

c) *Zufallsexperiment:*
Zweimaliges Werfen eines LAPLACE-Tetraeders mit den Augenzahlen 1, 2, 3, 4
Erfolg (1): 4 oder 9 als Produkt der Augenzahlen — Misserfolg (0): weder 4 noch 9 als Produkt der Augenzahlen

## H 5.2 BERNOULLI-Ketten; binomialverteilte Zufallsgrößen

***HA 104*** *(↗ Beispiel H 35, S. 380)*

*Zufallsexperiment*: Ein LAPLACE-Würfel mit den Augenzahlen 1, 2, 3, 4, 5, 6 wird siebenmal hintereinander geworfen.
Mit welcher Wahrscheinlichkeit treten die Ereignisse A und B ein?
Zufallsgröße X: Anzahl der gewürfelten Einsen (bei sieben Würfen)
A = {*genau* viermal wird die „1" gewürfelt}; B = {*genau* zweimal oder *genau* fünfmal wird die „1" gewürfelt}

***HA 105***

*Zufallsexperiment:* Fünfmaliges Werfen einer LAPLACE-Münze mit *Wappen* und *Zahl*
Zufallsgröße X: Gibt an, wie oft die Münze *Wappen* zeigt
Berechnen Sie die Wahrscheinlichkeiten $P(X = 2)$, $P(X \neq 3)$, $P(X < 2) = P(X \leq 1) = P(X = 0$ oder $X = 1)$, $P(X > 4)$, P({viermal *Zahl*}) sowie P({öfter *Zahl* als *Wappen*})!

***HA 106***

Unter den Familien mit (genau) vier Kindern wird eine Familie „auf gut Glück" ausgewählt.
Berechnen Sie die Wahrscheinlichkeiten der Ereignisse A, B und C unter der Annahme, dass die Wahrscheinlichkeit für die Geburt eines Mädchens 0,49 und die Wahrscheinlichkeit für die Geburt eines Jungen 0,51 beträgt!

A = {unter den vier Kindern sind genau zwei Töchter}
B = {unter den vier Kindern sind mindestens zwei Töchter}
C = {unter den vier Kindern sind nur die als 1. und 2. Kind geborenen Töchter}

***HA 107***

Das Werk Jenchip produziert elektronische Bauelemente mit den drei Maschinen $M_1$, $M_2$, $M_3$ und nur mit diesen. $M_1$ hat an dieser Gesamtproduktion einen Anteil von 35%, $M_2$ von 42%. Die Ausschussquoten betragen 10% bei $M_1$, 25% bei $M_2$ und 20% bei $M_3$.

a) Berechnen Sie die Wahrscheinlichkeit $q_1$ dafür, dass von 10 „auf gut Glück" der Gesamtproduktion entnommenen Bauteilen mehr als 8 keine Ausschussteile sind!
b) „Auf gut Glück" werden der Gesamtproduktion 25 intakte Bauteile entnommen. Mit welcher Wahrscheinlichkeit $q_2$ stammen mehr als acht dieser Bauteile von der Maschine $M_2$?
Mit welcher Wahrscheinlichkeit $q_3$ stammen höchstens 10 Bauteile von $M_2$ oder $M_3$?

## H 5.3 Tabellierungen zur Binomialverteilung

***HA 108*** *(↗ Beispiele H 36/H 37, S. 381 f.)*

Gegeben sei eine BERNOULLI-Kette der Länge 10 und mit einer Erfolgswahrscheinlichkeit von 0,2.
Berechnen Sie die Wahrscheinlichkeiten der Ereignisse A = {genau siebenmal Erfolg}, B = {höchstens siebenmal Erfolg}

a) ohne eine Tabelle zur Binomialverteilung b) mit einer Tabelle zur Binomialverteilung!

***HA 109***

Gegeben sei eine BERNOULLI-Kette mit der Länge 10 und einer Erfolgswahrscheinlichkeit von 0,2.
Berechnen Sie die Wahrscheinlichkeiten der Ereignisse
C = {weniger als siebenmal Erfolg}

E = {Anzahl der Erfolge ist nicht kleiner als 3 und nicht größer als 7}
D = {mindestens siebenmal Erfolg}
F = {Anzahl der Erfolge ist größer als 3 und kleiner als 7}

a) ohne eine Tabelle zur Binomialverteilung; b) mit einer Tabelle zur Binomialverteilung!

### *HA 110*

Aus einer Urne mit genau 20 Kugeln (14 weißen und 6 blauen) werden nacheinander mit Zurücklegen 50 Kugeln entnommen. Bestimmen Sie die Wahrscheinlichkeiten der Ereignisse A bis E!
Zufallsgröße X: Anzahl der weißen Kugeln unter den herausgenommenen Kugeln

A = {von den herausgenommenen Kugeln sind genau 35 weiß}
B = {von den herausgenommenen Kugeln sind höchstens die Hälfte weiß}
C = {von den herausgenommenen Kugeln sind mehr als die Hälfte weiß}
D = {von den herausgenommenen Kugeln sind höchstens 70% weiß}
E = {von den herausgenommenen Kugeln sind mindestens 25 und höchstens 40 weiß}

### *HA 111*

Auf einem Glücksrad ist ein Sektor von 60° schraffiert. Zeigt der angebrachte Pfeil nach dem Stillstand des Rades auf den schraffierten Sektor, so erhält der Spieler einen Punkt. Wie groß ist die Wahrscheinlichkeit p, dass der Spieler bei zehnmaligem Drehen des Glücksrades folgende Punkte erhält?

a) genau zwei Punkte b) weniger als fünf Punkte c) höchstens sieben Punkte

### *HA 112*

Bei einer Schulmannschaft im Handball kann erfahrungsgemäß davon ausgegangen werden, dass sie $\frac{1}{3}$ ihrer Spiele gewinnt. Mit welcher Wahrscheinlichkeit p gewinnt diese Mannschaft von 20 Spielen

a) genau 7, b) mehr als 7, c) höchstens 7, d) mehr als die Hälfte?

e) Wie viele Spiele muss die Mannschaft mindestens austragen, um mit mindestens 99%iger Sicherheit mindestens ein Spiel zu gewinnen?

### *HA 113*

Ein Glücksrad hat genau vier Sektoren (einen grünen mit der Aufschrift 1 und drei weiße mit den Aufschriften 2, 3 bzw. 4). Der Winkel des Sektors mit der Aufschrift k (für $k \in \{1; 2; 3; 4\}$) ist k-mal so groß wie der Winkel des Sektors mit der Aufschrift 1. Nur wenn der angebrachte Pfeil nach dem Drehen des Rades auf das grüne Feld zeigt, gewinnt der Spieler.

a) Berechnen Sie die Wahrscheinlichkeiten der Ereignisse A bis D!
A = {bei 100-maligem Drehen genau 20 Gewinne}
B = {bei 100-maligem Drehen höchstens 20 Gewinne}
C = {bei 100-maligem Drehen mindestens 20 Gewinne}
D = {bei 100-maligem Drehen 10 bis höchstens 30 Gewinne}

b) Wie oft muss das Glücksrad mindestens gedreht werden, um mit einer Sicherheit von mindestens 95,5% mindestens einmal zu gewinnen?

c) Bestimmen Sie mit Hilfe der TSCHEBYSCHEWschen Ungleichung eine untere Schranke $p_u$ für die Wahrscheinlichkeit p, dass die relative Häufigkeit $h_{100}(E)$ um weniger als 0,05 von der Wahrscheinlichkeit P(E) abweicht!
E = {bei einmaligen Drehen zeigt der Pfeil auf den grünen Sektor}
Vergleichen Sie den Wert $p_u$ mit dem mittels Binomialverteilung berechneten Wert p!

d) Wie oft muss man das Glücksrad drehen, damit mit einer Mindestsicherheit von 50% die relative Häufigkeit des Ereignisses E (aus c)) um weniger als 0,03 von der Wahrscheinlichkeit P(E) abweicht?
Schätzen Sie diese gesuchte Anzahl $n_{min}$ mit Hilfe der TSCHEBYSCHEWschen Ungleichung ab!
Mit welcher Wahrscheinlichkeit p liegt $h_n$ (E) tatsächlich im Intervall (P(E) – 0,03; P(E) + 0,03)?
(Es gilt $B_{200\,;\,0,1}(\{0;\,1;\,\ldots;\,14\}) \approx 0{,}0930$, $B_{200\,;\,0,1}(\{0;\,1;\,\ldots;\,25\}) \approx 0{,}8995$.)

## H 5.4 Erwartungswert und Streuung binomialverteilter Zufallsgrößen

***HA 114*** *(↗ Beispiel H 40, S. 383)*
Ein LAPLACE-Tetraeder mit den Seitenbeschriftungen 1, 2, 3 und 4 werde 50-mal geworfen.
Wie viele Zweien sind dabei zu erwarten? Welche Streuung (Varianz) besitzt die (zufällige) Anzahl der Zweien? Welche Standardabweichung besitzt die (zufällige) Anzahl der Zweien?

***HA 115***
Von einem in großer Stückzahl produzierten Bauteil genügen 90% der geforderten Norm. (Die Stückzahl sei so groß, dass die Entnahme einer Stichprobe vom Umfang n gleichzusetzen ist der Entnahme von n Teilen mit Zurücklegen.)
Wie viele nicht normgerechte Bauteile sind in einer Stichprobe vom Umfang 20 zu erwarten?
Zufallsgröße X: Anzahl der nicht normgerechten Teile unter 20 Bauteilen
Mit welcher Wahrscheinlichkeit p befinden sich in einer Stichprobe vom Umfang 20 höchstens 2 nicht normgerechte Bauteile?

***HA 116***
Etwa 12% der Kinder, die in die Grundschule kommen, benutzen zum Schreiben bevorzugt die linke Hand.
Wie viele „Linkshänder" sind bei einer Einschulung von 350 Kindern zu erwarten?
Zufallsgröße X: Anzahl der „Linkshänder"

***HA 117***
Die Firma Jenchip beabsichtigt, Auslandsvertreter einzustellen, die sprachlich gewandt sind und solide mathematisch-naturwissenschaftlich-technische Kenntnisse besitzen. Die Bewerber müssen sich einer Prüfung D in Deutsch und Fremdsprachen sowie einer Prüfung M auf mathematisch-naturwissenschaftlich-technischem Gebiet unterziehen. Nur wer beide Prüfungen besteht, wird angenommen. Wer den Anforderungen der D-Prüfung nicht genügt, wird abgelehnt. Alle anderen dürfen sich zum nächsten Einstellungstermin wieder bewerben. Die Firma nimmt an, dass sich im Vergleich zu dem letzten diesbezüglichen Einstellungstermin die Bewerberstruktur nicht verändert hat. Jenchip geht daher von folgenden Daten für die Aufnahmeprüfung aus:

- $\frac{2}{3}$ von denen, die die Prüfung D bestehen, sind auch bei der Prüfung M erfolgreich.
- 62% der Bewerber bestehen die Prüfung M nicht.
- 25% der Bewerber bestehen die Prüfung M, werden aber abgelehnt, da sie D nicht bestanden haben.

Wie viele Bewerber haben sich diesen Prüfungen zu stellen, damit – unter den obigen Konditionen – 14 Einstellungen zu erwarten sind?
Wie viele Zweitbewerber werden sich für diese Prüfung melden, wenn sich beim letzten Bewerbungstermin 200 Teilnehmer den Prüfungen stellten und ca. 80% derjenigen, für die damals eine Zweitbewerbung möglich geworden ist, sich wieder diesen Prüfungen unterziehen?

*HA 118*

Ermitteln Sie den Wert des Parameters p, für den (bei festgewähltem n) die $B_{n;\,p}$-verteilte Zufallsgröße $X_p$ die größtmögliche Streuung besitzt!

## H 5.5 Grenzwertsatz von DE MOIVRE-LAPLACE zur Binomialverteilung
## H 5.6 Normalverteilung
## H 5.7 Zentraler Grenzwertsatz

*HA 119* (↗ Beispiel H 41, S. 384)

Die Zufallsgröße X sei binomialverteilt mit den Parametern $n = 350$ und $p = 0{,}12$.
Berechnen Sie $P(X \le 50)$, $P(X \le 30)$, $P(X > 45)$, $P(40 < X < 70)$!

*HA 120*

Die Zufallsgröße X sei binomialverteilt mit den Parametern $n = 350$ und $p = 0{,}12$.

a) Berechnen Sie $P(|X - EX| \le 5)$!

b) Bestimmen Sie alle natürlichen Zahlen a, für die $P(|X - EX| \le a) \ge 0{,}95$ gilt!

*HA 121*

Welche Länge n ($n \ge 200$) muss eine BERNOULLI–Kette mit der Erfolgswahrscheinlichkeit $p = 0{,}2$ besitzen, damit für die zufällige Anzahl X der Erfolge $P(X \le 175) = 0{,}999$ gilt?

*HA 122*

Auf einem Glücksrad ist ein Gewinnsektor mit einem Öffnungswinkel von 72° markiert.
Wie oft ist dieses Rad zu drehen, damit mit einer Wahrscheinlichkeit von 0,95 mindestens 100 Gewinne „erdreht" werden?

*HA 123*

Für die Sportveranstaltungen in einem Stadion werden jeweils Freikarten für Ehrenplätze vergeben. Erfahrungsgemäß nutzen nur 80% der auf diese Weise geladenen Gäste ihre Freikarten.

a) Es werden 200 Freikarten ausgegeben.
Berechnen Sie die Wahrscheinlichkeit dafür, dass genau 160 Ehrenplätze belegt werden!

b) Für eine Veranstaltung werden 200 Freikarten vergeben.
Wie viele Ehrenplätze sind mindestens bereitzustellen, damit die Wahrscheinlichkeit, dass alle ins Stadion kommenden geladenen Ehrengäste jeweils noch einen freien Ehrenplatz vorfinden, mindestens 0,975 beträgt?

*HA 124*

Wie oft muss man eine LAPLACE-Münze mit Wappen und Zahl werfen, damit mit einer Mindestsicherheit von 60% die relative Häufigkeit des Ereignisses A = {bei einmaligen Werfen der Münze liegt die Zahl oben} um weniger als 0,01 von der Wahrscheinlichkeit P(A) abweicht?
Schätzen Sie diese gesuchte Anzahl $n_{min}$ mit Hilfe der TSCHEBYSCHEWschen Ungleichung ab!
Mit welcher Wahrscheinlichkeit p liegt $h_{n_{min}}(A)$ tatsächlich im Intervall $(P(A) - 0{,}01;\ P(A) + 0{,}01)$?

*HA 125*

Wie oft muss man einen L-Tetraeder mit den Augenzahlen 1, 2, 3, 4 werfen, damit mit einer Mindestsicherheit von 60% die relative Häufigkeit des Ereignisses A = {beim einmaligen Werfen des Tetraeders liegt dieser auf der „1"} um weniger als 0,01 von der Wahrscheinlichkeit P(A) abweicht?
Schätzen Sie diese gesuchte Anzahl $n_{min}$ mit Hilfe der TSCHEBYSCHEWschen Ungleichung ab!
Mit welcher Wahrscheinlichkeit p liegt $h_{n_{min}}(A)$ tatsächlich im Intervall $(P(A) - 0{,}01;\ P(A) + 0{,}01)$?

# H 7 Testen von Hypothesen

## H 7.1 Grundbegriffe beim Testen von Hypothesen
## H 7.2 Testen einer unbekannten Wahrscheinlichkeit

***HA 126*** *(↗ Beispiel H 43, S. 395 ff.)*

In einer Urne befinden sich (nur) Kugeln mit den Farben blau und weiß. Es ist bekannt, dass die Urne entweder 25 % oder 60 % blaue Kugeln enthält. Um festzustellen, welcher Urneninhalt vorliegt, werden 20 Kugeln mit Zurücklegen gezogen. Erhält man bei diesem Ziehungsvorgang höchstens 7 blaue Kugeln, dann entscheidet man sich für einen Urneninhalt mit 25 % blauen Kugeln.

a) Wählen Sie als „Erfolg", dass die Kugel blau ist. Formulieren Sie die Nullhypothese $H_0$ mit der Erfolgswahrscheinlichkeit $p = 0{,}25$ und geben Sie die Gegenhypothese an!
b) Geben Sie Annahmebereich A und Ablehnungsbereich $\overline{A}$ für $H_0$ an!
c) Berechnen Sie die Wahrscheinlichkeiten für die möglichen Fehlentscheidungen!

***HA 127***

Ein Vulkanisierbetrieb spendet einem Radsportverein je 5000 Fahrradschläuche in zwei verschiedenen Qualitäten, die getrennt verpackt wurden. Die Packung mit guter Qualität enthalte 90 %, die Packung mit etwas minderer Qualität enthalte 75 % brauchbare Schläuche. Durch eine Stichprobe soll entschieden werden, welche Qualität die Schläuche in der jeweiligen Packung besitzen, weil die Packungen äußerlich nicht unterscheidbar sind. Wählen Sie bei Ihrem Entscheidungsverfahren als Nullhypothese, dass die Packung 90 % brauchbare Schläuche enthält! Der Stichprobenumfang betrage

a) $n = 20$, b) $n = 50$, c) $n = 100$.

Wählen Sie den Ablehnungsbereich für $H_0$ jeweils so, dass die Wahrscheinlichkeit für den Fehler 1. Art unter 0,05 liegt! Bestimmen Sie jeweils den Annahmebereich für $H_0$ und berechnen Sie die Wahrscheinlichkeit für den Fehler 2. Art!

***HA 128***

Eine Schokoladenfabrik produziert Hohlkörper aus Schokolade, die anschließend mit farbiger Folie umhüllt werden. Beim Verpacken entstanden bei einer Tagesproduktion 10 % „Bruch", am nächsten Tag sogar 20 % Bruch. Aus Versehen sind beide Tagesproduktionen von je 3000 Stück, abgepackt in Großkartons, mit dem Schild „2. Wahl" (20 % Bruch) versehen worden. Da der Produzent weiß, dass *ein* Karton 1. Wahl (10 % Bruch) enthalten muss, und er den Verlust nicht hinnehmen will, der entsteht, wenn beide Kartons als 2. Wahl verkauft werden, überlegt er sich folgendes Prüfverfahren: Er testet die Hypothese, dass der Karton 10 % Bruch enthalte. Dazu entnimmt er dem Karton 50 Hohlkörper und überprüft diese. Findet er mehr als 6 zerbrochene Hohlkörper, so verwirft er seine Hypothese.

a) Berechnen Sie die Wahrscheinlichkeiten für die möglichen Fehlentscheidungen bei diesem Prüfverfahren!
b) Verändern Sie den Ablehnungsbereich für $H_0$ so, dass die Wahrscheinlichkeit für den Fehler 1. Art kleiner als 0,1 wird!

***HA 129*** *(↗ Beispiel H 45, S. 399)*

Beim zweiseitigen Signifikanztest soll die Hypothese $H_0$: $p = p_0$ gegen die Hypothese $H_1$: $p \neq p_0$ bei einem Stichprobenumfang n auf dem Signifikanzniveau $\alpha$ getestet werden. Geben Sie den zweiseitigen Ablehnungsbereich $\overline{A}$ für $H_0$ an!

a) $p_0 = 0{,}5$; $n = 20$; $\alpha = 0{,}05$ b) $p_0 = 0{,}5$; $n = 20$; $\alpha = 0{,}01$ c) $p_0 = 0{,}8$; $n = 100$; $\alpha = 0{,}05$

### *HA 130*

Die Hypothese $H_0$: $p \geq p_0$ soll gegen die Hypothese $H_1$: $p < p_0$ bei einem Stichprobenumfang n auf dem Signifikanzniveau $\alpha$ getestet werden. Geben Sie jeweils den Ablehnungsbereich $\overline{A}$ für $H_0$ an!

a) $p_0 = 0{,}1$; $n = 50$; $\alpha = 0{,}1$  b) $p_0 = 0{,}8$; $n = 100$; $\alpha = 0{,}01$  c) $p_0 = \frac{1}{3}$; $n = 50$; $\alpha = 0{,}05$

### *HA 131* (↗ *Beispiel H 46, S. 400 f.*)

Vor Wahlen werden Prognosen über die Chancen der einzelnen politischen Parteien aufgestellt. Um solche Prognosen zu erhärten, wählt man eine bestimmte Anzahl stimmberechtigter Personen nach einem Zufallsprinzip aus und befragt sie unabhängig voneinander. Die Partei P hatte vor der letzten Wahl einen Stimmenanteil von 40%. Vor der neuen Wahl möchte diese Partei nun wissen, ob sich ihr Wahlergebnis verändern wird. Dazu befragt man 100 Personen und überprüft die Hypothese „Der Stimmenanteil ist höchstens gleich geblieben“. Die Wahrscheinlichkeit, dass man irrtümlich auf eine Erhöhung des Stimmenanteils schließt, soll nicht größer als 0,1 sein.
Geben Sie jeweils die Nullhypothese $H_0$, die Gegenhypothese $H_1$ sowie den zu $H_0$ gehörigen Ablehnungsbereich an!

a) X sei die zufällige Anzahl der Personen, die die Partei wählen wollen.
b) X sei die zufällige Anzahl der Personen, die die Partei *nicht* wählen wollen.

### *HA 132*

In einer Lieferung von Kacheln für Kamine befinden sich 10% „rein zufällig“ verteilte Ausschusskacheln.

a) Wie groß ist die Wahrscheinlichkeit $p_1$, dass sich in einer Lieferung von 20 Kacheln keine Ausschusskacheln befinden?
b) Wie groß ist die Wahrscheinlichkeit $p_2$, dass sich in einer Lieferung von 100 Kacheln höchstens 8 Ausschusskacheln befinden?
c) Ein Ofensetzer will die Behauptung des Herstellers, der Ausschussanteil betrage höchstens 10%, testen und stellt folgende Entscheidungsregel auf: *Wenn in einer Stichprobe von 25 Kacheln vier oder mehr fehlerhaft sind, so soll die Lieferung abgelehnt werden.*
Geben Sie die Nullhypothese $H_0$, die Gegenhypothese und den Ablehnungsbereich für $H_0$ an!
Berechnen Sie das Risiko (die Wahrscheinlichkeit für den Fehler 1. Art) für den Hersteller, dass seine Lieferung abgelehnt wird, obwohl sie seinen Angaben entspricht!
d) Der Hersteller will sein Risiko auf höchstens 0,05 verringern. Wie muss dann die Entscheidungsregel für Stichproben mit dem Umfang $n = 25$ lauten?

### *HA 133*

Ein einheimischer Waschpulverhersteller behauptet, dass mindestens 70% aller Kaufhallen das von ihm hergestellte Waschpulver in der Region anbieten. Bei einer Stichprobe in 100 Kaufhallen der Region stellt man fest, dass 59 Kaufhallen dieses Waschpulver anbieten. Kann man hieraus mit einer Irrtumswahrscheinlichkeit von höchstens 0,05 einen Widerspruch zur Behauptung des Herstellers erkennen?

### *HA 134*

In der Schweiz wurde unter der Bevölkerung folgende prozentuale Blutgruppenhäufigkeit festgestellt:

| Blutgruppe | 0 | A | B | AB |
|---|---|---|---|---|
| Anteil je 100 Personen | 42 | 45 | 10 | 3 |

Für Deutschland wird eine ähnliche Verteilung angenommen. Es soll die Nullhypothese getestet werden, dass tatsächlich genau 10 % der Bevölkerung die Blutgruppe B besitzen. Hierfür wählt man 100 Personen „auf gut Glück" aus. Bei 19 Personen wird die Blutgruppe B festgestellt. Wie würden Sie bei einer Irrtumswahrscheinlichkeit von höchstens 0,05 entscheiden?

***HA 135***

Eine Pharmaziefirma wirbt für ihre Salbe gegen leichte Pigmentstörungen der Haut mit dem Versprechen, dass die Anwendung dieser Salbe in mindestens 80 % der Fälle eine sichtbare Besserung herbeiführt. Zur Überprüfung dieser werbewirksamen Behauptung wird eine Zufallsstichprobe von 100 Patienten mit Pigmentstörungen auf diese Weise behandelt. Bei 75 Patienten führt dies zu einer Besserung. Kann die Behauptung des Herstellers auf dem Signifikanzniveau $\alpha = 0{,}05$ verworfen werden?

***HA 136***

Ein Herrenschuhverkäufer behauptet, dass genau 90 % der männlichen Bevölkerung seiner Stadt mit fünf verschiedenen Schuhgrößen (Größe 40 bis 44) versorgt werden können, und er hat deshalb vorwiegend Schuhe dieser Größe am Lager. Ein Lehrling zweifelt an der Aussage des Verkäufers und überprüft daraufhin an 100 „auf gut Glück" ausgewählten Kunden die Behauptung des Verkäufers. Er ermittelt 84 Kunden, die eine Schuhgröße von 40 bis 44 haben.
Kann der Lehrling die Behauptung des Verkäufers auf dem Signifikanzniveau von 0,05 ablehnen?

***HA 137***

Eine statistische Erhebung unter 5000 Studentinnen ergab, dass mindestens 30 % aller Befragten Raucherinnen sind. Jemand behauptet, dass der Anteil der Raucherinnen bereits unter den Gymnasiastinnen genauso hoch sei. Geben Sie ein Prüfverfahren an, mit dessen Hilfe Sie an Ihrer Schule die Hypothese testen können, dass mindestens 30 % aller Schülerinnen Raucherinnen sind! Wählen Sie dazu entsprechend der Schülerzahl Ihrer Schule einen geeigneten Stichprobenumfang! Wählen Sie als Signifikanzniveau 0,05!

***HA 138***

In einer Urne befinden sich nur weiße und rote Kugeln. Ein Schüler behauptet, dass der Anteil der weißen Kugeln ein Fünftel beträgt. Zur Überprüfung dieser Behauptung führt die Klasse ein Experiment durch: Es werden 50 Kugeln mit Zurücklegen gezogen. Befinden sich weniger als 4 oder mehr als 16 weiße Kugeln darunter, wird die genannte Behauptung zurückgewiesen, andernfalls nicht. Wie groß ist bei diesem Experiment die Irrtumswahrscheinlichkeit?

***HA 139***

Beim Ausbrüten befruchteter Hühnereier soll angeblich der Anteil der geschlüpften Hähnchen und Hennen gleich sein. In einer Brutstation wird festgestellt, dass aus 50 ausgebrüteten Eiern 30 Hähnchen (und 20 Hennen) schlüpften. Kann man mit einer Irrtumswahrscheinlichkeit von höchstens 0,05 auf unterschiedliche Wahrscheinlichkeiten für das Schlüpfen von Hähnchen und Hennen schließen?

***HA 140***

1994 veröffentlichte eine Autofachzeitschrift, dass die Autos mit einem Hubraum bis 1400 $cm^3$ vorwiegend in der Farbe rot gekauft wurden. Bei diesen „Kleinwagen" wird ein Anteil von 75 % roter Fahrzeuge angegeben. Frank vermutet, dass der angegebene Anteil der roten Fahrzeuge nicht zutrifft. Er testet die Hypothese, dass der Anteil roter Autos unter allen Kleinwagen bis 1400 $cm^3$ Hubraum höchstens 70 % ist, auf einem Signifikanzniveau von 0,01.

a) Wie hoch darf der Anteil an roten Autos höchstens sein, wenn er auf einem großen Parkplatz eines Einkaufzentrums 100 Autos dieser Hubraumklassen „auf gut Glück" auswählt und seine Hypothese nicht verwerfen will?

b) Kerstin vermutet, dass der Anteil roter Autos unter all diesen Kleinwagen mindestens 50% beträgt. Sie testet die Hypothese, dass $p \geq 0{,}5$ ist, auf einem Signifikanzniveau von 0,01. Sie führt eine Stichprobe durch, indem sie 200 Fahrzeuge dieser Hubraumklassen an einer stark befahrenen Bundesstraße der Reihe nach zählt und darunter 149 rote Kleinwagen ermittelt. Wie muss sie sich nach dieser Stichprobe entscheiden?

### *HA 141*

Im Statistischen Jahrbuch von 1994 werden folgende bereits durch Krankheiten geschädigte Baumarten des Landes Thüringen angegeben:

| Baumart | 1986 | 1993* | Anzahl von kranken Bäumen unter 200 im Jahr 1994 zufällig ausgewählten |
|---|---|---|---|
| Fichte | 25% | 40% | 68 |
| Kiefer | 30% | 50% | 88 |
| Buche | 12% | 60% | 136 |
| Eiche | 15% | 75% | 138 |

* Die im statistischen Jahrbuch angegebenen Prozentsätze für das Jahr 1993 wurden gerundet, damit die Tafeln zur Binomialverteilung benutzt werden können. Die Werte für 1986 wurden zum Vergleich mit angegeben.

Im Sommer 1994 wurden im Wintersportgebiet von Oberhof jeweils 200 Fichten, Kiefern, Buchen und Eichen als Zufallsstichproben ausgewählt und auf Krankheiten untersucht. Die Ergebnisse sind in der letzten Spalte der obigen Tabelle angegeben. Kann die Hypothese, dass der angegebene Prozentsatz kranker Fichten (Kiefern, Buchen, Eichen) aus dem Jahre 1993 für den Waldbestand von Oberhof auch für 1994 gilt, auf einem Signifikanzniveau von 0,05 verworfen werden?

### *HA 142* *(↗ Beispiel H 47, S. 401)*

Eine Partei möchte wissen, ob bei einer in Kürze anstehenden Wahl eine absolute Mehrheit für sie möglich ist. Sie gibt eine Meinungsumfrage in Auftrag. Es wird die Nullhypothese überprüft, dass der Stimmenanteil höchstens 50% ist, wobei man eine Irrtumswahrscheinlichkeit von höchstens 0,05 zulassen will.

Dazu werden a) 200 Personen b) 1000 Personen

zufällig ausgewählt und befragt, ob sie diese Partei wählen würden, wenn am nächsten Sonntag Wahlen wären (Sonntagsfrage). Geben Sie $H_0$, $H_1$ und den zu $H_0$ gehörenden Ablehnungsbereich an! Formulieren Sie eine Entscheidungsregel!

### *HA 143*

Ein Optiker behauptet, dass mindestens 20% aller schulpflichtigen Kinder eine Brille benötigen. Es soll die Nullhypothese, dass mindestens 20% der Kinder eine Brille benötigen, auf dem Signifikanzniveau von 0,05 getestet werden.

a) Bei einer Schuluntersuchung werden 200 Kinder als Zufallsstichprobe gewählt. Bei 30 Kindern wird festgestellt, dass sie eine Brille benötigen.

b) Bei einer anderen Schuluntersuchung werden 1 000 Kinder als Zufallsstichprobe gewählt. Dabei ermittelt man 160 Kinder, die eine Brille tragen sollten.

Kann die Nullhypothese auf dem vorgegebenen Signifikanzniveau von 0,05 in a) und b) abgelehnt werden?

*HA 144*

Ein Reiseunternehmen hat für die Sommersaison 1000 Hotelbetten für ein bestimmtes Urlaubsgebiet in Spanien vertraglich gebunden. Erfahrungsgemäß werden etwa 10% der Buchungen wieder zurückgenommen.

a) Bestimmen Sie den Ablehnungsbereich für $H_0$: $p \geq 0{,}1$, wenn die Irrtumswahrscheinlichkeit höchstens 0,05 betragen soll!
b) Bestimmen Sie den Ablehnungsbereich für $H_0$: $p \geq 0{,}1$, wenn die Irrtumswahrscheinlichkeit höchstens 0,01 betragen soll!
c) Welche praktischen Konsequenzen sind für das Reiseunternehmen nahe liegend?

*HA 145*

Erfahrungen eines Reiseunternehmens besagen, dass durchschnittlich 2% der Personen, die eine bestimmte, sehr beliebte Kreuzfahrt gebucht haben, die Reise nicht antreten. Es stehen 150 Plätze zur Verfügung.

a) Bestimmen Sie den Ablehnungsbereich für $H_0$: $p \geq 0{,}02$, wenn das Signifikanzniveau 0,05 betragen soll!
b) Welche praktischen Konsequenzen ergeben sich für das Reiseunternehmen?

*HA 146*

Ein Arzt empfiehlt seit längerer Zeit ein bewährtes Medikament „Nasefrei“ gegen Schnupfen. Ein Pharmakonzern bringt ein neues Medikament D auf den Markt und verspricht, dass dies wirksamer als alle herkömmlichen Mittel gegen Schnupfen sei. Der Arzt möchte deshalb nicht weiterhin ungeprüft allein das Medikament „Nasefrei“ einsetzen. Die Gefahr, dass er „Nasefrei“ irrtümlich für besser hält, soll gering sein. Welche möglichen Fragestellungen für das Testen von Hypothesen ergeben sich daraus? Geben Sie entsprechende Lösungen an!

## H 7.3 Gütefunktion eines Tests

*HA 147* *(↗ Beispiel H 45, S.399; Definition H 22, S.403)*

Bei dem in Beispiel H 45 (S.399) genannten Spiel werde der Würfel 100-mal geworfen.

a) Bestimmen Sie den Ablehnungsbereich $\overline{A}$ für $H_0$!
b) Geben Sie die Gütefunktion des Tests an und stellen Sie diese grafisch dar!
c) Vergleichen Sie mit der Gütefunktion im Beispiel H 45 (S. 403 f.) für $n = 25$! (Zeichnen Sie den zugehörigen Graphen zusätzlich in das Koordinatensystem unter b) ein!)

*HA 148* *(↗ Beispiel H 46, S. 400 f./S. 404)*

Geben Sie für Beispiel H 46 b) die Gütefunktion an und stellen Sie diese grafisch dar!

*HA 149*

Geben Sie die Gütefunktion eines idealen einseitigen Signifikanztests mit linksseitigem Ablehnungsbereich an und stellen Sie diese grafisch dar!

*HA 150*

Geben Sie für Beispiel H 47 (S. 401) die Gütefunktion an und stellen Sie diese grafisch dar!

*HA 151*

Geben Sie die Operationscharakteristik (OC-Funktion) für Beispiel H 45 (S. 399) an und stellen Sie diese grafisch dar!

*HA 152*

Geben Sie jeweils die Operationscharakteristik (OC-Funktion) für Beispiel H 46 a), b) (S. 400 f.) an und stellen Sie diese grafisch dar!

*HA 153*

Beweisen Sie Satz H 40 (S. 404) mit analytischen Mitteln! Beachten Sie:

$i \cdot \binom{n}{i} = n \cdot \binom{n-1}{i-1}$ und $(n-i) \cdot \binom{n}{i} = n \cdot \binom{n-1}{i}$.

# H 8 Schätzen von Wahrscheinlichkeiten

## H 8.1 Punktschätzungen

## H 8.2 Konfidenzschätzungen (Konfidenzintervalle)

***HA 154*** *(↗ Beispiel H 48, S. 408 f.)*

Wir wollen den Anteil p der Linkshänder unter allen Schülerinnen und Schülern schätzen. Dazu ziehen wir eine Zufallsstichprobe vom Umfang $n = 20$. Die zufällige Anzahl der Linkshänder X in der Stichprobe ist binomialverteilt mit den Parametern $n = 20$ und p, wobei p unbekannt ist.
In der Zufallsstichprobe vom Umfang $n = 20$ ist genau ein Linkshänder. Gesucht ist ein Konfidenzintervall für p auf dem Konfidenzniveau 0,95 (auf 3 Stellen nach dem Komma gerundet).

*HA 155*

Ermitteln Sie für den in Aufgabe ***HA 154*** dargestellten Sachverhalt ein Konfidenzintervall für p auf dem Konfidenzniveau 0,99! Welchen Einfluss hat das Konfidenzniveau auf die Länge des Konfidenzintervalls?

***HA 156*** *(↗ Beispiel H 49/50, S. 409 ff.)*

Der Anteil p der Linkshänder unter allen Schülerinnen und Schülern soll aufgrund einer Zufallsstichprobe vom Umfang $n = 1000$ geschätzt werden, in der genau 120 Linkshänder festgestellt werden. Ermitteln Sie

a) einen Schätzwert für p,

b) das Konfidenzintervall für p auf dem Konfidenzniveau 0,9544 (auf 3 Stellen nach dem Komma gerundet),

c) die Länge des Konfidenzintervalls für p auf dem Konfidenzniveau 0,9544!

*HA 157*

Von einem Würfel ist nicht bekannt, ob er ein regulärer Würfel (ein LAPLACE-Würfel) ist. Es sei p die Wahrscheinlichkeit, dass eine „6“ gewürfelt wird. Durch eine Stichprobe soll

a) ein Schätzwert für p,

b) ein Konfidenzintervall für p auf dem Konfidenzniveau 0,99

ermittelt werden (auf 2 Stellen nach dem Komma gerundet).
Der Würfel wurde 5000-mal geworfen, wobei 1150-mal eine „6“ erschien.

*HA 158*

Von einem vorliegenden Würfel ist nicht bekannt, ob er ein regulärer Würfel (ein LAPLACE-Würfel) ist. Werfen Sie den Würfel 200-mal!
Bestimmen Sie

a) einen Schätzwert für die Wahrscheinlichkeit, dass eine „6“ gewürfelt wird,

b) ein Konfidenzintervall für die Wahrscheinlichkeit, dass eine „6“ gewürfelt wird, auf dem Konfidenzniveau 0,9544 sowie dessen Länge!

***HA 159*** *(↗ Beispiel H 51, S. 411)*
Ein Süßwarenproduzent möchte durch eine Meinungsumfrage den Anteil p der mit seinen Markenprodukten zufriedenen Kunden ermitteln.
Wie viele zufällig ausgewählte Kunden müssen mindestens befragt werden, um für den Anteil aller zufriedenen Kunden ein Konfidenzintervall auf dem Konfidenzniveau 0,9544 zu erhalten, dessen Länge höchstens 0,02 beträgt?

***HA 160***
Es soll eine Aussage über die Einschaltquote von Personen unter 25 Jahren für eine bestimmte Jugendsendung an einem bestimmten Tag gemacht werden.

a) 500 Personen unter 25 Jahren wurden als Zufallsstichprobe ausgewählt und befragt, ob sie diese Sendung gesehen haben. 50 bejahten die Frage. Geben Sie einen Schätzwert für die Einschaltquote an! Bestimmen Sie ein Konfidenzintervall für die Einschaltquote auf dem Konfidenzniveau 0,9972 und dessen Länge (gerundet auf 3 Stellen nach dem Komma)!
b) Gesucht ist ein n, so dass die Länge des Konfidenzintervalls für die Einschaltquote auf dem Konfidenzniveau 0,9972 höchstens 0,01 beträgt.

***HA 161*** *(↗ Beispiel H 50, S. 410f.)*
Ein Demoskopie-Institut befragt 1000 Personen nach der Partei ihrer Wahl. (Sonntagsfrage: Welche Partei würden Sie wählen, wenn am nächsten Sonntag Bundestags-/Landtagswahl wäre?)
Das Institut erhält folgendes Ergebnis:

| | | | |
|---|---|---|---|
| Partei A | 506 | 50,60% | |
| Partei B | 334 | 33,40% | |
| Partei C | 68 | 6,80% | (keine Angaben oder übrige Parteien: 2,00%) |
| Partei D | 42 | 4,20% | |
| Partei E | 30 | 3,00% | |

Das Konfidenzniveau $1 - \alpha$ sei 0,9544.
Geben Sie jeweils ein Konfidenzintervall für den Stimmenanteil p an, der auf die Partei entfällt, und bestimmen Sie die Länge des Konfidenzintervalls (gerundet auf 4 Stellen nach dem Komma)!

***HA 162***
Welche Länge hat ein Konfidenzintervall für p auf dem Konfidenzniveau $1 - \alpha = 0{,}9544$ bei $n = 1000$?

***HA 163***
In welcher Weise hängt ein Konfidenzintervall für p ab

a) vom Konfidenzniveau $1 - \alpha$ (bei gegebenem Stichprobenumfang n),
b) vom Stichprobenumfang n (bei gegebenem Konfidenzniveau $1 - \alpha$)?

***HA 164***
Die Länge eines Konfidenzintervall für p auf dem Konfidenzniveau $1 - \alpha$ soll halbiert werden. Welche Schlussfolgerung ergibt sich daraus für den Stichprobenumfang n?

# Tafeln zur Normalverteilung

$$\Phi(x) = \int_{-\infty}^{x} \varphi(z)\,dz$$

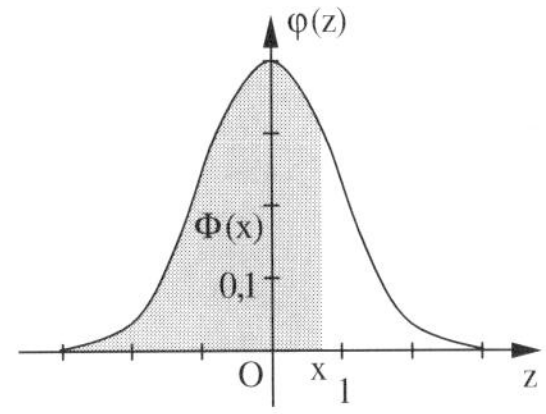


### Dichtefunktionswerte φ(x) der Normalverteilung

| x | 0 | 1 | 2 | 3 | 4 | 5 | 6 | 7 | 8 | 9 |
|---|---|---|---|---|---|---|---|---|---|---|
| 0,0 | 0,399 | 399 | 399 | 399 | 399 | 398 | 398 | 398 | 398 | 397 |
| 0,1 | 0,397 | 397 | 396 | 396 | 395 | 394 | 394 | 393 | 393 | 392 |
| 0,2 | 0,391 | 390 | 389 | 389 | 388 | 387 | 386 | 385 | 384 | 383 |
| 0,3 | 0,381 | 380 | 379 | 378 | 377 | 375 | 374 | 373 | 371 | 370 |
| 0,4 | 0,368 | 367 | 365 | 364 | 362 | 361 | 359 | 357 | 356 | 354 |
| 0,5 | 0,352 | 350 | 349 | 347 | 345 | 343 | 341 | 339 | 337 | 335 |
| 0,6 | 0,333 | 331 | 329 | 327 | 325 | 323 | 321 | 319 | 317 | 314 |
| 0,7 | 0,312 | 310 | 308 | 306 | 303 | 301 | 299 | 297 | 294 | 292 |
| 0,8 | 0,290 | 287 | 285 | 283 | 280 | 278 | 276 | 273 | 271 | 268 |
| 0,9 | 0,266 | 264 | 261 | 259 | 256 | 254 | 252 | 249 | 247 | 244 |
| 1,0 | 0,242 | 240 | 237 | 235 | 232 | 230 | 228 | 225 | 223 | 220 |
| 1,1 | 0,218 | 215 | 213 | 211 | 208 | 206 | 204 | 201 | 199 | 197 |
| 1,2 | 0,194 | 192 | 190 | 187 | 185 | 183 | 180 | 178 | 176 | 174 |
| 1,3 | 0,171 | 169 | 167 | 165 | 163 | 160 | 158 | 156 | 154 | 152 |
| 1,4 | 0,150 | 148 | 146 | 144 | 141 | 139 | 137 | 135 | 133 | 131 |
| 1,5 | 0,130 | 128 | 126 | 124 | 122 | 120 | 118 | 116 | 115 | 113 |
| 1,6 | 0,111 | 109 | 107 | 106 | 104 | 102 | 101 | 099 | 097 | 096 |
| 1,7 | 0,094 | 092 | 091 | 089 | 088 | 086 | 085 | 083 | 082 | 080 |
| 1,8 | 0,079 | 078 | 076 | 075 | 073 | 072 | 071 | 069 | 068 | 067 |
| 1,9 | 0,066 | 064 | 063 | 062 | 061 | 060 | 058 | 057 | 056 | 055 |
| 2,0 | 0,054 | 053 | 052 | 051 | 050 | 049 | 048 | 047 | 046 | 045 |
| 2,1 | 0,044 | 043 | 042 | 041 | 040 | 040 | 039 | 038 | 037 | 036 |
| 2,2 | 0,036 | 034 | 034 | 033 | 033 | 032 | 031 | 030 | 030 | 029 |
| 2,3 | 0,029 | 027 | 027 | 026 | 026 | 025 | 025 | 024 | 024 | 023 |
| 2,4 | 0,022 | 021 | 021 | 021 | 020 | 020 | 019 | 019 | 018 | 018 |
| 2,5 | 0,018 | 017 | 017 | 016 | 016 | 016 | 015 | 015 | 014 | 014 |
| 3,0 | 0,004 | 004 | 004 | 004 | 004 | 004 | 004 | 004 | 004 | 003 |
| 3,5 | 0,001 | | | | | | | | | |

$\varphi(x)\ \frac{1}{\sqrt{2\pi}} \cdot e^{-\frac{1}{2}x^2}$ $\qquad \varphi(1{,}24) = 0{,}185$ $\qquad \varphi(-x) = \varphi(x)$

### Funktionswerte Φ(x) der Normalverteilung

| x | 0 | 1 | 2 | 3 | 4 | 5 | 6 | 7 | 8 | 9 |
|---|---|---|---|---|---|---|---|---|---|---|
| 0,0 | 0,5000 | 5040 | 5080 | 5120 | 5160 | 5200 | 5239 | 5279 | 5319 | 5359 |
| 0,1 | 0,5398 | 5438 | 5478 | 5517 | 5557 | 5596 | 5636 | 5675 | 5714 | 5754 |
| 0,2 | 0,5793 | 5832 | 5871 | 5910 | 5948 | 5987 | 6026 | 6064 | 6103 | 6141 |
| 0,3 | 0,6179 | 6217 | 6255 | 6293 | 6331 | 6368 | 6406 | 6443 | 6480 | 6517 |
| 0,4 | 0,6555 | 6591 | 6628 | 6664 | 6700 | 6736 | 6772 | 6808 | 6844 | 6879 |
| 0,5 | 0,6915 | 6950 | 6985 | 7019 | 7045 | 7088 | 7123 | 7157 | 7190 | 7224 |
| 0,6 | 0,7258 | 7291 | 7324 | 7357 | 7389 | 7422 | 7454 | 7486 | 7518 | 7549 |
| 0,7 | 0,7580 | 7612 | 7642 | 7673 | 7704 | 7734 | 7764 | 7794 | 7823 | 7852 |
| 0,8 | 0,7881 | 7910 | 7939 | 7967 | 7996 | 8023 | 8051 | 8079 | 8106 | 8133 |
| 0,9 | 0,8159 | 8186 | 8212 | 8238 | 8264 | 8289 | 8315 | 8340 | 8365 | 8389 |
| 1,0 | 0,8413 | 8438 | 8461 | 8485 | 8508 | 8531 | 8554 | 8577 | 8599 | 8621 |
| 1,1 | 0,8643 | 8665 | 8686 | 8708 | 8729 | 8749 | 8770 | 8790 | 8810 | 8830 |
| 1,2 | 0,8849 | 8869 | 8888 | 8907 | 8925 | 8944 | 8962 | 8980 | 8997 | 9015 |
| 1,3 | 0,9032 | 9049 | 9066 | 9082 | 9099 | 9115 | 9131 | 9147 | 9162 | 9177 |
| 1,4 | 0,9192 | 9207 | 9222 | 9236 | 9251 | 9265 | 9279 | 9292 | 9306 | 9319 |
| 1,5 | 0,9332 | 9345 | 9357 | 9370 | 9382 | 9394 | 9406 | 9418 | 9430 | 9441 |
| 1,6 | 0,9452 | 9463 | 9474 | 9485 | 9495 | 9505 | 9515 | 9525 | 9535 | 9545 |
| 1,7 | 0,9554 | 9564 | 9573 | 9582 | 9591 | 9599 | 9608 | 9616 | 9625 | 9633 |
| 1,8 | 0,9641 | 9649 | 9656 | 9664 | 9671 | 9678 | 9686 | 9693 | 9700 | 9706 |
| 1,9 | 0,9713 | 9719 | 9726 | 9732 | 9738 | 9744 | 9750 | 9756 | 9762 | 9767 |

| | | | | | | | | | | |
|---|---|---|---|---|---|---|---|---|---|---|
| 2,0 | 0,9773 | 9778 | 9783 | 9788 | 9793 | 9798 | 9803 | 9808 | 9812 | 9817 |
| 2,1 | 0,9821 | 9826 | 9830 | 9834 | 9838 | 9842 | 9846 | 9850 | 9854 | 9857 |
| 2,2 | 0,9861 | 9865 | 9868 | 9871 | 9875 | 9878 | 9881 | 9884 | 9887 | 9890 |
| 2,3 | 0,9893 | 9896 | 9898 | 9901 | 9904 | 9906 | 9909 | 9911 | 9913 | 9916 |
| 2,4 | 0,9918 | 9920 | 9922 | 9925 | 9927 | 9929 | 9931 | 9932 | 9934 | 9936 |
| 2,5 | 0,9938 | 9940 | 9941 | 9943 | 9945 | 9946 | 9948 | 9949 | 9951 | 9952 |
| 2,6 | 0,9953 | 9955 | 9956 | 9957 | 9959 | 9960 | 9961 | 9962 | 9963 | 9964 |
| 2,7 | 0,9965 | 9966 | 9967 | 9968 | 9969 | 9970 | 9971 | 9972 | 9973 | 9974 |
| 2,8 | 0,9974 | 9975 | 9976 | 9977 | 9977 | 9978 | 9979 | 9980 | 9980 | 9981 |
| 2,9 | 0,9981 | 9982 | 9983 | 9983 | 9984 | 9984 | 9985 | 9985 | 9986 | 9986 |
| 3,0 | 0,9987 | 9987 | 9987 | 9988 | 9988 | 9989 | 9989 | 9989 | 9990 | 9990 |
| 3,1 | 0,9990 | 9991 | 9991 | 9991 | 9992 | 9992 | 9992 | 9992 | 9993 | 9993 |
| 3,2 | 0,9993 | 9993 | 9994 | 9994 | 9994 | 9994 | 9994 | 9995 | 9995 | 9995 |
| 3,3 | 0,9995 | 9995 | 9995 | 9996 | 9996 | 9996 | 9996 | 9996 | 9996 | 9997 |
| 3,4 | 0,9997 | 9997 | 9997 | 9997 | 9997 | 9997 | 9997 | 9997 | 9997 | 9998 |
| 3,5 | 0,9998 | 9998 | 9998 | 9998 | 9998 | 9998 | 9998 | 9998 | 9998 | 9998 |
| 3,6 | 0,9998 | 9998 | 9999 | 9999 | 9999 | 9999 | 9999 | 9999 | 9999 | 9999 |
| 3,7 | 0,9999 | 9999 | 9999 | 9999 | 9999 | 9999 | 9999 | 9999 | 9999 | 9999 |
| 3,8 | 0,9999 | 9999 | 9999 | 9999 | 9999 | 9999 | 9999 | 9999 | 9999 | 9999 |

$\Phi(x) = \int_{-\infty}^{x} \varphi(z)dz$ $\Phi(1{,}26) = 0{,}8962$ $\Phi(-x) = 1 - \Phi(x)$

# Tafeln zur Binomialverteilung

Die Tafeln enthalten jeweils in der ersten Spalte $B_{n,\,p}(\{k\}) = \binom{n}{k} p^k (1-p)^{n-k}$

und in der zweiten Spalte $B_{n,\,p}(\{0;\,1;\,\ldots;\,k\}) = \sum_{i=0}^{k} \binom{n}{i} p^i (1-p)^{n-i}$

für $n \in \{4; 5; 6; 7; 8; 9; 10; 15; 20; 25; 50; 100\}$ und
$p \in \{0.05; 0.10; 1/6; 0.20; 0.25; 0.30; 1/3; 0.40; 0.50; 0.60; 0.70; 0.75; 0.80; 5/6\text{: } 0.90; 0.95\}$,
für $n = 200$ und $p \in \{1/6; 0.20; 0.25; 0.40; 0.50; 0.60; 0.75; 5/6\}$.

Die Werte sind auf fünf Stellen nach dem Komma gerundet.

**n = 4**

| | **p = 0.05** | | **p = 0.10** | | **p = 1/6** | | **p = 0.20** | |
|---|---|---|---|---|---|---|---|---|
| **k** | $B_{n,p}(\{k\})$ | $B_{n,p}(\{0;\ldots;k\})$ | $B_{n,p}(\{k\})$ | $B_{n,p}(\{0;\ldots;k\})$ | $B_{n,p}(\{k\})$ | $B_{n,p}(\{0;\ldots;k\})$ | $B_{n,p}(\{k\})$ | $B_{n,p}(\{0;\ldots;k\})$ |
| 0 | 0.81451 | 0.81451 | 0.65610 | 0.65610 | 0.48225 | 0.48225 | 0.40960 | 0.40960 |
| 1 | 0.17148 | 0.98598 | 0.29160 | 0.94770 | 0.38580 | 0.86806 | 0.40960 | 0.81920 |
| 2 | 0.01354 | 0.99952 | 0.04860 | 0.99630 | 0.11574 | 0.98380 | 0.15360 | 0.97280 |
| 3 | 0.00047 | 0.99999 | 0.00360 | 0.99990 | 0.01543 | 0.99923 | 0.02560 | 0.99840 |
| 4 | 0.00001 | 1.00000 | 0.00010 | 1.00000 | 0.00077 | 1.00000 | 0.00160 | 1.00000 |

| | **p = 0.25** | | **p = 0.30** | | **p = 1/3** | | **p = 0.40** | |
|---|---|---|---|---|---|---|---|---|
| **k** | $B_{n,p}(\{k\})$ | $B_{n,p}(\{0;\ldots;k\})$ | $B_{n,p}(\{k\})$ | $B_{n,p}(\{0;\ldots;k\})$ | $B_{n,p}(\{k\})$ | $B_{n,p}(\{0;\ldots;k\})$ | $B_{n,p}(\{k\})$ | $B_{n,p}(\{0;\ldots;k\})$ |
| 0 | 0.31641 | 0.31641 | 0.24010 | 0.24010 | 0.19753 | 0.19753 | 0.12960 | 0.12960 |
| 1 | 0.42188 | 0.73828 | 0.41160 | 0.65170 | 0.39506 | 0.59259 | 0.34560 | 0.47520 |
| 2 | 0.21094 | 0.94922 | 0.26460 | 0.91630 | 0.29630 | 0.88889 | 0.34560 | 0.82080 |
| 3 | 0.04688 | 0.99609 | 0.07560 | 0.99190 | 0.09877 | 0.98765 | 0.15360 | 0.97440 |
| 4 | 0.00391 | 1.00000 | 0.00810 | 1.00000 | 0.01235 | 1.00000 | 0.02560 | 1.00000 |

| | **p = 0.50** | | **p = 0.60** | | **p = 0.70** | | **p = 0.75** | |
|---|---|---|---|---|---|---|---|---|
| **k** | $B_{n,p}(\{k\})$ | $B_{n,p}(\{0;\ldots;k\})$ | $B_{n,p}(\{k\})$ | $B_{n,p}(\{0;\ldots;k\})$ | $B_{n,p}(\{k\})$ | $B_{n,p}(\{0;\ldots;k\})$ | $B_{n,p}(\{k\})$ | $B_{n,p}(\{0;\ldots;k\})$ |
| 0 | 0.06250 | 0.06250 | 0.02560 | 0.02560 | 0.00810 | 0.00810 | 0.00391 | 0.00391 |
| 1 | 0.25000 | 0.31250 | 0.15360 | 0.17920 | 0.07560 | 0.08370 | 0.04688 | 0.05078 |
| 2 | 0.37500 | 0.68750 | 0.34560 | 0.52480 | 0.26460 | 0.34830 | 0.21094 | 0.26172 |
| 3 | 0.25000 | 0.93750 | 0.34560 | 0.87040 | 0.41160 | 0.75990 | 0.42188 | 0.68359 |
| 4 | 0.06250 | 1.00000 | 0.12960 | 1.00000 | 0.24010 | 1.00000 | 0.31641 | 1.00000 |

| | **p = 0.80** | | **p = 5/6** | | **p = 0.90** | | **p = 0.95** | |
|---|---|---|---|---|---|---|---|---|
| **k** | $B_{n,p}(\{k\})$ | $B_{n,p}(\{0;\ldots;k\})$ | $B_{n,p}(\{k\})$ | $B_{n,p}(\{0;\ldots;k\})$ | $B_{n,p}(\{k\})$ | $B_{n,p}(\{0;\ldots;k\})$ | $B_{n,p}(\{k\})$ | $B_{n,p}(\{0;\ldots;k\})$ |
| 0 | 0.00160 | 0.00160 | 0.00077 | 0.00077 | 0.00010 | 0.00010 | 0.00001 | 0.00001 |
| 1 | 0.02560 | 0.02720 | 0.01543 | 0.01620 | 0.00360 | 0.00370 | 0.00047 | 0.00048 |
| 2 | 0.15360 | 0.18080 | 0.11574 | 0.13194 | 0.04860 | 0.05230 | 0.01354 | 0.01402 |
| 3 | 0.40960 | 0.59040 | 0.38580 | 0.51775 | 0.29160 | 0.34390 | 0.17147 | 0.18549 |
| 4 | 0.40960 | 1.00000 | 0.48225 | 1.00000 | 0.65610 | 1.00000 | 0.81451 | 1.00000 |

## n = 5

| | p = 0.05 | | p = 0.10 | | p = 1/6 | | p = 0.20 | |
|---|---|---|---|---|---|---|---|---|
| k | $B_{n,p}(\{k\})$ | $B_{n,p}(\{0; \ldots; k\})$ | $B_{n,p}(\{k\})$ | $B_{n,p}(\{0; \ldots; k\})$ | $B_{n,p}(\{k\})$ | $B_{n,p}(\{0; \ldots; k\})$ | $B_{n,p}(\{k\})$ | $B_{n,p}(\{0; \ldots; k\})$ |
| 0 | 0.77378 | 0.77378 | 0.59049 | 0.59049 | 0.40188 | 0.40188 | 0.32768 | 0.32768 |
| 1 | 0.20363 | 0.97741 | 0.32805 | 0.91854 | 0.40188 | 0.80376 | 0.40960 | 0.73728 |
| 2 | 0.02143 | 0.99884 | 0.07290 | 0.99144 | 0.16075 | 0.96451 | 0.20480 | 0.94208 |
| 3 | 0.00113 | 0.99997 | 0.00810 | 0.99954 | 0.03215 | 0.99666 | 0.05120 | 0.99328 |
| 4 | 0.00003 | 1.00000 | 0.00045 | 0.99999 | 0.00322 | 0.99987 | 0.00640 | 0.99968 |
| 5 | 0.00000 | 1.00000 | 0.00001 | 1.00000 | 0.00013 | 1.00000 | 0.00032 | 1.00000 |

| | p = 0.25 | | p = 0.30 | | p = 1/3 | | p = 0.40 | |
|---|---|---|---|---|---|---|---|---|
| k | $B_{n,p}(\{k\})$ | $B_{n,p}(\{0; \ldots; k\})$ | $B_{n,p}(\{k\})$ | $B_{n,p}(\{0; \ldots; k\})$ | $B_{n,p}(\{k\})$ | $B_{n,p}(\{0; \ldots; k\})$ | $B_{n,p}(\{k\})$ | $B_{n,p}(\{0; \ldots; k\})$ |
| 0 | 0.23730 | 0.23730 | 0.16807 | 0.16807 | 0.13169 | 0.13169 | 0.07776 | 0.07776 |
| 1 | 0.39551 | 0.63281 | 0.36015 | 0.52822 | 0.32922 | 0.46091 | 0.25920 | 0.33696 |
| 2 | 0.26367 | 0.89648 | 0.30870 | 0.83692 | 0.32922 | 0.79012 | 0.34560 | 0.68256 |
| 3 | 0.08789 | 0.98438 | 0.13230 | 0.96922 | 0.16461 | 0.95473 | 0.23040 | 0.91296 |
| 4 | 0.01465 | 0.99902 | 0.02835 | 0.99757 | 0.04115 | 0.99588 | 0.07680 | 0.98976 |
| 5 | 0.00098 | 1.00000 | 0.00243 | 1.00000 | 0.00412 | 1.00000 | 0.01024 | 1.00000 |

| | p = 0.50 | | p = 0.60 | | p = 0.70 | | p = 0.75 | |
|---|---|---|---|---|---|---|---|---|
| k | $B_{n,p}(\{k\})$ | $B_{n,p}(\{0; \ldots; k\})$ | $B_{n,p}(\{k\})$ | $B_{n,p}(\{0; \ldots; k\})$ | $B_{n,p}(\{k\})$ | $B_{n,p}(\{0; \ldots; k\})$ | $B_{n,p}(\{k\})$ | $B_{n,p}(\{0; \ldots; k\})$ |
| 0 | 0.03125 | 0.03125 | 0.01024 | 0.01024 | 0.00243 | 0.00243 | 0.00098 | 0.00098 |
| 1 | 0.15625 | 0.18750 | 0.07680 | 0.08704 | 0.02835 | 0.03078 | 0.01465 | 0.01563 |
| 2 | 0.31250 | 0.50000 | 0.23040 | 0.31744 | 0.13230 | 0.16308 | 0.08789 | 0.10352 |
| 3 | 0.31250 | 0.81250 | 0.34560 | 0.66304 | 0.30870 | 0.47178 | 0.26367 | 0.36719 |
| 4 | 0.15625 | 0.96875 | 0.25920 | 0.92224 | 0.36015 | 0.83193 | 0.39551 | 0.76270 |
| 5 | 0.03125 | 1.00000 | 0.07776 | 1.00000 | 0.16807 | 1.00000 | 0.23730 | 1.00000 |

| | p = 0.80 | | p = 5/6 | | p = 0.90 | | p = 0.95 | |
|---|---|---|---|---|---|---|---|---|
| k | $B_{n,p}(\{k\})$ | $B_{n,p}(\{0; \ldots; k\})$ | $B_{n,p}(\{k\})$ | $B_{n,p}(\{0; \ldots; k\})$ | $B_{n,p}(\{k\})$ | $B_{n,p}(\{0; \ldots; k\})$ | $B_{n,p}(\{k\})$ | $B_{n,p}(\{0; \ldots; k\})$ |
| 0 | 0.00032 | 0.00032 | 0.00013 | 0.00013 | 0.00001 | 0.00001 | 0.00000 | 0.00000 |
| 1 | 0.00640 | 0.00672 | 0.00322 | 0.00334 | 0.00045 | 0.00046 | 0.00003 | 0.00003 |
| 2 | 0.05120 | 0.05792 | 0.03215 | 0.03549 | 0.00810 | 0.00856 | 0.00113 | 0.00116 |
| 3 | 0.20480 | 0.26272 | 0.16075 | 0.19624 | 0.07290 | 0.08146 | 0.02143 | 0.02259 |
| 4 | 0.40960 | 0.67232 | 0.40188 | 0.59812 | 0.32805 | 0.40951 | 0.20363 | 0.22622 |
| 5 | 0.32768 | 1.00000 | 0.40188 | 1.00000 | 0.59049 | 1.00000 | 0.77378 | 1.00000 |

## n = 6

| | p = 0.05 | | p = 0.10 | | p = 1/6 | | p = 0.20 | |
|---|---|---|---|---|---|---|---|---|
| k | $B_{n,p}(\{k\})$ | $B_{n,p}(\{0; \ldots; k\})$ | $B_{n,p}(\{k\})$ | $B_{n,p}(\{0; \ldots; k\})$ | $B_{n,p}(\{k\})$ | $B_{n,p}(\{0; \ldots; k\})$ | $B_{n,p}(\{k\})$ | $B_{n,p}(\{0; \ldots; k\})$ |
| 0 | 0.73509 | 0.73509 | 0.53144 | 0.53144 | 0.33490 | 0.33490 | 0.26214 | 0.26214 |
| 1 | 0.23213 | 0.96723 | 0.35429 | 0.88574 | 0.40188 | 0.73678 | 0.39322 | 0.65536 |
| 2 | 0.03054 | 0.99777 | 0.09842 | 0.98415 | 0.20094 | 0.93771 | 0.24576 | 0.90112 |
| 3 | 0.00214 | 0.99991 | 0.01458 | 0.99873 | 0.05358 | 0.99130 | 0.08192 | 0.98304 |
| 4 | 0.00008 | 1.00000 | 0.00122 | 0.99995 | 0.00804 | 0.99934 | 0.01536 | 0.99840 |
| 5 | 0.00000 | 1.00000 | 0.00005 | 1.00000 | 0.00064 | 0.99998 | 0.00154 | 0.99994 |
| 6 | 0.00000 | 1.00000 | 0.00000 | 1.00000 | 0.00002 | 1.00000 | 0.00006 | 1.00000 |

| | p = 0.25 | | p = 0.30 | | p = 1/3 | | p = 0.40 | |
|---|---|---|---|---|---|---|---|---|
| k | $B_{n,p}(\{k\})$ | $B_{n,p}(\{0; \ldots; k\})$ | $B_{n,p}(\{k\})$ | $B_{n,p}(\{0; \ldots; k\})$ | $B_{n,p}(\{k\})$ | $B_{n,p}(\{0; \ldots; k\})$ | $B_{n,p}(\{k\})$ | $B_{n,p}(\{0; \ldots; k\})$ |
| 0 | 0.17798 | 0.17798 | 0.11765 | 0.11765 | 0.08779 | 0.08779 | 0.04666 | 0.04666 |
| 1 | 0.35596 | 0.53394 | 0.30253 | 0.42018 | 0.26337 | 0.35117 | 0.18662 | 0.23328 |
| 2 | 0.29663 | 0.83057 | 0.32414 | 0.74431 | 0.32922 | 0.68038 | 0.31104 | 0.54432 |
| 3 | 0.13184 | 0.96240 | 0.18522 | 0.92953 | 0.21948 | 0.89986 | 0.27648 | 0.82080 |
| 4 | 0.03296 | 0.99536 | 0.05954 | 0.98907 | 0.08230 | 0.98217 | 0.13824 | 0.95904 |
| 5 | 0.00439 | 0.99976 | 0.01021 | 0.99927 | 0.01646 | 0.99863 | 0.03686 | 0.99590 |
| 6 | 0.00024 | 1.00000 | 0.00073 | 1.00000 | 0.00137 | 1.00000 | 0.00410 | 1.00000 |

| | p = 0.50 | | p = 0.60 | | p = 0.70 | | p = 0.75 | |
|---|---|---|---|---|---|---|---|---|
| k | $B_{n,p}(\{k\})$ | $B_{n,p}(\{0; \ldots; k\})$ | $B_{n,p}(\{k\})$ | $B_{n,p}(\{0; \ldots; k\})$ | $B_{n,p}(\{k\})$ | $B_{n,p}(\{0; \ldots; k\})$ | $B_{n,p}(\{k\})$ | $B_{n,p}(\{0; \ldots; k\})$ |
| 0 | 0.01563 | 0.01563 | 0.00410 | 0.00410 | 0.00073 | 0.00073 | 0.00024 | 0.00024 |
| 1 | 0.09375 | 0.10938 | 0.03686 | 0.04096 | 0.01021 | 0.01094 | 0.00439 | 0.00464 |
| 2 | 0.23438 | 0.34375 | 0.13824 | 0.17920 | 0.05954 | 0.07047 | 0.03296 | 0.03760 |
| 3 | 0.31250 | 0.65625 | 0.27648 | 0.45568 | 0.18522 | 0.25569 | 0.13184 | 0.16943 |
| 4 | 0.23438 | 0.89063 | 0.31104 | 0.76672 | 0.32414 | 0.57983 | 0.29663 | 0.46606 |
| 5 | 0.09375 | 0.98438 | 0.18662 | 0.95334 | 0.30253 | 0.88235 | 0.35596 | 0.82202 |
| 6 | 0.01563 | 1.00000 | 0.04666 | 1.00000 | 0.11765 | 1.00000 | 0.17798 | 1.00000 |

| k | p = 0.80 $B_{n,p}(\{k\})$ | $B_{n,p}(\{0;\dots;k\})$ | p = 5/6 $B_{n,p}(\{k\})$ | $B_{n,p}(\{0;\dots;k\})$ | p = 0.90 $B_{n,p}(\{k\})$ | $B_{n,p}(\{0;\dots;k\})$ | p = 0.95 $B_{n,p}(\{k\})$ | $B_{n,p}(\{0;\dots;k\})$ |
|---|---|---|---|---|---|---|---|---|
| 0 | 0.00006 | 0.00006 | 0.00002 | 0.00002 | 0.00000 | 0.00000 | 0.00000 | 0.00000 |
| 1 | 0.00154 | 0.00160 | 0.00064 | 0.00066 | 0.00005 | 0.00006 | 0.00000 | 0.00000 |
| 2 | 0.01536 | 0.01696 | 0.00804 | 0.00870 | 0.00122 | 0.00127 | 0.00008 | 0.00009 |
| 3 | 0.08192 | 0.09888 | 0.05358 | 0.06229 | 0.01458 | 0.01585 | 0.00214 | 0.00223 |
| 4 | 0.24576 | 0.34464 | 0.20094 | 0.26322 | 0.09842 | 0.11427 | 0.03054 | 0.03277 |
| 5 | 0.39322 | 0.73786 | 0.40188 | 0.66510 | 0.35429 | 0.46856 | 0.23213 | 0.26491 |
| 6 | 0.26214 | 1.00000 | 0.33490 | 1.00000 | 0.53144 | 1.00000 | 0.73509 | 1.00000 |

## n = 7

| k | p = 0.05 $B_{n,p}(\{k\})$ | $B_{n,p}(\{0;\dots;k\})$ | p = 0.10 $B_{n,p}(\{k\})$ | $B_{n,p}(\{0;\dots;k\})$ | p = 1/6 $B_{n,p}(\{k\})$ | $B_{n,p}(\{0;\dots;k\})$ | p = 0.20 $B_{n,p}(\{k\})$ | $B_{n,p}(\{0;\dots;k\})$ |
|---|---|---|---|---|---|---|---|---|
| 0 | 0.69834 | 0.69834 | 0.47830 | 0.47830 | 0.27908 | 0.27908 | 0.20972 | 0.20972 |
| 1 | 0.25728 | 0.95562 | 0.37201 | 0.85031 | 0.39071 | 0.66980 | 0.36700 | 0.57672 |
| 2 | 0.04062 | 0.99624 | 0.12400 | 0.97431 | 0.23443 | 0.90422 | 0.27525 | 0.85197 |
| 3 | 0.00356 | 0.99981 | 0.02296 | 0.99727 | 0.07814 | 0.98237 | 0.11469 | 0.96666 |
| 4 | 0.00019 | 0.99999 | 0.00255 | 0.99982 | 0.01563 | 0.99800 | 0.02867 | 0.99533 |
| 5 | 0.00001 | 1.00000 | 0.00017 | 0.99999 | 0.00188 | 0.99987 | 0.00430 | 0.99963 |
| 6 | 0.00000 | 1.00000 | 0.00001 | 1.00000 | 0.00013 | 1.00000 | 0.00036 | 0.99999 |
| 7 | 0.00000 | 1.00000 | 0.00000 | 1.00000 | 0.00000 | 1.00000 | 0.00001 | 1.00000 |

| k | p = 0.25 $B_{n,p}(\{k\})$ | $B_{n,p}(\{0;\dots;k\})$ | p = 0.30 $B_{n,p}(\{k\})$ | $B_{n,p}(\{0;\dots;k\})$ | p = 1/3 $B_{n,p}(\{k\})$ | $B_{n,p}(\{0;\dots;k\})$ | p = 0.40 $B_{n,p}(\{k\})$ | $B_{n,p}(\{0;\dots;k\})$ |
|---|---|---|---|---|---|---|---|---|
| 0 | 0.13348 | 0.13348 | 0.08235 | 0.08235 | 0.05853 | 0.05853 | 0.02799 | 0.02799 |
| 1 | 0.31146 | 0.44495 | 0.24706 | 0.32942 | 0.20485 | 0.26337 | 0.13064 | 0.15863 |
| 2 | 0.31146 | 0.75641 | 0.31765 | 0.64707 | 0.30727 | 0.57064 | 0.26127 | 0.41990 |
| 3 | 0.17303 | 0.92944 | 0.22689 | 0.87396 | 0.25606 | 0.82670 | 0.29030 | 0.71021 |
| 4 | 0.05768 | 0.98712 | 0.09724 | 0.97120 | 0.12803 | 0.95473 | 0.19354 | 0.90374 |
| 5 | 0.01154 | 0.99866 | 0.02500 | 0.99621 | 0.03841 | 0.99314 | 0.07741 | 0.98116 |
| 6 | 0.00128 | 0.99994 | 0.00357 | 0.99978 | 0.00640 | 0.99954 | 0.01720 | 0.99836 |
| 7 | 0.00006 | 1.00000 | 0.00022 | 1.00000 | 0.00046 | 1.00000 | 0.00164 | 1.00000 |

| k | p = 0.50 $B_{n,p}(\{k\})$ | $B_{n,p}(\{0;\dots;k\})$ | p = 0.60 $B_{n,p}(\{k\})$ | $B_{n,p}(\{0;\dots;k\})$ | p = 0.70 $B_{n,p}(\{k\})$ | $B_{n,p}(\{0;\dots;k\})$ | p = 0.75 $B_{n,p}(\{k\})$ | $B_{n,p}(\{0;\dots;k\})$ |
|---|---|---|---|---|---|---|---|---|
| 0 | 0.00781 | 0.00781 | 0.00164 | 0.00164 | 0.00022 | 0.00022 | 0.00006 | 0.00006 |
| 1 | 0.05469 | 0.06250 | 0.01720 | 0.01884 | 0.00357 | 0.00379 | 0.00128 | 0.00134 |
| 2 | 0.16406 | 0.22656 | 0.07741 | 0.09626 | 0.02500 | 0.02880 | 0.01154 | 0.01288 |
| 3 | 0.27344 | 0.50000 | 0.19354 | 0.28979 | 0.09724 | 0.12604 | 0.05768 | 0.07056 |
| 4 | 0.27344 | 0.77344 | 0.29030 | 0.58010 | 0.22689 | 0.35293 | 0.17303 | 0.24359 |
| 5 | 0.16406 | 0.93750 | 0.26127 | 0.84137 | 0.31765 | 0.67058 | 0.31146 | 0.55505 |
| 6 | 0.05469 | 0.99219 | 0.13064 | 0.97201 | 0.24706 | 0.91765 | 0.31146 | 0.86652 |
| 7 | 0.00781 | 1.00000 | 0.02799 | 1.00000 | 0.08235 | 1.00000 | 0.13348 | 1.00000 |

| k | p = 0.80 $B_{n,p}(\{k\})$ | $B_{n,p}(\{0;\dots;k\})$ | p = 5/6 $B_{n,p}(\{k\})$ | $B_{n,p}(\{0;\dots;k\})$ | p = 0.90 $B_{n,p}(\{k\})$ | $B_{n,p}(\{0;\dots;k\})$ | p = 0.95 $B_{n,p}(\{k\})$ | $B_{n,p}(\{0;\dots;k\})$ |
|---|---|---|---|---|---|---|---|---|
| 0 | 0.00001 | 0.00001 | 0.00000 | 0.00000 | 0.00000 | 0.00000 | 0.00000 | 0.00000 |
| 1 | 0.00036 | 0.00037 | 0.00013 | 0.00013 | 0.00001 | 0.00001 | 0.00000 | 0.00000 |
| 2 | 0.00430 | 0.00467 | 0.00188 | 0.00200 | 0.00017 | 0.00018 | 0.00001 | 0.00001 |
| 3 | 0.02867 | 0.03334 | 0.01563 | 0.01763 | 0.00255 | 0.00273 | 0.00019 | 0.00019 |
| 4 | 0.11469 | 0.14803 | 0.07814 | 0.09578 | 0.02296 | 0.02569 | 0.00356 | 0.00376 |
| 5 | 0.27525 | 0.42328 | 0.23443 | 0.33020 | 0.12400 | 0.14969 | 0.04062 | 0.04438 |
| 6 | 0.36700 | 0.79028 | 0.39071 | 0.72092 | 0.37201 | 0.52170 | 0.25728 | 0.30166 |
| 7 | 0.20972 | 1.00000 | 0.27908 | 1.00000 | 0.47830 | 1.00000 | 0.69834 | 1.00000 |

## n = 8

| k | p = 0.05 $B_{n,p}(\{k\})$ | $B_{n,p}(\{0;\dots;k\})$ | p = 0.10 $B_{n,p}(\{k\})$ | $B_{n,p}(\{0;\dots;k\})$ | p = 1/6 $B_{n,p}(\{k\})$ | $B_{n,p}(\{0;\dots;k\})$ | p = 0.20 $B_{n,p}(\{k\})$ | $B_{n,p}(\{0;\dots;k\})$ |
|---|---|---|---|---|---|---|---|---|
| 0 | 0.66342 | 0.66342 | 0.43047 | 0.43047 | 0.23257 | 0.23257 | 0.16777 | 0.16777 |
| 1 | 0.27933 | 0.94276 | 0.38264 | 0.81310 | 0.37211 | 0.60468 | 0.33554 | 0.50332 |
| 2 | 0.05146 | 0.99421 | 0.14880 | 0.96191 | 0.26048 | 0.86515 | 0.29360 | 0.79692 |
| 3 | 0.00542 | 0.99963 | 0.03307 | 0.99498 | 0.10419 | 0.96934 | 0.14680 | 0.94372 |
| 4 | 0.00036 | 0.99998 | 0.00459 | 0.99957 | 0.02605 | 0.99539 | 0.04588 | 0.98959 |
| 5 | 0.00002 | 1.00000 | 0.00041 | 0.99998 | 0.00417 | 0.99956 | 0.00918 | 0.99877 |
| 6 | 0.00000 | 1.00000 | 0.00002 | 1.00000 | 0.00042 | 0.99998 | 0.00115 | 0.99992 |
| 7 | 0.00000 | 1.00000 | 0.00000 | 1.00000 | 0.00002 | 1.00000 | 0.00008 | 1.00000 |
| 8 | 0.00000 | 1.00000 | 0.00000 | 1.00000 | 0.00000 | 1.00000 | 0.00000 | 1.00000 |

| k | p = 0.25<br>$B_{n,p}(\{k\})$ | $B_{n,p}(\{0;\dots;k\})$ | p = 0.30<br>$B_{n,p}(\{k\})$ | $B_{n,p}(\{0;\dots;k\})$ | p = 1/3<br>$B_{n,p}(\{k\})$ | $B_{n,p}(\{0;\dots;k\})$ | p = 0.40<br>$B_{n,p}(\{k\})$ | $B_{n,p}(\{0;\dots;k\})$ |
|---|---|---|---|---|---|---|---|---|
| 0 | 0.10011 | 0.10011 | 0.05765 | 0.05765 | 0.03902 | 0.03902 | 0.01680 | 0.01680 |
| 1 | 0.26697 | 0.36708 | 0.19765 | 0.25530 | 0.15607 | 0.19509 | 0.08958 | 0.10638 |
| 2 | 0.31146 | 0.67854 | 0.29648 | 0.55177 | 0.27313 | 0.46822 | 0.20902 | 0.31539 |
| 3 | 0.20764 | 0.88618 | 0.25412 | 0.80590 | 0.27313 | 0.74135 | 0.27869 | 0.59409 |
| 4 | 0.08652 | 0.97270 | 0.13614 | 0.94203 | 0.17071 | 0.91206 | 0.23224 | 0.82633 |
| 5 | 0.02307 | 0.99577 | 0.04668 | 0.98871 | 0.06828 | 0.98034 | 0.12386 | 0.95019 |
| 6 | 0.00385 | 0.99962 | 0.01000 | 0.99871 | 0.01707 | 0.99741 | 0.04129 | 0.99148 |
| 7 | 0.00037 | 0.99998 | 0.00122 | 0.99993 | 0.00244 | 0.99985 | 0.00786 | 0.99934 |
| 8 | 0.00002 | 1.00000 | 0.00007 | 1.00000 | 0.00015 | 1.00000 | 0.00066 | 1.00000 |

| k | p = 0.50<br>$B_{n,p}(\{k\})$ | $B_{n,p}(\{0;\dots;k\})$ | p = 0.60<br>$B_{n,p}(\{k\})$ | $B_{n,p}(\{0;\dots;k\})$ | p = 0.70<br>$B_{n,p}(\{k\})$ | $B_{n,p}(\{0;\dots;k\})$ | p = 0.75<br>$B_{n,p}(\{k\})$ | $B_{n,p}(\{0;\dots;k\})$ |
|---|---|---|---|---|---|---|---|---|
| 0 | 0.00391 | 0.00391 | 0.00066 | 0.00066 | 0.00007 | 0.00007 | 0.00002 | 0.00002 |
| 1 | 0.03125 | 0.03516 | 0.00786 | 0.00852 | 0.00122 | 0.00129 | 0.00037 | 0.00038 |
| 2 | 0.10938 | 0.14453 | 0.04129 | 0.04981 | 0.01000 | 0.01129 | 0.00385 | 0.00423 |
| 3 | 0.21875 | 0.36328 | 0.12386 | 0.17367 | 0.04668 | 0.05797 | 0.02307 | 0.02730 |
| 4 | 0.27344 | 0.63672 | 0.23224 | 0.40591 | 0.13614 | 0.19410 | 0.08652 | 0.11382 |
| 5 | 0.21875 | 0.85547 | 0.27869 | 0.68461 | 0.25412 | 0.44823 | 0.20764 | 0.32146 |
| 6 | 0.10938 | 0.96484 | 0.20902 | 0.89362 | 0.29648 | 0.74470 | 0.31146 | 0.63292 |
| 7 | 0.03125 | 0.99609 | 0.08958 | 0.98320 | 0.19765 | 0.94235 | 0.26697 | 0.89989 |
| 8 | 0.00391 | 1.00000 | 0.01680 | 1.00000 | 0.05765 | 1.00000 | 0.10011 | 1.00000 |

| k | p = 0.80<br>$B_{n,p}(\{k\})$ | $B_{n,p}(\{0;\dots;k\})$ | p = 5/6<br>$B_{n,p}(\{k\})$ | $B_{n,p}(\{0;\dots;k\})$ | p = 0.90<br>$B_{n,p}(\{k\})$ | $B_{n,p}(\{0;\dots;k\})$ | p = 0.95<br>$B_{n,p}(\{k\})$ | $B_{n,p}(\{0;\dots;k\})$ |
|---|---|---|---|---|---|---|---|---|
| 0 | 0.00000 | 0.00000 | 0.00000 | 0.00000 | 0.00000 | 0.00000 | 0.00000 | 0.00000 |
| 1 | 0.00008 | 0.00008 | 0.00002 | 0.00002 | 0.00000 | 0.00000 | 0.00000 | 0.00000 |
| 2 | 0.00115 | 0.00123 | 0.00042 | 0.00044 | 0.00002 | 0.00002 | 0.00000 | 0.00000 |
| 3 | 0.00918 | 0.01041 | 0.00417 | 0.00461 | 0.00041 | 0.00043 | 0.00002 | 0.00002 |
| 4 | 0.04588 | 0.05628 | 0.02605 | 0.03066 | 0.00459 | 0.00502 | 0.00036 | 0.00037 |
| 5 | 0.14680 | 0.20308 | 0.10419 | 0.13485 | 0.03307 | 0.03809 | 0.00542 | 0.00579 |
| 6 | 0.29360 | 0.49668 | 0.26048 | 0.39532 | 0.14880 | 0.18690 | 0.05146 | 0.05724 |
| 7 | 0.33554 | 0.83223 | 0.37211 | 0.76743 | 0.38264 | 0.56953 | 0.27933 | 0.33658 |
| 8 | 0.16777 | 1.00000 | 0.23257 | 1.00000 | 0.43047 | 1.00000 | 0.66342 | 1.00000 |

## n = 9

| k | p = 0.05<br>$B_{n,p}(\{k\})$ | $B_{n,p}(\{0;\dots;k\})$ | p = 0.10<br>$B_{n,p}(\{k\})$ | $B_{n,p}(\{0;\dots;k\})$ | p = 1/6<br>$B_{n,p}(\{k\})$ | $B_{n,p}(\{0;\dots;k\})$ | p = 0.20<br>$B_{n,p}(\{k\})$ | $B_{n,p}(\{0;\dots;k\})$ |
|---|---|---|---|---|---|---|---|---|
| 0 | 0.63025 | 0.63025 | 0.38742 | 0.38742 | 0.19381 | 0.19381 | 0.13422 | 0.13422 |
| 1 | 0.29854 | 0.92879 | 0.38742 | 0.77484 | 0.34885 | 0.54266 | 0.30199 | 0.43621 |
| 2 | 0.06285 | 0.99164 | 0.17219 | 0.94703 | 0.27908 | 0.82174 | 0.30199 | 0.73820 |
| 3 | 0.00772 | 0.99936 | 0.04464 | 0.99167 | 0.13024 | 0.95198 | 0.17616 | 0.91436 |
| 4 | 0.00061 | 0.99997 | 0.00744 | 0.99911 | 0.03907 | 0.99105 | 0.06606 | 0.98042 |
| 5 | 0.00003 | 1.00000 | 0.00083 | 0.99994 | 0.00781 | 0.99886 | 0.01652 | 0.99693 |
| 6 | 0.00000 | 1.00000 | 0.00006 | 1.00000 | 0.00104 | 0.99991 | 0.00275 | 0.99969 |
| 7 | 0.00000 | 1.00000 | 0.00000 | 1.00000 | 0.00009 | 1.00000 | 0.00029 | 0.99998 |
| 8 | 0.00000 | 1.00000 | 0.00000 | 1.00000 | 0.00000 | 1.00000 | 0.00002 | 1.00000 |
| 9 | 0.00000 | 1.00000 | 0.00000 | 1.00000 | 0.00000 | 1.00000 | 0.00000 | 1.00000 |

| k | p = 0.25<br>$B_{n,p}(\{k\})$ | $B_{n,p}(\{0;\dots;k\})$ | p = 0.30<br>$B_{n,p}(\{k\})$ | $B_{n,p}(\{0;\dots;k\})$ | p = 1/3<br>$B_{n,p}(\{k\})$ | $B_{n,p}(\{0;\dots;k\})$ | p = 0.40<br>$B_{n,p}(\{k\})$ | $B_{n,p}(\{0;\dots;k\})$ |
|---|---|---|---|---|---|---|---|---|
| 0 | 0.07508 | 0.07508 | 0.04035 | 0.04035 | 0.02601 | 0.02601 | 0.01008 | 0.01008 |
| 1 | 0.22525 | 0.30034 | 0.15565 | 0.19600 | 0.11706 | 0.14307 | 0.06047 | 0.07054 |
| 2 | 0.30034 | 0.60068 | 0.26683 | 0.46283 | 0.23411 | 0.37718 | 0.16124 | 0.23179 |
| 3 | 0.23360 | 0.83427 | 0.26683 | 0.72966 | 0.27313 | 0.65031 | 0.25082 | 0.48261 |
| 4 | 0.11680 | 0.95107 | 0.17153 | 0.90119 | 0.20485 | 0.85515 | 0.25082 | 0.73343 |
| 5 | 0.03893 | 0.99001 | 0.07351 | 0.97471 | 0.10242 | 0.95758 | 0.16722 | 0.90065 |
| 6 | 0.00865 | 0.99866 | 0.02100 | 0.99571 | 0.03414 | 0.99172 | 0.07432 | 0.97497 |
| 7 | 0.00124 | 0.99989 | 0.00386 | 0.99957 | 0.00732 | 0.99903 | 0.02123 | 0.99620 |
| 8 | 0.00010 | 1.00000 | 0.00041 | 0.99998 | 0.00091 | 0.99995 | 0.00354 | 0.99974 |
| 9 | 0.00000 | 1.00000 | 0.00002 | 1.00000 | 0.00005 | 1.00000 | 0.00026 | 1.00000 |

| | p = 0.50 | | p = 0.60 | | p = 0.70 | | p = 0.75 | |
|---|---|---|---|---|---|---|---|---|
| k | $B_{n,p}(\{k\})$ | $B_{n,p}(\{0; \ldots; k\})$ | $B_{n,p}(\{k\})$ | $B_{n,p}(\{0; \ldots; k\})$ | $B_{n,p}(\{k\})$ | $B_{n,p}(\{0; \ldots; k\})$ | $B_{n,p}(\{k\})$ | $B_{n,p}(\{0; \ldots; k\})$ |
| 0 | 0.00195 | 0.00195 | 0.00026 | 0.00026 | 0.00002 | 0.00002 | 0.00000 | 0.00000 |
| 1 | 0.01758 | 0.01953 | 0.00354 | 0.00380 | 0.00041 | 0.00043 | 0.00010 | 0.00011 |
| 2 | 0.07031 | 0.08984 | 0.02123 | 0.02503 | 0.00386 | 0.00429 | 0.00124 | 0.00134 |
| 3 | 0.16406 | 0.25391 | 0.07432 | 0.09935 | 0.02100 | 0.02529 | 0.00865 | 0.00999 |
| 4 | 0.24609 | 0.50000 | 0.16722 | 0.26657 | 0.07351 | 0.09881 | 0.03893 | 0.04893 |
| 5 | 0.24609 | 0.74609 | 0.25082 | 0.51739 | 0.17153 | 0.27034 | 0.11680 | 0.16573 |
| 6 | 0.16406 | 0.91016 | 0.25082 | 0.76821 | 0.26683 | 0.53717 | 0.23360 | 0.39932 |
| 7 | 0.07031 | 0.98047 | 0.16124 | 0.92946 | 0.26683 | 0.80400 | 0.30034 | 0.69966 |
| 8 | 0.01758 | 0.99805 | 0.06047 | 0.98992 | 0.15565 | 0.95965 | 0.22525 | 0.92492 |
| 9 | 0.00195 | 1.00000 | 0.01008 | 1.00000 | 0.04035 | 1.00000 | 0.07508 | 1.00000 |

| | p = 0.80 | | p = 5/6 | | p = 0.90 | | p = 0.95 | |
|---|---|---|---|---|---|---|---|---|
| k | $B_{n,p}(\{k\})$ | $B_{n,p}(\{0; \ldots; k\})$ | $B_{n,p}(\{k\})$ | $B_{n,p}(\{0; \ldots; k\})$ | $B_{n,p}(\{k\})$ | $B_{n,p}(\{0; \ldots; k\})$ | $B_{n,p}(\{k\})$ | $B_{n,p}(\{0; \ldots; k\})$ |
| 0 | 0.00000 | 0.00000 | 0.00000 | 0.00000 | 0.00000 | 0.00000 | 0.00000 | 0.00000 |
| 1 | 0.00002 | 0.00002 | 0.00000 | 0.00000 | 0.00000 | 0.00000 | 0.00000 | 0.00000 |
| 2 | 0.00029 | 0.00031 | 0.00009 | 0.00009 | 0.00000 | 0.00000 | 0.00000 | 0.00000 |
| 3 | 0.00275 | 0.00307 | 0.00104 | 0.00114 | 0.00006 | 0.00006 | 0.00000 | 0.00000 |
| 4 | 0.01652 | 0.01958 | 0.00781 | 0.00895 | 0.00083 | 0.00089 | 0.00003 | 0.00003 |
| 5 | 0.06606 | 0.08564 | 0.03907 | 0.04802 | 0.00744 | 0.00833 | 0.00061 | 0.00064 |
| 6 | 0.17616 | 0.26180 | 0.13024 | 0.17826 | 0.04464 | 0.05297 | 0.00772 | 0.00836 |
| 7 | 0.30199 | 0.56379 | 0.27908 | 0.45734 | 0.17219 | 0.22516 | 0.06285 | 0.07121 |
| 8 | 0.30199 | 0.86578 | 0.34885 | 0.80619 | 0.38742 | 0.61258 | 0.29854 | 0.36975 |
| 9 | 0.13422 | 1.00000 | 0.19381 | 1.00000 | 0.38742 | 1.00000 | 0.63025 | 1.00000 |

## n = 10

| | p = 0.05 | | p = 0.10 | | p = 1/6 | | p = 0.20 | |
|---|---|---|---|---|---|---|---|---|
| k | $B_{n,p}(\{k\})$ | $B_{n,p}(\{0; \ldots; k\})$ | $B_{n,p}(\{k\})$ | $B_{n,p}(\{0; \ldots; k\})$ | $B_{n,p}(\{k\})$ | $B_{n,p}(\{0; \ldots; k\})$ | $B_{n,p}(\{k\})$ | $B_{n,p}(\{0; \ldots; k\})$ |
| 0 | 0.59874 | 0.59874 | 0.34868 | 0.34868 | 0.16151 | 0.16151 | 0.10737 | 0.10737 |
| 1 | 0.31512 | 0.91386 | 0.38742 | 0.73610 | 0.32301 | 0.48452 | 0.26844 | 0.37581 |
| 2 | 0.07463 | 0.98850 | 0.19371 | 0.92981 | 0.29071 | 0.77523 | 0.30199 | 0.67780 |
| 3 | 0.01048 | 0.99897 | 0.05740 | 0.98720 | 0.15505 | 0.93027 | 0.20133 | 0.87913 |
| 4 | 0.00096 | 0.99994 | 0.01116 | 0.99837 | 0.05427 | 0.98454 | 0.08808 | 0.96721 |
| 5 | 0.00006 | 1.00000 | 0.00149 | 0.99985 | 0.01302 | 0.99756 | 0.02642 | 0.99363 |
| 6 | 0.00000 | 1.00000 | 0.00014 | 0.99999 | 0.00217 | 0.99973 | 0.00551 | 0.99914 |
| 7 | 0.00000 | 1.00000 | 0.00001 | 1.00000 | 0.00025 | 0.99998 | 0.00079 | 0.99992 |
| 8 | 0.00000 | 1.00000 | 0.00000 | 1.00000 | 0.00002 | 1.00000 | 0.00007 | 1.00000 |
| 9 | 0.00000 | 1.00000 | 0.00000 | 1.00000 | 0.00000 | 1.00000 | 0.00000 | 1.00000 |
| 10 | 0.00000 | 1.00000 | 0.00000 | 1.00000 | 0.00000 | 1.00000 | 0.00000 | 1.00000 |

| | p = 0.25 | | p = 0.30 | | p = 1/3 | | p = 0.40 | |
|---|---|---|---|---|---|---|---|---|
| k | $B_{n,p}(\{k\})$ | $B_{n,p}(\{0; \ldots; k\})$ | $B_{n,p}(\{k\})$ | $B_{n,p}(\{0; \ldots; k\})$ | $B_{n,p}(\{k\})$ | $B_{n,p}(\{0; \ldots; k\})$ | $B_{n,p}(\{k\})$ | $B_{n,p}(\{0; \ldots; k\})$ |
| 0 | 0.05631 | 0.05631 | 0.02825 | 0.02825 | 0.01734 | 0.01734 | 0.00605 | 0.00605 |
| 1 | 0.18771 | 0.24403 | 0.12106 | 0.14931 | 0.08671 | 0.10405 | 0.04031 | 0.04636 |
| 2 | 0.28157 | 0.52559 | 0.23347 | 0.38278 | 0.19509 | 0.29914 | 0.12093 | 0.16729 |
| 3 | 0.25028 | 0.77588 | 0.26683 | 0.64961 | 0.26012 | 0.55926 | 0.21499 | 0.38228 |
| 4 | 0.14600 | 0.92187 | 0.20012 | 0.84973 | 0.22761 | 0.78687 | 0.25082 | 0.63310 |
| 5 | 0.05840 | 0.98027 | 0.10292 | 0.95265 | 0.13656 | 0.92344 | 0.20066 | 0.83376 |
| 6 | 0.01622 | 0.99649 | 0.03676 | 0.98941 | 0.05690 | 0.98034 | 0.11148 | 0.94524 |
| 7 | 0.00309 | 0.99958 | 0.00900 | 0.99841 | 0.01626 | 0.99660 | 0.04247 | 0.98771 |
| 8 | 0.00039 | 0.99997 | 0.00145 | 0.99986 | 0.00305 | 0.99964 | 0.01062 | 0.99832 |
| 9 | 0.00003 | 1.00000 | 0.00014 | 0.99999 | 0.00034 | 0.99998 | 0.00157 | 0.99990 |
| 10 | 0.00000 | 1.00000 | 0.00001 | 1.00000 | 0.00002 | 1.00000 | 0.00010 | 1.00000 |

| | p = 0.50 | | p = 0.60 | | p = 0.70 | | p = 0.75 | |
|---|---|---|---|---|---|---|---|---|
| k | $B_{n,p}(\{k\})$ | $B_{n,p}(\{0; \ldots; k\})$ | $B_{n,p}(\{k\})$ | $B_{n,p}(\{0; \ldots; k\})$ | $B_{n,p}(\{k\})$ | $B_{n,p}(\{0; \ldots; k\})$ | $B_{n,p}(\{k\})$ | $B_{n,p}(\{0; \ldots; k\})$ |
| 0 | 0.00098 | 0.00098 | 0.00010 | 0.00010 | 0.00001 | 0.00001 | 0.00000 | 0.00000 |
| 1 | 0.00977 | 0.01074 | 0.00157 | 0.00168 | 0.00014 | 0.00014 | 0.00003 | 0.00003 |
| 2 | 0.04395 | 0.05469 | 0.01062 | 0.01229 | 0.00145 | 0.00159 | 0.00039 | 0.00042 |
| 3 | 0.11719 | 0.17188 | 0.04247 | 0.05476 | 0.00900 | 0.01059 | 0.00309 | 0.00351 |
| 4 | 0.20508 | 0.37695 | 0.11148 | 0.16624 | 0.03676 | 0.04735 | 0.01622 | 0.01973 |
| 5 | 0.24609 | 0.62305 | 0.20066 | 0.36690 | 0.10292 | 0.15027 | 0.05840 | 0.07813 |
| 6 | 0.20508 | 0.82813 | 0.25082 | 0.61772 | 0.20012 | 0.35039 | 0.14600 | 0.22412 |
| 7 | 0.11719 | 0.94531 | 0.21499 | 0.83271 | 0.26683 | 0.61722 | 0.25028 | 0.47441 |
| 8 | 0.04395 | 0.98926 | 0.12093 | 0.95364 | 0.23347 | 0.85069 | 0.28157 | 0.75597 |
| 9 | 0.00977 | 0.99902 | 0.04031 | 0.99395 | 0.12106 | 0.97175 | 0.18771 | 0.94369 |
| 10 | 0.00098 | 1.00000 | 0.00605 | 1.00000 | 0.02825 | 1.00000 | 0.05631 | 1.00000 |

| k | p = 0.80 $B_{n,p}(\{k\})$ | $B_{n,p}(\{0;\dots;k\})$ | p = 5/6 $B_{n,p}(\{k\})$ | $B_{n,p}(\{0;\dots;k\})$ | p = 0.90 $B_{n,p}(\{k\})$ | $B_{n,p}(\{0;\dots;k\})$ | p = 0.95 $B_{n,p}(\{k\})$ | $B_{n,p}(\{0;\dots;k\})$ |
|---|---|---|---|---|---|---|---|---|
| 0 | 0.00000 | 0.00000 | 0.00000 | 0.00000 | 0.00000 | 0.00000 | 0.00000 | 0.00000 |
| 1 | 0.00000 | 0.00000 | 0.00000 | 0.00000 | 0.00000 | 0.00000 | 0.00000 | 0.00000 |
| 2 | 0.00007 | 0.00008 | 0.00002 | 0.00002 | 0.00000 | 0.00000 | 0.00000 | 0.00000 |
| 3 | 0.00079 | 0.00086 | 0.00025 | 0.00027 | 0.00001 | 0.00001 | 0.00000 | 0.00000 |
| 4 | 0.00551 | 0.00637 | 0.00217 | 0.00244 | 0.00014 | 0.00015 | 0.00000 | 0.00000 |
| 5 | 0.02642 | 0.03279 | 0.01302 | 0.01546 | 0.00149 | 0.00163 | 0.00006 | 0.00006 |
| 6 | 0.08808 | 0.12087 | 0.05427 | 0.06973 | 0.01116 | 0.01280 | 0.00096 | 0.00103 |
| 7 | 0.20133 | 0.32220 | 0.15505 | 0.22477 | 0.05740 | 0.07019 | 0.01048 | 0.01150 |
| 8 | 0.30199 | 0.62419 | 0.29071 | 0.51548 | 0.19371 | 0.26390 | 0.07463 | 0.08614 |
| 9 | 0.26844 | 0.89263 | 0.32301 | 0.83849 | 0.38742 | 0.65132 | 0.31512 | 0.40126 |
| 10 | 0.10737 | 1.00000 | 0.16151 | 1.00000 | 0.34868 | 1.00000 | 0.59874 | 1.00000 |

## n = 15

| k | p = 0.05 $B_{n,p}(\{k\})$ | $B_{n,p}(\{0;\dots;k\})$ | p = 0.10 $B_{n,p}(\{k\})$ | $B_{n,p}(\{0;\dots;k\})$ | p = 1/6 $B_{n,p}(\{k\})$ | $B_{n,p}(\{0;\dots;k\})$ | p = 0.20 $B_{n,p}(\{k\})$ | $B_{n,p}(\{0;\dots;k\})$ |
|---|---|---|---|---|---|---|---|---|
| 0 | 0.46329 | 0.46329 | 0.20589 | 0.20589 | 0.06491 | 0.06491 | 0.03518 | 0.03518 |
| 1 | 0.36576 | 0.82905 | 0.34315 | 0.54904 | 0.19472 | 0.25962 | 0.13194 | 0.16713 |
| 2 | 0.13475 | 0.96380 | 0.26690 | 0.81594 | 0.27260 | 0.53222 | 0.23090 | 0.39802 |
| 3 | 0.03073 | 0.99453 | 0.12851 | 0.94444 | 0.23626 | 0.76848 | 0.25014 | 0.64816 |
| 4 | 0.00485 | 0.99939 | 0.04284 | 0.98728 | 0.14175 | 0.91023 | 0.18760 | 0.83577 |
| 5 | 0.00056 | 0.99995 | 0.01047 | 0.99775 | 0.06237 | 0.97261 | 0.10318 | 0.93895 |
| 6 | 0.00005 | 1.00000 | 0.00194 | 0.99969 | 0.02079 | 0.99340 | 0.04299 | 0.98194 |
| 7 | 0.00000 | 1.00000 | 0.00028 | 0.99997 | 0.00535 | 0.99874 | 0.01382 | 0.99576 |
| 8 | 0.00000 | 1.00000 | 0.00003 | 1.00000 | 0.00107 | 0.99981 | 0.00345 | 0.99922 |
| 9 | 0.00000 | 1.00000 | 0.00000 | 1.00000 | 0.00017 | 0.99998 | 0.00067 | 0.99989 |
| 10 | 0.00000 | 1.00000 | 0.00000 | 1.00000 | 0.00002 | 1.00000 | 0.00010 | 0.99999 |
| 11 | 0.00000 | 1.00000 | 0.00000 | 1.00000 | 0.00000 | 1.00000 | 0.00001 | 1.00000 |

| k | p = 0.25 $B_{n,p}(\{k\})$ | $B_{n,p}(\{0;\dots;k\})$ | p = 0.30 $B_{n,p}(\{k\})$ | $B_{n,p}(\{0;\dots;k\})$ | p = 1/3 $B_{n,p}(\{k\})$ | $B_{n,p}(\{0;\dots;k\})$ | p = 0.40 $B_{n,p}(\{k\})$ | $B_{n,p}(\{0;\dots;k\})$ |
|---|---|---|---|---|---|---|---|---|
| 0 | 0.01336 | 0.01336 | 0.00475 | 0.00475 | 0.00228 | 0.00228 | 0.00047 | 0.00047 |
| 1 | 0.06682 | 0.08018 | 0.03052 | 0.03527 | 0.01713 | 0.01941 | 0.00470 | 0.00517 |
| 2 | 0.15591 | 0.23609 | 0.09156 | 0.12683 | 0.05995 | 0.07936 | 0.02194 | 0.02711 |
| 3 | 0.22520 | 0.46129 | 0.17004 | 0.29687 | 0.12988 | 0.20924 | 0.06339 | 0.09050 |
| 4 | 0.22520 | 0.68649 | 0.21862 | 0.51549 | 0.19482 | 0.40406 | 0.12678 | 0.21728 |
| 5 | 0.16515 | 0.85163 | 0.20613 | 0.72162 | 0.21431 | 0.61837 | 0.18594 | 0.40322 |
| 6 | 0.09175 | 0.94338 | 0.14724 | 0.86886 | 0.17859 | 0.79696 | 0.20660 | 0.60981 |
| 7 | 0.03932 | 0.98270 | 0.08113 | 0.94999 | 0.11481 | 0.91177 | 0.17708 | 0.78690 |
| 8 | 0.01311 | 0.99581 | 0.03477 | 0.98476 | 0.05740 | 0.96917 | 0.11806 | 0.90495 |
| 9 | 0.00340 | 0.99921 | 0.01159 | 0.99635 | 0.02232 | 0.99150 | 0.06121 | 0.96617 |
| 10 | 0.00068 | 0.99988 | 0.00298 | 0.99933 | 0.00670 | 0.99819 | 0.02449 | 0.99065 |
| 11 | 0.00010 | 0.99999 | 0.00058 | 0.99991 | 0.00152 | 0.99971 | 0.00742 | 0.99807 |
| 12 | 0.00001 | 1.00000 | 0.00008 | 0.99999 | 0.00025 | 0.99997 | 0.00165 | 0.99972 |
| 13 | 0.00000 | 1.00000 | 0.00001 | 1.00000 | 0.00003 | 1.00000 | 0.00025 | 0.99997 |
| 14 | 0.00000 | 1.00000 | 0.00000 | 1.00000 | 0.00000 | 1.00000 | 0.00002 | 1.00000 |

| k | p = 0.50 $B_{n,p}(\{k\})$ | $B_{n,p}(\{0;\dots;k\})$ | p = 0.60 $B_{n,p}(\{k\})$ | $B_{n,p}(\{0;\dots;k\})$ | p = 0.70 $B_{n,p}(\{k\})$ | $B_{n,p}(\{0;\dots;k\})$ | p = 0.75 $B_{n,p}(\{k\})$ | $B_{n,p}(\{0;\dots;k\})$ |
|---|---|---|---|---|---|---|---|---|
| 0 | 0.00003 | 0.00003 | 0.00000 | 0.00000 | 0.00000 | 0.00000 | 0.00000 | 0.00000 |
| 1 | 0.00046 | 0.00049 | 0.00002 | 0.00003 | 0.00000 | 0.00000 | 0.00000 | 0.00000 |
| 2 | 0.00320 | 0.00369 | 0.00025 | 0.00028 | 0.00001 | 0.00001 | 0.00000 | 0.00000 |
| 3 | 0.01389 | 0.01758 | 0.00165 | 0.00193 | 0.00008 | 0.00009 | 0.00001 | 0.00001 |
| 4 | 0.04166 | 0.05923 | 0.00742 | 0.00935 | 0.00058 | 0.00067 | 0.00010 | 0.00012 |
| 5 | 0.09164 | 0.15088 | 0.02449 | 0.03383 | 0.00298 | 0.00365 | 0.00068 | 0.00079 |
| 6 | 0.15274 | 0.30362 | 0.06121 | 0.09505 | 0.01159 | 0.01524 | 0.00340 | 0.00419 |
| 7 | 0.19638 | 0.50000 | 0.11806 | 0.21310 | 0.03477 | 0.05001 | 0.01311 | 0.01730 |
| 8 | 0.19638 | 0.69638 | 0.17708 | 0.39019 | 0.08113 | 0.13114 | 0.03932 | 0.05662 |
| 9 | 0.15274 | 0.84912 | 0.20660 | 0.59678 | 0.14724 | 0.27838 | 0.09175 | 0.14837 |
| 10 | 0.09164 | 0.94077 | 0.18594 | 0.78272 | 0.20613 | 0.48451 | 0.16515 | 0.31351 |
| 11 | 0.04166 | 0.98242 | 0.12678 | 0.90950 | 0.21862 | 0.70313 | 0.22520 | 0.53871 |
| 12 | 0.01389 | 0.99631 | 0.06339 | 0.97289 | 0.17004 | 0.87317 | 0.22520 | 0.76391 |
| 13 | 0.00320 | 0.99951 | 0.02194 | 0.99483 | 0.09156 | 0.96473 | 0.15591 | 0.91982 |
| 14 | 0.00046 | 0.99997 | 0.00470 | 0.99953 | 0.03052 | 0.99525 | 0.06682 | 0.98664 |
| 15 | 0.00003 | 1.00000 | 0.00047 | 1.00000 | 0.00475 | 1.00000 | 0.01336 | 1.00000 |

| k | p = 0.80<br>$B_{n,p}(\{k\})$ | $B_{n,p}(\{0; \dots; k\})$ | p = 5/6<br>$B_{n,p}(\{k\})$ | $B_{n,p}(\{0; \dots; k\})$ | p = 0.90<br>$B_{n,p}(\{k\})$ | $B_{n,p}(\{0; \dots; k\})$ | p = 0.95<br>$B_{n,p}(\{k\})$ | $B_{n,p}(\{0; \dots; k\})$ |
|---|---|---|---|---|---|---|---|---|
| 4 | 0.00001 | 0.00001 | 0.00000 | 0.00000 | 0.00000 | 0.00000 | 0.00000 | 0.00000 |
| 5 | 0.00010 | 0.00011 | 0.00002 | 0.00002 | 0.00000 | 0.00000 | 0.00000 | 0.00000 |
| 6 | 0.00067 | 0.00078 | 0.00017 | 0.00019 | 0.00000 | 0.00000 | 0.00000 | 0.00000 |
| 7 | 0.00345 | 0.00424 | 0.00107 | 0.00126 | 0.00003 | 0.00003 | 0.00000 | 0.00000 |
| 8 | 0.01382 | 0.01806 | 0.00535 | 0.00660 | 0.00028 | 0.00031 | 0.00000 | 0.00000 |
| 9 | 0.04299 | 0.06105 | 0.02079 | 0.02739 | 0.00194 | 0.00225 | 0.00005 | 0.00005 |
| 10 | 0.10318 | 0.16423 | 0.06237 | 0.08977 | 0.01047 | 0.01272 | 0.00056 | 0.00061 |
| 11 | 0.18760 | 0.35184 | 0.14175 | 0.23152 | 0.04284 | 0.05556 | 0.00485 | 0.00547 |
| 12 | 0.25014 | 0.60198 | 0.23626 | 0.46778 | 0.12851 | 0.18406 | 0.03073 | 0.03620 |
| 13 | 0.23090 | 0.83287 | 0.27260 | 0.74038 | 0.26690 | 0.45096 | 0.13475 | 0.17095 |
| 14 | 0.13194 | 0.96482 | 0.19472 | 0.93509 | 0.34315 | 0.79411 | 0.36576 | 0.53671 |
| 15 | 0.03518 | 1.00000 | 0.06491 | 1.00000 | 0.20589 | 1.00000 | 0.46329 | 1.00000 |

## n = 20

| k | p = 0.05<br>$B_{n,p}(\{k\})$ | $B_{n,p}(\{0; \dots; k\})$ | p = 0.10<br>$B_{n,p}(\{k\})$ | $B_{n,p}(\{0; \dots; k\})$ | p = 1/6<br>$B_{n,p}(\{k\})$ | $B_{n,p}(\{0; \dots; k\})$ | p = 0.20<br>$B_{n,p}(\{k\})$ | $B_{n,p}(\{0; \dots; k\})$ |
|---|---|---|---|---|---|---|---|---|
| 0 | 0.35849 | 0.35849 | 0.12158 | 0.12158 | 0.02608 | 0.02608 | 0.01153 | 0.01153 |
| 1 | 0.37735 | 0.73584 | 0.27017 | 0.39175 | 0.10434 | 0.13042 | 0.05765 | 0.06918 |
| 2 | 0.18868 | 0.92452 | 0.28518 | 0.67693 | 0.19824 | 0.32866 | 0.13691 | 0.20608 |
| 3 | 0.05958 | 0.98410 | 0.19012 | 0.86705 | 0.23789 | 0.56655 | 0.20536 | 0.41145 |
| 4 | 0.01333 | 0.99743 | 0.08978 | 0.95683 | 0.20220 | 0.76875 | 0.21820 | 0.62965 |
| 5 | 0.00224 | 0.99967 | 0.03192 | 0.98875 | 0.12941 | 0.89816 | 0.17456 | 0.80421 |
| 6 | 0.00030 | 0.99997 | 0.00887 | 0.99761 | 0.06471 | 0.96286 | 0.10910 | 0.91331 |
| 7 | 0.00003 | 1.00000 | 0.00197 | 0.99958 | 0.02588 | 0.98875 | 0.05455 | 0.96786 |
| 8 | 0.00000 | 1.00000 | 0.00036 | 0.99994 | 0.00841 | 0.99716 | 0.02216 | 0.99002 |
| 9 | 0.00000 | 1.00000 | 0.00005 | 0.99999 | 0.00224 | 0.99940 | 0.00739 | 0.99741 |
| 10 | 0.00000 | 1.00000 | 0.00001 | 1.00000 | 0.00049 | 0.99989 | 0.00203 | 0.99944 |
| 11 | 0.00000 | 1.00000 | 0.00000 | 1.00000 | 0.00009 | 0.99998 | 0.00046 | 0.99990 |
| 12 | 0.00000 | 1.00000 | 0.00000 | 1.00000 | 0.00001 | 1.00000 | 0.00009 | 0.99998 |
| 13 | 0.00000 | 1.00000 | 0.00000 | 1.00000 | 0.00000 | 1.00000 | 0.00001 | 1.00000 |

| k | p = 0.25<br>$B_{n,p}(\{k\})$ | $B_{n,p}(\{0; \dots; k\})$ | p = 0.30<br>$B_{n,p}(\{k\})$ | $B_{n,p}(\{0; \dots; k\})$ | p = 1/3<br>$B_{n,p}(\{k\})$ | $B_{n,p}(\{0; \dots; k\})$ | p = 0.40<br>$B_{n,p}(\{k\})$ | $B_{n,p}(\{0; \dots; k\})$ |
|---|---|---|---|---|---|---|---|---|
| 0 | 0.00317 | 0.00317 | 0.00080 | 0.00080 | 0.00030 | 0.00030 | 0.00004 | 0.00004 |
| 1 | 0.02114 | 0.02431 | 0.00684 | 0.00764 | 0.00301 | 0.00331 | 0.00049 | 0.00052 |
| 2 | 0.06695 | 0.09126 | 0.02785 | 0.03548 | 0.01428 | 0.01759 | 0.00309 | 0.00361 |
| 3 | 0.13390 | 0.22516 | 0.07160 | 0.10709 | 0.04285 | 0.06045 | 0.01235 | 0.01596 |
| 4 | 0.18969 | 0.41484 | 0.13042 | 0.23751 | 0.09106 | 0.15151 | 0.03499 | 0.05095 |
| 5 | 0.20233 | 0.61717 | 0.17886 | 0.41637 | 0.14570 | 0.29721 | 0.07465 | 0.12560 |
| 6 | 0.16861 | 0.78578 | 0.19164 | 0.60801 | 0.18213 | 0.47934 | 0.12441 | 0.25001 |
| 7 | 0.11241 | 0.89819 | 0.16426 | 0.77227 | 0.18213 | 0.66147 | 0.16588 | 0.41589 |
| 8 | 0.06089 | 0.95907 | 0.11440 | 0.88667 | 0.14798 | 0.80945 | 0.17971 | 0.59560 |
| 9 | 0.02706 | 0.98614 | 0.06537 | 0.95204 | 0.09865 | 0.90810 | 0.15974 | 0.75534 |
| 10 | 0.00992 | 0.99606 | 0.03082 | 0.98286 | 0.05426 | 0.96236 | 0.11714 | 0.87248 |
| 11 | 0.00301 | 0.99906 | 0.01201 | 0.99486 | 0.02466 | 0.98703 | 0.07099 | 0.94347 |
| 12 | 0.00075 | 0.99982 | 0.00386 | 0.99872 | 0.00925 | 0.99628 | 0.03550 | 0.97897 |
| 13 | 0.00015 | 0.99997 | 0.00102 | 0.99974 | 0.00285 | 0.99912 | 0.01456 | 0.99353 |
| 14 | 0.00003 | 1.00000 | 0.00022 | 0.99996 | 0.00071 | 0.99983 | 0.00485 | 0.99839 |
| 15 | 0.00000 | 1.00000 | 0.00004 | 0.99999 | 0.00014 | 0.99997 | 0.00129 | 0.99968 |
| 16 | 0.00000 | 1.00000 | 0.00001 | 1.00000 | 0.00002 | 1.00000 | 0.00027 | 0.99995 |
| 17 | 0.00000 | 1.00000 | 0.00000 | 1.00000 | 0.00000 | 1.00000 | 0.00004 | 0.99999 |
| 18 | 0.00000 | 1.00000 | 0.00000 | 1.00000 | 0.00000 | 1.00000 | 0.00000 | 1.00000 |

| k | p = 0.50<br>$B_{n,p}(\{k\})$ | $B_{n,p}(\{0; \dots; k\})$ | p = 0.60<br>$B_{n,p}(\{k\})$ | $B_{n,p}(\{0; \dots; k\})$ | p = 0.70<br>$B_{n,p}(\{k\})$ | $B_{n,p}(\{0; \dots; k\})$ | p = 0.75<br>$B_{n,p}(\{k\})$ | $B_{n,p}(\{0; \dots; k\})$ |
|---|---|---|---|---|---|---|---|---|
| 1 | 0.00002 | 0.00002 | 0.00000 | 0.00000 | 0.00000 | 0.00000 | 0.00000 | 0.00000 |
| 2 | 0.00018 | 0.00020 | 0.00000 | 0.00001 | 0.00000 | 0.00000 | 0.00000 | 0.00000 |
| 3 | 0.00109 | 0.00129 | 0.00004 | 0.00005 | 0.00000 | 0.00000 | 0.00000 | 0.00000 |
| 4 | 0.00462 | 0.00591 | 0.00027 | 0.00032 | 0.00001 | 0.00001 | 0.00000 | 0.00000 |
| 5 | 0.01479 | 0.02069 | 0.00129 | 0.00161 | 0.00004 | 0.00004 | 0.00000 | 0.00000 |
| 6 | 0.03696 | 0.05766 | 0.00485 | 0.00647 | 0.00022 | 0.00026 | 0.00003 | 0.00003 |
| 7 | 0.07393 | 0.13159 | 0.01456 | 0.02103 | 0.00102 | 0.00128 | 0.00015 | 0.00018 |
| 8 | 0.12013 | 0.25172 | 0.03550 | 0.05653 | 0.00386 | 0.00514 | 0.00075 | 0.00094 |
| 9 | 0.16018 | 0.41190 | 0.07099 | 0.12752 | 0.01201 | 0.01714 | 0.00301 | 0.00394 |
| 10 | 0.17620 | 0.58810 | 0.11714 | 0.24466 | 0.03082 | 0.04796 | 0.00992 | 0.01386 |

| k | p = 0.50 $B_{n,p}(\{k\})$ | $B_{n,p}(\{0;\dots;k\})$ | p = 0.60 $B_{n,p}(\{k\})$ | $B_{n,p}(\{0;\dots;k\})$ | p = 0.70 $B_{n,p}(\{k\})$ | $B_{n,p}(\{0;\dots;k\})$ | p = 0.75 $B_{n,p}(\{k\})$ | $B_{n,p}(\{0;\dots;k\})$ |
|---|---|---|---|---|---|---|---|---|
| 11 | 0.16018 | 0.74828 | 0.15974 | 0.40440 | 0.06537 | 0.11333 | 0.02706 | 0.04093 |
| 12 | 0.12013 | 0.86841 | 0.17971 | 0.58411 | 0.11440 | 0.22773 | 0.06089 | 0.10181 |
| 13 | 0.07393 | 0.94234 | 0.16588 | 0.74999 | 0.16426 | 0.39199 | 0.11241 | 0.21422 |
| 14 | 0.03696 | 0.97931 | 0.12441 | 0.87440 | 0.19164 | 0.58363 | 0.16861 | 0.38283 |
| 15 | 0.01479 | 0.99409 | 0.07465 | 0.94905 | 0.17886 | 0.76249 | 0.20233 | 0.58516 |
| 16 | 0.00462 | 0.99871 | 0.03499 | 0.98404 | 0.13042 | 0.89291 | 0.18969 | 0.77484 |
| 17 | 0.00109 | 0.99980 | 0.01235 | 0.99639 | 0.07160 | 0.96452 | 0.13390 | 0.90874 |
| 18 | 0.00018 | 0.99998 | 0.00309 | 0.99948 | 0.02785 | 0.99236 | 0.06695 | 0.97569 |
| 19 | 0.00002 | 1.00000 | 0.00049 | 0.99996 | 0.00684 | 0.99920 | 0.02114 | 0.99683 |
| 20 | 0.00000 | 1.00000 | 0.00004 | 1.00000 | 0.00080 | 1.00000 | 0.00317 | 1.00000 |

| k | p = 0.80 $B_{n,p}(\{k\})$ | $B_{n,p}(\{0;\dots;k\})$ | p = 5/6 $B_{n,p}(\{k\})$ | $B_{n,p}(\{0;\dots;k\})$ | p = 0.90 $B_{n,p}(\{k\})$ | $B_{n,p}(\{0;\dots;k\})$ | p = 0.95 $B_{n,p}(\{k\})$ | $B_{n,p}(\{0;\dots;k\})$ |
|---|---|---|---|---|---|---|---|---|
| 7 | 0.00001 | 0.00002 | 0.00000 | 0.00000 | 0.00000 | 0.00000 | 0.00000 | 0.00000 |
| 8 | 0.00009 | 0.00010 | 0.00001 | 0.00002 | 0.00000 | 0.00000 | 0.00000 | 0.00000 |
| 9 | 0.00046 | 0.00056 | 0.00009 | 0.00011 | 0.00000 | 0.00000 | 0.00000 | 0.00000 |
| 10 | 0.00203 | 0.00259 | 0.00049 | 0.00060 | 0.00001 | 0.00001 | 0.00000 | 0.00000 |
| 11 | 0.00739 | 0.00998 | 0.00224 | 0.00284 | 0.00005 | 0.00006 | 0.00000 | 0.00000 |
| 12 | 0.02216 | 0.03214 | 0.00841 | 0.01125 | 0.00036 | 0.00042 | 0.00000 | 0.00000 |
| 13 | 0.05455 | 0.08669 | 0.02588 | 0.03714 | 0.00197 | 0.00239 | 0.00003 | 0.00003 |
| 14 | 0.10910 | 0.19579 | 0.06471 | 0.10184 | 0.00887 | 0.01125 | 0.00030 | 0.00033 |
| 15 | 0.17456 | 0.37035 | 0.12941 | 0.23125 | 0.03192 | 0.04317 | 0.00224 | 0.00257 |
| 16 | 0.21820 | 0.58855 | 0.20220 | 0.43345 | 0.08978 | 0.13295 | 0.01333 | 0.01590 |
| 17 | 0.20536 | 0.79392 | 0.23789 | 0.67134 | 0.19012 | 0.32307 | 0.05958 | 0.07548 |
| 18 | 0.13691 | 0.93082 | 0.19824 | 0.86958 | 0.28518 | 0.60825 | 0.18868 | 0.26416 |
| 19 | 0.05765 | 0.98847 | 0.10434 | 0.97392 | 0.27017 | 0.87842 | 0.37735 | 0.64151 |
| 20 | 0.01153 | 1.00000 | 0.02608 | 1.00000 | 0.12158 | 1.00000 | 0.35849 | 1.00000 |

## n = 25

| k | p = 0.05 $B_{n,p}(\{k\})$ | $B_{n,p}(\{0;\dots;k\})$ | p = 0.10 $B_{n,p}(\{k\})$ | $B_{n,p}(\{0;\dots;k\})$ | p = 1/6 $B_{n,p}(\{k\})$ | $B_{n,p}(\{0;\dots;k\})$ | p = 0.20 $B_{n,p}(\{k\})$ | $B_{n,p}(\{0;\dots;k\})$ |
|---|---|---|---|---|---|---|---|---|
| 0 | 0.27739 | 0.27739 | 0.07179 | 0.07179 | 0.01048 | 0.01048 | 0.00378 | 0.00378 |
| 1 | 0.36499 | 0.64238 | 0.19942 | 0.27121 | 0.05241 | 0.06290 | 0.02361 | 0.02739 |
| 2 | 0.23052 | 0.87289 | 0.26589 | 0.53709 | 0.12579 | 0.18869 | 0.07084 | 0.09823 |
| 3 | 0.09302 | 0.96591 | 0.22650 | 0.76359 | 0.19288 | 0.38157 | 0.13577 | 0.23399 |
| 4 | 0.02693 | 0.99284 | 0.13842 | 0.90201 | 0.21217 | 0.59373 | 0.18668 | 0.42067 |
| 5 | 0.00595 | 0.99879 | 0.06459 | 0.96660 | 0.17822 | 0.77196 | 0.19602 | 0.61669 |
| 6 | 0.00104 | 0.99983 | 0.02392 | 0.99052 | 0.11881 | 0.89077 | 0.16335 | 0.78004 |
| 7 | 0.00015 | 0.99998 | 0.00722 | 0.99774 | 0.06450 | 0.95527 | 0.11084 | 0.89088 |
| 8 | 0.00002 | 1.00000 | 0.00180 | 0.99954 | 0.02902 | 0.98429 | 0.06235 | 0.95323 |
| 9 | 0.00000 | 1.00000 | 0.00038 | 0.99992 | 0.01096 | 0.99526 | 0.02944 | 0.98267 |
| 10 | 0.00000 | 1.00000 | 0.00007 | 0.99999 | 0.00351 | 0.99877 | 0.01178 | 0.99445 |
| 11 | 0.00000 | 1.00000 | 0.00001 | 1.00000 | 0.00096 | 0.99972 | 0.00401 | 0.99846 |
| 12 | 0.00000 | 1.00000 | 0.00000 | 1.00000 | 0.00022 | 0.99995 | 0.00117 | 0.99963 |
| 13 | 0.00000 | 1.00000 | 0.00000 | 1.00000 | 0.00004 | 0.99999 | 0.00029 | 0.99992 |
| 14 | 0.00000 | 1.00000 | 0.00000 | 1.00000 | 0.00001 | 1.00000 | 0.00006 | 0.99999 |
| 15 | 0.00000 | 1.00000 | 0.00000 | 1.00000 | 0.00000 | 1.00000 | 0.00001 | 1.00000 |

| k | p = 0.25 $B_{n,p}(\{k\})$ | $B_{n,p}(\{0;\dots;k\})$ | p = 0.30 $B_{n,p}(\{k\})$ | $B_{n,p}(\{0;\dots;k\})$ | p = 1/3 $B_{n,p}(\{k\})$ | $B_{n,p}(\{0;\dots;k\})$ | p = 0.40 $B_{n,p}(\{k\})$ | $B_{n,p}(\{0;\dots;k\})$ |
|---|---|---|---|---|---|---|---|---|
| 0 | 0.00075 | 0.00075 | 0.00013 | 0.00013 | 0.00004 | 0.00004 | 0.00000 | 0.00000 |
| 1 | 0.00627 | 0.00702 | 0.00144 | 0.00157 | 0.00050 | 0.00053 | 0.00005 | 0.00005 |
| 2 | 0.02508 | 0.03211 | 0.00739 | 0.00896 | 0.00297 | 0.00350 | 0.00038 | 0.00043 |
| 3 | 0.06411 | 0.09621 | 0.02428 | 0.03324 | 0.01139 | 0.01489 | 0.00194 | 0.00237 |
| 4 | 0.11753 | 0.21374 | 0.05723 | 0.09047 | 0.03131 | 0.04620 | 0.00710 | 0.00947 |
| 5 | 0.16454 | 0.37828 | 0.10302 | 0.19349 | 0.06575 | 0.11195 | 0.01989 | 0.02936 |
| 6 | 0.18282 | 0.56110 | 0.14717 | 0.34065 | 0.10959 | 0.22154 | 0.04420 | 0.07357 |
| 7 | 0.16541 | 0.72651 | 0.17119 | 0.51185 | 0.14872 | 0.37026 | 0.07999 | 0.15355 |
| 8 | 0.12406 | 0.85056 | 0.16508 | 0.67693 | 0.16732 | 0.53758 | 0.11998 | 0.27353 |
| 7 | 0.16541 | 0.72651 | 0.17119 | 0.51185 | 0.14872 | 0.37026 | 0.07999 | 0.15355 |
| 8 | 0.12406 | 0.85056 | 0.16508 | 0.67693 | 0.16732 | 0.53758 | 0.11998 | 0.27353 |
| 9 | 0.07811 | 0.92867 | 0.13364 | 0.81056 | 0.15802 | 0.69560 | 0.15109 | 0.42462 |
| 10 | 0.04166 | 0.97033 | 0.09164 | 0.90220 | 0.12642 | 0.82201 | 0.16116 | 0.58577 |

| k | p = 0.25 | | p = 0.30 | | p = 1/3 | | p = 0.40 | |
|---|---|---|---|---|---|---|---|---|
| | $B_{n,p}(\{k\})$ | $B_{n,p}(\{0; \ldots; k\})$ | $B_{n,p}(\{k\})$ | $B_{n,p}(\{0; \ldots; k\})$ | $B_{n,p}(\{k\})$ | $B_{n,p}(\{0; \ldots; k\})$ | $B_{n,p}(\{k\})$ | $B_{n,p}(\{0; \ldots; k\})$ |
| 11 | 0.01894 | 0.98927 | 0.05355 | 0.95575 | 0.08619 | 0.90821 | 0.14651 | 0.73228 |
| 12 | 0.00736 | 0.99663 | 0.02678 | 0.98253 | 0.05028 | 0.95849 | 0.11395 | 0.84623 |
| 13 | 0.00245 | 0.99908 | 0.01148 | 0.99401 | 0.02514 | 0.98363 | 0.07597 | 0.92220 |
| 14 | 0.00070 | 0.99979 | 0.00422 | 0.99822 | 0.01077 | 0.99440 | 0.04341 | 0.96561 |
| 15 | 0.00017 | 0.99996 | 0.00132 | 0.99955 | 0.00395 | 0.99835 | 0.02122 | 0.98683 |
| 16 | 0.00004 | 0.99999 | 0.00035 | 0.99990 | 0.00123 | 0.99958 | 0.00884 | 0.99567 |
| 17 | 0.00001 | 1.00000 | 0.00008 | 0.99998 | 0.00033 | 0.99991 | 0.00312 | 0.99879 |
| 18 | 0.00000 | 1.00000 | 0.00002 | 1.00000 | 0.00007 | 0.99998 | 0.00092 | 0.99972 |
| 19 | 0.00000 | 1.00000 | 0.00000 | 1.00000 | 0.00001 | 1.00000 | 0.00023 | 0.99995 |
| 20 | 0.00000 | 1.00000 | 0.00000 | 1.00000 | 0.00000 | 1.00000 | 0.00005 | 0.99999 |
| 21 | 0.00000 | 1.00000 | 0.00000 | 1.00000 | 0.00000 | 1.00000 | 0.00001 | 1.00000 |

| k | p = 0.50 | | p = 0.60 | | p = 0.70 | | p = 0.75 | |
|---|---|---|---|---|---|---|---|---|
| | $B_{n,p}(\{k\})$ | $B_{n,p}(\{0; \ldots; k\})$ | $B_{n,p}(\{k\})$ | $B_{n,p}(\{0; \ldots; k\})$ | $B_{n,p}(\{k\})$ | $B_{n,p}(\{0; \ldots; k\})$ | $B_{n,p}(\{k\})$ | $B_{n,p}(\{0; \ldots; k\})$ |
| 2 | 0.00001 | 0.00001 | 0.00000 | 0.00000 | 0.00000 | 0.00000 | 0.00000 | 0.00000 |
| 3 | 0.00007 | 0.00008 | 0.00000 | 0.00000 | 0.00000 | 0.00000 | 0.00000 | 0.00000 |
| 4 | 0.00038 | 0.00046 | 0.00001 | 0.00001 | 0.00000 | 0.00000 | 0.00000 | 0.00000 |
| 5 | 0.00158 | 0.00204 | 0.00005 | 0.00005 | 0.00000 | 0.00000 | 0.00000 | 0.00000 |
| 6 | 0.00528 | 0.00732 | 0.00023 | 0.00028 | 0.00000 | 0.00000 | 0.00000 | 0.00000 |
| 7 | 0.01433 | 0.02164 | 0.00092 | 0.00121 | 0.00002 | 0.00002 | 0.00000 | 0.00000 |
| 8 | 0.03223 | 0.05388 | 0.00312 | 0.00433 | 0.00008 | 0.00010 | 0.00001 | 0.00001 |
| 9 | 0.06089 | 0.11476 | 0.00884 | 0.01317 | 0.00035 | 0.00045 | 0.00004 | 0.00004 |
| 10 | 0.09742 | 0.21218 | 0.02122 | 0.03439 | 0.00132 | 0.00178 | 0.00017 | 0.00021 |
| 11 | 0.13284 | 0.34502 | 0.04341 | 0.07780 | 0.00422 | 0.00599 | 0.00070 | 0.00092 |
| 12 | 0.15498 | 0.50000 | 0.07597 | 0.15377 | 0.01148 | 0.01747 | 0.00245 | 0.00337 |
| 13 | 0.15498 | 0.65498 | 0.11395 | 0.26772 | 0.02678 | 0.04425 | 0.00736 | 0.01073 |
| 14 | 0.13284 | 0.78782 | 0.14651 | 0.41423 | 0.05355 | 0.09780 | 0.01894 | 0.02967 |
| 15 | 0.09742 | 0.88524 | 0.16116 | 0.57538 | 0.09164 | 0.18944 | 0.04166 | 0.07133 |
| 16 | 0.06089 | 0.94612 | 0.15109 | 0.72647 | 0.13364 | 0.32307 | 0.07811 | 0.14944 |
| 17 | 0.03223 | 0.97836 | 0.11998 | 0.84645 | 0.16508 | 0.48815 | 0.12406 | 0.27349 |
| 18 | 0.01433 | 0.99268 | 0.07999 | 0.92643 | 0.17119 | 0.65935 | 0.16541 | 0.43890 |
| 19 | 0.00528 | 0.99796 | 0.04420 | 0.97064 | 0.14717 | 0.80651 | 0.18282 | 0.62172 |
| 20 | 0.00158 | 0.99954 | 0.01989 | 0.99053 | 0.10302 | 0.90953 | 0.16454 | 0.78626 |
| 21 | 0.00038 | 0.99992 | 0.00710 | 0.99763 | 0.05723 | 0.96676 | 0.11753 | 0.90379 |
| 22 | 0.00007 | 0.99999 | 0.00194 | 0.99957 | 0.02428 | 0.99104 | 0.06411 | 0.96789 |
| 23 | 0.00001 | 1.00000 | 0.00038 | 0.99995 | 0.00739 | 0.99843 | 0.02508 | 0.99298 |
| 24 | 0.00000 | 1.00000 | 0.00005 | 1.00000 | 0.00144 | 0.99987 | 0.00627 | 0.99925 |
| 25 | 0.00000 | 1.00000 | 0.00000 | 1.00000 | 0.00013 | 1.00000 | 0.00075 | 1.00000 |

| k | p = 0.80 | | p = 5/6 | | p = 0.90 | | p = 0.95 | |
|---|---|---|---|---|---|---|---|---|
| | $B_{n,p}(\{k\})$ | $B_{n,p}(\{0; \ldots; k\})$ | $B_{n,p}(\{k\})$ | $B_{n,p}(\{0; \ldots; k\})$ | $B_{n,p}(\{k\})$ | $B_{n,p}(\{0; \ldots; k\})$ | $B_{n,p}(\{k\})$ | $B_{n,p}(\{0; \ldots; k\})$ |
| 10 | 0.00001 | 0.00001 | 0.00000 | 0.00000 | 0.00000 | 0.00000 | 0.00000 | 0.00000 |
| 11 | 0.00006 | 0.00008 | 0.00001 | 0.00001 | 0.00000 | 0.00000 | 0.00000 | 0.00000 |
| 12 | 0.00029 | 0.00037 | 0.00004 | 0.00005 | 0.00000 | 0.00000 | 0.00000 | 0.00000 |
| 13 | 0.00117 | 0.00154 | 0.00022 | 0.00028 | 0.00000 | 0.00000 | 0.00000 | 0.00000 |
| 14 | 0.00401 | 0.00555 | 0.00096 | 0.00123 | 0.00001 | 0.00001 | 0.00000 | 0.00000 |
| 15 | 0.01178 | 0.01733 | 0.00351 | 0.00474 | 0.00007 | 0.00008 | 0.00000 | 0.00000 |
| 16 | 0.02944 | 0.04677 | 0.01096 | 0.01571 | 0.00038 | 0.00046 | 0.00000 | 0.00000 |
| 17 | 0.06235 | 0.10912 | 0.02902 | 0.04473 | 0.00180 | 0.00226 | 0.00002 | 0.00002 |
| 18 | 0.11084 | 0.21996 | 0.06450 | 0.10923 | 0.00722 | 0.00948 | 0.00015 | 0.00017 |
| 19 | 0.16335 | 0.38331 | 0.11881 | 0.22804 | 0.02392 | 0.03340 | 0.00104 | 0.00121 |
| 20 | 0.19602 | 0.57933 | 0.17822 | 0.40627 | 0.06459 | 0.09799 | 0.00595 | 0.00716 |
| 21 | 0.18668 | 0.76601 | 0.21217 | 0.61843 | 0.13842 | 0.23641 | 0.02693 | 0.03409 |
| 22 | 0.13577 | 0.90177 | 0.19288 | 0.81131 | 0.22650 | 0.46291 | 0.09302 | 0.12711 |
| 23 | 0.07084 | 0.97261 | 0.12579 | 0.93710 | 0.26589 | 0.72879 | 0.23052 | 0.35762 |
| 24 | 0.02361 | 0.99622 | 0.05241 | 0.98952 | 0.19942 | 0.92821 | 0.36499 | 0.72261 |
| 25 | 0.00378 | 1.00000 | 0.01048 | 1.00000 | 0.07179 | 1.00000 | 0.27739 | 1.00000 |

## n = 50

| k | p = 0.05 | | p = 0.10 | | p = 1/6 | | p = 0.20 | |
|---|---|---|---|---|---|---|---|---|
| | $B_{n,p}(\{k\})$ | $B_{n,p}(\{0; \ldots; k\})$ | $B_{n,p}(\{k\})$ | $B_{n,p}(\{0; \ldots; k\})$ | $B_{n,p}(\{k\})$ | $B_{n,p}(\{0; \ldots; k\})$ | $B_{n,p}(\{k\})$ | $B_{n,p}(\{0; \ldots; k\})$ |
| 0 | 0.07694 | 0.07694 | 0.00515 | 0.00515 | 0.00011 | 0.00011 | 0.00001 | 0.00001 |
| 1 | 0.20249 | 0.27943 | 0.02863 | 0.03379 | 0.00110 | 0.00121 | 0.00018 | 0.00019 |
| 2 | 0.26110 | 0.54053 | 0.07794 | 0.11173 | 0.00538 | 0.00659 | 0.00109 | 0.00129 |
| 3 | 0.21987 | 0.76041 | 0.13857 | 0.25029 | 0.01723 | 0.02382 | 0.00437 | 0.00566 |
| 4 | 0.13598 | 0.89638 | 0.18090 | 0.43120 | 0.04049 | 0.06431 | 0.01284 | 0.01850 |
| 5 | 0.06584 | 0.96222 | 0.18492 | 0.61612 | 0.07450 | 0.13882 | 0.02953 | 0.04803 |
| 6 | 0.02599 | 0.98821 | 0.15410 | 0.77023 | 0.11175 | 0.25057 | 0.05537 | 0.10340 |
| 7 | 0.00860 | 0.99681 | 0.10763 | 0.87785 | 0.14049 | 0.39106 | 0.08701 | 0.19041 |
| 8 | 0.00243 | 0.99924 | 0.06428 | 0.94213 | 0.15103 | 0.54209 | 0.11692 | 0.30733 |
| 9 | 0.00060 | 0.99984 | 0.03333 | 0.97546 | 0.14096 | 0.68304 | 0.13641 | 0.44374 |
| 10 | 0.00013 | 0.99997 | 0.01518 | 0.99065 | 0.11559 | 0.79863 | 0.13982 | 0.58356 |
| 11 | 0.00002 | 1.00000 | 0.00613 | 0.99678 | 0.08406 | 0.88269 | 0.12711 | 0.71067 |
| 12 | 0.00000 | 1.00000 | 0.00222 | 0.99900 | 0.05464 | 0.93733 | 0.10328 | 0.81394 |
| 13 | 0.00000 | 1.00000 | 0.00072 | 0.99971 | 0.03194 | 0.96928 | 0.07547 | 0.88941 |
| 14 | 0.00000 | 1.00000 | 0.00021 | 0.99993 | 0.01688 | 0.98616 | 0.04986 | 0.93928 |
| 15 | 0.00000 | 1.00000 | 0.00006 | 0.99998 | 0.00810 | 0.99427 | 0.02992 | 0.96920 |
| 16 | 0.00000 | 1.00000 | 0.00001 | 1.00000 | 0.00355 | 0.99781 | 0.01636 | 0.98556 |
| 17 | 0.00000 | 1.00000 | 0.00000 | 1.00000 | 0.00142 | 0.99923 | 0.00818 | 0.99374 |
| 18 | 0.00000 | 1.00000 | 0.00000 | 1.00000 | 0.00052 | 0.99975 | 0.00375 | 0.99749 |
| 19 | 0.00000 | 1.00000 | 0.00000 | 1.00000 | 0.00018 | 0.99992 | 0.00158 | 0.99907 |
| 20 | 0.00000 | 1.00000 | 0.00000 | 1.00000 | 0.00005 | 0.99998 | 0.00061 | 0.99968 |
| 21 | 0.00000 | 1.00000 | 0.00000 | 1.00000 | 0.00002 | 0.99999 | 0.00022 | 0.99990 |
| 22 | 0.00000 | 1.00000 | 0.00000 | 1.00000 | 0.00000 | 1.00000 | 0.00007 | 0.99997 |
| 23 | 0.00000 | 1.00000 | 0.00000 | 1.00000 | 0.00000 | 1.00000 | 0.00002 | 0.99999 |
| 24 | 0.00000 | 1.00000 | 0.00000 | 1.00000 | 0.00000 | 1.00000 | 0.00001 | 1.00000 |

| k | p = 0.25 | | p = 0.30 | | p = 1/3 | | p = 0.40 | |
|---|---|---|---|---|---|---|---|---|
| | $B_{n,p}(\{k\})$ | $B_{n,p}(\{0; \ldots; k\})$ | $B_{n,p}(\{k\})$ | $B_{n,p}(\{0; \ldots; k\})$ | $B_{n,p}(\{k\})$ | $B_{n,p}(\{0; \ldots; k\})$ | $B_{n,p}(\{k\})$ | $B_{n,p}(\{0; \ldots; k\})$ |
| 1 | 0.00001 | 0.00001 | 0.00000 | 0.00000 | 0.00000 | 0.00000 | 0.00000 | 0.00000 |
| 2 | 0.00008 | 0.00009 | 0.00000 | 0.00000 | 0.00000 | 0.00000 | 0.00000 | 0.00000 |
| 3 | 0.00041 | 0.00050 | 0.00003 | 0.00003 | 0.00000 | 0.00000 | 0.00000 | 0.00000 |
| 4 | 0.00161 | 0.00211 | 0.00014 | 0.00017 | 0.00002 | 0.00003 | 0.00000 | 0.00000 |
| 5 | 0.00494 | 0.00705 | 0.00055 | 0.00072 | 0.00010 | 0.00013 | 0.00000 | 0.00000 |
| 6 | 0.01234 | 0.01939 | 0.00177 | 0.00249 | 0.00039 | 0.00052 | 0.00001 | 0.00001 |
| 7 | 0.02586 | 0.04526 | 0.00477 | 0.00726 | 0.00122 | 0.00174 | 0.00005 | 0.00006 |
| 8 | 0.04634 | 0.09160 | 0.01099 | 0.01825 | 0.00329 | 0.00503 | 0.00017 | 0.00023 |
| 9 | 0.07209 | 0.16368 | 0.02198 | 0.04023 | 0.00767 | 0.01271 | 0.00053 | 0.00076 |
| 10 | 0.09852 | 0.26220 | 0.03862 | 0.07885 | 0.01573 | 0.02844 | 0.00144 | 0.00220 |
| 11 | 0.11942 | 0.38162 | 0.06019 | 0.13904 | 0.02860 | 0.05705 | 0.00349 | 0.00569 |
| 12 | 0.12937 | 0.51099 | 0.08383 | 0.22287 | 0.04648 | 0.10353 | 0.00756 | 0.01325 |
| 13 | 0.12605 | 0.63704 | 0.10502 | 0.32788 | 0.06794 | 0.17147 | 0.01474 | 0.02799 |
| 14 | 0.11104 | 0.74808 | 0.11895 | 0.44683 | 0.08977 | 0.26124 | 0.02597 | 0.05396 |
| 15 | 0.08884 | 0.83692 | 0.12235 | 0.56918 | 0.10773 | 0.36897 | 0.04155 | 0.09550 |
| 16 | 0.06478 | 0.90169 | 0.11470 | 0.68388 | 0.11783 | 0.48679 | 0.06059 | 0.15609 |
| 17 | 0.04318 | 0.94488 | 0.09831 | 0.78219 | 0.11783 | 0.60462 | 0.08079 | 0.23688 |
| 18 | 0.02639 | 0.97127 | 0.07725 | 0.85944 | 0.10801 | 0.71263 | 0.09874 | 0.33561 |
| 19 | 0.01482 | 0.98608 | 0.05576 | 0.91520 | 0.09095 | 0.80359 | 0.11086 | 0.44648 |
| 20 | 0.00765 | 0.99374 | 0.03704 | 0.95224 | 0.07049 | 0.87408 | 0.11456 | 0.56103 |
| 21 | 0.00365 | 0.99738 | 0.02268 | 0.97491 | 0.05035 | 0.92443 | 0.10910 | 0.67014 |
| 22 | 0.00160 | 0.99898 | 0.01281 | 0.98772 | 0.03319 | 0.95761 | 0.09588 | 0.76602 |
| 23 | 0.00065 | 0.99963 | 0.00668 | 0.99441 | 0.02020 | 0.97781 | 0.07781 | 0.84383 |
| 24 | 0.00024 | 0.99988 | 0.00322 | 0.99763 | 0.01136 | 0.98917 | 0.05836 | 0.90219 |
| 25 | 0.00008 | 0.99996 | 0.00144 | 0.99907 | 0.00591 | 0.99508 | 0.04046 | 0.94266 |
| 26 | 0.00003 | 0.99999 | 0.00059 | 0.99966 | 0.00284 | 0.99792 | 0.02594 | 0.96859 |
| 27 | 0.00001 | 1.00000 | 0.00023 | 0.99988 | 0.00126 | 0.99918 | 0.01537 | 0.98397 |
| 28 | 0.00000 | 1.00000 | 0.00008 | 0.99996 | 0.00052 | 0.99970 | 0.00842 | 0.99238 |
| 29 | 0.00000 | 1.00000 | 0.00003 | 0.99999 | 0.00020 | 0.99990 | 0.00426 | 0.99664 |
| 30 | 0.00000 | 1.00000 | 0.00001 | 1.00000 | 0.00007 | 0.99997 | 0.00199 | 0.99863 |
| 31 | 0.00000 | 1.00000 | 0.00000 | 1.00000 | 0.00002 | 0.99999 | 0.00085 | 0.99948 |
| 32 | 0.00000 | 1.00000 | 0.00000 | 1.00000 | 0.00001 | 1.00000 | 0.00034 | 0.99982 |
| 33 | 0.00000 | 1.00000 | 0.00000 | 1.00000 | 0.00000 | 1.00000 | 0.00012 | 0.99994 |
| 34 | 0.00000 | 1.00000 | 0.00000 | 1.00000 | 0.00000 | 1.00000 | 0.00004 | 0.99998 |
| 35 | 0.00000 | 1.00000 | 0.00000 | 1.00000 | 0.00000 | 1.00000 | 0.00001 | 1.00000 |

| k | p = 0.50<br>$B_{n,p}(\{k\})$ | $B_{n,p}(\{0;\ldots;k\})$ | p = 0.60<br>$B_{n,p}(\{k\})$ | $B_{n,p}(\{0;\ldots;k\})$ | p = 0.70<br>$B_{n,p}(\{k\})$ | $B_{n,p}(\{0;\ldots;k\})$ | p = 0.75<br>$B_{n,p}(\{k\})$ | $B_{n,p}(\{0;\ldots;k\})$ |
|---|---|---|---|---|---|---|---|---|
| 10 | 0.00001 | 0.00001 | 0.00000 | 0.00000 | 0.00000 | 0.00000 | 0.00000 | 0.00000 |
| 11 | 0.00003 | 0.00005 | 0.00000 | 0.00000 | 0.00000 | 0.00000 | 0.00000 | 0.00000 |
| 12 | 0.00011 | 0.00015 | 0.00000 | 0.00000 | 0.00000 | 0.00000 | 0.00000 | 0.00000 |
| 13 | 0.00032 | 0.00047 | 0.00000 | 0.00000 | 0.00000 | 0.00000 | 0.00000 | 0.00000 |
| 14 | 0.00083 | 0.00130 | 0.00000 | 0.00000 | 0.00000 | 0.00000 | 0.00000 | 0.00000 |
| 15 | 0.00200 | 0.00330 | 0.00001 | 0.00002 | 0.00000 | 0.00000 | 0.00000 | 0.00000 |
| 16 | 0.00437 | 0.00767 | 0.00004 | 0.00006 | 0.00000 | 0.00000 | 0.00000 | 0.00000 |
| 17 | 0.00875 | 0.01642 | 0.00012 | 0.00018 | 0.00000 | 0.00000 | 0.00000 | 0.00000 |
| 18 | 0.01603 | 0.03245 | 0.00034 | 0.00052 | 0.00000 | 0.00000 | 0.00000 | 0.00000 |
| 19 | 0.02701 | 0.05946 | 0.00085 | 0.00137 | 0.00000 | 0.00000 | 0.00000 | 0.00000 |
| 20 | 0.04186 | 0.10132 | 0.00199 | 0.00336 | 0.00001 | 0.00001 | 0.00000 | 0.00000 |
| 21 | 0.05980 | 0.16112 | 0.00426 | 0.00762 | 0.00003 | 0.00004 | 0.00000 | 0.00000 |
| 22 | 0.07883 | 0.23994 | 0.00842 | 0.01603 | 0.00008 | 0.00012 | 0.00000 | 0.00000 |
| 23 | 0.09596 | 0.33591 | 0.01537 | 0.03141 | 0.00023 | 0.00034 | 0.00001 | 0.00001 |
| 24 | 0.10796 | 0.44386 | 0.02594 | 0.05734 | 0.00059 | 0.00093 | 0.00003 | 0.00004 |
| 25 | 0.11228 | 0.55614 | 0.04046 | 0.09781 | 0.00144 | 0.00237 | 0.00008 | 0.00012 |
| 26 | 0.10796 | 0.66409 | 0.05836 | 0.15617 | 0.00322 | 0.00559 | 0.00024 | 0.00037 |
| 27 | 0.09596 | 0.76006 | 0.07781 | 0.23398 | 0.00668 | 0.01228 | 0.00065 | 0.00102 |
| 28 | 0.07883 | 0.83888 | 0.09588 | 0.32986 | 0.01281 | 0.02509 | 0.00160 | 0.00262 |
| 29 | 0.05980 | 0.89868 | 0.10910 | 0.43897 | 0.02268 | 0.04776 | 0.00365 | 0.00626 |
| 30 | 0.04186 | 0.94054 | 0.11456 | 0.55352 | 0.03704 | 0.08480 | 0.00765 | 0.01392 |
| 31 | 0.02701 | 0.96755 | 0.11086 | 0.66439 | 0.05576 | 0.14056 | 0.01482 | 0.02873 |
| 32 | 0.01603 | 0.98358 | 0.09874 | 0.76312 | 0.07725 | 0.21781 | 0.02639 | 0.05512 |
| 33 | 0.00875 | 0.99233 | 0.08079 | 0.84391 | 0.09831 | 0.31612 | 0.04318 | 0.09831 |
| 34 | 0.00437 | 0.99670 | 0.06059 | 0.90450 | 0.11470 | 0.43082 | 0.06478 | 0.16308 |
| 35 | 0.00200 | 0.99870 | 0.04155 | 0.94604 | 0.12235 | 0.55317 | 0.08884 | 0.25192 |
| 36 | 0.00083 | 0.99953 | 0.02597 | 0.97201 | 0.11895 | 0.67212 | 0.11104 | 0.36296 |
| 37 | 0.00032 | 0.99985 | 0.01474 | 0.98675 | 0.10502 | 0.77713 | 0.12605 | 0.48901 |
| 38 | 0.00011 | 0.99995 | 0.00756 | 0.99431 | 0.08383 | 0.86096 | 0.12937 | 0.61838 |
| 39 | 0.00003 | 0.99999 | 0.00349 | 0.99780 | 0.06019 | 0.92115 | 0.11942 | 0.73780 |
| 40 | 0.00001 | 1.00000 | 0.00144 | 0.99924 | 0.03862 | 0.95977 | 0.09852 | 0.83632 |
| 41 | 0.00000 | 1.00000 | 0.00053 | 0.99977 | 0.02198 | 0.98175 | 0.07209 | 0.90840 |
| 42 | 0.00000 | 1.00000 | 0.00017 | 0.99994 | 0.01099 | 0.99274 | 0.04634 | 0.95474 |
| 43 | 0.00000 | 1.00000 | 0.00005 | 0.99999 | 0.00477 | 0.99751 | 0.02586 | 0.98061 |
| 44 | 0.00000 | 1.00000 | 0.00001 | 1.00000 | 0.00177 | 0.99928 | 0.01234 | 0.99295 |
| 45 | 0.00000 | 1.00000 | 0.00000 | 1.00000 | 0.00055 | 0.99983 | 0.00494 | 0.99789 |
| 46 | 0.00000 | 1.00000 | 0.00000 | 1.00000 | 0.00014 | 0.99997 | 0.00161 | 0.99950 |
| 47 | 0.00000 | 1.00000 | 0.00000 | 1.00000 | 0.00003 | 1.00000 | 0.00041 | 0.99991 |
| 48 | 0.00000 | 1.00000 | 0.00000 | 1.00000 | 0.00000 | 1.00000 | 0.00008 | 0.99999 |
| 49 | 0.00000 | 1.00000 | 0.00000 | 1.00000 | 0.00000 | 1.00000 | 0.00001 | 1.00000 |

| k | p = 0.80<br>$B_{n,p}(\{k\})$ | $B_{n,p}(\{0;\ldots;k\})$ | p = 5/6<br>$B_{n,p}(\{k\})$ | $B_{n,p}(\{0;\ldots;k\})$ | p = 0.90<br>$B_{n,p}(\{k\})$ | $B_{n,p}(\{0;\ldots;k\})$ | p = 0.95<br>$B_{n,p}(\{k\})$ | $B_{n,p}(\{0;\ldots;k\})$ |
|---|---|---|---|---|---|---|---|---|
| 26 | 0.00001 | 0.00001 | 0.00000 | 0.00000 | 0.00000 | 0.00000 | 0.00000 | 0.00000 |
| 27 | 0.00002 | 0.00003 | 0.00000 | 0.00000 | 0.00000 | 0.00000 | 0.00000 | 0.00000 |
| 28 | 0.00007 | 0.00010 | 0.00000 | 0.00001 | 0.00000 | 0.00000 | 0.00000 | 0.00000 |
| 29 | 0.00022 | 0.00032 | 0.00002 | 0.00002 | 0.00000 | 0.00000 | 0.00000 | 0.00000 |
| 30 | 0.00061 | 0.00093 | 0.00005 | 0.00008 | 0.00000 | 0.00000 | 0.00000 | 0.00000 |
| 31 | 0.00158 | 0.00251 | 0.00018 | 0.00025 | 0.00000 | 0.00000 | 0.00000 | 0.00000 |
| 32 | 0.00375 | 0.00626 | 0.00052 | 0.00077 | 0.00000 | 0.00000 | 0.00000 | 0.00000 |
| 33 | 0.00818 | 0.01444 | 0.00142 | 0.00219 | 0.00000 | 0.00000 | 0.00000 | 0.00000 |
| 34 | 0.01636 | 0.03080 | 0.00355 | 0.00573 | 0.00001 | 0.00002 | 0.00000 | 0.00000 |
| 35 | 0.02992 | 0.06072 | 0.00810 | 0.01384 | 0.00006 | 0.00007 | 0.00000 | 0.00000 |
| 36 | 0.04986 | 0.11059 | 0.01688 | 0.03072 | 0.00021 | 0.00029 | 0.00000 | 0.00000 |
| 37 | 0.07547 | 0.18606 | 0.03194 | 0.06267 | 0.00072 | 0.00100 | 0.00000 | 0.00000 |
| 38 | 0.10328 | 0.28933 | 0.05464 | 0.11731 | 0.00222 | 0.00322 | 0.00000 | 0.00000 |
| 39 | 0.12711 | 0.41644 | 0.08406 | 0.20137 | 0.00613 | 0.00935 | 0.00002 | 0.00003 |
| 40 | 0.13982 | 0.55626 | 0.11559 | 0.31696 | 0.01518 | 0.02454 | 0.00013 | 0.00016 |
| 41 | 0.13641 | 0.69267 | 0.14096 | 0.45791 | 0.03333 | 0.05787 | 0.00060 | 0.00076 |
| 42 | 0.11692 | 0.80959 | 0.15103 | 0.60894 | 0.06428 | 0.12215 | 0.00243 | 0.00319 |
| 43 | 0.08701 | 0.89660 | 0.14049 | 0.74943 | 0.10763 | 0.22977 | 0.00860 | 0.01179 |
| 44 | 0.05537 | 0.95197 | 0.11175 | 0.86118 | 0.15410 | 0.38388 | 0.02599 | 0.03778 |
| 45 | 0.02953 | 0.98150 | 0.07450 | 0.93569 | 0.18492 | 0.56880 | 0.06584 | 0.10362 |

| k | p = 0.80 $B_{n,p}(\{k\})$ | $B_{n,p}(\{0;\dots;k\})$ | p = 5/6 $B_{n,p}(\{k\})$ | $B_{n,p}(\{0;\dots;k\})$ | p = 0.90 $B_{n,p}(\{k\})$ | $B_{n,p}(\{0;\dots;k\})$ | p = 0.95 $B_{n,p}(\{k\})$ | $B_{n,p}(\{0;\dots;k\})$ |
|---|---|---|---|---|---|---|---|---|
| 46 | 0.01284 | 0.99434 | 0.04049 | 0.97618 | 0.18090 | 0.74971 | 0.13598 | 0.23959 |
| 47 | 0.00437 | 0.99871 | 0.01723 | 0.99341 | 0.13857 | 0.88827 | 0.21987 | 0.45947 |
| 48 | 0.00109 | 0.99981 | 0.00538 | 0.99879 | 0.07794 | 0.96621 | 0.26110 | 0.72057 |
| 49 | 0.00018 | 0.99999 | 0.00110 | 0.99989 | 0.02863 | 0.99485 | 0.20249 | 0.92306 |
| 50 | 0.00001 | 1.00000 | 0.00011 | 1.00000 | 0.00515 | 1.00000 | 0.07694 | 1.00000 |

## n = 100

| k | p = 0.05 $B_{n,p}(\{k\})$ | $B_{n,p}(\{0;\dots;k\})$ | p = 0.10 $B_{n,p}(\{k\})$ | $B_{n,p}(\{0;\dots;k\})$ | p = 1/6 $B_{n,p}(\{k\})$ | $B_{n,p}(\{0;\dots;k\})$ | p = 0.20 $B_{n,p}(\{k\})$ | $B_{n,p}(\{0;\dots;k\})$ |
|---|---|---|---|---|---|---|---|---|
| 0 | 0.00592 | 0.00592 | 0.00003 | 0.00003 | 0.00000 | 0.00000 | 0.00000 | 0.00000 |
| 1 | 0.03116 | 0.03708 | 0.00030 | 0.00032 | 0.00000 | 0.00000 | 0.00000 | 0.00000 |
| 2 | 0.08118 | 0.11826 | 0.00162 | 0.00194 | 0.00000 | 0.00000 | 0.00000 | 0.00000 |
| 3 | 0.13958 | 0.25784 | 0.00589 | 0.00784 | 0.00002 | 0.00002 | 0.00000 | 0.00000 |
| 4 | 0.17814 | 0.43598 | 0.01587 | 0.02371 | 0.00008 | 0.00009 | 0.00000 | 0.00000 |
| 5 | 0.18002 | 0.61600 | 0.03387 | 0.05758 | 0.00029 | 0.00038 | 0.00001 | 0.00002 |
| 6 | 0.15001 | 0.76601 | 0.05958 | 0.11716 | 0.00092 | 0.00131 | 0.00006 | 0.00008 |
| 7 | 0.10603 | 0.87204 | 0.08890 | 0.20605 | 0.00247 | 0.00378 | 0.00020 | 0.00028 |
| 8 | 0.06487 | 0.93691 | 0.11482 | 0.32087 | 0.00575 | 0.00953 | 0.00058 | 0.00086 |
| 9 | 0.03490 | 0.97181 | 0.13042 | 0.45129 | 0.01176 | 0.02129 | 0.00148 | 0.00233 |
| 10 | 0.01672 | 0.98853 | 0.13187 | 0.58316 | 0.02140 | 0.04270 | 0.00336 | 0.00570 |
| 11 | 0.00720 | 0.99573 | 0.11988 | 0.70303 | 0.03502 | 0.07772 | 0.00688 | 0.01257 |
| 12 | 0.00281 | 0.99854 | 0.09879 | 0.80182 | 0.05195 | 0.12967 | 0.01275 | 0.02533 |
| 13 | 0.00100 | 0.99954 | 0.07430 | 0.87612 | 0.07033 | 0.20001 | 0.02158 | 0.04691 |
| 14 | 0.00033 | 0.99986 | 0.05130 | 0.92743 | 0.08742 | 0.28742 | 0.03353 | 0.08044 |
| 15 | 0.00010 | 0.99996 | 0.03268 | 0.96011 | 0.10024 | 0.38766 | 0.04806 | 0.12851 |
| 16 | 0.00003 | 0.99999 | 0.01929 | 0.97940 | 0.10650 | 0.49416 | 0.06383 | 0.19234 |
| 17 | 0.00001 | 1.00000 | 0.01059 | 0.98999 | 0.10525 | 0.59941 | 0.07885 | 0.27119 |
| 18 | 0.00000 | 1.00000 | 0.00543 | 0.99542 | 0.09706 | 0.69647 | 0.09090 | 0.36209 |
| 19 | 0.00000 | 1.00000 | 0.00260 | 0.99802 | 0.08378 | 0.78025 | 0.09807 | 0.46016 |
| 20 | 0.00000 | 1.00000 | 0.00117 | 0.99919 | 0.06786 | 0.84811 | 0.09930 | 0.55946 |
| 21 | 0.00000 | 1.00000 | 0.00050 | 0.99969 | 0.05170 | 0.89982 | 0.09457 | 0.65403 |
| 22 | 0.00000 | 1.00000 | 0.00020 | 0.99989 | 0.03713 | 0.93695 | 0.08490 | 0.73893 |
| 23 | 0.00000 | 1.00000 | 0.00007 | 0.99996 | 0.02519 | 0.96214 | 0.07198 | 0.81091 |
| 24 | 0.00000 | 1.00000 | 0.00003 | 0.99999 | 0.01616 | 0.97830 | 0.05773 | 0.86865 |
| 25 | 0.00000 | 1.00000 | 0.00001 | 1.00000 | 0.00983 | 0.98812 | 0.04388 | 0.91252 |
| 26 | 0.00000 | 1.00000 | 0.00000 | 1.00000 | 0.00567 | 0.99379 | 0.03164 | 0.94417 |
| 27 | 0.00000 | 1.00000 | 0.00000 | 1.00000 | 0.00311 | 0.99690 | 0.02168 | 0.96585 |
| 28 | 0.00000 | 1.00000 | 0.00000 | 1.00000 | 0.00162 | 0.99852 | 0.01413 | 0.97998 |
| 29 | 0.00000 | 1.00000 | 0.00000 | 1.00000 | 0.00080 | 0.99932 | 0.00877 | 0.98875 |
| 30 | 0.00000 | 1.00000 | 0.00000 | 1.00000 | 0.00038 | 0.99970 | 0.00519 | 0.99394 |
| 31 | 0.00000 | 1.00000 | 0.00000 | 1.00000 | 0.00017 | 0.99988 | 0.00293 | 0.99687 |
| 32 | 0.00000 | 1.00000 | 0.00000 | 1.00000 | 0.00007 | 0.99995 | 0.00158 | 0.99845 |
| 33 | 0.00000 | 1.00000 | 0.00000 | 1.00000 | 0.00003 | 0.99998 | 0.00081 | 0.99926 |
| 34 | 0.00000 | 1.00000 | 0.00000 | 1.00000 | 0.00001 | 0.99999 | 0.00040 | 0.99966 |
| 35 | 0.00000 | 1.00000 | 0.00000 | 1.00000 | 0.00000 | 1.00000 | 0.00019 | 0.99985 |
| 36 | 0.00000 | 1.00000 | 0.00000 | 1.00000 | 0.00000 | 1.00000 | 0.00009 | 0.99994 |
| 37 | 0.00000 | 1.00000 | 0.00000 | 1.00000 | 0.00000 | 1.00000 | 0.00004 | 0.99998 |
| 38 | 0.00000 | 1.00000 | 0.00000 | 1.00000 | 0.00000 | 1.00000 | 0.00002 | 0.99999 |
| 39 | 0.00000 | 1.00000 | 0.00000 | 1.00000 | 0.00000 | 1.00000 | 0.00001 | 1.00000 |

| k | p = 0.25 $B_{n,p}(\{k\})$ | $B_{n,p}(\{0;\dots;k\})$ | p = 0.30 $B_{n,p}(\{k\})$ | $B_{n,p}(\{0;\dots;k\})$ | p = 1/3 $B_{n,p}(\{k\})$ | $B_{n,p}(\{0;\dots;k\})$ | p = 0.40 $B_{n,p}(\{k\})$ | $B_{n,p}(\{0;\dots;k\})$ |
|---|---|---|---|---|---|---|---|---|
| 8 | 0.00001 | 0.00001 | 0.00000 | 0.00000 | 0.00000 | 0.00000 | 0.00000 | 0.00000 |
| 9 | 0.00003 | 0.00004 | 0.00000 | 0.00000 | 0.00000 | 0.00000 | 0.00000 | 0.00000 |
| 10 | 0.00009 | 0.00014 | 0.00000 | 0.00000 | 0.00000 | 0.00000 | 0.00000 | 0.00000 |
| 11 | 0.00026 | 0.00039 | 0.00000 | 0.00001 | 0.00000 | 0.00000 | 0.00000 | 0.00000 |
| 12 | 0.00063 | 0.00103 | 0.00001 | 0.00002 | 0.00000 | 0.00000 | 0.00000 | 0.00000 |
| 13 | 0.00143 | 0.00246 | 0.00004 | 0.00006 | 0.00000 | 0.00000 | 0.00000 | 0.00000 |
| 14 | 0.00296 | 0.00542 | 0.00010 | 0.00016 | 0.00001 | 0.00001 | 0.00000 | 0.00000 |
| 15 | 0.00566 | 0.01108 | 0.00025 | 0.00040 | 0.00002 | 0.00003 | 0.00000 | 0.00000 |
| 16 | 0.01003 | 0.02111 | 0.00056 | 0.00097 | 0.00005 | 0.00008 | 0.00000 | 0.00000 |
| 17 | 0.01652 | 0.03763 | 0.00119 | 0.00216 | 0.00012 | 0.00020 | 0.00000 | 0.00000 |
| 18 | 0.02539 | 0.06301 | 0.00236 | 0.00452 | 0.00029 | 0.00049 | 0.00000 | 0.00000 |
| 19 | 0.03652 | 0.09953 | 0.00436 | 0.00889 | 0.00062 | 0.00111 | 0.00000 | 0.00001 |
| 20 | 0.04930 | 0.14883 | 0.00758 | 0.01646 | 0.00126 | 0.00237 | 0.00001 | 0.00002 |

| k | p = 0.25 $B_{n,p}(\{k\})$ | $B_{n,p}(\{0;\ldots;k\})$ | p = 0.30 $B_{n,p}(\{k\})$ | $B_{n,p}(\{0;\ldots;k\})$ | p = 1/3 $B_{n,p}(\{k\})$ | $B_{n,p}(\{0;\ldots;k\})$ | p = 0.40 $B_{n,p}(\{k\})$ | $B_{n,p}(\{0;\ldots;k\})$ |
|---|---|---|---|---|---|---|---|---|
| 21 | 0.06260 | 0.21144 | 0.01237 | 0.02883 | 0.00239 | 0.00476 | 0.00003 | 0.00004 |
| 22 | 0.07494 | 0.28637 | 0.01903 | 0.04787 | 0.00430 | 0.00906 | 0.00006 | 0.00011 |
| 23 | 0.08471 | 0.37108 | 0.02767 | 0.07553 | 0.00729 | 0.01636 | 0.00014 | 0.00025 |
| 24 | 0.09059 | 0.46167 | 0.03804 | 0.11357 | 0.01170 | 0.02805 | 0.00031 | 0.00056 |
| 25 | 0.09180 | 0.55347 | 0.04956 | 0.16313 | 0.01778 | 0.04583 | 0.00063 | 0.00119 |
| 26 | 0.08827 | 0.64174 | 0.06127 | 0.22440 | 0.02564 | 0.07147 | 0.00121 | 0.00240 |
| 27 | 0.08064 | 0.72238 | 0.07197 | 0.29637 | 0.03514 | 0.10661 | 0.00220 | 0.00460 |
| 28 | 0.07008 | 0.79246 | 0.08041 | 0.37678 | 0.04580 | 0.15241 | 0.00383 | 0.00843 |
| 29 | 0.05800 | 0.85046 | 0.08556 | 0.46234 | 0.05686 | 0.20927 | 0.00634 | 0.01478 |
| 30 | 0.04575 | 0.89621 | 0.08678 | 0.54912 | 0.06728 | 0.27655 | 0.01001 | 0.02478 |
| 31 | 0.03444 | 0.93065 | 0.08398 | 0.63311 | 0.07597 | 0.35252 | 0.01507 | 0.03985 |
| 32 | 0.02475 | 0.95540 | 0.07761 | 0.71072 | 0.08190 | 0.43442 | 0.02166 | 0.06150 |
| 33 | 0.01700 | 0.97241 | 0.06854 | 0.77926 | 0.08438 | 0.51880 | 0.02975 | 0.09125 |
| 34 | 0.01117 | 0.98357 | 0.05788 | 0.83714 | 0.08314 | 0.60195 | 0.03908 | 0.13034 |
| 35 | 0.00702 | 0.99059 | 0.04678 | 0.88392 | 0.07839 | 0.68034 | 0.04913 | 0.17947 |
| 36 | 0.00422 | 0.99482 | 0.03620 | 0.92012 | 0.07077 | 0.75111 | 0.05914 | 0.23861 |
| 37 | 0.00244 | 0.99725 | 0.02683 | 0.94695 | 0.06121 | 0.81231 | 0.06820 | 0.30681 |
| 38 | 0.00135 | 0.99860 | 0.01907 | 0.96602 | 0.05074 | 0.86305 | 0.07538 | 0.38219 |
| 39 | 0.00071 | 0.99931 | 0.01299 | 0.97901 | 0.04033 | 0.90338 | 0.07989 | 0.46208 |
| 40 | 0.00036 | 0.99968 | 0.00849 | 0.98750 | 0.03075 | 0.93413 | 0.08122 | 0.54329 |
| 41 | 0.00018 | 0.99985 | 0.00532 | 0.99283 | 0.02250 | 0.95663 | 0.07924 | 0.62253 |
| 42 | 0.00008 | 0.99994 | 0.00321 | 0.99603 | 0.01580 | 0.97243 | 0.07421 | 0.69674 |
| 43 | 0.00004 | 0.99997 | 0.00185 | 0.99789 | 0.01066 | 0.98309 | 0.06673 | 0.76347 |
| 44 | 0.00002 | 0.99999 | 0.00103 | 0.99891 | 0.00690 | 0.98999 | 0.05763 | 0.82110 |
| 45 | 0.00001 | 1.00000 | 0.00055 | 0.99946 | 0.00430 | 0.99429 | 0.04781 | 0.86891 |
| 46 | 0.00000 | 1.00000 | 0.00028 | 0.99974 | 0.00257 | 0.99686 | 0.03811 | 0.90702 |
| 47 | 0.00000 | 1.00000 | 0.00014 | 0.99988 | 0.00148 | 0.99833 | 0.02919 | 0.93621 |
| 48 | 0.00000 | 1.00000 | 0.00007 | 0.99995 | 0.00081 | 0.99915 | 0.02149 | 0.95770 |
| 49 | 0.00000 | 1.00000 | 0.00003 | 0.99998 | 0.00043 | 0.99958 | 0.01520 | 0.97290 |
| 50 | 0.00000 | 1.00000 | 0.00001 | 0.99999 | 0.00022 | 0.99980 | 0.01034 | 0.98324 |
| 51 | 0.00000 | 1.00000 | 0.00001 | 1.00000 | 0.00011 | 0.99991 | 0.00676 | 0.98999 |
| 52 | 0.00000 | 1.00000 | 0.00000 | 1.00000 | 0.00005 | 0.99996 | 0.00424 | 0.99424 |
| 53 | 0.00000 | 1.00000 | 0.00000 | 1.00000 | 0.00002 | 0.99998 | 0.00256 | 0.99680 |
| 54 | 0.00000 | 1.00000 | 0.00000 | 1.00000 | 0.00001 | 0.99999 | 0.00149 | 0.99829 |
| 55 | 0.00000 | 1.00000 | 0.00000 | 1.00000 | 0.00000 | 1.00000 | 0.00083 | 0.99912 |
| 56 | 0.00000 | 1.00000 | 0.00000 | 1.00000 | 0.00000 | 1.00000 | 0.00044 | 0.99956 |
| 57 | 0.00000 | 1.00000 | 0.00000 | 1.00000 | 0.00000 | 1.00000 | 0.00023 | 0.99979 |
| 58 | 0.00000 | 1.00000 | 0.00000 | 1.00000 | 0.00000 | 1.00000 | 0.00011 | 0.99990 |
| 59 | 0.00000 | 1.00000 | 0.00000 | 1.00000 | 0.00000 | 1.00000 | 0.00005 | 0.99996 |
| 60 | 0.00000 | 1.00000 | 0.00000 | 1.00000 | 0.00000 | 1.00000 | 0.00002 | 0.99998 |
| 61 | 0.00000 | 1.00000 | 0.00000 | 1.00000 | 0.00000 | 1.00000 | 0.00001 | 0.99999 |
| 62 | 0.00000 | 1.00000 | 0.00000 | 1.00000 | 0.00000 | 1.00000 | 0.00000 | 1.00000 |

| k | p = 0.50 $B_{n,p}(\{k\})$ | $B_{n,p}(\{0;\ldots;k\})$ | p = 0.60 $B_{n,p}(\{k\})$ | $B_{n,p}(\{0;\ldots;k\})$ | p = 0.70 $B_{n,p}(\{k\})$ | $B_{n,p}(\{0;\ldots;k\})$ | p = 0.75 $B_{n,p}(\{k\})$ | $B_{n,p}(\{0;\ldots;k\})$ |
|---|---|---|---|---|---|---|---|---|
| 28 | 0.00000 | 0.00001 | 0.00000 | 0.00000 | 0.00000 | 0.00000 | 0.00000 | 0.00000 |
| 29 | 0.00001 | 0.00002 | 0.00000 | 0.00000 | 0.00000 | 0.00000 | 0.00000 | 0.00000 |
| 30 | 0.00002 | 0.00004 | 0.00000 | 0.00000 | 0.00000 | 0.00000 | 0.00000 | 0.00000 |
| 31 | 0.00005 | 0.00009 | 0.00000 | 0.00000 | 0.00000 | 0.00000 | 0.00000 | 0.00000 |
| 32 | 0.00011 | 0.00020 | 0.00000 | 0.00000 | 0.00000 | 0.00000 | 0.00000 | 0.00000 |
| 33 | 0.00023 | 0.00044 | 0.00000 | 0.00000 | 0.00000 | 0.00000 | 0.00000 | 0.00000 |
| 34 | 0.00046 | 0.00089 | 0.00000 | 0.00000 | 0.00000 | 0.00000 | 0.00000 | 0.00000 |
| 35 | 0.00086 | 0.00176 | 0.00000 | 0.00000 | 0.00000 | 0.00000 | 0.00000 | 0.00000 |
| 36 | 0.00156 | 0.00332 | 0.00000 | 0.00000 | 0.00000 | 0.00000 | 0.00000 | 0.00000 |
| 37 | 0.00270 | 0.00602 | 0.00000 | 0.00000 | 0.00000 | 0.00000 | 0.00000 | 0.00000 |
| 38 | 0.00447 | 0.01049 | 0.00000 | 0.00001 | 0.00000 | 0.00000 | 0.00000 | 0.00000 |
| 39 | 0.00711 | 0.01760 | 0.00001 | 0.00002 | 0.00000 | 0.00000 | 0.00000 | 0.00000 |
| 40 | 0.01084 | 0.02844 | 0.00002 | 0.00004 | 0.00000 | 0.00000 | 0.00000 | 0.00000 |
| 41 | 0.01587 | 0.04431 | 0.00005 | 0.00010 | 0.00000 | 0.00000 | 0.00000 | 0.00000 |
| 42 | 0.02229 | 0.06661 | 0.00011 | 0.00021 | 0.00000 | 0.00000 | 0.00000 | 0.00000 |
| 43 | 0.03007 | 0.09667 | 0.00023 | 0.00044 | 0.00000 | 0.00000 | 0.00000 | 0.00000 |
| 44 | 0.03895 | 0.13563 | 0.00044 | 0.00088 | 0.00000 | 0.00000 | 0.00000 | 0.00000 |
| 45 | 0.04847 | 0.18410 | 0.00083 | 0.00171 | 0.00000 | 0.00000 | 0.00000 | 0.00000 |
| 46 | 0.05796 | 0.24206 | 0.00149 | 0.00320 | 0.00000 | 0.00000 | 0.00000 | 0.00000 |
| 47 | 0.06659 | 0.30865 | 0.00256 | 0.00576 | 0.00000 | 0.00000 | 0.00000 | 0.00000 |
| 48 | 0.07353 | 0.38218 | 0.00424 | 0.01001 | 0.00000 | 0.00000 | 0.00000 | 0.00000 |

| k | p = 0.50<br>$B_{n,p}(\{k\})$ | $B_{n,p}(\{0;\ldots;k\})$ | p = 0.60<br>$B_{n,p}(\{k\})$ | $B_{n,p}(\{0;\ldots;k\})$ | p = 0.70<br>$B_{n,p}(\{k\})$ | $B_{n,p}(\{0;\ldots;k\})$ | p = 0.75<br>$B_{n,p}(\{k\})$ | $B_{n,p}(\{0;\ldots;k\})$ |
|---|---|---|---|---|---|---|---|---|
| 49 | 0.07803 | 0.46021 | 0.00676 | 0.01676 | 0.00001 | 0.00001 | 0.00000 | 0.00000 |
| 50 | 0.07959 | 0.53979 | 0.01034 | 0.02710 | 0.00001 | 0.00002 | 0.00000 | 0.00000 |
| 51 | 0.07803 | 0.61782 | 0.01520 | 0.04230 | 0.00003 | 0.00005 | 0.00000 | 0.00000 |
| 52 | 0.07353 | 0.69135 | 0.02149 | 0.06379 | 0.00007 | 0.00012 | 0.00000 | 0.00000 |
| 53 | 0.06659 | 0.75794 | 0.02919 | 0.09298 | 0.00014 | 0.00026 | 0.00000 | 0.00000 |
| 54 | 0.05796 | 0.81590 | 0.03811 | 0.13109 | 0.00028 | 0.00054 | 0.00000 | 0.00000 |
| 55 | 0.04847 | 0.86437 | 0.04781 | 0.17890 | 0.00055 | 0.00109 | 0.00001 | 0.00001 |
| 56 | 0.03895 | 0.90333 | 0.05763 | 0.23653 | 0.00103 | 0.00211 | 0.00002 | 0.00003 |
| 57 | 0.03007 | 0.93339 | 0.06673 | 0.30326 | 0.00185 | 0.00397 | 0.00004 | 0.00006 |
| 58 | 0.02229 | 0.95569 | 0.07421 | 0.37747 | 0.00321 | 0.00717 | 0.00008 | 0.00015 |
| 59 | 0.01587 | 0.97156 | 0.07924 | 0.45671 | 0.00532 | 0.01250 | 0.00018 | 0.00032 |
| 60 | 0.01084 | 0.98240 | 0.08122 | 0.53792 | 0.00849 | 0.02099 | 0.00036 | 0.00069 |
| 61 | 0.00711 | 0.98951 | 0.07989 | 0.61781 | 0.01299 | 0.03398 | 0.00071 | 0.00140 |
| 62 | 0.00447 | 0.99398 | 0.07538 | 0.69319 | 0.01907 | 0.05305 | 0.00135 | 0.00275 |
| 63 | 0.00270 | 0.99668 | 0.06820 | 0.76139 | 0.02683 | 0.07988 | 0.00244 | 0.00518 |
| 64 | 0.00156 | 0.99824 | 0.05914 | 0.82053 | 0.03620 | 0.11608 | 0.00422 | 0.00941 |
| 65 | 0.00086 | 0.99911 | 0.04913 | 0.86966 | 0.04678 | 0.16286 | 0.00702 | 0.01643 |
| 66 | 0.00046 | 0.99956 | 0.03908 | 0.90875 | 0.05788 | 0.22074 | 0.01117 | 0.02759 |
| 67 | 0.00023 | 0.99980 | 0.02975 | 0.93850 | 0.06854 | 0.28928 | 0.01700 | 0.04460 |
| 68 | 0.00011 | 0.99991 | 0.02166 | 0.96015 | 0.07761 | 0.36689 | 0.02475 | 0.06935 |
| 69 | 0.00005 | 0.99996 | 0.01507 | 0.97522 | 0.08398 | 0.45088 | 0.03444 | 0.10379 |
| 70 | 0.00002 | 0.99998 | 0.01001 | 0.98522 | 0.08678 | 0.53766 | 0.04575 | 0.14954 |
| 71 | 0.00001 | 0.99999 | 0.00634 | 0.99157 | 0.08556 | 0.62322 | 0.05800 | 0.20754 |
| 72 | 0.00000 | 1.00000 | 0.00383 | 0.99540 | 0.08041 | 0.70363 | 0.07008 | 0.27762 |
| 73 | 0.00000 | 1.00000 | 0.00220 | 0.99760 | 0.07197 | 0.77560 | 0.08064 | 0.35826 |
| 74 | 0.00000 | 1.00000 | 0.00121 | 0.99881 | 0.06127 | 0.83687 | 0.08827 | 0.44653 |
| 75 | 0.00000 | 1.00000 | 0.00063 | 0.99944 | 0.04956 | 0.88643 | 0.09180 | 0.53833 |
| 76 | 0.00000 | 1.00000 | 0.00031 | 0.99975 | 0.03804 | 0.92447 | 0.09059 | 0.62892 |
| 77 | 0.00000 | 1.00000 | 0.00014 | 0.99989 | 0.02767 | 0.95213 | 0.08471 | 0.71363 |
| 78 | 0.00000 | 1.00000 | 0.00006 | 0.99996 | 0.01903 | 0.97117 | 0.07494 | 0.78856 |
| 79 | 0.00000 | 1.00000 | 0.00003 | 0.99998 | 0.01237 | 0.98354 | 0.06260 | 0.85117 |
| 80 | 0.00000 | 1.00000 | 0.00001 | 0.99999 | 0.00758 | 0.99111 | 0.04930 | 0.90047 |
| 81 | 0.00000 | 1.00000 | 0.00000 | 1.00000 | 0.00436 | 0.99548 | 0.03652 | 0.93699 |
| 82 | 0.00000 | 1.00000 | 0.00000 | 1.00000 | 0.00236 | 0.99784 | 0.02539 | 0.96237 |
| 83 | 0.00000 | 1.00000 | 0.00000 | 1.00000 | 0.00119 | 0.99903 | 0.01652 | 0.97889 |
| 84 | 0.00000 | 1.00000 | 0.00000 | 1.00000 | 0.00056 | 0.99960 | 0.01003 | 0.98892 |
| 85 | 0.00000 | 1.00000 | 0.00000 | 1.00000 | 0.00025 | 0.99984 | 0.00566 | 0.99458 |
| 86 | 0.00000 | 1.00000 | 0.00000 | 1.00000 | 0.00010 | 0.99994 | 0.00296 | 0.99754 |
| 87 | 0.00000 | 1.00000 | 0.00000 | 1.00000 | 0.00004 | 0.99998 | 0.00143 | 0.99897 |
| 88 | 0.00000 | 1.00000 | 0.00000 | 1.00000 | 0.00001 | 0.99999 | 0.00063 | 0.99961 |
| 89 | 0.00000 | 1.00000 | 0.00000 | 1.00000 | 0.00000 | 1.00000 | 0.00026 | 0.99986 |
| 90 | 0.00000 | 1.00000 | 0.00000 | 1.00000 | 0.00000 | 1.00000 | 0.00009 | 0.99996 |
| 91 | 0.00000 | 1.00000 | 0.00000 | 1.00000 | 0.00000 | 1.00000 | 0.00003 | 0.99999 |
| 92 | 0.00000 | 1.00000 | 0.00000 | 1.00000 | 0.00000 | 1.00000 | 0.00001 | 1.00000 |

| k | p = 0.80<br>$B_{n,p}(\{k\})$ | $B_{n,p}(\{0;\ldots;k\})$ | p = 5/6<br>$B_{n,p}(\{k\})$ | $B_{n,p}(\{0;\ldots;k\})$ | p = 0.90<br>$B_{n,p}(\{k\})$ | $B_{n,p}(\{0;\ldots;k\})$ | p = 0.95<br>$B_{n,p}(\{k\})$ | $B_{n,p}(\{0;\ldots;k\})$ |
|---|---|---|---|---|---|---|---|---|
| 61 | 0.00001 | 0.00001 | 0.00000 | 0.00000 | 0.00000 | 0.00000 | 0.00000 | 0.00000 |
| 62 | 0.00002 | 0.00002 | 0.00000 | 0.00000 | 0.00000 | 0.00000 | 0.00000 | 0.00000 |
| 63 | 0.00004 | 0.00006 | 0.00000 | 0.00000 | 0.00000 | 0.00000 | 0.00000 | 0.00000 |
| 64 | 0.00009 | 0.00015 | 0.00000 | 0.00000 | 0.00000 | 0.00000 | 0.00000 | 0.00000 |
| 65 | 0.00019 | 0.00034 | 0.00000 | 0.00001 | 0.00000 | 0.00000 | 0.00000 | 0.00000 |
| 66 | 0.00040 | 0.00074 | 0.00001 | 0.00002 | 0.00000 | 0.00000 | 0.00000 | 0.00000 |
| 67 | 0.00081 | 0.00155 | 0.00003 | 0.00005 | 0.00000 | 0.00000 | 0.00000 | 0.00000 |
| 68 | 0.00158 | 0.00313 | 0.00007 | 0.00012 | 0.00000 | 0.00000 | 0.00000 | 0.00000 |
| 69 | 0.00293 | 0.00606 | 0.00017 | 0.00030 | 0.00000 | 0.00000 | 0.00000 | 0.00000 |
| 70 | 0.00519 | 0.01125 | 0.00038 | 0.00068 | 0.00000 | 0.00000 | 0.00000 | 0.00000 |
| 71 | 0.00877 | 0.02002 | 0.00080 | 0.00148 | 0.00000 | 0.00000 | 0.00000 | 0.00000 |
| 72 | 0.01413 | 0.03415 | 0.00162 | 0.00310 | 0.00000 | 0.00000 | 0.00000 | 0.00000 |
| 73 | 0.02168 | 0.05583 | 0.00311 | 0.00621 | 0.00000 | 0.00000 | 0.00000 | 0.00000 |
| 74 | 0.03164 | 0.08748 | 0.00567 | 0.01188 | 0.00000 | 0.00000 | 0.00000 | 0.00000 |
| 75 | 0.04388 | 0.13135 | 0.00983 | 0.02170 | 0.00001 | 0.00001 | 0.00000 | 0.00000 |
| 76 | 0.05773 | 0.18909 | 0.01616 | 0.03786 | 0.00003 | 0.00004 | 0.00000 | 0.00000 |
| 77 | 0.07198 | 0.26107 | 0.02519 | 0.06305 | 0.00007 | 0.00011 | 0.00000 | 0.00000 |
| 78 | 0.08490 | 0.34597 | 0.03713 | 0.10018 | 0.00020 | 0.00031 | 0.00000 | 0.00000 |
| 79 | 0.09457 | 0.44054 | 0.05170 | 0.15189 | 0.00050 | 0.00081 | 0.00000 | 0.00000 |
| 80 | 0.09930 | 0.53984 | 0.06786 | 0.21975 | 0.00117 | 0.00198 | 0.00000 | 0.00000 |

| k | p = 0.80<br>$B_{n,p}(\{k\})$ | $B_{n,p}(\{0;\ldots;k\})$ | p = 5/6<br>$B_{n,p}(\{k\})$ | $B_{n,p}(\{0;\ldots;k\})$ | p = 0.90<br>$B_{n,p}(\{k\})$ | $B_{n,p}(\{0;\ldots;k\})$ | p = 0.95<br>$B_{n,p}(\{k\})$ | $B_{n,p}(\{0;\ldots;k\})$ |
|---|---|---|---|---|---|---|---|---|
| 81 | 0.09807 | 0.63791 | 0.08378 | 0.30353 | 0.00260 | 0.00458 | 0.00000 | 0.00000 |
| 82 | 0.09090 | 0.72881 | 0.09706 | 0.40059 | 0.00543 | 0.01001 | 0.00000 | 0.00000 |
| 83 | 0.07885 | 0.80766 | 0.10525 | 0.50584 | 0.01059 | 0.02060 | 0.00001 | 0.00001 |
| 84 | 0.06383 | 0.87149 | 0.10650 | 0.61234 | 0.01929 | 0.03989 | 0.00003 | 0.00004 |
| 85 | 0.04806 | 0.91956 | 0.10024 | 0.71258 | 0.03268 | 0.07257 | 0.00010 | 0.00014 |
| 86 | 0.03353 | 0.95309 | 0.08742 | 0.79999 | 0.05130 | 0.12388 | 0.00033 | 0.00046 |
| 87 | 0.02158 | 0.97467 | 0.07033 | 0.87033 | 0.07430 | 0.19818 | 0.00100 | 0.00146 |
| 88 | 0.01275 | 0.98743 | 0.05195 | 0.92228 | 0.09879 | 0.29697 | 0.00281 | 0.00427 |
| 89 | 0.00688 | 0.99430 | 0.03502 | 0.95730 | 0.11988 | 0.41684 | 0.00720 | 0.01147 |
| 90 | 0.00336 | 0.99767 | 0.02140 | 0.97871 | 0.13187 | 0.54871 | 0.01672 | 0.02819 |
| 91 | 0.00148 | 0.99914 | 0.01176 | 0.99047 | 0.13042 | 0.67913 | 0.03490 | 0.06309 |
| 92 | 0.00058 | 0.99972 | 0.00575 | 0.99622 | 0.11482 | 0.79395 | 0.06487 | 0.12796 |
| 93 | 0.00020 | 0.99992 | 0.00247 | 0.99869 | 0.08890 | 0.88284 | 0.10603 | 0.23399 |
| 94 | 0.00006 | 0.99998 | 0.00092 | 0.99962 | 0.05958 | 0.94242 | 0.15001 | 0.38400 |
| 95 | 0.00001 | 1.00000 | 0.00029 | 0.99991 | 0.03387 | 0.97629 | 0.18002 | 0.56402 |
| 96 | 0.00000 | 1.00000 | 0.00008 | 0.99998 | 0.01587 | 0.99216 | 0.17814 | 0.74216 |
| 97 | 0.00000 | 1.00000 | 0.00002 | 1.00000 | 0.00589 | 0.99806 | 0.13958 | 0.88174 |
| 98 | 0.00000 | 1.00000 | 0.00000 | 1.00000 | 0.00162 | 0.99968 | 0.08118 | 0.96292 |
| 99 | 0.00000 | 1.00000 | 0.00000 | 1.00000 | 0.00030 | 0.99997 | 0.03116 | 0.99408 |
| 100 | 0.00000 | 1.00000 | 0.00000 | 1.00000 | 0.00003 | 1.00000 | 0.00592 | 1.00000 |

## n = 200

| k | p = 1/6<br>$B_{n,p}(\{k\})$ | $B_{n,p}(\{0;\ldots;k\})$ | p = 0.20<br>$B_{n,p}(\{k\})$ | $B_{n,p}(\{0;\ldots;k\})$ | p = 0.25<br>$B_{n,p}(\{k\})$ | $B_{n,p}(\{0;\ldots;k\})$ | p = 0.40<br>$B_{n,p}(\{k\})$ | $B_{n,p}(\{0;\ldots;k\})$ |
|---|---|---|---|---|---|---|---|---|
| 12 | 0.00000 | 0.00001 | 0.00000 | 0.00000 | 0.00000 | 0.00000 | 0.00000 | 0.00000 |
| 13 | 0.00001 | 0.00002 | 0.00000 | 0.00000 | 0.00000 | 0.00000 | 0.00000 | 0.00000 |
| 14 | 0.00003 | 0.00004 | 0.00000 | 0.00000 | 0.00000 | 0.00000 | 0.00000 | 0.00000 |
| 15 | 0.00007 | 0.00011 | 0.00000 | 0.00000 | 0.00000 | 0.00000 | 0.00000 | 0.00000 |
| 16 | 0.00016 | 0.00028 | 0.00000 | 0.00000 | 0.00000 | 0.00000 | 0.00000 | 0.00000 |
| 17 | 0.00035 | 0.00063 | 0.00000 | 0.00001 | 0.00000 | 0.00000 | 0.00000 | 0.00000 |
| 18 | 0.00071 | 0.00134 | 0.00001 | 0.00002 | 0.00000 | 0.00000 | 0.00000 | 0.00000 |
| 19 | 0.00136 | 0.00270 | 0.00003 | 0.00005 | 0.00000 | 0.00000 | 0.00000 | 0.00000 |
| 20 | 0.00247 | 0.00517 | 0.00006 | 0.00011 | 0.00000 | 0.00000 | 0.00000 | 0.00000 |
| 21 | 0.00423 | 0.00940 | 0.00013 | 0.00024 | 0.00000 | 0.00000 | 0.00000 | 0.00000 |
| 22 | 0.00688 | 0.01628 | 0.00027 | 0.00050 | 0.00000 | 0.00000 | 0.00000 | 0.00000 |
| 23 | 0.01065 | 0.02693 | 0.00051 | 0.00102 | 0.00000 | 0.00000 | 0.00000 | 0.00000 |
| 24 | 0.01571 | 0.04264 | 0.00095 | 0.00196 | 0.00000 | 0.00000 | 0.00000 | 0.00000 |
| 25 | 0.02212 | 0.06476 | 0.00167 | 0.00363 | 0.00001 | 0.00001 | 0.00000 | 0.00000 |
| 26 | 0.02978 | 0.09454 | 0.00280 | 0.00643 | 0.00001 | 0.00002 | 0.00000 | 0.00000 |
| 27 | 0.03838 | 0.13292 | 0.00452 | 0.01095 | 0.00003 | 0.00005 | 0.00000 | 0.00000 |
| 28 | 0.04743 | 0.18035 | 0.00698 | 0.01793 | 0.00005 | 0.00010 | 0.00000 | 0.00000 |
| 29 | 0.05626 | 0.23661 | 0.01035 | 0.02828 | 0.00011 | 0.00021 | 0.00000 | 0.00000 |
| 30 | 0.06414 | 0.30074 | 0.01474 | 0.04302 | 0.00020 | 0.00042 | 0.00000 | 0.00000 |
| 31 | 0.07034 | 0.37108 | 0.02021 | 0.06324 | 0.00037 | 0.00079 | 0.00000 | 0.00000 |
| 32 | 0.07430 | 0.44538 | 0.02669 | 0.08993 | 0.00066 | 0.00145 | 0.00000 | 0.00000 |
| 33 | 0.07565 | 0.52103 | 0.03397 | 0.12390 | 0.00112 | 0.00257 | 0.00000 | 0.00000 |
| 34 | 0.07431 | 0.59535 | 0.04171 | 0.16561 | 0.00183 | 0.00440 | 0.00000 | 0.00000 |
| 35 | 0.07049 | 0.66584 | 0.04946 | 0.21507 | 0.00289 | 0.00729 | 0.00000 | 0.00000 |
| 36 | 0.06462 | 0.73046 | 0.05667 | 0.27174 | 0.00442 | 0.01171 | 0.00000 | 0.00000 |
| 37 | 0.05728 | 0.78774 | 0.06280 | 0.33454 | 0.00653 | 0.01824 | 0.00000 | 0.00000 |
| 38 | 0.04914 | 0.83688 | 0.06734 | 0.40188 | 0.00934 | 0.02758 | 0.00000 | 0.00000 |
| 39 | 0.04083 | 0.87771 | 0.06993 | 0.47181 | 0.01293 | 0.04050 | 0.00000 | 0.00000 |
| 40 | 0.03287 | 0.91058 | 0.07037 | 0.54218 | 0.01735 | 0.05785 | 0.00000 | 0.00000 |
| 41 | 0.02565 | 0.93623 | 0.06865 | 0.61083 | 0.02256 | 0.08041 | 0.00000 | 0.00000 |
| 42 | 0.01942 | 0.95565 | 0.06498 | 0.67581 | 0.02847 | 0.10889 | 0.00000 | 0.00000 |
| 43 | 0.01427 | 0.96992 | 0.05969 | 0.73550 | 0.03487 | 0.14376 | 0.00000 | 0.00000 |
| 44 | 0.01019 | 0.98011 | 0.05324 | 0.78874 | 0.04148 | 0.18524 | 0.00000 | 0.00000 |
| 45 | 0.00706 | 0.98717 | 0.04614 | 0.83488 | 0.04793 | 0.23317 | 0.00000 | 0.00000 |
| 46 | 0.00476 | 0.99193 | 0.03887 | 0.87375 | 0.05384 | 0.28700 | 0.00000 | 0.00000 |
| 47 | 0.00312 | 0.99505 | 0.03184 | 0.90560 | 0.05880 | 0.34580 | 0.00000 | 0.00000 |
| 48 | 0.00199 | 0.99703 | 0.02537 | 0.93097 | 0.06247 | 0.40828 | 0.00000 | 0.00000 |
| 49 | 0.00123 | 0.99827 | 0.01968 | 0.95065 | 0.06460 | 0.47288 | 0.00000 | 0.00000 |
| 50 | 0.00075 | 0.99901 | 0.01486 | 0.96550 | 0.06503 | 0.53791 | 0.00000 | 0.00001 |

| k | p = 1/6 $B_{n,p}(\{k\})$ | $B_{n,p}(\{0;\dots;k\})$ | p = 0.20 $B_{n,p}(\{k\})$ | $B_{n,p}(\{0;\dots;k\})$ | p = 0.25 $B_{n,p}(\{k\})$ | $B_{n,p}(\{0;\dots;k\})$ | p = 0.40 $B_{n,p}(\{k\})$ | $B_{n,p}(\{0;\dots;k\})$ |
|---|---|---|---|---|---|---|---|---|
| 51 | 0.00044 | 0.99945 | 0.01092 | 0.97643 | 0.06375 | 0.60166 | 0.00001 | 0.00001 |
| 52 | 0.00025 | 0.99970 | 0.00783 | 0.98425 | 0.06089 | 0.66255 | 0.00001 | 0.00002 |
| 53 | 0.00014 | 0.99984 | 0.00546 | 0.98972 | 0.05668 | 0.71923 | 0.00002 | 0.00004 |
| 54 | 0.00008 | 0.99992 | 0.00372 | 0.99343 | 0.05143 | 0.77067 | 0.00004 | 0.00008 |
| 55 | 0.00004 | 0.99996 | 0.00247 | 0.99590 | 0.04551 | 0.81618 | 0.00007 | 0.00015 |
| 56 | 0.00002 | 0.99998 | 0.00160 | 0.99750 | 0.03928 | 0.85546 | 0.00012 | 0.00027 |
| 57 | 0.00001 | 0.99999 | 0.00101 | 0.99851 | 0.03308 | 0.88853 | 0.00020 | 0.00047 |
| 58 | 0.00001 | 1.00000 | 0.00062 | 0.99913 | 0.02718 | 0.91572 | 0.00033 | 0.00079 |
| 59 | 0.00000 | 1.00000 | 0.00037 | 0.99950 | 0.02181 | 0.93753 | 0.00052 | 0.00131 |
| 60 | 0.00000 | 1.00000 | 0.00022 | 0.99972 | 0.01708 | 0.95461 | 0.00082 | 0.00213 |
| 61 | 0.00000 | 1.00000 | 0.00013 | 0.99985 | 0.01307 | 0.96768 | 0.00125 | 0.00338 |
| 62 | 0.00000 | 1.00000 | 0.00007 | 0.99992 | 0.00977 | 0.97745 | 0.00187 | 0.00525 |
| 63 | 0.00000 | 1.00000 | 0.00004 | 0.99996 | 0.00713 | 0.98458 | 0.00273 | 0.00798 |
| 64 | 0.00000 | 1.00000 | 0.00002 | 0.99998 | 0.00509 | 0.98967 | 0.00390 | 0.01187 |
| 65 | 0.00000 | 1.00000 | 0.00001 | 0.99999 | 0.00355 | 0.99322 | 0.00543 | 0.01731 |
| 66 | 0.00000 | 1.00000 | 0.00001 | 0.99999 | 0.00242 | 0.99564 | 0.00741 | 0.02472 |
| 67 | 0.00000 | 1.00000 | 0.00000 | 1.00000 | 0.00161 | 0.99725 | 0.00988 | 0.03459 |
| 68 | 0.00000 | 1.00000 | 0.00000 | 1.00000 | 0.00105 | 0.99830 | 0.01288 | 0.04748 |
| 69 | 0.00000 | 1.00000 | 0.00000 | 1.00000 | 0.00067 | 0.99897 | 0.01643 | 0.06390 |
| 70 | 0.00000 | 1.00000 | 0.00000 | 1.00000 | 0.00042 | 0.99939 | 0.02050 | 0.08440 |
| 71 | 0.00000 | 1.00000 | 0.00000 | 1.00000 | 0.00026 | 0.99965 | 0.02502 | 0.10942 |
| 72 | 0.00000 | 1.00000 | 0.00000 | 1.00000 | 0.00015 | 0.99980 | 0.02988 | 0.13930 |
| 73 | 0.00000 | 1.00000 | 0.00000 | 1.00000 | 0.00009 | 0.99989 | 0.03493 | 0.17423 |
| 74 | 0.00000 | 1.00000 | 0.00000 | 1.00000 | 0.00005 | 0.99994 | 0.03997 | 0.21419 |
| 75 | 0.00000 | 1.00000 | 0.00000 | 1.00000 | 0.00003 | 0.99997 | 0.04476 | 0.25896 |
| 76 | 0.00000 | 1.00000 | 0.00000 | 1.00000 | 0.00002 | 0.99998 | 0.04908 | 0.30804 |
| 77 | 0.00000 | 1.00000 | 0.00000 | 1.00000 | 0.00001 | 0.99999 | 0.05269 | 0.36073 |
| 78 | 0.00000 | 1.00000 | 0.00000 | 1.00000 | 0.00000 | 1.00000 | 0.05540 | 0.41612 |
| 79 | 0.00000 | 1.00000 | 0.00000 | 1.00000 | 0.00000 | 1.00000 | 0.05703 | 0.47316 |
| 80 | 0.00000 | 1.00000 | 0.00000 | 1.00000 | 0.00000 | 1.00000 | 0.05751 | 0.53066 |
| 81 | 0.00000 | 1.00000 | 0.00000 | 1.00000 | 0.00000 | 1.00000 | 0.05680 | 0.58746 |
| 82 | 0.00000 | 1.00000 | 0.00000 | 1.00000 | 0.00000 | 1.00000 | 0.05495 | 0.64241 |
| 83 | 0.00000 | 1.00000 | 0.00000 | 1.00000 | 0.00000 | 1.00000 | 0.05208 | 0.69449 |
| 84 | 0.00000 | 1.00000 | 0.00000 | 1.00000 | 0.00000 | 1.00000 | 0.04836 | 0.74285 |
| 85 | 0.00000 | 1.00000 | 0.00000 | 1.00000 | 0.00000 | 1.00000 | 0.04400 | 0.78685 |
| 86 | 0.00000 | 1.00000 | 0.00000 | 1.00000 | 0.00000 | 1.00000 | 0.03922 | 0.82607 |
| 87 | 0.00000 | 1.00000 | 0.00000 | 1.00000 | 0.00000 | 1.00000 | 0.03426 | 0.86034 |
| 88 | 0.00000 | 1.00000 | 0.00000 | 1.00000 | 0.00000 | 1.00000 | 0.02933 | 0.88967 |
| 89 | 0.00000 | 1.00000 | 0.00000 | 1.00000 | 0.00000 | 1.00000 | 0.02461 | 0.91428 |
| 90 | 0.00000 | 1.00000 | 0.00000 | 1.00000 | 0.00000 | 1.00000 | 0.02023 | 0.93451 |
| 91 | 0.00000 | 1.00000 | 0.00000 | 1.00000 | 0.00000 | 1.00000 | 0.01631 | 0.95082 |
| 92 | 0.00000 | 1.00000 | 0.00000 | 1.00000 | 0.00000 | 1.00000 | 0.01288 | 0.96369 |
| 93 | 0.00000 | 1.00000 | 0.00000 | 1.00000 | 0.00000 | 1.00000 | 0.00997 | 0.97366 |
| 94 | 0.00000 | 1.00000 | 0.00000 | 1.00000 | 0.00000 | 1.00000 | 0.00757 | 0.98123 |
| 95 | 0.00000 | 1.00000 | 0.00000 | 1.00000 | 0.00000 | 1.00000 | 0.00563 | 0.98686 |
| 96 | 0.00000 | 1.00000 | 0.00000 | 1.00000 | 0.00000 | 1.00000 | 0.00410 | 0.99096 |
| 97 | 0.00000 | 1.00000 | 0.00000 | 1.00000 | 0.00000 | 1.00000 | 0.00293 | 0.99390 |
| 98 | 0.00000 | 1.00000 | 0.00000 | 1.00000 | 0.00000 | 1.00000 | 0.00206 | 0.99595 |
| 99 | 0.00000 | 1.00000 | 0.00000 | 1.00000 | 0.00000 | 1.00000 | 0.00141 | 0.99736 |
| 100 | 0.00000 | 1.00000 | 0.00000 | 1.00000 | 0.00000 | 1.00000 | 0.00095 | 0.99832 |
| 101 | 0.00000 | 1.00000 | 0.00000 | 1.00000 | 0.00000 | 1.00000 | 0.00063 | 0.99894 |
| 102 | 0.00000 | 1.00000 | 0.00000 | 1.00000 | 0.00000 | 1.00000 | 0.00041 | 0.99935 |
| 103 | 0.00000 | 1.00000 | 0.00000 | 1.00000 | 0.00000 | 1.00000 | 0.00026 | 0.99961 |
| 104 | 0.00000 | 1.00000 | 0.00000 | 1.00000 | 0.00000 | 1.00000 | 0.00016 | 0.99977 |
| 105 | 0.00000 | 1.00000 | 0.00000 | 1.00000 | 0.00000 | 1.00000 | 0.00010 | 0.99986 |
| 106 | 0.00000 | 1.00000 | 0.00000 | 1.00000 | 0.00000 | 1.00000 | 0.00006 | 0.99992 |
| 107 | 0.00000 | 1.00000 | 0.00000 | 1.00000 | 0.00000 | 1.00000 | 0.00003 | 0.99996 |
| 108 | 0.00000 | 1.00000 | 0.00000 | 1.00000 | 0.00000 | 1.00000 | 0.00002 | 0.99998 |
| 109 | 0.00000 | 1.00000 | 0.00000 | 1.00000 | 0.00000 | 1.00000 | 0.00001 | 0.99999 |
| 110 | 0.00000 | 1.00000 | 0.00000 | 1.00000 | 0.00000 | 1.00000 | 0.00001 | 0.99999 |
| 111 | 0.00000 | 1.00000 | 0.00000 | 1.00000 | 0.00000 | 1.00000 | 0.00000 | 1.00000 |

| k | p = 0.50<br>$B_{n,p}(\{k\})$ | $B_{n,p}(\{0; \ldots; k\})$ | p = 0.60<br>$B_{n,p}(\{k\})$ | $B_{n,p}(\{0; \ldots; k\})$ | p = 0.75<br>$B_{n,p}(\{k\})$ | $B_{n,p}(\{0; \ldots; k\})$ | p = 5/6<br>$B_{n,p}(\{k\})$ | $B_{n,p}(\{0; \ldots; k\})$ |
|---|---|---|---|---|---|---|---|---|
| 69 | 0.00000 | 0.00001 | 0.00000 | 0.00000 | 0.00000 | 0.00000 | 0.00000 | 0.00000 |
| 70 | 0.00001 | 0.00001 | 0.00000 | 0.00000 | 0.00000 | 0.00000 | 0.00000 | 0.00000 |
| 71 | 0.00001 | 0.00002 | 0.00000 | 0.00000 | 0.00000 | 0.00000 | 0.00000 | 0.00000 |
| 72 | 0.00002 | 0.00005 | 0.00000 | 0.00000 | 0.00000 | 0.00000 | 0.00000 | 0.00000 |
| 73 | 0.00004 | 0.00008 | 0.00000 | 0.00000 | 0.00000 | 0.00000 | 0.00000 | 0.00000 |
| 74 | 0.00006 | 0.00014 | 0.00000 | 0.00000 | 0.00000 | 0.00000 | 0.00000 | 0.00000 |
| 75 | 0.00011 | 0.00025 | 0.00000 | 0.00000 | 0.00000 | 0.00000 | 0.00000 | 0.00000 |
| 76 | 0.00017 | 0.00042 | 0.00000 | 0.00000 | 0.00000 | 0.00000 | 0.00000 | 0.00000 |
| 77 | 0.00028 | 0.00070 | 0.00000 | 0.00000 | 0.00000 | 0.00000 | 0.00000 | 0.00000 |
| 78 | 0.00044 | 0.00114 | 0.00000 | 0.00000 | 0.00000 | 0.00000 | 0.00000 | 0.00000 |
| 79 | 0.00068 | 0.00182 | 0.00000 | 0.00000 | 0.00000 | 0.00000 | 0.00000 | 0.00000 |
| 80 | 0.00103 | 0.00284 | 0.00000 | 0.00000 | 0.00000 | 0.00000 | 0.00000 | 0.00000 |
| 81 | 0.00152 | 0.00436 | 0.00000 | 0.00000 | 0.00000 | 0.00000 | 0.00000 | 0.00000 |
| 82 | 0.00220 | 0.00657 | 0.00000 | 0.00000 | 0.00000 | 0.00000 | 0.00000 | 0.00000 |
| 83 | 0.00313 | 0.00970 | 0.00000 | 0.00000 | 0.00000 | 0.00000 | 0.00000 | 0.00000 |
| 84 | 0.00436 | 0.01406 | 0.00000 | 0.00000 | 0.00000 | 0.00000 | 0.00000 | 0.00000 |
| 85 | 0.00596 | 0.02002 | 0.00000 | 0.00000 | 0.00000 | 0.00000 | 0.00000 | 0.00000 |
| 86 | 0.00796 | 0.02798 | 0.00000 | 0.00000 | 0.00000 | 0.00000 | 0.00000 | 0.00000 |
| 87 | 0.01044 | 0.03842 | 0.00000 | 0.00000 | 0.00000 | 0.00000 | 0.00000 | 0.00000 |
| 88 | 0.01340 | 0.05182 | 0.00000 | 0.00000 | 0.00000 | 0.00000 | 0.00000 | 0.00000 |
| 89 | 0.01686 | 0.06868 | 0.00000 | 0.00001 | 0.00000 | 0.00000 | 0.00000 | 0.00000 |
| 90 | 0.02080 | 0.08948 | 0.00001 | 0.00001 | 0.00000 | 0.00000 | 0.00000 | 0.00000 |
| 91 | 0.02514 | 0.11462 | 0.00001 | 0.00002 | 0.00000 | 0.00000 | 0.00000 | 0.00000 |
| 92 | 0.02979 | 0.14441 | 0.00002 | 0.00004 | 0.00000 | 0.00000 | 0.00000 | 0.00000 |
| 93 | 0.03459 | 0.17900 | 0.00003 | 0.00008 | 0.00000 | 0.00000 | 0.00000 | 0.00000 |
| 94 | 0.03938 | 0.21838 | 0.00006 | 0.00014 | 0.00000 | 0.00000 | 0.00000 | 0.00000 |
| 95 | 0.04393 | 0.26231 | 0.00010 | 0.00023 | 0.00000 | 0.00000 | 0.00000 | 0.00000 |
| 96 | 0.04805 | 0.31036 | 0.00016 | 0.00039 | 0.00000 | 0.00000 | 0.00000 | 0.00000 |
| 97 | 0.05152 | 0.36189 | 0.00026 | 0.00065 | 0.00000 | 0.00000 | 0.00000 | 0.00000 |
| 98 | 0.05415 | 0.41604 | 0.00041 | 0.00106 | 0.00000 | 0.00000 | 0.00000 | 0.00000 |
| 99 | 0.05579 | 0.47183 | 0.00063 | 0.00168 | 0.00000 | 0.00000 | 0.00000 | 0.00000 |
| 100 | 0.05635 | 0.52817 | 0.00095 | 0.00264 | 0.00000 | 0.00000 | 0.00000 | 0.00000 |
| 101 | 0.05579 | 0.58396 | 0.00141 | 0.00405 | 0.00000 | 0.00000 | 0.00000 | 0.00000 |
| 102 | 0.05415 | 0.63811 | 0.00206 | 0.00610 | 0.00000 | 0.00000 | 0.00000 | 0.00000 |
| 103 | 0.05152 | 0.68964 | 0.00293 | 0.00904 | 0.00000 | 0.00000 | 0.00000 | 0.00000 |
| 104 | 0.04805 | 0.73769 | 0.00410 | 0.01314 | 0.00000 | 0.00000 | 0.00000 | 0.00000 |
| 105 | 0.04393 | 0.78162 | 0.00563 | 0.01877 | 0.00000 | 0.00000 | 0.00000 | 0.00000 |
| 106 | 0.03938 | 0.82100 | 0.00757 | 0.02634 | 0.00000 | 0.00000 | 0.00000 | 0.00000 |
| 107 | 0.03459 | 0.85559 | 0.00997 | 0.03631 | 0.00000 | 0.00000 | 0.00000 | 0.00000 |
| 108 | 0.02979 | 0.88538 | 0.01288 | 0.04918 | 0.00000 | 0.00000 | 0.00000 | 0.00000 |
| 109 | 0.02514 | 0.91052 | 0.01631 | 0.06549 | 0.00000 | 0.00000 | 0.00000 | 0.00000 |
| 110 | 0.02080 | 0.93132 | 0.02023 | 0.08572 | 0.00000 | 0.00000 | 0.00000 | 0.00000 |
| 111 | 0.01686 | 0.94818 | 0.02461 | 0.11033 | 0.00000 | 0.00000 | 0.00000 | 0.00000 |
| 112 | 0.01340 | 0.96158 | 0.02933 | 0.13966 | 0.00000 | 0.00000 | 0.00000 | 0.00000 |
| 113 | 0.01044 | 0.97202 | 0.03426 | 0.17393 | 0.00000 | 0.00000 | 0.00000 | 0.00000 |
| 114 | 0.00796 | 0.97998 | 0.03922 | 0.21315 | 0.00000 | 0.00000 | 0.00000 | 0.00000 |
| 115 | 0.00596 | 0.98594 | 0.04400 | 0.25715 | 0.00000 | 0.00000 | 0.00000 | 0.00000 |
| 116 | 0.00436 | 0.99030 | 0.04836 | 0.30551 | 0.00000 | 0.00000 | 0.00000 | 0.00000 |
| 117 | 0.00313 | 0.99343 | 0.05208 | 0.35759 | 0.00000 | 0.00000 | 0.00000 | 0.00000 |
| 118 | 0.00220 | 0.99564 | 0.05495 | 0.41254 | 0.00000 | 0.00000 | 0.00000 | 0.00000 |
| 119 | 0.00152 | 0.99716 | 0.05680 | 0.46934 | 0.00000 | 0.00000 | 0.00000 | 0.00000 |
| 120 | 0.00103 | 0.99818 | 0.05751 | 0.52684 | 0.00000 | 0.00000 | 0.00000 | 0.00000 |
| 121 | 0.00068 | 0.99886 | 0.05703 | 0.58388 | 0.00000 | 0.00000 | 0.00000 | 0.00000 |
| 122 | 0.00044 | 0.99930 | 0.05540 | 0.63927 | 0.00000 | 0.00001 | 0.00000 | 0.00000 |
| 123 | 0.00028 | 0.99958 | 0.05269 | 0.69196 | 0.00001 | 0.00002 | 0.00000 | 0.00000 |
| 124 | 0.00017 | 0.99975 | 0.04908 | 0.74104 | 0.00002 | 0.00003 | 0.00000 | 0.00000 |
| 125 | 0.00011 | 0.99986 | 0.04476 | 0.78581 | 0.00003 | 0.00006 | 0.00000 | 0.00000 |
| 126 | 0.00006 | 0.99992 | 0.03997 | 0.82577 | 0.00005 | 0.00011 | 0.00000 | 0.00000 |
| 127 | 0.00004 | 0.99995 | 0.03493 | 0.86070 | 0.00009 | 0.00020 | 0.00000 | 0.00000 |
| 128 | 0.00002 | 0.99998 | 0.02988 | 0.89058 | 0.00015 | 0.00035 | 0.00000 | 0.00000 |
| 129 | 0.00001 | 0.99999 | 0.02502 | 0.91560 | 0.00026 | 0.00061 | 0.00000 | 0.00000 |
| 130 | 0.00001 | 0.99999 | 0.02050 | 0.93610 | 0.00042 | 0.00103 | 0.00000 | 0.00000 |
| 131 | 0.00000 | 1.00000 | 0.01643 | 0.95252 | 0.00067 | 0.00170 | 0.00000 | 0.00000 |
| 132 | 0.00000 | 1.00000 | 0.01288 | 0.96541 | 0.00105 | 0.00275 | 0.00000 | 0.00000 |
| 133 | 0.00000 | 1.00000 | 0.00988 | 0.97528 | 0.00161 | 0.00436 | 0.00000 | 0.00000 |
| 134 | 0.00000 | 1.00000 | 0.00741 | 0.98269 | 0.00242 | 0.00678 | 0.00000 | 0.00000 |

| k | p = 0.50 $B_{n,p}(\{k\})$ | $B_{n,p}(\{0; \ldots; k\})$ | p = 0.60 $B_{n,p}(\{k\})$ | $B_{n,p}(\{0; \ldots; k\})$ | p = 0.75 $B_{n,p}(\{k\})$ | $B_{n,p}(\{0; \ldots; k\})$ | p = 5/6 $B_{n,p}(\{k\})$ | $B_{n,p}(\{0; \ldots; k\})$ |
|---|---|---|---|---|---|---|---|---|
| 135 | 0.00000 | 1.00000 | 0.00543 | 0.98813 | 0.00355 | 0.01033 | 0.00000 | 0.00000 |
| 136 | 0.00000 | 1.00000 | 0.00390 | 0.99202 | 0.00509 | 0.01542 | 0.00000 | 0.00000 |
| 137 | 0.00000 | 1.00000 | 0.00273 | 0.99475 | 0.00713 | 0.02255 | 0.00000 | 0.00000 |
| 138 | 0.00000 | 1.00000 | 0.00187 | 0.99662 | 0.00977 | 0.03232 | 0.00000 | 0.00000 |
| 139 | 0.00000 | 1.00000 | 0.00125 | 0.99787 | 0.01307 | 0.04539 | 0.00000 | 0.00000 |
| 140 | 0.00000 | 1.00000 | 0.00082 | 0.99869 | 0.01708 | 0.06247 | 0.00000 | 0.00000 |
| 141 | 0.00000 | 1.00000 | 0.00052 | 0.99921 | 0.02181 | 0.08428 | 0.00000 | 0.00000 |
| 142 | 0.00000 | 1.00000 | 0.00033 | 0.99953 | 0.02718 | 0.11147 | 0.00001 | 0.00001 |
| 143 | 0.00000 | 1.00000 | 0.00020 | 0.99973 | 0.03308 | 0.14454 | 0.00001 | 0.00002 |
| 144 | 0.00000 | 1.00000 | 0.00012 | 0.99985 | 0.03928 | 0.18382 | 0.00002 | 0.00004 |
| 145 | 0.00000 | 1.00000 | 0.00007 | 0.99992 | 0.04551 | 0.22933 | 0.00004 | 0.00008 |
| 146 | 0.00000 | 1.00000 | 0.00004 | 0.99996 | 0.05143 | 0.28077 | 0.00008 | 0.00016 |
| 147 | 0.00000 | 1.00000 | 0.00002 | 0.99998 | 0.05668 | 0.33745 | 0.00014 | 0.00030 |
| 148 | 0.00000 | 1.00000 | 0.00001 | 0.99999 | 0.06089 | 0.39834 | 0.00025 | 0.00055 |
| 149 | 0.00000 | 1.00000 | 0.00001 | 0.99999 | 0.06375 | 0.46209 | 0.00044 | 0.00099 |
| 150 | 0.00000 | 1.00000 | 0.00000 | 1.00000 | 0.06503 | 0.52712 | 0.00075 | 0.00173 |
| 151 | 0.00000 | 1.00000 | 0.00000 | 1.00000 | 0.06460 | 0.59172 | 0.00123 | 0.00297 |
| 152 | 0.00000 | 1.00000 | 0.00000 | 1.00000 | 0.06247 | 0.65420 | 0.00199 | 0.00495 |
| 153 | 0.00000 | 1.00000 | 0.00000 | 1.00000 | 0.05880 | 0.71300 | 0.00312 | 0.00807 |
| 154 | 0.00000 | 1.00000 | 0.00000 | 1.00000 | 0.05384 | 0.76683 | 0.00476 | 0.01283 |
| 155 | 0.00000 | 1.00000 | 0.00000 | 1.00000 | 0.04793 | 0.81476 | 0.00706 | 0.01989 |
| 156 | 0.00000 | 1.00000 | 0.00000 | 1.00000 | 0.04148 | 0.85624 | 0.01019 | 0.03008 |
| 157 | 0.00000 | 1.00000 | 0.00000 | 1.00000 | 0.03487 | 0.89111 | 0.01427 | 0.04435 |
| 158 | 0.00000 | 1.00000 | 0.00000 | 1.00000 | 0.02847 | 0.91959 | 0.01942 | 0.06377 |
| 159 | 0.00000 | 1.00000 | 0.00000 | 1.00000 | 0.02256 | 0.94215 | 0.02565 | 0.08942 |
| 160 | 0.00000 | 1.00000 | 0.00000 | 1.00000 | 0.01735 | 0.95950 | 0.03287 | 0.12229 |
| 161 | 0.00000 | 1.00000 | 0.00000 | 1.00000 | 0.01293 | 0.97242 | 0.04083 | 0.16312 |
| 162 | 0.00000 | 1.00000 | 0.00000 | 1.00000 | 0.00934 | 0.98176 | 0.04914 | 0.21226 |
| 163 | 0.00000 | 1.00000 | 0.00000 | 1.00000 | 0.00653 | 0.98829 | 0.05728 | 0.26954 |
| 164 | 0.00000 | 1.00000 | 0.00000 | 1.00000 | 0.00442 | 0.99271 | 0.06462 | 0.33416 |
| 165 | 0.00000 | 1.00000 | 0.00000 | 1.00000 | 0.00289 | 0.99560 | 0.07049 | 0.40465 |
| 166 | 0.00000 | 1.00000 | 0.00000 | 1.00000 | 0.00183 | 0.99743 | 0.07431 | 0.47897 |
| 167 | 0.00000 | 1.00000 | 0.00000 | 1.00000 | 0.00112 | 0.99855 | 0.07565 | 0.55462 |
| 168 | 0.00000 | 1.00000 | 0.00000 | 1.00000 | 0.00066 | 0.99921 | 0.07430 | 0.62892 |
| 169 | 0.00000 | 1.00000 | 0.00000 | 1.00000 | 0.00037 | 0.99958 | 0.07034 | 0.69926 |
| 170 | 0.00000 | 1.00000 | 0.00000 | 1.00000 | 0.00020 | 0.99979 | 0.06414 | 0.76339 |
| 171 | 0.00000 | 1.00000 | 0.00000 | 1.00000 | 0.00011 | 0.99990 | 0.05626 | 0.81965 |
| 172 | 0.00000 | 1.00000 | 0.00000 | 1.00000 | 0.00005 | 0.99995 | 0.04743 | 0.86708 |
| 173 | 0.00000 | 1.00000 | 0.00000 | 1.00000 | 0.00003 | 0.99998 | 0.03838 | 0.90546 |
| 174 | 0.00000 | 1.00000 | 0.00000 | 1.00000 | 0.00001 | 0.99999 | 0.02978 | 0.93524 |
| 175 | 0.00000 | 1.00000 | 0.00000 | 1.00000 | 0.00001 | 1.00000 | 0.02212 | 0.95736 |
| 176 | 0.00000 | 1.00000 | 0.00000 | 1.00000 | 0.00000 | 1.00000 | 0.01571 | 0.97307 |
| 177 | 0.00000 | 1.00000 | 0.00000 | 1.00000 | 0.00000 | 1.00000 | 0.01065 | 0.98372 |
| 178 | 0.00000 | 1.00000 | 0.00000 | 1.00000 | 0.00000 | 1.00000 | 0.00688 | 0.99060 |
| 179 | 0.00000 | 1.00000 | 0.00000 | 1.00000 | 0.00000 | 1.00000 | 0.00423 | 0.99483 |
| 180 | 0.00000 | 1.00000 | 0.00000 | 1.00000 | 0.00000 | 1.00000 | 0.00247 | 0.99730 |
| 181 | 0.00000 | 1.00000 | 0.00000 | 1.00000 | 0.00000 | 1.00000 | 0.00136 | 0.99866 |
| 182 | 0.00000 | 1.00000 | 0.00000 | 1.00000 | 0.00000 | 1.00000 | 0.00071 | 0.99937 |
| 183 | 0.00000 | 1.00000 | 0.00000 | 1.00000 | 0.00000 | 1.00000 | 0.00035 | 0.99972 |
| 184 | 0.00000 | 1.00000 | 0.00000 | 1.00000 | 0.00000 | 1.00000 | 0.00016 | 0.99989 |
| 185 | 0.00000 | 1.00000 | 0.00000 | 1.00000 | 0.00000 | 1.00000 | 0.00007 | 0.99996 |
| 186 | 0.00000 | 1.00000 | 0.00000 | 1.00000 | 0.00000 | 1.00000 | 0.00003 | 0.99998 |
| 187 | 0.00000 | 1.00000 | 0.00000 | 1.00000 | 0.00000 | 1.00000 | 0.00001 | 0.99999 |
| 188 | 0.00000 | 1.00000 | 0.00000 | 1.00000 | 0.00000 | 1.00000 | 0.00000 | 1.00000 |